KB135773

임무의 보람을 위한

에너지절약(진단) 실무 교본

보일러 및 열설비 편

저자 대한민국명장 / 보일러 직종
성광호

감수 **한국보일러사랑재단**
이사장 **권오수**

예문사

Preface 머리말

저자는 (주)한국야쿠르트에서 30여 년간(1978. 4.~2010. 4.) 근무하고 정년퇴임하였으며, 현재는 (사)한국에너지기술인협회 소속으로 에너지진단, 기계설비 성능점검 전문위원 및 법정교육 특임교수로 활동하고 있다. 그동안의 경험과 명예와 많은 혜택을 얻은 만큼 재능을 기부하는 차원에서 기술과 관련된 컨설팅 및 전수를 하며 봉사의 마음으로 인생 이모작의 꿈을 키워가고 있다.

저자가 현직에 있을 때 에너지 절감에 대한 제안과 실천을 통하여 회사에서 인정을 받으며 좋아하던 때가 있었다. 에너지 절감에 대한 불타는 의욕으로 불현듯 생각나는 아이디어를 수첩에 메모하여 열정으로 실천하며 적잖은 성과가 있었고, 이것은 자기계발의 초석이 되었다.

이후 여러 평가의 대상이 되어 공적심사를 받으며, 사내에서는 최단 시일 모범근로자상 수상, 생산부 최초 최우수 사원상 수상, 특별공로상 2회 수상을 비롯하여 대외적으로는 국가 산업 발전에 기여한 공로가 인정되어 대한민국 환경관리장 금장, 고용노동부장관 표창 등 50여 종의 크고 작은 표창장을 수상하였다. 2002년에는 기능인 최고의 영예인 대한민국명장에 선정되었으며, 2013년에는 국가숙련기술자 명예의 전당에 헌액되어 명실상부한 국가경제발전 유공인사가 되었다.

위와 같이 공적심사를 받은 입장에서 지금의 저자는 공적심사를 하는 입장이 되었다. 수많은 심사를 하면서 부족하고 아쉬운 부분을 통감하며 후학들의 아쉬운 부분을 덜어보기 위해 책을 집필하기로 결심하였다. 원고를 마무리하고 보니 너무나 미흡하여 책을 내기가 두렵고 어렵기만 하다. 처음으로 만들어 보는 책이기에 다소 정황이 없고 어색하여 스스로 반성하게 하지만, 그것이 오히려 생동감 넘치는 지침서로서의 차별성을 갖게 될 것을 기대해 본다. 또한 본서가 기초가 되어 후학들이 이를 응용함으로써 흥미와 자신감을 가지고 에너지 절약에 적극적으로 활용하는 열정으로 나타날 것을 기대하며 용기를 내 본다.

이 책은 에너지 절약과 관련하여 기업의 CEO가 가장 원하는 최소의 투자로 최대의 효과를 창출할 수 있는 저자의 실무경험이 담긴 자료로서 실제적인 가치가 있다. 따라서 처음 배우는 초보자나 이미 경험이 있는 전문가들 모두에게 꼭 필요한 지침서가 될 수 있다고 생각한다. 본서를 살펴보고 에너지 절감에 대한 포인트를 발견하고 스스로 적용할 수 있는 일부터 일부만 활용하여도 자기계발에 도움이 될 것이며 그로 인한 인정을 받을 동기가 될 것으로 확신한다.

누구나 기업과 사회에서 인정받고 싶으며, 자기계발을 통해 스스로가 변화하여 발전하고 성과가 창출되기를 원할 것이다. 가장 쉬운 것을 선택하여 많이 생각하면 자신감이 생기고, 자신감이 생기면 그 일을 무척 하고 싶어 하는 열정이 생기며, 적극적으로 실천하므로 그 결과도 좋을 것이다.

옛말에 한 마리의 고기를 주면 한 끼를 먹을 수 있지만, 고기를 잡는 기술을 가르쳐 주면 평생을 먹고 살 수 있다는 말이 있다. 기술은 어려운 것이 아니다. 내 주변의 사안들에 대하여 관심을 가지고, 문제점을 발견하여 고민하고 해결하며, 그것이 반복되면서 기술이 축적되어 가는 것이다. 우리는 이것을 짬밥(Knowhow)이라 한다.

열을 관리하는 기술자에게 안전사고 방지는 당연한 것이고, 열설비의 합리적이고 효율적인 관리로 에너지를 절약하는 것은 최종의 꽃이자 열매라고 할 수 있다. 에너지 절약을 통한 회사의 생산성 향상과 국가경쟁력 제고 및 온실가스 감축에의 기여는 우리의 당연한 책무이면서도 그 성과에 대해서는 박수를 받아야 할 것이다.

저자 성광호

Foreword 추천사

세상에는 2만에서 3만여 개의 직종이 있다고 합니다. 직업에 대한 귀천은 없고 내가 좋아하는 일을 하면서 그 속에서 일하는 즐거움을 찾고 발전과 보람이 있으면 그것이 행복일 것입니다. 어떻게 해야 즐겁고 발전하고 보람이 있을까 하는 것이 관건이겠죠.

가재는 게 편이고 초록은 동색이라는 말이 있습니다. 우리는 보일러를 취급하고 효율적인 운전과 관리로 에너지를 절약하며 기업의 생산성 향상과 국가시책인 탄소중립정책에 적극 동참해 국가경쟁력을 제고하는 업무를 수행하고 있습니다.

이런 것이 자긍심이며 그 속에 임무의 보람이 더하면 일석이조의 효과라 할 것입니다.

(사)한국에너지기술인협회는 '에너지기술인상'과 '에너지 명예의 전당 헌액'을 포함해 정부 포상, 공단이사장 표창, 협회장 표창 등을 전달하며 에너지기술인을 격려하고 자긍심 향상과 기술 향상을 도모하고 있습니다.

유공자 심사를 진행하며 의외로 공적이 없거나 부실함을 안타깝게 생각하던 찰나에 본 『에너지절약(진단) 실무 교본』을 살펴보며, 일부만 활용하여도 자기계발의 초석이 되겠고 이것을 동기로 우리 협회 또는 정부에서 진행하는 포상에 도전하면 일거양득일 것이라 생각됩니다.

이 책이 전국의 50만 에너지기술인과 에너지업계에 종사하는 분들에게 좋은 지침서가 될 것으로 확신합니다.

저자인 성광호 명장님은 우리 협회 에너지진단 · 성능점검사업단 전문위원이자 보일러분야의 대한민국명장으로서 Noblesse Oblige(명예와 많은 혜택을 얻은 만큼 재능을 기부한다는 목표) 차원에서 현장의 경험을 후학들에게 전수하고자 하는 의미로 이 책을 펴낸 것으로 깊이 감사드립니다.

(사)한국에너지기술인협회장 / (사)대한민국명장 이충호

Contents 차례

PART 01 개요

PART 02 산업용 보일러

PART 03 산업용 보일러 부속장치

PART 06 부록

개요

SECTION 01 열에너지 Cycle과 에너지 절감 Point

1 열설비의 정의

연료의 에너지를 화학적인 반응에 의한 열에너지로 전환하여 여기서 발생하는 열에너지를 수송하고 사용하는 것을 열설비라고 한다.

2 열설비의 종류

열설비는 열발생설비, 열수송설비, 열사용설비로 구분한다.

1. 열발생설비 : 열을 발생하거나 온수나 증기를 제조하는 기기이며, 부속설비를 포함한다(이 책에서는 주로 증기(Steam)와 관련하여 다룬다).
2. 열수송설비 : 열을 수송하는 배관이며, 배관에 부착된 부속설비를 포함한다.
3. 열사용설비 : 열을 사용하는 기기(열교환기, 가열기, 탱크 등)이며 부속설비를 포함한다.

3 열에너지 Cycle 및 에너지 절약 Point

1. [그림 1]과 같이 정리하면 증기보일러의 열에너지 Cycle이 된다.
2. 열에너지 Cycle은 보일러를 처음 배우려는 자의 기본이자 필수사항이기도 하다. 따라서, 각 용도별 설비 또는 부속장치의 역할과 운용 목적을 알아야 한다.
3. 핵심 Point를 정확히 이해하고 숙지하여 익힘으로써 안전사고 방지와 에너지 절약, 그리고 환경 개선에 기여할 수 있다.
4. 특히 [그림 1]에서 언급한 내용은 에너지 절약과 관련하여 중요한 주제이므로, 이를 이해하여 신기술과 자신이 구상한 아이디어를 응용하고 실천함으로써 기업에서 요구하는 가공비 절감으로 생산성 향상과 국가 경쟁력 제고에 이바지할 수 있다.
5. 에너지 절약 방안을 적용할 때에는 최소의 투자로 최대의 효과를 도모할 수 있는 방법을 강구해야 하며, 작업환경과 조건에 따라 합리적이고 효율적으로 응용하여 대처해야 한다.
6. 끝으로 시기별 지역별 환경에 따른 연료의 발열량 및 단가 등은 현재의 현황에 있어 상이할 수 있으므로 이를 고려하여야 한다.

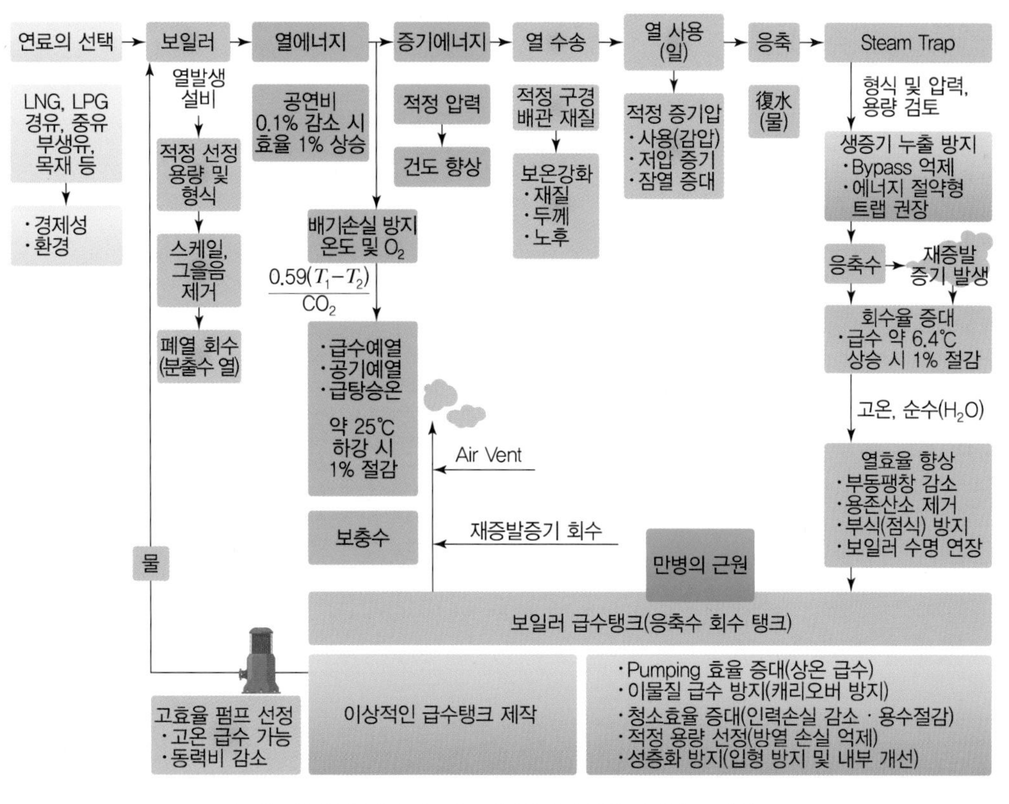

[그림 1] 열에너지 Cycle 및 에너지 절약 포인트 파악

SECTION 02 연료의 종류와 경제성 검토

1 연료의 정의

연료란 공기 중의 산소와 화합하여 급격한 화학작용을 일으켜 그 연소열을 경제적으로 이용하는 물질이다.

2 연료의 종류

고체연료, 액체연료, 기체연료로 구분한다.

3 연료의 기본 조건

1. 발열량이 클 것
2. 구입이 쉽고, 경제적일 것
3. 취급, 운반, 저장이 용이할 것
4. 공해의 요인이 적을 것

4 연료의 주성분

탄소(C), 수소(H), 황(S), 산소(O), 질소(N), 수분(W), 회분(A) 등으로 구성되어 있다.

1. 주요 성분 : 탄소(C), 수소(H), 산소(O)이며, 연료의 3요소라고도 한다.
2. 가연 성분 : 탄소(C), 수소(H), 황(S)이며, 성분의 함량에 따라 발열량이 다르다.
3. 불순물 : 황(S), 질소(N), 수분(W), 회분(A) 등이며, 이것이 많을수록 연료의 품질은 저하된다.

5 원유

1. 세계 3대 유종

(1) 영국 북해의 브렌트유

(2) 중동의 두바이유

(3) 미국의 서부 텍사스유(WTI)

[표 1] 세계 3대 유종(원유)별 비교

구분	유황(S) 함유량	비고
미국의 서부 텍사스유(WTI)	0.24%	가장 좋다.
영국 북해의 브렌트유	0.37%	
중동의 두바이유	2.04%	가장 나쁘다.

2. 원유의 품질 구분

(1) 유황 함량의 차이에 따라 품질을 구분한다.

① 유황 함유량이 적으면 품질이 좋고, 유황 함유량이 많으면 품질이 안 좋다.

② [표 1]에서 보는 바와 같이 WTI 원유가 품질이 제일 좋고, 브렌트유가 2번째, 두바이유가 3번째이다.

(2) 원유의 비중에 따라 구분한다.

API도가 높으면 품질이 좋고, API도가 낮으면 품질이 안 좋다.

3. 원유의 가격

(1) 유황의 함량, 각 지역의 접근성, 운송비용 등에 따라 가격이 다르게 형성된다. 원유 품질의 차이는 유황 함유량의 차이에 따라 구분하며, 가격의 차이도 다르다.

(2) 경질유가 비싸고, 중질유가 싸다.

(3) 일반적인 경우 WTI유의 가격이 제일 비싸고, 브렌트유는 WTI유보다 2~3달러 싸고, 두바이유는 WTI유보다 4~5달러 싸게 거래되는 것이 평균(보편적)이다(국제적 환경변화에 따라 차이가 달라진다).

(4) 원유의 가격을 언급할 때는 배럴(barrel, bbl)이라는 단위를 활용한다.

① 원유(석유)를 재는 단위로서 우리가 알고 있는 뜻과는 다르다.

② 배럴(barrel, bbl)은 원래 가운데가 볼록하게 되어 있는 원통을 말한다. 흔히 우리가 액체를 담는 통(오크통 : 맥주를 담는 통)으로 사용하는 것으로 나무로 된 통을 생각하면 된다. 이것의 양(L)이 약 42gal이다.

즉, 1gal은 약 3.78541L이므로, 원유 1barrel(bbl)은 약 159L이다.

$3.78541L/gal \times 42gal = 158.9872L$

[그림 1] 오크통(1배럴 ≒ 159L)

6 액체(원유)연료의 정제 과정

1. 원유 → 가솔린 → 등유 → 경유 → 중유
2. 원유 : 천연적으로 얻어지는 포화, 불포화 탄화수소의 화합물이다.

7 액체연료

1. 액체연료의 특징

(1) 품질이 균일하여 발열량이 높다.
(2) 연소효율 및 열효율이 높다.
(3) 운반, 저장, 취급이 용이하다.
(4) 회분이 적고, 연소 조절이 쉽다.
(5) 연소 온도가 높아, 국부가열의 위험물이 많다.
(6) 화재 및 역화의 위험이 있다.
(7) 버너의 종류에 따라 소음이 난다.

2. 중유의 특징

(1) 비중이 비교적 높다.
① 중유(重油)란, 무거운 기름이라는 뜻으로 단위 부피(L)당 무게(kg)가 크다는 의미이다.
② 비중은 연료의 점도를 증가시키고, 연소 시 불꽃의 휘도가 커서 방사율이 높다.

(2) 인화점이 높다.
① 인화점이란 불이 붙을(점화라고 한다) 수 있는 최저의 온도로서, 그 온도가 높다는 의미이다. 따라서 연료를 효율적으로 연소하기 위해서는 최소한의 예열 또는 가열을 하

여야 한다.

② 인화점이 너무 높으면 점화가 어렵고, 너무 낮으면 역화의 위험이 있다.

(3) 점도 : 중유의 가장 중요한 성질로 점도가 낮을수록 무화가 양호하므로 가열하여 점도를 낮추어 사용한다.

① A 중유 : 점도가 낮아 예열이 불필요하다.

② B, C 중유 : 예열이 필요하다.

③ 비열 : 50~200℃에서 산유국 및 정유사에 따라 다르나, 평균 비열은 0.45kcal/kg ℃이다.

※ 위와 같은 문제를 감안하여 중유에 첨가제를 활용하여 연소효율을 높이기도 한다.

[표 2] **연료의 성분 분석표(한국석유공사 자료)**

유종/항목	비중	탄소	수소	황	질소	산소	기타	고열량	저열량	V	Mg/Na	Mi	Pb/Si	Ca/K
단위	15/4	wt.%	wt.%	wt.%	wt.ppm	wt.%	wt.%	cal/g	cal/g	wt.ppm	wt.ppm	wt.ppm	wt.ppm	wt.ppm
프로판	0.5070	81.80	18.19	0.0001	–	–	0.008	12,029	11,075	–	–	–	–	–
부탄	0.5790	82.75	17.23	0.0010	–		0.008	11,817	10,920					
납사	0.6841	84.23	15.72	0.030	–		0.005	11,415	10,621					
보통 휘발유	0.7278	83.77	14.88	0.011	–	1.33	0.005	11,287	10,526					
실내 등유	0.7974	85.94	14.03	0.002	–		0.02	11,065	10,356					
보일러 등유	0.8316	86.38	13.51	0.079	–		0.02	10,941	10,259					
경유 (0.003%)	0.8256	86.12	13.15	0.00163	119		0.02	10,970	10,280	0.2	–/0.4	0.1	–/0.1	0.1/–
경유 (0.05%)	0.8371	86.45	13.42	0.038	50		0.08	10,925	10,247	0.05	0.02/0.02	0.03	0.02/	0.02/0.02
경유 (1%)	0.8592	86.15	13.00	0.750	110		0.08	10,785	10,129	0.02	0.02/0.04	0.02	0.01/0.00	0.03/0.03
B-A (0.5%)	0.8823	86.27	12.63	0.310	900	0.5	0.08	10,739	10,097	2.3	0.1/1.7	2.0	0.05/0.1	0.9/0.3
LRFO B-B유	0.8926	86.30	12.45	0.330	1,500	0.5	0.27	10,699	10,065	4.5	0.1/1.6	9.7	0.05/0.1	0.8/0.3
B-C (0.3%)	0.9366	87.50	12.01	0.270	1,800	0.5	0.33	10,580	9,970	2.9	0.1/2.4	10.3	0.05/0.5	1.0/0.7
B-C (0.5%)	0.9369	86.72	11.77	0.450	1,800	0.5	0.35	10,519	9,919	7.6	0.1/2.5	19.9	0.3/1.1	1.0/0.7
B-C (1.0%)	0.9502	86.42	11.50	0.890	2,500	0.5	0.43	10,431	9,843	14.0	0.1/2.1	21.5	0.3/2.1	1.0/0.7
B-C (4.0%)	0.9598	84.89	11.14	2.720	2,500	0.5	0.49	10,242	9,673	46.0	0.1/3.2	24.0	0.1/2.3	1.5/0.7

※ 성분자료는 대표 물성치(Typical Data)이며 Guarantee 사항은 아니다. 따라서 상기 Data는 범위 내에서 시기와 환경에 따라 오차가 발생될 수 있다.

[표 3] 중유의 종류별 성질

구분	점도(cst)	발열량(kcal/kg)	비고
A중유	20	10,700	경유의 성분 70%와 중유의 성분 30%가 함유된 기름
B중유	50	10,500	경유의 성분 50%와 중유의 성분 50%가 함유된 기름
C중유	50~400	10,300	경유의 성분 30%와 중유의 성분 70%가 함유된 기름

[표 4] 중유 첨가제의 작용

항목	내용
연소 촉진제	분무를 양호하게 한다.
안정제(슬러지 분산제)	슬러지 생성을 방지한다.
탈수제	중유 속의 수분을 분리한다.
회분 개질제	회분의 융점을 높여, 고온부식을 방지한다.
유동점 강화제	중유의 유동점을 낮추어 송유를 양호하게 한다.

[표 5] 연료의 비열

액체연료	평균비열(kcal/kg ℃)	기체연료	평균비열(kcal/kg ℃)
석탄	0.25kcal	도시가스	0.34
중유	0.45kcal	LNG	0.38~0.42
등유, 경유, 원유	0.48~0.50kcal	LPG	0.7~1.0

[표 6] 액체연료의 특성

구분	휘발유	등유	경유	중유			메탄올	납사
				A	B	C		
비중(15/4℃)	0.65 ~0.78	0.78 ~0.83	0.82 ~0.86	0.85 ~0.95	0.91 ~0.93	0.93 ~1.00	0.793	0.67
인화점(℃)	~20	30~60	~11	60 이상	60 이상	70 이상	64.7	−20
착화점(℃)	500~550	400~500	592	−	530~580	−	473	−
비점범위(℃)	35~220	170~250	~300	−	250~350	−	64.65	−
증기압 (kg/cm^2)	0.85 이하	−	−	−	−	−	0.37	0.515
폭발한계(%)	−	1.16~6.0	~8.0	−	1.2~6.0	−	6.0~36.5	−
유동점(℃)	−	−	−18 이하	5 이하	10 이하	5~15	−	−
고위발열량 (kcal/kg)	11,000~ 12,000	10,000	9,000~ 10,000	10,700	10,500	10,250	5,365	11,528

구분		휘발유	등유	경유	중유			메탄올	납사
					A	B	C		
동점도(50℃) cst					20	50 이하	50～400		
조성	C	–	85.7	85.26	85.65	85.65	–	37.5	85
	H	–	14.1	10.26	13.46 (13)	12.57 (12)	(11)	12.5	15
	S	–	–	0.1～0.7	0.75	1.47	3.5	–	0.04
	W	–	0.004	–	0.006	0.012	0.10	0.5	–
	A	–	0.003	–	0.011	0.04	0.02	–	–
	N	–			0.05	0.13			

8 기체연료

1. 기체연료의 사용

(1) 일반적으로 보일러 연료의 경우 LNG(Liquefied Natural Gas)를 사용하고 있다. 배관을 통한 원활한 공급과 발열량 대비 저렴한 가격과 비중을 감안한 안전성 등 때문이다.

(2) 그럼에도 불구하고 부득이 LPG를 사용하는 곳도 있다.

① LNG가 공급되지 않기 때문이다.

② 대기오염물질 저감 및 환경 기준치에 대처하기 위함이다.

(3) 기업의 경제적 측면에서 액체연료와 목재를 사용하는 경우도 있다.

① 액체연료를 사용하는 경우는 LNG가 공급되지 않는 경우가 대부분이며, LPG 사용 시는 적잖은 연료비의 가중으로 인한 기업의 경제성 때문이다.

② 공정의 증기압력의 부하와 무관할 경우와 주변에 폐목에 많을 경우 펠릿 보일러나 폐목 보일러를 이용하여 일석이조의 효과를 도모할 수 있다.

2. 기체연료의 특징

(1) 연소효율이 좋고, 작은 공기비로 완전연소가 가능하다.

(2) 황분, 회분이 거의 없어 공해 및 전열면 오손이 없다.

(3) 가스폭발 위험성이 크고, 가격이 비싸다.

(4) 시설비가 많이 든다.

[표 7] LNG의 표준 조성

항목		인도네시아산(Pertamina)	알래스카산
조성	메탄(CH_4)	89.3	99.8
	에탄(C_2H_6)	8.6	0.1
	프로판(C_3H_8)	1.5	0
	기타	0.6	0.1
가스비중	(공기=1.0)		
비점	℃	0.625	0.55
액밀도	kg/L	−162	−162
발열량	kcal/kg	0.46	0.425
	kcal/Nm^3	10,500	9,500

Exercise 01

LNG의 비중이 0.8088kg/Nm^3일 때 LNG 10,000Nm^3의 실제 중량(kg)은?

풀이 10,000Nm^3 × 0.8088kg/Nm^3 = 8,088kg

9 연료의 경제성 검토

1. 지역별 환경 규제치를 고려하여 대처한다.
   (1) 청정연료 사용 지역, 배출 허용기준, 탄소 배출량, TMS, 환경친화기업 등을 고려한다.
   (2) 연료의 특성을 고려한다.
      ① 부생연료의 경우 연료가 통과하는 곳에 고무호스나 Packing 등의 고무부분이 손상될 수 있으므로 실리콘 및 석면 재질의 교체를 고려하여야 한다.
2. 연료별 단가, 열량을 표로 정리하고 경제성을 검토한다.
3. [표 8]의 원당 발생하는 열량으로 경제성을 파악한다.
   (1) 단위당(원) 열량이 많을수록 경제적이다.
   (2) 발열량도 중요하지만 연료가 얼마나 잘 타서 완전연소하는가가 관건이다.
      ① 정제유(폐유 또는 폐윤활유를 정제한 것)는 발열량이 일정치 않고, 발열량이 높아도 완전연소가 되지 않는 경우가 있다. 따라서, 발열량이 높더라도 보일러 연소효율이 낮거나 보일러 효율이 떨어지면 의미가 없는 것이다.
   (3) 소요금액(원)이 차지하는 연료별 열량(kcal/원)을 산출한다.

(4) 환경규제와 관련하여 방지시설 설치 · 운영비 및 TMS, 탄소 배출량에 대한 대책 강구 등 감가상각비를 검토한다.

① 냉철한 판단과 역지사지(易地思之) 측면에서의 주인의식이 중요하다.

② 여론 및 정보수집 등 충분한 검토가 필요하다.

[표 8] **연료의 선택 및 경제성 검토(파악)**

구분	단위	단가 (VAT 별도)	저위발열량	경제성 (kcal/원)	탄소배출계수 (tC/TOE)
LNG	Nm^3	660	9,290	14.08	0.641
LPG	Nm^3	930	13,950	15.00	0.737
경유	L	1,000	8,410	8.41	0.846
부생유	L	?	8,260	?	0.825
목재(펠릿)	kg	250	4,500	18	0

- 연료의 저위발열량은 에너지이용 합리화법 별표를 참고하였음
- LNG의 경우 지역, 공급관의 거리, 기업의 연료 사용량에 따라 단위당 단가는 달라질 수 있음
- 원당 열량(kcal)이 높으면 경제성이 있으며, 여기에 환경 측면을 감안하여 선택
- 상기 표는 참고용으로 단가 변동에 따라 내용이 달라질 수 있음
- 탄소배출계수, 부하대응, 인력손실 등 경제성을 감안하여 선택

4. 현재 사용하고 있는 경유 연료를 LNG 연료로 대체할 경우에 대한 소요금액 산출 방법

(1) 발열량 대비 연료 대체 효과율(%)

=[1−(경유 발열량÷LNG 발열량)]×100%

=[1−(8,410kcal/L÷9,290kcal/Nm^3)]×100%

=9.47% 증가

(2) 금액 대비 효과율(%)

=[1−(경유 연료금액÷LNG 연료금액)]×100%

=[1−(1,000원/L÷660원/Nm^3)]×100%

=51.52% 증가

10 종합정리

[표 9] 연 600,000L의 경유를 사용하던 것을 청정연료인 LNG로 대체할 경우

구분	사용량	소요금액	비고
기존 (경유)	600,000L	600,000,000원	① 기존의 소요금액을 산출한다. 600,000L×1,000원/L =600,000,000원 ② 기존연료에 대한 소요열량을 산출한다. 600,000L×8,410kcal/L =5,046,000,000kcal
LNG	543,164Nm^3	358,488,240원	① 대체연료로 환산하여 소요량을 산출한다. 5,046,000,000kcal÷9,290kcal/Nm^3 =543,164Nm^3 ② 대체연료의 소요금액을 산출한다. 543,164Nm^3×660원/Nm^3 =358,488,240원
정리		241,511,760원 감소	① 연료 대체에 따른 소요금액의 증감을 산출(파악)한다. 600,000,000원−358,488,240원 =241,511,760원 LNG 연료가 241,511,760원(40.25%) 절약된다. ② 소요되는 열량은 동일한 조건으로 산정한다. ③ 보일러 효율은 대동소이하므로 무시한다. ④ 연료 대체로 인한 부대효과를 감안한다. • 폐열 회수 이용 • 관계법 규제 관련 • 인력손실 ⑤ 기타, 연료 대체로 인한 버너 교체 및 배관 교체 등 제반 투자에 대한 감가상각비를 감안한다.

1. 오존층 파괴, 저탄소 녹색성장, 탄소 배출량 감소 등 국내외적 환경변화에 따라 청정연료에 관심을 쏟고 있다.
2. 청정연료로 대체하는 방법이 좋겠으나, 기업의 내부적 환경도 무시할 수 없다.
3. 조직의 일익을 담당하는 입장에서 책임의식과 사명감으로 보다 냉철히 생각하고 판단하여야 한다. 자신의 편의와 안일한 사고에 안주해서는 안 되며, 기업과 국가적 차원에서의 긴 안목으로 판단하고 실천하여야 한다.
4. 연료의 대체는 환경적 측면에서 필연적이며, 경제성에 의한 최후의 수단이어야 한다.

5. 에너지를 담당하고 관리하는 자는 먼저 에너지를 절감하여 탄소 배출량을 감소하는 데 전력을 다하여야 한다.
6. 연료를 대체할 경우에는 연소장치인 버너도 함께 교체하여야 하므로, 이에 따른 적절한 선택이 중요하다.
   (1) 버너는 가급적 이론공기량에 근사한 공기로 완전연소화함으로써 연소효율을 향상시키고, 대기오염물질의 감소에도 밀접한 관련이 있기 때문에 처음 선택이 매우 중요하다.
   (2) 좋은 버너는 대체로 비싸므로, 투자 대비 효과에 대한 경제성을 파악하여 이해와 설득이 필요하다.

PART 01
PART 02
PART 03
PART 04
PART 05
PART 06

산업용 보일러

SECTION

01 보일러 배기폐열 회수로 급기 승온

1 현황 및 문제점

가동 중인 보일러 4대 모두 폐열회수설비인 절탄기가 부착되어 있으나 공기예열기는 없으며, 연료 사용량이 가장 많은 3호기의 경우 절탄기 후단 배기가스 온도가 155.3℃로 높아 열손실이 발생하고 있다.

[표 1] **보일러별 연료 사용량 및 가동시간**

구분	1호 보일러 (20ton/h)	2호 보일러 (10ton/h)	3호 보일러 (10ton/h)	4호 보일러 (5ton/h)	비고
LNG 사용량(Nm^3/년)	809,885	330,571	1,188,306	712,268	합계 3,041,030
가동시간(h/년)	1,097	1,021	2,914	4,083	평균 2,279

[그림 1] **3호 보일러 및 연도의 모습**

2 개선방안

가동시간이 긴 3호 보일러 배기연도에 공기예열기를 설치해 급기공기 온도를 승온하여 에너지를 절감하며, 설치공간이 크지 않으므로 일반 현열교환기보다 부피가 작은, 히트파이프 열교환기 설치를 고려한다.

[표 2] **히트파이프 열교환기**

구성 및 원리	구조
• 히트파이프는 파이프, 상변화를 통해 열을 운반하는 작동유체, 모세관 압력을 통해 작동유체를 증발부로 보내는 윅으로 구성되어 있다. • 외부의 열은 히트하이프 증발부에 전달되어 증발부의 작동유체가 열을 흡수하여 기체상태로 되어 응축부로 이동하고, 응축부에서 열을 외부에 방출하고 다시 액체로 변해 증발부로 이동을 반복함으로써 구리보다 월등한 열전도 성능을 보인다.	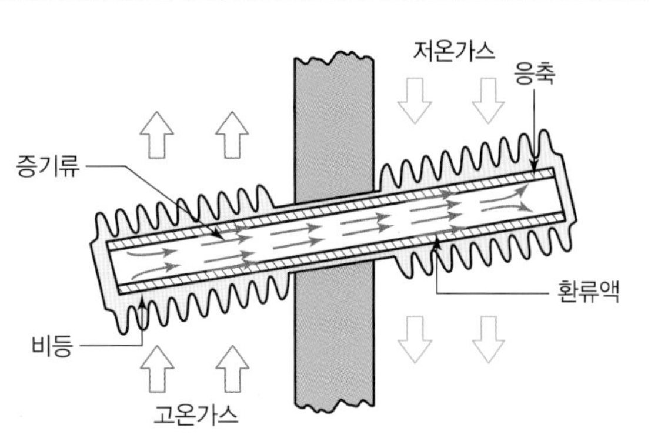

(a) 히트파이프형 공기예열기

(b) 히트파이프형 공기예열기 부착 예

[그림 2] **히트파이프형 공기예열기 설치 예**

3 기대효과

1. 3호 보일러 배기폐열 회수가능열량(kcal/Nm³)

$=\{G_0+(m_2-1)\times A_0\}\times C_g\times(t_{g1}-t_{g2})\times a$

$=\{11.56+(1.09-1)\times 10.47\}\times 0.33\times(155.3-90)\times 0.9$

$=242.47\text{kcal/Nm}^3$

※ 공기예열기 효율 등을 고려해 안전율 10%를 적용한다.

2. 급기공기 승온가능온도(℃)

= 회수가능열량(kcal/Nm³) ÷ (이론공기량 × 공기비 × 공기 비열)

= 242.47 ÷ (10.47 × 1.09 × 0.31) = 68.54℃

※ 공기예열기 설치 시 급기온도는 93.54℃로 승온한다.

3. 현열 열교환기 면적(m^2)

$$=\frac{\text{회수가능열량(kcal/h)}}{\text{총괄전열계수}(\text{kcal/m}^2\ \text{h}\ ℃)\times\text{대수평균온도차}(℃)}$$

$$=\frac{407.79\times 242.47}{25\times\frac{(65-61.86)}{\ln\frac{65}{61.86}}}=62.37\text{m}^2$$

(1) 현열 열교환기의 면적은 62.37m^2이나, 히트파이프형 열교환기 용량은 여유분을 고려해 100,000kcal/h로 한다.

(2) 연료 사용량은, 3호 보일러 연간 연료 사용량 1,188,306Nm^3/년을 가동 시간 2,914h/년으로 나눈 값을 적용한다.

연료 사용량=1,188,306Nm^3/년÷2,914h/년=407.79Nm^3/h

(3) 열교환기의 총괄전열계수는 25kcal/m^2 h ℃를 적용한다.

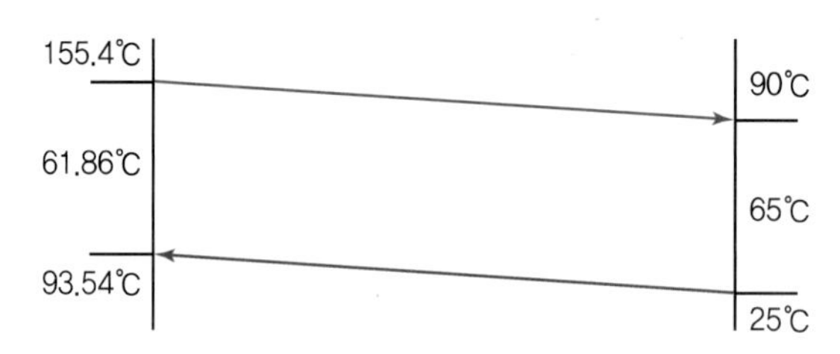

[그림 3] **대수평균온도차**

4. 연간 연료 절감량(Nm^3/년)

=절감열량×3호 보일러 연료 사용량÷3호 보일러 입열

=242.47kcal/Nm^3×1,188,306Nm^3/년÷9,356.94kcal/Nm^3

=30,793Nm^3/년=31.69TOE/년=1.33TJ/년

5. 절감률(%)

=절감량(TOE/년)÷공정 에너지 사용량(TOE/년)×100%

=31.69TOE/년÷3,240.06TOE/년×100%

=0.98%(총 에너지 사용량 대비 0.17%)

공정 에너지 사용량 3,240.06TOE/년은 총 연료 사용량이다.

6. 연간 절감금액(천원/년)

=절감량×LNG 연료 단가

=30,793Nm^3/년×559.49원/Nm^3

=17,228천원/년

7. 탄소배출 저감량(tC/년)

=저위발열량 기준 절감량(TOE/년)×탄소배출계수(tC/TOE)

=28.61TOE/년×0.639tC/TOE

=18.28tC/년

4 경제성 분석

1. 투자비

[표 3] **항목별 투자비** (단위 : 천원)

항목	단위	개선안			비고
		단가	수량	계	
공기예열기	1식	50,000	1대	50,000	
계				50,000	설치비 포함

2. 투자비 회수기간

=투자비(천원)÷연간 절감금액(천원/년)

=50,000천원÷17,228천원/년

=2.9년

SECTION

02 배기가스 폐열 회수로 보일러 급수온도 승온

1 현황 및 문제점

보일러에 공기예열기를 설치하여 폐열을 회수 이용하고 있으나, 1차 공기예열 후 배출되는 배기가스 온도가 평균 161.35℃로 비교적 높은 편이며, 가동시간이 7,368h/년으로 길어 배기에 의한 열손실이 발생하고 있다. 응축수는 전량 회수하고 있으나, 공조기 가습 및 재증발증기에 의한 유실 등으로 보일러 급수온도는 약 60℃이며, 보일러의 평균 부하율은 14.03%이다.

[그림 1] 보일러실 연도의 모습

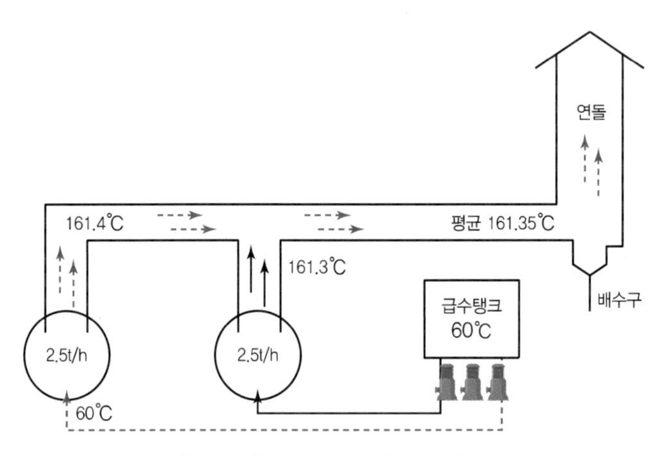

[그림 2] 보일러실 배치 단면도

2 개선대책

일반적으로 배기가스 보유 폐열을 회수하여 이용함으로써 급수온도를 6.4℃ 높일 경우, 연료 약 1% 정도가 절감된다.

참고

1. 배기가스 폐열을 회수하는 방안
   (1) 공기예열기를 설치하여 연소용 공기를 예열하는 방안
   (2) 절탄기(Economizer)를 설치하여 급수를 승온하는 방안

2. 보일러 급수온도를 승온하는 방안
   (1) 응축수 회수 이용을 증대하는 방안
   (2) 절탄기(Economizer)를 설치하여 급수를 승온하는 방안
   (3) 보일러 상하분출수의 포화수 열온을 회수하는 방안
   (4) 이 밖에 급수탱크의 내부를 개선하여 상부수를 이용하는 방안 등이 있다.

본 진단에서는 사용연료가 LNG이며, 급수온도가 60℃로 비교적 낮고, 연도가 횡렬로 설치되고 최종 연돌부문에 급수탱크가 설치된 좋은 조건임을 감안하여, 연도 후미에 절탄기를 1개만 부착하여 보일러 급수를 예열해 에너지를 절감하는 방안을 제시한다.

[표 1] **배기가스 온도 및 연소가스 측정치**

항목	단위	1호기	2호기
배가스 온도	℃	161.4	161.3
배가스 O_2 농도	%	6.8	4.3
공기비	m	1.48	1.26
배가스 CO 농도	ppm	529	614

1. 연도 최종부위의 배기가스 평균온도는 161.35℃이며, 연돌은 스테인리스 재질로 부식의 우려가 없으므로, 급수예열 후 배가스 온도를 약 90℃로 배출하도록 한다.
2. LNG 연소 시 배기가스의 노점온도는 55℃이나, 온도가 90℃ 이하 시 발생할 수 있는 결로현상에 의한 응축수는 연돌의 하부에 설치된 드래인 장치를 이용하여 자연 배출하도록 한다.

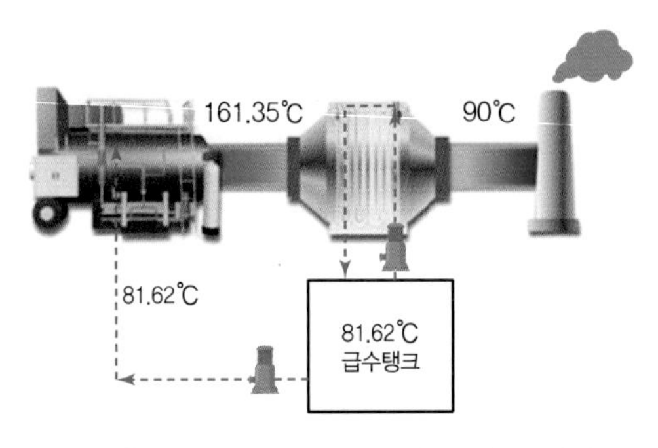

[그림 3] **보일러실 연도 및 급수예열기 설치도**

3 기대효과

1. 배기폐열 회수가능열량(kcal/Nm³)

$= \{G_0 + (m_2 - 1) \times A_0\} \times C_g \times (t_{g1} - t_{g2}) \times a$

$= \{11.86 + (1.2 - 1) \times 10.75\} \times 0.33 \times (161.35 - 90) \times 0.9$

$= 296.89\text{kcal/Nm}^3$

※ 안전율을 고려해 절탄기 효율 90%를 적용한다.

2. 보일러 급수 승온가능온도(℃)

$=$ 배기폐열 회수가능열량$(\text{kcal/Nm}^3) \times$ 연료 사용량(Nm^3/h)

$\div$ {급수량(kg/h) × 물의 비열(kcal/kg ℃)}

$= 296.89\text{kcal/Nm}^3 \times 34.02\text{Nm}^3/\text{h} \div (467.09 \times 1)$

$= 21.62$℃

(1) 시간당 연료 사용량

= 보일러용 연간 총 연료 사용량 ÷ 연간 가동시간

$= 250{,}654\text{Nm}^3$/년 $\div 7{,}368\text{h}$/년 $= 34.02\text{Nm}^3/\text{h}$

(2) 시간당 급수량

= 시간당 연료 사용량 × 보일러 평균 증발배수

$= 34.02\text{Nm}^3/\text{h} \times 13.73\text{kg/Nm}^3$ 연료

$= 467.09\text{kg/h}$

(3) 연간 가동시간

= 307일/년 × 24h/일

= 7,368h/년

※ 근무일 307일(일요일 52일, 명절 6일 제외), 일 24시간 가동

3. 열교환기 면적(m^2)

$$= \frac{\text{회수가능열량(kcal/h)}}{\text{총괄전열계수(kcal/m}^2\text{ h ℃)} \times \text{대수평균온도차(℃)}}$$

$$= \frac{296.89 \times 34.02}{50 \times \dfrac{(79.73 - 30)}{\ln \dfrac{79.73}{30}}}$$

$= 3.97m^2$

※ 열교환기의 총괄전열계수는 50kcal/m^2 h ℃를 적용한다.

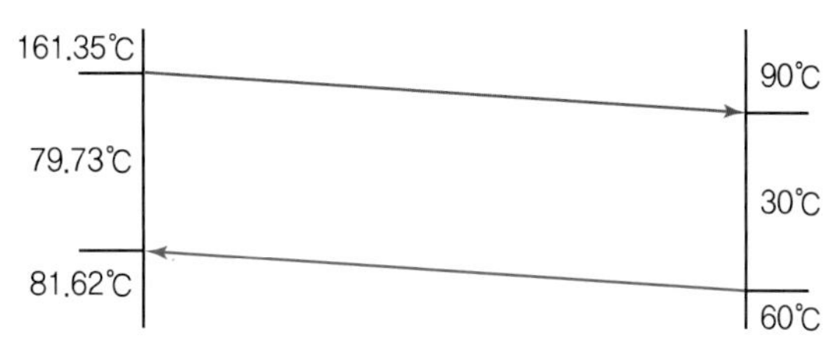

[그림 4] **대수평균온도차**

4. 연간 연료 절감량(Nm^3/년)

= 절감열량(kcal/Nm^3) × 연간 연료 사용량(Nm^3/년)
÷ 보일러 평균입열량 ÷ 보일러 평균효율

= 296.89 × 250,654Nm^3/년 ÷ 9,559.93kcal/Nm^3 ÷ 83.99/100

= 9,268Nm^3/년 = 9.78TOE/년 = 0.41TJ/년

※ 보일러 입열량과 보일러 효율은 열정산에 의한 평균치를 적용한다.

5. 절감률(%)

= 절감량(TOE/년) ÷ 공정 에너지 사용량(열 + 전기)(TOE/년) × 100%

= 9.78TOE/년 ÷ 403.41TOE/년 × 100%

= 2.42%(총 에너지 사용량 대비 0.39%)

(1) 공정 에너지 사용량

= 보일러 연료 사용량(TOE/년) + 보일러 전력 사용량(TOE/년)

= 264.44TOE/년 + 138.97TOE/년

= 403.41TOE/년

6. 연간 절감금액(천원/년)

= 연간 연료 절감량(Nm^3/년) × 적용 LNG 단가(원/Nm^3)

= 9,268Nm^3/년 × 764.07원/Nm^3

= 7,081천원/년

7. 탄소배출 저감량(tC/년)

= 절감량(TOE/년) × 탄소배출계수(tC/TOE)

= 9.78TOE/년 × 0.637tC/TOE

= 6.23tC/년

4 경제성 분석

1. 투자비

[표 2] **항목별 투자비** (단위 : 천원)

항목	단위	개선안			비고
		단가	수량	계	
절탄기 설치	1식	20,000	1대	20,000	
계				20,000	시공비 포함

2. 투자비 회수기간

= 투자비(천원) ÷ 연간 절감금액(천원/년)

= 20,000천원 ÷ 7,081천원/년

= 2.82년

SECTION

03 보일러 배기가스 온도 적정 유지로 열손실 방지

1 개요

기준 · 목표 배가스 온도 및 기준 · 목표 폐열 회수율은 에너지관리기준 별표 8에서 [표 1] 및 [표 2]와 같이 규정하고 있다.

[표 1] 보일러의 기준 및 목표 배가스 온도 (단위 : K(℃))

구분	고체연료		액체연료		기체연료		고로가스 기타 부생가스	
	기준	목표	기준	목표	기준	목표	기준	목표
발전용	433 (160)	423 (150)	433 (160)	418 (145)	383 (110)	383 (110)	473 (200)	463 (190)
증발량 20t/h 이상	473 (200)	453 (180)	473 (200)	443 (170)	443 (170)	423 (150)	473 (200)	463 (190)
증발량 5t/h 이상 ~ 20t/h 미만	523 (250)	493 (220)	493 (220)	463 (190)	463 (190)	443 (170)	–	–
증발량 5t/h 미만	–	–	523 (250)	493 (220)	493 (220)	473 (200)	–	–

비고

1. 이 표의 배가스 온도의 값은 외기온도 293K(20℃), 부하율 75~100%로서 연소할 때 보일러 출구(폐열을 회수하는 설비가 설치되어 있을 때는 당해 설비의 출구)에서 측정되는 배가스 온도에 관해 정한 것이다.
2. 고체연료에 관한 표준 배가스 온도의 값은 저위발열량 20,934kJ/kg(5,000kcal/kg) 이상의 역청탄을 사용해서 미분탄 연소를 할 때의 배가스 온도에 관해 정한 것이다.
3. 이 표의 표준 배가스 온도의 값은 다음의 보일러의 배가스 온도에 대해서는 표준으로 하지 않는다.
   (1) 전열면적 $14m^2$ 이하이고 최고사용압력이 0.35MPa(3.5kgf/cm^2) 이하의 온수 보일러 및 0.5t/h, $5m^2$ 이하 소용량 보일러(절탄기 전열면적 포함)
   (2) 설치 후 연료전환을 위해 개조를 한 것

(3) 톱밥, 나무껍질, 슬러지, 폐타이어, 기타의 산업폐기물과 연료를 혼소하는 것
(4) 유독가스를 처리하기 위한 것
(5) 폐열을 이용하는 것
(6) 통풍방식이 자연 통풍식인 것
(7) 연간 운전시간이 1,000시간을 초과하지 않는 것

[표 2] 공업로의 기준 및 목표 폐열 회수율

배가스 온도 K(℃)	용량 구분	폐열 회수율 (%)		참고			
				폐가스 온도 K(℃)		예열공기 온도 K(℃)	
		기준	목표	기준	목표	기준	목표
773(500) 미만	A,B	25	30	563(290)	543(270)	403(130)	423(150)
773(500) 이상 ~ 873(600) 미만	A,B	25	30	623(350)	598(325)	423(150)	448(175)
873(600) 이상 ~ 973(700) 미만	A	35	35	623(350)	573(300)	498(225)	498(225)
	B	30	30	653(380)	653(380)	473(200)	473(200)
	C	25	25	683(410)	683(410)	448(175)	448(175)
973(700) 이상 ~ 1,073(800) 미만	A	35	35	673(400)	673(400)	533(260)	533(260)
	B	30	30	703(430)	703(430)	503(230)	503(230)
	C	25	25	733(460)	733(460)	473(200)	473(200)
1,073(800) 이상 ~ 1,173(900) 미만	A	40	40	693(420)	693(420)	593(320)	593(320)
	B	30	35	753(480)	738(465)	533(260)	573(300)
	C	25	30	793(520)	753(480)	493(220)	533(260)
1,173(900) 이상 ~ 1,273(1,000) 미만	A	45	50	703(430)	703(430)	663(390)	663(390)
	B	35	40	773(500)	738(465)	593(320)	628(355)
	C	30	35	813(540)	773(500)	553(280)	593(320)
1,273(1,000) 이상	A	45	50	–	–	–	–
	B	35	40				
	C	30	35				

비고
1. 배가스 온도는 로 본체 출구에서의 배기가스 온도를 말한다.
2. 공업요로의 용량구분은 다음과 같다.
   (1) A : 정격용량이 23.2MW(2,000만 kcal/h) 이상인 것

(2) B : 정격용량이 5.8MW(500만 kcal/h) 이상 23.2MW(2,000만 kcal/h) 미만인 것
(3) C : 정격용량이 1.16MW(100만 kcal/h) 이상 5.8MW(500만 kcal/h) 미만인 것

3. 이 표의 표준 폐열 회수율은 정격부하 부근에서 연소를 할 때 로에서 배출되는 배가스의 현열량에 대한 회수열량의 비율에 관해 정한 것이다.
4. 이 표에 나타낸 기준 및 목표 폐열 회수율은 1990년 1월 1일 이후에 설치된 연속 공업로에 대해서 적용한다.
5. 이 표의 표준 폐열 회수율의 값은 다음의 공업요로에 대해서는 적용하지 않는다.
   (1) 정격용량이 1.16MW(100만 kcal/h) 미만인 것
   (2) 연간 운전시간이 1,000시간을 초과하지 않는 것
   (3) 산화 또는 환원을 위해 특정 분위기를 필요로 하는 것
   (4) 발열량이 900kcal/Nm^3 이하의 부생가스를 연소시키는 것
6. 참고로 나타낸 폐가스 온도 및 예열공기 온도 값은 기준 및 목표 폐열 회수율로 폐열을 회수하였을 때의 다음 조건에서 산출한 값이다.
   (1) 로 출구에서 공기예열용 열교환기까지의 방열손실 등에 의한 온도강하 : 20%
   (2) 열교환기의 방산열 : 5%
   (3) 외기온도 : 293K(20℃)
   (4) 공기비 : 1.2
   (5) 연료 : 중유

2 보일러의 배기가스 온도

1. 배기가스 온도

연료의 에너지를 열에너지로 전환하는 과정에서 부득이 배기가스에 대한 열손실이 발생하게 된다. 배기가스가 보유하고 있는 열의 온도는 보일러의 내부 에너지가 보유하는 있는 포화압력에 따라 다르며, 이 밖에 스케일 및 그을음의 부착 및 두께에 따라 다르다.

(1) 증기압력이 높으면 포화온도가 높아지며 이에 따른 배기가스 온도도 올라가게 되므로 압력별 포화온도를 숙지하고 상용압력을 높게 운용할수록 폐열 회수에 각별한 관심을 갖고 대책을 강구해야 한다.
(2) 포화온도 대비 지나친 배기가스 온도 상승의 주요 원인은 전열면적 대비 운전부하율, 내부 수실의 스케일 상태, 연관의 그을음 상태, 노 내의 압력, 배기가스 온도계의 고장 등으로 정리할 수 있다.
(3) 이에 따른 배기가스의 손실이 많을수록 보일러의 효율은 낮아지게 된다.

[표 3] **보일러의 적정 배기가스 온도**

<table>
<tr><th>구분</th><th>내용</th><th>비고</th></tr>
<tr><td>보일러 성능이 좋은 경우</td><td>포화수온도+50℃ 이하</td><td rowspan="3">예 : 게이지압력 5kg/cm²일 때 포화수 온도는 158.08℃이므로
158.08℃+50℃=약 209℃로 양호</td></tr>
<tr><td>보일러 성능이 보통</td><td>포화수온도+50~100℃ 이하</td></tr>
<tr><td>보일러 성능이 불량</td><td>포화수온도+100℃ 이상</td></tr>
</table>

2. 적정 압력

(1) 증기압력을 너무 낮게 운용하여도 캐리오버의 발생률이 높아져 증기의 건도 저하에 의한 품질 저하로 열사용설비의 효율을 저하하게 되므로 적정 압력을 유지하여야 한다.

(2) 여기서 적정 압력이라 함은 보일러의 최고사용압력의 약 70~80% 정도이다.

3 배기가스 온도 상승원인 파악

1. 전열면적에 의한 배기가스 온도 상승

일반적으로 보일러는 1t/h당 전열면적을 18m²로 설계하므로, 10t/h 보일러의 경우 전열면적은 180m² 정도가 적정하다고 할 수 있다. 전열면적이 작으면 국부에 미치는 영향이 커져 과열되기 쉽고 자연히 배기가스 온도는 상승하게 된다.

2. 보일러 부하율에 의한 배기가스 온도 상승

(1) 보일러 용량 대비 정확한 부하율인지의 여부를 확인하여야 한다.

(2) 외형상 80% 부하율로 알고 있지만 실제로는 100%를 넘게 사용할 수도 있다.

(3) 이 경우 연료공급량 대비 전열면적의 불합리로 배기가스 온도가 상승하게 된다.

3. 스케일 및 그을음 부착에 의한 열전도 장애로 인한 배기가스 온도 상승

(1) 내부 수실의 연관이나 노통에 스케일이 많으면 열전도율 저하로 배기가스 온도가 올라간다.

(2) 그을음 또한 열전도율을 저하시키므로 배기가스 온도가 올라간다.

(3) 그을음은 가연성 탄화수소가 연소할 때에 생긴다.

① 액체연료에는 일반적으로 잔류탄소가 함유되어 있고, 그 양은 중질유일수록 많은 경향이 있다.

② 산소 농도와 공연비의 영향으로 연료와 공기가 각각 분리되어 공급되므로 혼합 특성이 불량하게 되면 그을음이 많이 생긴다.

③ 불활성 기체의 영향으로 연소용 공기 중에 질소, 아르곤, CO_2 등의 불활성 기체를 혼입하면 그을음의 발생량이 감소된다.

④ 분무입자 크기의 영향으로 분무입자가 연소되는 데 필요한 시간은 그 직경의 제곱에 비례하므로 유적의 직경이 3배로 증가하면 연소시간은 9배로 길어진다. 그러므로 분무 연소 시에 무화가 불량하여 입자가 크게 되면 입자가 연구실의 출구에 도달할 때까지 연소를 완료하지 못하므로 이 면분이 냉각되어 그을음이 된다.

[표 4] **보일러 Scale 두께에 따른 연료 손실률**

Scale 두께(mm)	0.5	1	2	3	4	5	6
연료의 손실률(%)	1.1	2.2	4.0	4.7	6.3	6.8	8.8

[표 5] **그을음 부착에 의한 연료 손실률**

그을음 두께(mm)	0.5	0.8	1.6	3.2
연료의 손실률(%)	1.4	2.2	4.5	8.2

4. 통풍장치 불합리 및 노 내압 상승으로 인한 배기가스 온도 상승

(1) 전열면 열부하에 의한 노 내의 압력이 높아도 원인이 된다.

(2) 보일러 방지시설의 설치의 불합리에도 노 내압이 상승할 수 있다. 따라서, 보일러의 부대설비 및 방지시설을 설치하거나 교체할 경우에는 용도에 적합한지의 여부를 세심하게 파악하여야 한다.

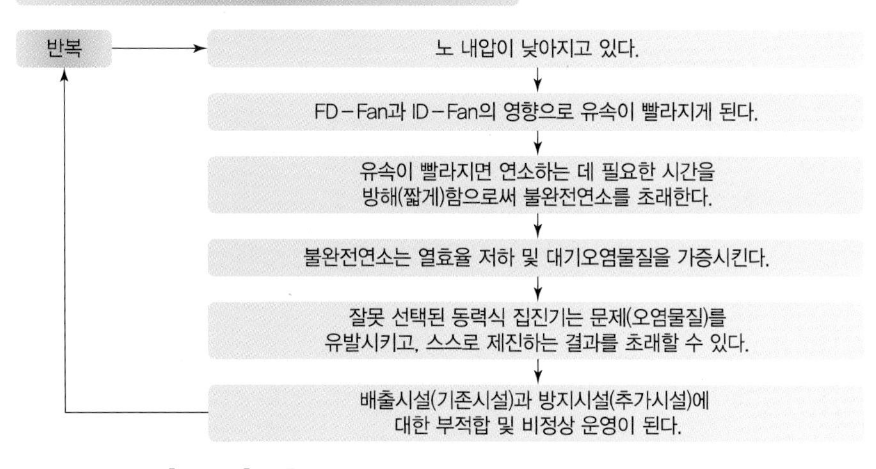

[그림 1] **비합리적인 방지시설 설치에 대한 문제점 검토**

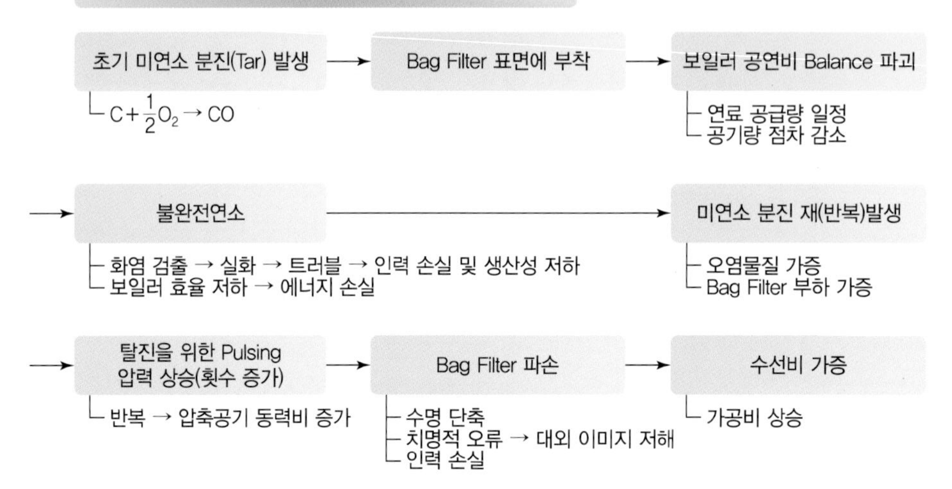

[그림 2] **비합리적인 방지시설 설치에 대한 문제점 검토**

5. 기타 : 배기가스 온도계의 고장으로 인한 배기가스 온도 상승
   (1) 배기가스 온도계가 고장은 아닌지도 점검해 볼 필요가 있다.
   (2) 계측기기는 정확성, 정밀성에 대한 신뢰성이 있어야 한다.
   (3) 에너지관리자는 계측기기를 항상 주시하고, Data 관리에 주력하여야 하며, 고장 난 계측기기는 교체하여야 한다.

4 개선대책

1. 보일러 급수(용수)관리 철저로 Scale 생성을 억제 · 감소한다.
2. 주기적 화학세관 실시로 부착된 Scale 및 그을음을 제거한다. 이 경우에도 다량의 과잉공기를 공급하면 그을음이 생기지 않게 된다.
3. 연료의 완전연소로 그을음의 생성을 억제한다.
4. 고장 난 계측기기는 교체한다.
5. 통풍시스템의 변경 시는 치밀한 검토를 실시하고, 부득이한 경우 노 내압 조절장치를 설치한다.
6. 폐열회수장치를 설치하여 폐열(배기가스열)을 최대한 회수 이용한다.
   (1) 폐열(배기가스열) 회수방법은 공기예열, 보일러 급수예열, 급탕제조 및 승온 등이 있으며, 연료의 성상 및 주변 여건에 따라 활용하는 방법과 최종 배기가스 온도도 달라져야 한다.
   (2) 이를테면, 액체연료를 사용하는 경우에는 연료의 성상에 따라 최고 4%까지의 S(유황) 성분을 함유하고 있어 다음과 같은 화학반응식에 의하여 저온부식이 발생하므로 급수예열(절탄기 : Economizer)의 검토 시 매우 신중을 기하여야 한다.

$$S + O_2 \rightarrow SO_2 + \frac{1}{2}O_2 \rightarrow SO_3(\text{무수황산}) + H_2O \rightarrow H_2SO_4(\text{황산})$$

① 저온부식(H_2SO_4)은 약 150～180℃에서 발생하며, 액체유를 사용하는 보일러의 경우 절탄기 부분의 하부 쪽으로 결로가 흘러나오는데, 이때 연소가스 성분 중 황 성분의 노점온도는 약 158℃ 전후로 발생하여 응축수가 나오게 된다.

② 연소가스 중 황산가스가 전열면에 응축하기 시작하는 온도를 산노점(酸露點)이라 한다.

③ 연소가스 중에 생성되는 SO_3(무수황산)의 양, 노점 및 부식량은 연료 중의 황분, 공기비, 화염온도, 수증기량, 보일러 구조 등에 달라진다.

④ 따라서 액체연료를 사용하는 경우는 공기예열에 의한 폐열 회수를 이용하도록 권장한다. 참고로, SOx 농도와 노점(D.P : Dew Point)의 관계는 [표 6]과 같다.

[표 6] **도표에 의한 계산**

S 함량	SO_2 발생량(ppm)	SO_3 발생량(ppm)	노점(D.P)
0.01	5	0.3	107.57
0.05	26	1.3	119.32
0.1	52	2.6	124.38
0.2	103	5.2	129.44
0.4	206	10.3	134.50
0.5	258	12.9	136.13
1	515	25.8	141.19
1.5	773	38.6	144.15
2	1,030	51.5	146.25
2.5	1,288	64.4	147.88
3.0	1,545	77.3	149.21
3.5	1,803	90.1	150.33
3.75	1,931	96.6	150.84

※ 노점(D.P) $= 117.4 + \log(26 \times S) \times 16.81$

7. 교과서 측면에서 과열기 → 재열기 → 절탄기 → 공기예열기 순으로 회수 이용을 권장하고 있으나 보일러의 용도 및 현상에 따라서 달라진다.
8. 일반적으로 증기를 이용한 발전용으로 터빈을 가동하고자 하는 경우는 부식의 방지 차원에서 과열기나 재열기를 사용하게 된다. 산업용의 경우는 급수의 예열과 공기예열로 인한 에너지의 절감 차원에서 절탄기와 공기예열기를 사용하고 있다.
9. 절탄기 및 공기예열기의 경우도 연료의 성상에 따라 용도가 다르게 되므로 숙지하여 합리적이고 효율적으로 회수 이용하여야 한다.

SECTION
04 보일러 배기가스 폐열 회수로 에너지 절감

1 현황 및 문제점

열정산 결과 분석에서 알 수 있는 바와 같이 1, 2호 보일러의 배기가스 온도가 각각 평균 180.2℃와 228.6℃로 높고 이로 인하여 배기가스 손실열이 크게 발생하고 있다.

[표 1] **배가스 온도 측정 결과**

항목	단위	1호기	2호기
배가스 온도	℃	180.2	228.6
배가스 열손실률	%	9.71	10.8

2 개선대책

1. 일반적으로 배기가스 보유 폐열을 회수하여 이용함으로써 배기가스 배출온도를 25℃ 낮출 경우 연료의 약 1% 정도가 절감된다. 보일러 연료로 LNG(천연가스)를 사용하고 있어 연료 중에 유황(S) 성분이 거의 포함되어 있지 않기 때문에 저온부식 등의 문제가 없으므로, 폐열회수장치를 설치하여 배기가스 배출 온도를 110℃ 정도까지 낮추어 운전하는 것이 바람직하다.
2. 배기가스 폐열을 회수하는 방안으로는 공기예열기를 설치하여 연소용 공기를 예열하는 방법, 절탄기(Economizer)를 설치하여 급수를 승온하는 방법, 급탕을 제조하는 방법 등이 있다. 현재 공기예열기와 절탄기가 모두 설치되어 있지 않으나, 보일러 급수의 경우 응축수를 전량 회수하여 보일러 급수에 활용하고 온도가 비교적 높으므로, 공기예열기를 설치하여 연소용 공기를 승온 공급함으로써 에너지를 절감한다.

[표 2] 측정 Data

구분	단위	측정치	비고
개선 후 공기비(m_2)		1.3	기준 공기비 적용
이론연소공기량(A_0)	Nm^3/Nm^3	10.75	
이론배가스량(G_0)	Nm^3/Nm^3	11.86	
배가스의 평균비열(C_g)	kcal/Nm^3 ℃	0.33	
개선 전 배가스 온도(t_{g1})	℃	180.2	1호 보일러 평균
개선 후 배가스 온도(t_{g2})	℃	110	
적용률(α)		0.9	열교환기에서의 열손실율을 10%로 가정

3 기대효과

1. 절감열량(kcal/Nm^3) – 보일러 1호기

$$=\{G_o+(m_2-1)\times A_o\}\times C_g\times(t_{g1}-t_{g2})\times a$$

$$=\{11.86+(1.3-1)\times 10.75\}\times 0.33\times(180.2-110)\times 0.9$$

$$=314.5\text{kcal/Nm}^3$$

여기서, Q : 배기가스 회수열량(절감열량)(314.5kcal/kg)
G_o : 이론배기가스량(11.86Nm^3/kg)
A_o : 이론공기량(10.75Nm^3/kg)
C_g : 배기가스의 평균비열(0.33kcal/Nm^3 ℃)
t_g : 개선 전 배기가스 온도(180.2℃)
t_2 : 개선 후 배기가스 온도(110℃)
t_o : 외기온도(℃)
a : 적용률(공기예열기 효율)을 감안할 경우에 한함(0.9)

2. 연간 연료 절감량(Nm^3/년)

=절감열량(kcal/Nm^3)×(연간 총 연료 사용량−급탕용 연료 사용량)(Nm^3/년)
÷연료 입열량(kcal/Nm^3)

=314.5kcal/Nm^3×(201,916−36,418)Nm^3/년÷10,550kcal/Nm^3

=4,933Nm^3/년=5.2TOE/년

3. 연료의 절감률(%)

=(폐열 회수열량÷연료의 입열량)×100%

=($314.5kcal/Nm^3 \div 10,550kcal/Nm^3$)×100%

=2.98%

(1) 열정산에서 산출된 입열이 원칙이나 연료의 발열량을 이용할 수 있다. 이 경우 절감률은 다소 상승하게 된다.

(2) 연간 연료 절감량 계산 시 1호기만 적용하며, 2호기는 급탕 전용 및 보조용으로 제외한다.

(3) 기체연료인 경우는 kcal/kg 단위를 $kcal/Nm^3$ 단위로 바꾼다.

(4) 고온부식(V_2O_5)은 500~600℃에서 발생하므로 배기가스를 고려하고, 시설을 대처하여야 한다.

4. 연간 절감금액(천원/년)

=연간 연료 절감량(Nm^3/년)×적용 연료 단가(원/Nm^3)

=$4,933Nm^3$/년×610.6원/Nm^3

=3,012천원/년

5. 탄소배출 저감량(tC/년)

=절감량(TOE/년)×탄소배출계수(tC/TOE)

=5.2TOE/년×0.637tC/TOE

=3.31tC/년

SECTION 05 공연비 감소로 에너지 절감(보일러 본체 부문)

1 개요

1. 공연비라 함은 공기비라고도 하며, 공기와 연료의 비를 말한다.
   (1) 최적의 공연비라 함은 최소의 공기를 공급하여 연료를 완전연소화함으로써 열효율을 높여 에너지 절약과 대기오염물질을 저감하는 것이다.
   (2) 대부분의 연료는 공기가 적으면 불완전연소가 되기 쉽고, 공기량이 많으면 배기가스에 의한 열손실과 대기오염물질이 증가한다.
   (3) 연료 성분 중 C(탄소)의 공기 중 O_2(산소)와의 화학반응에 의한 발열량은 다음과 같다.

① 1단계 : $C+\frac{1}{2}O_2 \rightarrow CO+29,200\text{kcal}$

② 2단계 : $CO+\frac{1}{2}O_2 \rightarrow CO_2+68,000\text{kcal}$

③ 발열량$=8,100C+26,700H+2,500S-4,250O_2$

$$C+O_2 \rightarrow CO_2+97,200\text{kcal},\ \text{발열량} : 8,100\text{kcal/kg}$$

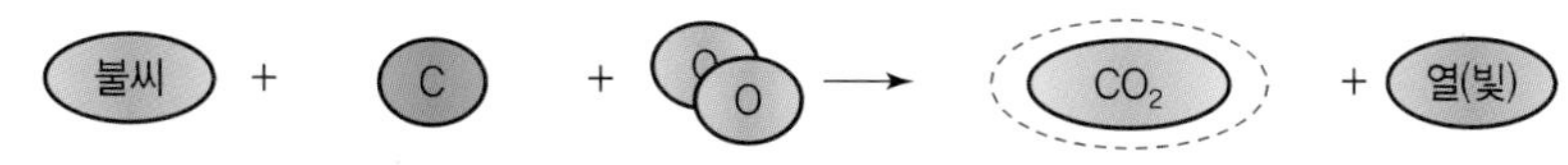

[그림 1] 탄소의 불완전연소 반응

2. 에너지의 합리적인 이용과 대기오염물질 저감 차원에서의 기준 및 목표 공기비는 에너지관리기준 별표 1에서 [표 1] 및 [표 2]와 같이 규정하고 있다.

[표 1] **보일러의 기준 및 목표 공기비**

구분	부하율 (%)	공기비							
		고체연료		액체연료		기체연료		고로가스 기타 부생가스	
		기준	목표	기준	목표	기준	목표	기준	목표
발전용	75~100	1.15~ 1.25	1.1~ 1.2	1.1~ 1.2	1.05~ 1.15	1.05~ 1.15	1.05~ 1.1	1.2	1.15~ 1.2
증발량 20t/h 이상	50~100	1.2~ 1.3	1.15~ 1.25	1.15~ 1.25	1.1~ 1.2	1.1~ 1.2	1.05~ 1.15	1.2~ 1.3	1.2~ 1.3
증발량 5t/h 이상 ~20t/h 미만	50~100	1.25~ 1.35	–	1.2~ 1.3	1.15~ 1.25	1.15~ 1.25	1.1~ 1.2		
증발량 5t/h 미만	50~100	1.4 이하	–	1.3 이하	1.2~ 1.3	1.3 이하	1.15~ 1.25		

비고

1. 이 표의 공기비는 일정한 부하로서 연소를 할 때 보일러 출구(절탄기가 설치되어 있을 때는 절탄기의 출구)에서 측정된 공기비에 관하여 정한 것이다.
2. 부하율은 발전용에서는 터빈 부하율, 기타에 있어서는 보일러의 부하율이다.
3. 고체연료에 대한 공기비는 저위발열량이 20,934kJ/kg(5,000kcal/kg) 이상의 역청탄을 사용해서 미분탄 연소를 할 때의 공기비에 관하여 정한 것이다.
4. 공기비의 산정은 다음 식에 따라 하고, 그 결과는 기준 및 목표 공기비 값의 유효숫자가 소수 제1단위까지인 경우에는 소수 제2단위를, 소수 제2단위까지인 경우에는 소수 제3단위를 각각 반올림하여 구한다.

   (1) 배기가스 중 O_2 측정 시 : 공기비$(m)=\dfrac{21}{21-O_2}$

   (2) 배기가스 중 CO_2 측정 시 : 공기비$(m)=\dfrac{CO_{2max}}{CO_2}$

   (3) 배기가스 중 O_2, CO_2, CO 측정 시

   ① 고체 · 액체연료인 경우 : 공기비$(m)=\dfrac{N_2}{N_2-3.76\times(O_2-0.5\times CO)}$

   ② 기체연료인 경우 : 공기비$(m)=\dfrac{N_2}{N_2-3.76\times(O_2-0.5\times CO)}\times\left(1+\dfrac{O_2\times n_2}{N_2\times 21A_o}\right)$

   ※ N_2는 연료가스 중 질소함유량(%) : $N_2=100-(O_2+CO_2)$

5. 이 표의 공기비는 다음의 보일러에 대해서는 적용하지 않는다.
   (1) 증발량 1t/h 미만의 보일러
   (2) 설치 후 연료 전환을 위해 개조한 것
   (3) 톱밥, 나무껍질, 슬러지, 폐타이어, 기타의 산업 폐기물과 연료를 혼소하는 것
   (4) 폐열을 이용하는 것
   (5) 통풍방식이 자연 통풍식인 것

[표 2] **공업로의 기준 및 목표 공기비**

구분	공기비			
	연속식		간헐식	
	기준	목표	기준	목표
금속 주조용 용해로	1.3	1.25	1.4	1.3
연속강편 가열로	1.25	1.2		
금속 가열로	1.25	1.2	1.35	1.3
가스발생로, 가열로	1.4	1.3		
금속 열처리로	1.25	1.2	1.3	1.25
석유 가열로	1.25	1.2		
열분해 및 개질로	1.25	1.2		
알루미나 소성로	1.3	1.25		
시멘트 소성로	1.2	1.15		
유리 용해로	1.3	1.25	1.4	1.35

비고
1. 이 표의 공기비는 로의 출구에서 측정되는 공기비에 관하여 정한 것이다.
2. 이 표의 공기비는 다음의 공업로에 대해서는 적용하지 않는다.
   (1) 고체연료를 사용하는 것
   (2) 정격용량이 0.23MW(200,000kcal/h) 미만인 것
   (3) 산화 또는 환원을 위한 특정한 분위기를 필요로 하는 것
   (4) 빈번히 로의 뚜껑을 개폐하거나 버너의 점화, 소화를 해야 하는 것
   (5) 가열패턴의 유지 또는 로 내 온도의 균일화를 위해 희석 공기를 필요로 하는 것
   (6) 연소기구의 구조 등으로 개구부를 필요로 하며 다량의 외부공기가 유입되는 것
   (7) 연간 운전시간이 1,000시간을 초과하지 않는 것

2 공연비 조절 방법

1. 대형 보일러의 경우 O_2 트리밍 및 CO 트리밍에 의한 공기(O_2양)를 최적화(최소화)하여 열효율 상승에 의한 에너지 절약과 대기오염 저감을 하여야 한다.
   ※ 장비의 구입 시에는 타당성, 용도와 경제성을 검토한다.

2. 최소한의 O_2, CO_2 배기가스 측정 장치를 설치하여 각 부하별로 공연비를 조절한다.
   (1) O_2양을 최소화하고 완전연소에 의한 CO_2양은 최대화되도록 한다.
   (2) 대기오염물질을 측정할 때에는 화염의 상태를 예의주시하고 최종적으로 배출되는 배기가스 중 O_2, CO, NOx, 필요에 따라서는 먼지(Dust)에 대한 여지상태를 관찰하고 확인하여야 한다. 그리고 콤파운드 레귤레이터에 의한 부하별 최적의 상태를 표준화하여야 한다.
   (3) 정기적으로 Strainer 등의 청소를 실시하여 유량이 항상 일정하게 공급되도록 유지관리하고, 계절의 기온변화에 따른 통풍력의 영향도 고려한다.

3. 버너의 최초 선택이 중요하다.
   (1) 좋은 버너라 함은 연료의 입자를 미세화하고 최소의 공기의 투입으로 연료를 완전연소할 수 있는 조건을 갖춘 경우를 말한다.
   (2) 열효율 향상, 특히 최근에는 저 NOx 배출에도 많은 관심을 기울여야 하므로 최소의 O_2 (산소) 공급으로 열효율의 향상을 도모한다. 저농도의 NOx(질소산화물)를 배출하기 위해서는 무엇보다 버너의 선택이 중요하다고 할 수 있다.
   (3) 공연비를 0.1만큼 낮추면 약 0.8%의 열효율 향상으로 에너지를 절약할 수 있다.
   ※ 보일러를 잘 관리할 수 있는 중요한 방법 중의 하나가 공연비 관리이다.

4. 상기 보일러의 경우 일반적인 적정 기준 공기비(m)는 액체연료 사용 시 1.2~1.3으로서 배가스로 손실되는 열을 최소화하면서 최적의 연소조건을 유지하기 위해서는 공기비를 1.3 이하로 유지하여야 한다. 이는 배기가스 중 산소 농도가 5.0% 이하가 되도록 연소조건(공기 투입량)을 조절하여야 함을 의미한다.

5. 공기비를 낮출 때에는 불완전연소가 일어나지 않도록 주의하여야 하며 불완전연소가 일어나지 않는지를 판단하기 위하여 CO 농도 또는 Smoke Test를 병행하고 운전부하에 따른 최적 상태를 표시, 효율적인 계측관리를 실시하며, 버너 제조업체에 의뢰해 1년에 1~2회 정도 공기비를 조정한다.

각 부하별 공연비를 파악하고 조정한다.
- 통풍력에 의한 계절의 영향을 고려한다.
- 특히, 필터(Filter, Strainer)의 영향이 크므로, 주기적으로 점검 및 청소하여야 한다.

[그림 2] **공연비 조절(Compound Regulator)**

3 공기량과 연소 화염의 색

어떠한 물체라도 일정 온도하에서 여러 가지 파장의 열복사선을 방출하게 된다. 열복사선의 파장은 방출하는 물체의 온도가 높을수록 짧아진다. 가시광선 중에서 가장 파장이 긴 것은 적색이므로 비교적 저온의 물체는 붉은 빛을 띠고, 온도가 상승함에 따라 최대 강도부 이외의 열복사선도 강도가 증가되므로 이 부분에서도 그 파장에 따라 색을 나타낸다. 이러한 파장이 혼합되면 백색 빛을 나타낸다.

노 내 온도를 높게 유지할수록 연소도 완전히 이루어진다. 앞에서 설명한 바와 같이 완전 연소를 위해서는 공급 공기량을 이론공기량보다 조금 많이 하여야 하며, 적합한 공기량의 상태는 다음과 같이 화염의 색상으로도 대략적인 판정이 가능하다.

[표 3] **연소 화염의 색과 공기량의 관계**

공기 공급량	연소 화염의 색
부족	불꽃이 암적색이고 연기가 발생하여 연소실 내부가 잘 보이지 않음
적당	불꽃이 황백색(주황색)이고 화로 내의 상황이 잘 보임
과량	불꽃이 작고 (회)백색이며 화로 내부가 밝음

4 표준 연소량

$$C = \frac{3,600 \cdot H}{\eta \cdot H_L \cdot \rho} \ [\mathrm{L/h,\ Nm^3/h}]$$

여기서, H : 온열원 기기의 정격출력(kW)

η : 온열원 기기 효율(강철제 보일러 0.86, 그 외는 제조자 지시값)

H_L : 연료의 저위발열량(kJ/kg, kJ/Nm^3)

ρ : 연료의 밀도(가스의 경우 불필요)(kg/L)

5 배기가스량

$$G[\mathrm{m^3/h}] = G_1 \cdot C$$

여기서, G_1 : 온도에 따른 단위 배기가스량($\mathrm{Nm^3/kg}$, $\mathrm{Nm^3/Nm^3}$)

C : 표준 연소량($\mathrm{Nm^3/h}$)

6 배기가스의 O_2 및 CO_2 성분 기준

가스용 보일러 및 용량 5ton/h(난방용은 10ton/h) 이상인 유류 보일러는 부하율을 90±10%에서 45±10%까지 연속적으로 변화시킬 때, 배기가스 중의 O_2 또는 CO_2 성분이 사용 연료별로 다음과 같아야 한다.

[표 4] **연료별 배기가스의 성분 기준**

성분	O_2(%)		CO_2(%)		연소가스 측정 모습
부하율	90±10%	45±10%	90±10%	45±10%	
중유	3.7 이하	5 이하	12.7 이상	12 이상	
경유	4 이하	5 이하	11 이상	10 이상	
가스	3.7 이하	4 이하	10 이상	9 이상	

참고

화염의 상태

후미 투시구를 통한 화염의 상태를 관찰하는 습관이 중요하다.

- 공연비를 조정할 때는 후미 투시구를 통한 화염의 상태를 살펴보아야 한다.
- 화염의 휘도를 관찰하고, 특히 선회현상을 살펴본다.
- 화염을 살펴보며 공연비 및 연소상태를 파악할 수 있도록 세심한 관찰이 필요하다.

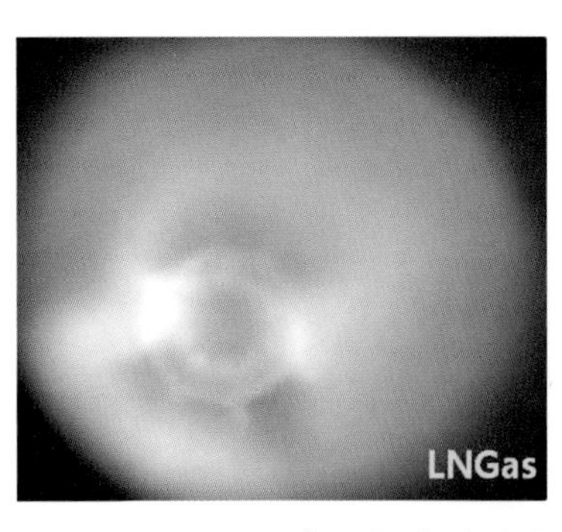

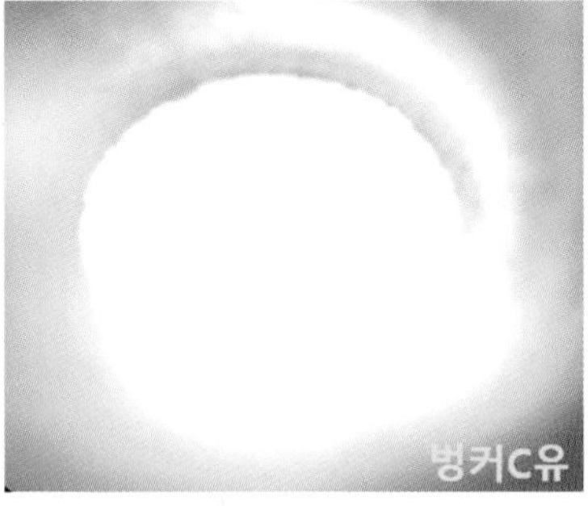

[그림 3] **연료별 화염 및 선회현상**

[표 5] 에너지 절약을 위한 공단 스티커

공단 홍보 스티커	내용
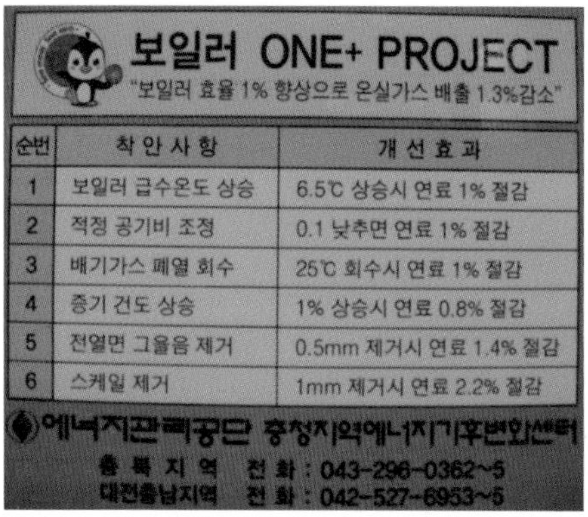 보일러 ONE+ PROJECT "보일러 효율 1% 향상으로 온실가스 배출 1.3%감소" 순번 / 착안사항 / 개선효과 1 / 보일러 급수온도 상승 / 6.5℃ 상승시 연료 1% 절감 2 / 적정 공기비 조정 / 0.1 낮추면 연료 1% 절감 3 / 배기가스 폐열 회수 / 25℃ 회수시 연료 1% 절감 4 / 증기 건도 상승 / 1% 상승시 연료 0.8% 절감 5 / 전열면 그을음 제거 / 0.5mm 제거시 연료 1.4% 절감 6 / 스케일 제거 / 1mm 제거시 연료 2.2% 절감 에너지관리공단 충청지역에너지기후변화센터 충북지역 전화 : 043-296-0362~5 대전충남지역 전화 : 042-527-6953~5	보일러 효율 향상으로 온실가스 배출 감소 • 보일러 급수온도 6.5℃ 상승 시 연료 1% 절감 • 공기비 0.1% 감소 시 연료 0.8% 절감 • 배기가스 온도 25℃ 하강 시 연료 1% 절감 • 증기 건도 1% 상승 시 연료 0.8% 절감 • 그을음 0.5mm 감소 시 연료 1.4% 절감 • 스케일 1mm 제거 시 연료 2.2% 절감

SECTION

06 보일러 버너 공기비 조정 I

1 현황 및 문제점

보일러 버너 성능검사 시, 배기가스 측정 자료 중 O_2 농도는 기체연료 연소 시 5ton/h 미만 보일러의 목표치인 3.5%보다 높게 측정되어 열손실이 발생하고 있다. 공기량을 과잉으로 투입하면 연소에 이용되지 않은 불필요한 공기 가열에 의한 열손실이 발생하거나, 과잉으로 공급된 냉공기가 노 내부를 냉각시켜 열손실은 물론 불완전연소의 원인이 되기도 한다.

[표 1] **보일러 배기가스 분석결과**

항목	단위	1호기(3t/h)	2호기(2t/h)	3호기(1.5t/h)
배가스 온도	℃	140.5	196.4	220
배가스 O_2 농도	%	10	5.2	4.3
공기비	m	1.91	1.33	1.26
배가스 CO 농도	ppm	0	0	8

[표 2] **보일러별 연료 사용량**

항목	단위	1호기 (3t/h)	2호기 (2t/h)	3호기 (1.5t/h)	합계
에너지 사용량	Nm^3	282,000	22,314	24,679	328,993
에너지 사용률	%	85.72	6.78	7.5	100

2 개선대책

적정 기준 공기비(m)는 기체연료 사용 시 1.3이며, 목표 공기비는 1.15~1.25 정도로 배가스 중 산소 농도가 3.5% 이하가 되도록 연소조건(공기 투입량)을 조절하여야 함을 의미한다. 주의점으로 공기비를 낮출 때 불완전연소가 일어나지 않도록 하여야 하며, 불완전연소가 일어나지 않는지를 판단하기 위하여 CO 농도 또는 Smoke Test를 병행하고 운전부하에 따른 최적상태를 표시, 효율적인 계측관리를 실시한다.

보일러의 가동시간이 길어져 보다 확실한 연소제어를 위해 O_2 Control System 또는 CO Control System을 신설하는 방안도 적극 검토해 볼 것을 권고한다. O_2 Control System의 경우 투자비는 대당 2,500만원, CO Control System은 대당 3,500만원 정도이다.

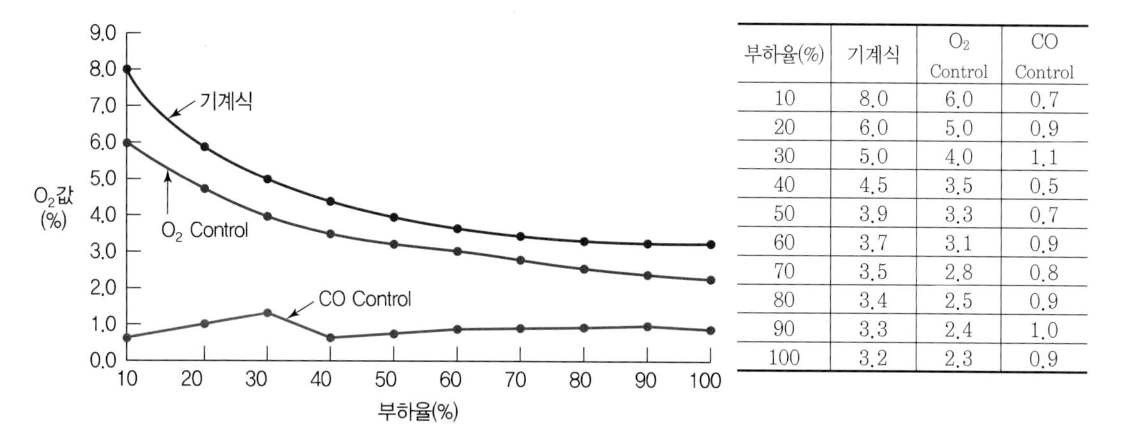

부하율(%)	기계식	O_2 Control	CO Control
10	8.0	6.0	0.7
20	6.0	5.0	0.9
30	5.0	4.0	1.1
40	4.5	3.5	0.5
50	3.9	3.3	0.7
60	3.7	3.1	0.9
70	3.5	2.8	0.8
80	3.4	2.5	0.9
90	3.3	2.4	1.0
100	3.2	2.3	0.9

[그림 1] **제어 방법에 따른 부하별 연소성능곡선**

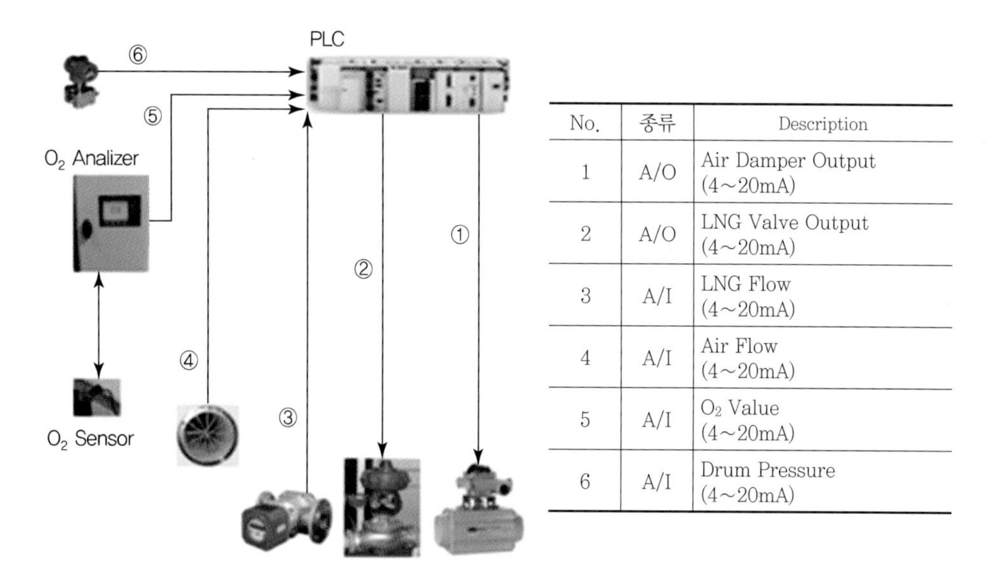

No.	종류	Description
1	A/O	Air Damper Output (4~20mA)
2	A/O	LNG Valve Output (4~20mA)
3	A/I	LNG Flow (4~20mA)
4	A/I	Air Flow (4~20mA)
5	A/I	O_2 Value (4~20mA)
6	A/I	Drum Pressure (4~20mA)

[그림 2] O_2 Control System 구성도

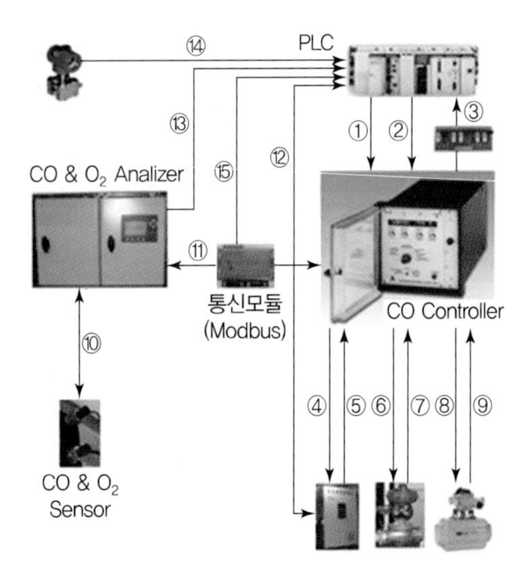

No.	종류	Description
1	A/I	Master(PID) Input(4~20mA)
2	D/I	Burner Start/Stop Pre－purge Flame Signal Curve 1(Inverter Mode) Curve 2(Bypass Mode) Control Release(Load up) Reset
3	D/O	VMS 4 Fault Ignition Position Hige Fire Position(Damper Open)
4	A/O	Inverter Output(4~20mA)
5	A/I	Inverter Feedback(4~20mA)
6	D/O	LNG Valve Output(3－step)
7	A/I	LNG Valve Feedback(4~20mA)
8	D/O	Air Damper Output(3－step)
9	A/I	Air Damper Feedback(4~20mA)
10	A/I	Sensor Power 공급 Sensor Signal
11	통신	LSB(Lamtec System Bus)－상호 Data 교환
12	D/I D/I D/I D/I D/O D/O	Run/Stop 운전모드(Inverter Mode) 운전모드(Bypass Mode) Reset Inverter Fault(Inverter 운전 시) OCR Trip(Bypass 운전 시)
13	A/O A/O	O_2 Output(4~20mA) CO Output(4~20mA)
14	A/I	Drum Pressure(4~20mA)
15		통신(Modbus or Profibus)

[그림 3] CO Control System 구성도(LAMTEC 자료 참조)

3 기대효과

1. 1호(3t/h) 보일러 공기비 개선에 따른 절감량

(1) 공기비 개선에 따른 절감열량(kcal/Nm³)

=(개선 전 공기비－개선 후 공기비)×이론공기량(Nm³/Nm³)

×공기 비열(kcal/Nm³ ℃)×(배기가스 온도－외기온도)℃

=(1.91－1.2)×10.61×0.31×(140.5－4.5)

=317.6kcal/Nm³

(2) 연간 연료 절감량(Nm³/년)

=절감열량(kcal/Nm³)×1호 보일러 연간 연료 사용량(Nm³/년)÷연료 발열량(kcal/Nm³)

=317.60kcal/Nm³×282,000Nm³/년÷9,290kcal/Nm³

=9,641Nm³/년

2. 2호(2t/h) 보일러 공기비 개선에 따른 절감량

(1) 공기비 개선에 따른 절감열량(cal/Nm^3)

=(개선 전 공기비－개선 후 공기비)×이론공기량(Nm^3/Nm^3)

×공기 비열(cal/Nm^3 ℃)×(배기가스 온도－외기온도)℃

=(1.33－1.2)×10.61×0.31×(196.4－4.5)

=82.05kcal/Nm^3

(2) 연간 연료 절감량(Nm^3/년)

=절감열량(kcal/Nm^3)×2호 보일러 연간 연료 사용량(Nm^3/년)÷연료 발열량(kcal/Nm^3)

=82.05kcal/Nm^3×22,314Nm^3/년÷9,290kcal/Nm^3

=197Nm^3/년

3. 3호(1.5t/h) 보일러 공기비 개선에 따른 절감량

(1) 공기비 개선에 따른 절감열량(kcal/Nm^3)

=(개선 전 공기비－개선 후 공기비)×이론공기량(Nm^3/Nm^3)

×공기 비열(kcal/Nm^3 ℃)×(배기가스 온도－외기온도)℃

=(1.26－1.2)×10.61×0.31×(220－4.5)

=42.53kcal/Nm^3

(2) 불완전연소 개선에 따른 절감열량(kcal/Nm^3)

$=30.5\times\{G_o+(m-1)A_o\}\times CO(\%)$

=30.5×{11.71+(1.26－1)×10.61}×0.0008%

=0.35kcal/Nm^3

(3) 연간 연료 절감량(Nm^3/년)

=(공기비 개선에 따른 절감열량＋불완전연소 개선에 따른 절감열량)kcal/Nm^3

×3호 보일러 연료 사용량(Nm^3/년)÷연료 발열량(kcal/Nm^3)

=(42.53＋0.35)kcal/Nm^3×24,679Nm^3/년÷9,290kcal/Nm^3

=114Nm^3/년

4. 총 절감량(Nm^3/년)

=1호 보일러 절감량＋2호 보일러 절감량＋3호 보일러 절감량

=9,641Nm^3/년＋197Nm^3/년＋114Nm^3/년

=9,952Nm^3/년＝10.24TOE/년＝0.43TJ/년

5. 절감률(%)

=절감량(TOE/년)÷공정 에너지 사용량(열+전기)(TOE/년)×100%

=10.24TOE/년÷962.14TOE/년×100%

=1.06%(총 에너지 사용량 대비 0.22%)

(1) 공정 에너지 사용량

=보일러 연료 사용량(TOE/년)+일반동력 사용량(TOE/년)

=343.14TOE/년+619TOE/년

=962.14TOE/년

6. 연간 절감금액(천원/년)

=절감량(Nm^3/년)×LNG 단가(원/Nm^3)

=9,952Nm^3/년×804.2원/Nm^3

=8,003천원/년

7. 탄소배출 저감량(tC/년)

=절감량(TOE/년)×탄소배출계수(tC/TOE)

=9.25TOE/년×0.637tC/TOE

=5.89tC/년

4 경제성 분석

1. 투자비

[표 3] **항목별 투자비** (단위 : 천원)

항목	단위	개선안			비고
		단가	수량	계	
버너 제조업체에 공기비 조정	1식	300	3대	1,800	연 2회 실시
계				1,800	

2. 투자비 회수기간

=투자비(천원)÷연간 절감금액(천원/년)

=1,800천원÷8,003천원/년

=0.22년

SECTION
07 보일러 버너 공기비 조정 II

1 현황 및 문제점

보일러 버너의 성능검사 시, 배기가스 측정 자료 중 O_2 농도는 기체연료 연소 시 목표치인 3.5%보다 높게 측정되어 열손실이 발생하고 있다.

[표 1] 열매보일러 배기가스 분석결과

항목	단위	300만	200만	150만	120만	100만	80만
배가스 온도	℃	128.4	119.9	129.0	171.7	163.7	307.7
배가스 O_2 농도	%	4.9	5.7	5.6	4.4	5.0	6.1
공기비	m	1.3	1.37	1.36	1.27	1.31	1.41
배가스 CO 농도	ppm	12	31	20	12	14	13

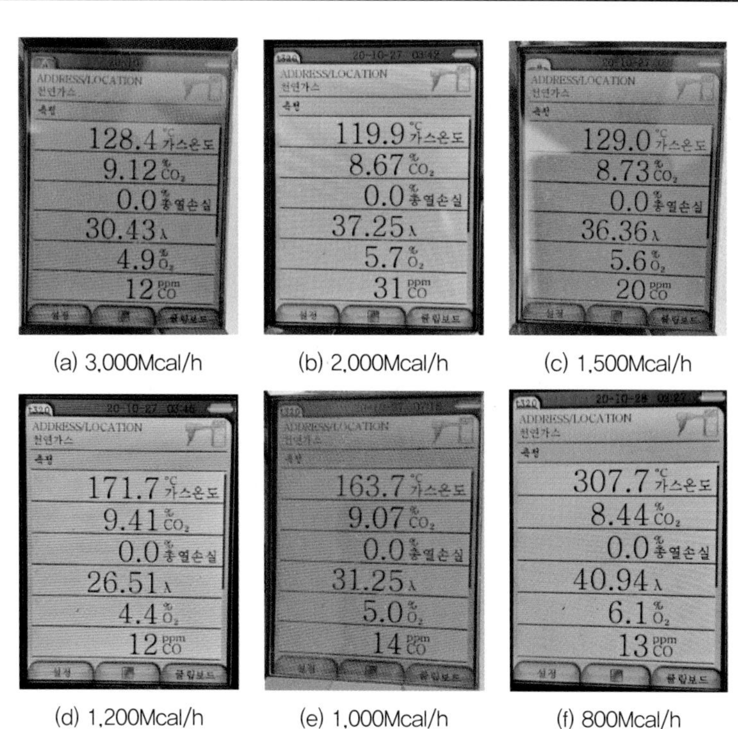

(a) 3,000Mcal/h (b) 2,000Mcal/h (c) 1,500Mcal/h

(d) 1,200Mcal/h (e) 1,000Mcal/h (f) 800Mcal/h

[그림 1] 보일러 배기가스 측정 기록지(예열기 이후)

[표 2] 열매보일러 연료 사용량 및 운전 현황

구분	용량 (Mcal/h)	사용률 (%)	설치년도 (년)	연료 사용량 (Nm^3/년)	가동시간 (h/년)	비고
공무동	1,200	5.98	1988	82,098	6,000	
	2,000	25.98	2017	356,643		
1동	1,000	7.58	1990	104,002		
2동	800	6.42	1988	88,144		공기예열기 미설치 32년간 사용
3동	1,500	16.95	1999	232,649		32년간 사용
	3,000	37.09	2007	509,041		
계		100		1,372,577		

2 개선대책

적정 기준 공기비(m)는 기체연료 사용 시 1.3이며, 목표 공기비는 1.15~1.25 정도로 배가스 중 산소 농도가 3.5% 이하가 되도록 연소조건(공기 투입량)을 조절하여야 함을 의미한다. 주의점으로 공기비를 낮출 때 불완전연소가 일어나지 않도록 하여야 하며, 불완전연소가 일어나지 않는지를 판단하기 위하여 CO 농도 또는 Smoke Test를 병행하고 운전부하에 따른 최적상태를 표시, 효율적인 계측관리를 실시한다.

3 기대효과

1. 3,000Mcal/h 열매보일러 공기비 개선에 따른 절감량 – [표 1] 참조

(1) 공기비 개선에 따른 절감열량($kcal/Nm^3$)

= (개선 전 공기비 – 개선 후 공기비) × 이론공기량(Nm^3/Nm^3) × 공기 비열($kcal/Nm^3$ ℃) × (배기가스 온도 – 외기온도)℃

= (1.3 – 1.2) × 10.47 × 0.31 × (128.4 – 22)

= 34.53$kcal/Nm^3$

(2) 불완전연소 개선에 따른 절감열량($kcal/Nm^3$)

$= 30.5 \times \{G_o + (m-1)A_o\} \times CO(\%)$

= 30.5 × {11.56 + (1.3 – 1) × 10.47} × 0.0012%

= 0.55$kcal/Nm^3$

(3) 3,000Mcal/h 열매보일러 연간 연료 절감량(Nm^3/년)

=(공기비 개선에 따른 절감열량+불완전연소 개선에 따른 절감열량)kcal/Nm^3 ×연간 연료 사용량(Nm^3/년)÷LNG 저위발열량(kcal/Nm^3)

=(34.53+0.55)kcal/Nm^3×509,041Nm^3/년÷9,290kcal/Nm^3

=1,922.19Nm^3/년

각 열매보일러별 계산 결과는 [표 3]과 같다.

[표 3] **열매보일러별 배기가스 측정데이터 계산값**

구분	단위	3,000 Mcal/h	2,000 Mcal/h	1,500 Mcal/h	1,200 Mcal/h	1,000 Mcal/h	800 Mcal/h
①	kcal/Nm^3	34.53	54.02	55.57	34.01	50.59	194.73
②	kcal/Nm^3	0.55	1.46	0.94	0.44	0.63	0.63
③	Nm^3/년	1,922.19	2,129.88	1,415.18	304.44	573.41	1,853.59

2. 총 절감량(Nm^3/년)

=각 열매보일러의 배기가스 측정데이터 계산값의 합([표 3]의 ③번 적용)

=1,922.19+2,129.88+1,415.18+304.44+573.41+1,853.59

=8,199Nm^3/년=8.44TOE/년=0.35TJ/년

3. 절감률(%)

=절감량(TOE/년)÷공정 에너지 사용량(TOE/년)×100%

=8.44TOE/년÷1,583.66TOE/년×100%

=0.53%(총 에너지 사용량 대비 0.1%)

※ 공정 에너지 사용량 1,583.66TOE/년은 LNG 총 사용량과 같다.

4. 연간 절감금액(천원/년)

=절감량(Nm^3/년)×적용 LNG 연료 단가(원/Nm^3)

=8,199Nm^3/년×589.02원/Nm^3

=4,829천원/년

5. 탄소배출 저감량(tC/년)

=LNG 저위발열량 환산 절감량(TOE/년)×탄소배출계수(tC/TOE)

=7.62TOE/년×0.639tC/TOE

=4.87tC/년

4 경제성 분석

1. 투자비

[표 4] **항목별 투자비** (단위 : 천원)

항목	단위	개선안			비고
		단가	수량	계	
버너 제조업체에 공기비 조정	1식	400	6대	2,400	
계				2,400	

2. 투자비 회수기간

=투자비(천원)÷연간 절감금액(천원/년)

=2,400천원÷4,829천원/년

=0.5년

SECTION

08 보일러 분출수와 관련한 문제점 검토

1 현황 및 문제점

○○ 경산공장은 1.5t/h 용량의 관류형 보일러 2기를 보유하고 있으며, 대수제어로 항시 운용하고 안전사고 방지를 위한 분출을 실시하고 있으며, 보일러의 상용압력에 의한 고압(0.5MPa)의 포화수를 분출하는 과정에서 고온(158.29℃)의 포화수가 옥외로 배출되고 있다.

1. 보일러의 분출은 수저분출과 수면분출의 두 종류로 구분할 수 있다. 수저분출은 수중의 Ca 경도 및 Mg 경도의 용해로 인한 슬러지의 퇴적물을 분출하는 것이다. 여기서 수저분출은 타이머 설치에 의한 간헐적 자동분출과 일시 전량 분출하는 방법이 있다.
2. 전배수란, 어떤 용기에 저장되어 있는 물을 모두 외부로 배출한다는 뜻으로 보일러에서는 분출이라는 용어를 사용한다. 이를테면, 보일러는 밀폐된 용기에 물을 공급하여 가열하는 과정에서 관수의 용해로 인한 Scale이 생성되고 총 고형물질(TDS)이 증가하는데, 보일러의 관수량 및 특성에 따라 속도가 다르게 된다. 특히 관류보일러의 경우는 이에 미치는 영향이 크게 되므로 전배수의 중요성을 강조한다.
3. 수면분출은 보일러 관수의 TDS(Total Dissolved Solid) 농도를 적정 상태로 유지관리하여 캐리오버 방지 등을 목적으로 하고 있다. 이에 따른 보일러 분출량은 보일러의 특성에 따라 다르며, 그중 관류보일러는 관수의 TDS 농도가 매우 낮아 더 많은 관심과 관리를 필요로 한다. 따라서 관류형 보일러는 다른 보일러에 비해 분출량이 자연스럽게 많아지게 된다.

PART 01
PART 02
PART 03
PART 04
PART 05
PART 06

[표 1] **보일러 형태별 보유수량**

보일러 형식 (2.5ton/h)	관류보일러	초소형 노통보일러	수관식 보일러	노통보일러
보유수량(L)	345	1,600	2,500	4,200
보유수량 비교				
전열면적	22	28	29.5	
열량(kcal/h)	1,870,0000			
최대증발량(kg/h)	2,500			

[표 2] **상용 보유수량에 따른 관수 농축도 비교표**

완전배수 후 관수		1시간 후		2시간 후		5시간 후		8시간 후	
보유수량	급수TDS	공급수량	관수농도	공급수량	관수농도	공급수량	관수농도	공급수량	관수농도
345(관류)	100	2,845	825	5,345	1,549	12,845	3,723	20,345	5,897
1,600	100	4,100	256	6,600	413	14,100	881	21,600	1,350
2,500	100	5,000	200	7,500	300	15,000	600	22,500	900
4,200	100	6,700	160	9,200	219	16,700	398	24,200	576

10시간 후		15시간 후		20시간 후		3,000ppm 도달 급수량		3,000ppm 도달 시간	
공급수량	관수농도	공급수량	관수농도	공급수량	관수농도	2,500kg/h 기준			
25,345	7,346	37,845	10,970	50,345	14,593	관류	10,350	관류	4.0
26,600	1,663	39,100	2,444	51,600	3,225	소형노통	48,000	소형노통	18.6
27,500	1,100	40,000	1,600	52,500	2,100	수관	75,000	수관	29.0
29,200	695	41,700	993	54,200	1,290	노연	126,000	노연	48.7

- [표 2]에서와 같이 상용 보유수량이 작은 관류보일러에서 농축도가 크며, 보유수량이 큰 노통연관식의 보일러에서는 농축도가 작아짐을 알 수 있다.
- 상용 보유수량이 적고 가동시간이 많거나 응축수 회수량 및 사용량이 적을수록 보일러에 대하여 전배수 실시, 연속배수의 상태 확인, 연수기의 관리, 청관제 투입 등 급수에 보다 더 철저한 관리를 하여야 한다.

(a) 주변도

(b) 세부도

[그림 1] **보일러 분출**

[표 3] **보일러 분출 현황 예**

압력 (MPa)	온도(℃)		분출량 (kg/회 · h)	일 작동횟수 (회/일)	연 가동일수 (일/년)	연 분출량 (kg/년)
	시수	급수				
0.65	15	54	70	24	255	428,400

※ 분출량은 자동조절장치로서 분출압력을 감안하여 약 70kg/h · 회로 산정한다.

[표 4] **보일러 관수 분석결과 예**

항목	단위	원수	급수(응축수)	관수	비고
pH	℃	7	8.2	11.4	
P 알칼리도	%	0		162	
M 알칼리도	m	62	4	183	
경도	ppm	0	0	0	
TDS	μs/cm	142	120	2,700	자동제어

2 개선방안

1. 보일러 분출수를 적정 관리한다(낭비를 억제하고 최소화한다).
   (1) 규정에 의한 적정 농도로 관리한다.
   (2) 자동시스템 및 공식을 활용한다.

2. 폐열 회수 및 냉각시스템을 활용한다.
   (1) 주변의 급수탱크를 급수온도를 상승시킨다.
   (2) 필요시 보일러 내 급탕을 제조할 수 있다.
   (3) Blow Down Vessel을 이용한다.

3. 상수원 보호구역 경우 적정 pH로 최종 배출한다.
   (1) 분출 다운 후 저장탱크의 pH 조정조에 저장한다.
   (2) pH를 중성으로 조정한다.
   (3) 일시에 다량 배출시킨다.

4. 초기 보일러 선택이 중요하다.
   (1) 보일러 형식에 따라 적정 용도가 있다.
   (2) 장기적인 안목을 고려한다.
      ① 용도에 따른 스팀의 품질과 부하변동에 대처한다.
      ② 깊이 있는 보일러 효율 및 증발배수, 관리 및 유지보수 측면 등을 고려한다.

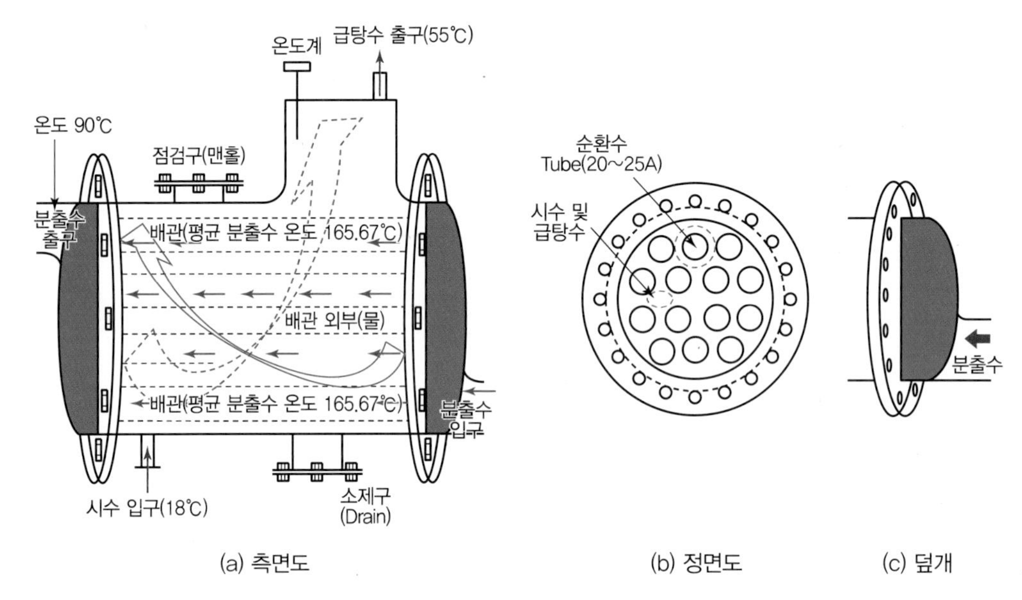

[그림 2] **분출수 회수장치**

[그림 3] **보일러 급탕수 제조 및 보충수 승온 모습**

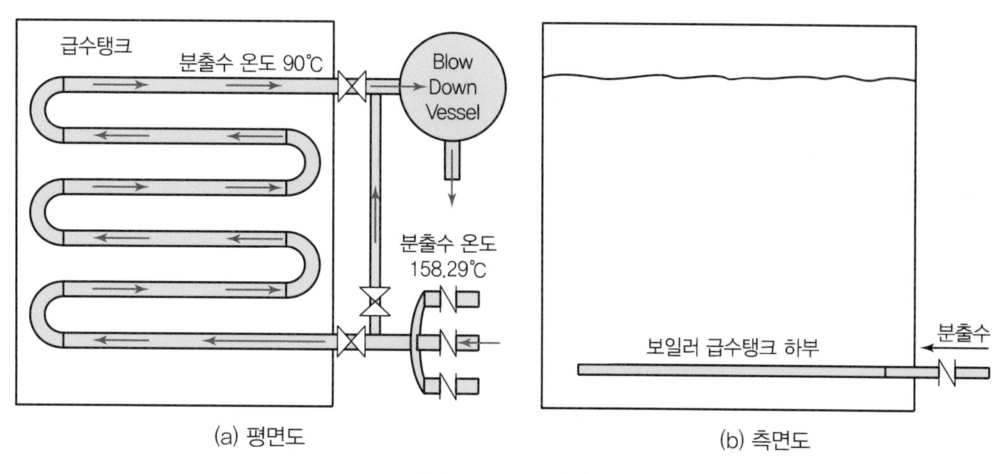

[그림 4] **개선 후 분출 공정(급수탱크 하부)**

[그림 5] **보일러 Blow Down Vessel 설치 예**

3 효과 검토

1. Blower양 계산

보일러 관수의 Blower양 $= \dfrac{F \times S}{B - F}$

여기서, F : 급수의 TDS 농도(ppm, μS/cm)
B : 보일러 관수의 TDS 농도(ppm, μS/cm)
S : 보일러의 증기 발생량(kg/h)

※ ppm(parts per million)은 농도의 단위로 사용하며, 백만분의 1로 표시한다. 1ppm은 10^{-6}이다.

Exercise 01

시간당 1톤을 증발하는 보일러의 Blower양은?(단, 보일러 관수 관리기준 TDS는 3,000ppm, 보일러 운전 압력은 0.9MPa(약 9kg/cm²), 보일러 급수의 TDS는 120ppm이다.)

풀이 $\frac{120\text{ppm} \times 1{,}000\text{kg/h}}{(3{,}000\text{ppm} - 120\text{ppm})} = 41.7\text{kg/h}$

2. 전 배수 시기의 결정

$$\text{관수의 농축도} = \frac{\text{총급수량} \times \text{급수의 TDS양}}{\text{상용 관수량}}$$

총급수량＝상용 관수량＋(시간당 증발량×시간)

(1) 전 배수의 시기는 상용 관수량이 작을수록 빨라지며 급수의 TDS양이 커질수록 빨라지게 된다.

(2) 급수의 TDS양을 줄이기 위하여 연수기의 관리가 필요하며 응축수 탱크의 청소를 주기적으로 실시해야 불필요한 에너지 손실을 막을 수 있다.

(3) 전 배수(전 분출)를 실시할 경우에는 보일러의 동체가 완전히 식어, 내부의 슬러지 및 부유물질(SS)이 벽에 고착되지 않도록 주의하여야 한다.

① 보일러에 일부 압력이 잔재(보유)하고 있는 경우는 이에 따른 포화온도도 유지하고 있기 때문에 무리한 분출은 급격한 냉각에 의한 관의 팽창으로 안전사고를 유발할 수 있다.

② 보일러의 관수 농도가 기준치 이하일 경우에는 무리하게 실시하는 것이 오히려 열손실 및 부식에 역효과를 가중시키므로 전 배수를 실시할 필요가 없다.

Exercise 02

2,500kg/h의 관류보일러의 상용 보유수량이 345L이고 급수의 TDS양이 100ppm인 경우, 연속 가동 시 전 배수 시기는?

풀이 총공급수량＝3,000×345÷100＝10,350L 후에 전 Blow를 실시한다.
총공급수량＝상용 관수량＋(시간당 증발량×풀 부하 가동시간)
풀 부하 가동시간＝(총공급수량－상용 관수량)÷시간당 증발량
＝(10,350－345)÷2,500＝4h 후에 전 배수를 실시한다.
만약 부하율이 50%이면 4÷0.5＝8h 후에 전 배수를 실시한다.

Exercise 03

2,500kg/h의 노통연관식 보일러의 상용 보유수량이 4,200L이고 급수의 TDS양이 100ppm인 경우, 연속 가동 시 전 배수 시기는?

풀이 총공급수량=3,000×4,200÷100=126,000L 후에 전 Blow를 실시한다.
총공급수량=상용 관수량+(시간당 증발량×풀 부하 가동시간)
126,000L=4,200L+2,500L/h×t(h)
t(h)=(126,000−4,200)÷2,500=48.7h
만약 부하율이 70%이면 48.7÷0.7=69.6h 후에 전 배수를 실시한다.

3. 관수의 농축처리 방법

(1) 전(全) Blow Down

① 농축도가 가장 심한 관류보일러인 경우 보일러수가 식은 상태, 즉 가동 직전에 증기압력을 1~2kg/cm^{2}의 압력으로 보일러수를 전부 배출한다.

② 노통연관보일러인 경우 연휴로 인하여 보일러수가 식어 있다면 일정기간을 간격으로 전 배수 후 청관제의 초기 투입량을 투입 후 급수한다면 연속 배수로 인한 열량손실을 배제할 수 있다.

③ 특히 주의할 것은 보일러 튜브강관, 즉 STB의 특성상 400℃ 이상에서는 금속의 성질이 변할 수 있으므로 화실의 온도가 식었는지 여부를 확인하여야 한다.

④ 또한 지나친 냉수의 공급은 급수부분의 균열과 부식을 초래할 수 있으므로 급수를 가열하여 공급하는 것이 좋다.

(2) 간헐배수(반 Blow Down)

① 주목적은 하부 퇴적물의 배출을 목적으로 하며 보일러수가 식지 않아 부득이 관수의 일부를 외부로 배출하는 방식이다. 일반적으로 최고 수위에서 정지 후 노통의 상부 정도까지 배수하는 방법으로 농축도가 떨어질 때까지 반복 수행한다.

② 분출 시 볼밸브(Ball Valve)를 먼저 열어 준 다음 글로브밸브(Globe Valve)를 열고, 닫을 때에는 역순으로 글로브밸브를 먼저 닫고 볼밸브를 나중에 닫는다. 이는 밸브 개폐 시 워터해머링(Water Hammering) 현상을 방지하기 위함이다.

③ 시간마다 작동시간과 작동 시 분출량을 설정하여 자동으로 실시하면, 슬러지의 배출효과를 높일 수 있고, 인력손실도 감소하게 된다.

(3) 연속 배출장치

① 연속 가동으로 인하여 전 배수 실시가 불가능한 곳에서 많이 사용하며 관수에 전기전도도 측정장치가 부착되어 전기전도율 2,500~3,000μS/cm 이하에서 배출되는 자

동 장치를 말한다. 이를 자동 농축 Blow Down 감지장치라 한다.

② 퇴적물의 배수가 불가능하며 연속 Blow Down으로 인한 열손실이 발생하므로 정기적으로 전 배수를 실시하여야 한다(하부 분출을 하지 않을 경우).

※ 본 자료는 전 배수 시기의 결정 요인 및 보일러 농축도에 관한 이해를 돕기 위한 것으로서 상용 보유수량에 대하여 가동시간에 따라 관수의 농축도에 초점을 맞추어 보일러 형식별로 데이터를 구성하였다.

4 기대효과

1. 분출수 회수가능열량(kcal/h)

=분출량×물의 비열×(배출온도−열교환 후 배출온도)×안전율

=70kg/h×1×(168.6−60)×0.8

=6,081.6kcal/h

※ 기타 손실열 및 열교환기 효율 등을 고려해 안전율 80%를 적용한다.

2. 시수 승온가능온도(℃)

=분출수 회수가능열량÷(보충수 공급량×물의 비열)

=6,081.6kcal/h÷(1,543.36kg/h×1kcal/kg ℃)

=3.94℃(폐열 회수 시 보충 온도는 18.94℃)

(1) 보충수 공급량

={연간 급수량(kg/년)×(1−응축수 회수율)}÷연 가동시간(h/년)

={10,494,815.37×(1−0.4)}÷4,080

=1,543.36kg/h

3. 열교환기 면적(m^2)

$$= \frac{\text{회수가능열량(kcal/h)}}{\text{총괄전열계수}(\text{kcal/m}^2\text{ h ℃})\times\text{대수평균온도차(℃)}}$$

$$= \frac{6,081.6}{1,000 \times \dfrac{(149.66-45)}{\ln\dfrac{149.66}{45}}}$$

$=0.07m^2$

※ 열교환기의 총괄전열계수는 1,000kcal/m^2 h ℃를 적용했으며, 시수 온도 18.94℃는 분출수 폐열을 회수해 15℃ 시수를 승온시킨 값을 적용하였다.

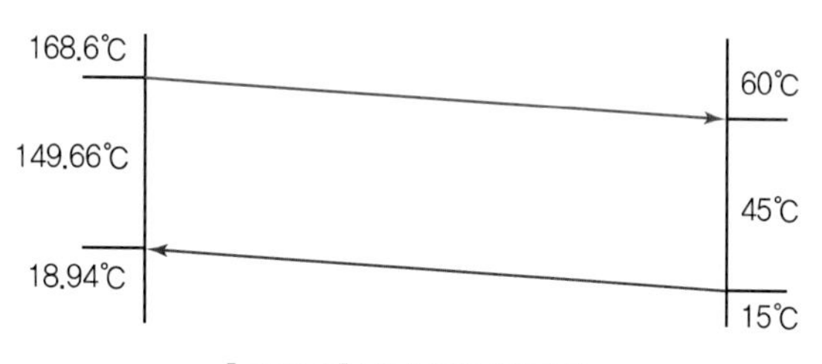

[그림 6] **대수평균온도차**

4. 연간 연료 절감량(L/년)

=절감열량(kcal/h)×연간 가동시간÷연료 발열량÷보일러 평균효율
=6,081.6×4,080h/년÷9,350÷88.85/100
=2,987L/년=2.96TOE/년=0.12TJ/년

5. 절감률(%)

=절감량(TOE/년)÷공정 에너지 사용량(열+전기)(TOE/년)×100%
=2.96(TOE/년)÷1,290.96(TOE/년)×100%
=0.23%(총 에너지 사용량 대비 0.14%)

(1) 공정 에너지 사용량
=보일러 연료 사용량(TOE/년)+기계동력 전기 사용량(TOE/년)
=741.11+549.85
=1,290.96TOE/년

6. 연간 절감금액(천원/년)

=절감량(L/년)×B-C유 단가(원/L)
=2,987L/년×895.57원/L
=2,675천원/년

7. 탄소배출 저감량(tC/년)

=절감량(TOE/년)×탄소배출계수(tC/TOE)
=2.96TOE/년×0.875tC/TOE
=2.59tC/년

5 경제성 분석

1. 투자비

[표 5] **항목별 투자비** (단위 : 천원)

항목	단위	개선안			비고
		단가	수량	계	
튜브형 열교환기	1식		1	2,000	
배관 및 보온	1식		1	300	
설치비	1식			300	
계				2,600	

2. 투자비 회수기간

=투자비(천원)÷연간 절감금액(천원/년)

=2,600천원÷2,675천원/년

=0.97년

SECTION

09 보일러 분출수(폐열) 회수 이용으로 에너지 절감

1 현황 및 문제점

1. 보일러의 분출(Blow Down)이라 함은, 보일러 내 관수의 증발에 의한 슬러지의 농축이나 침전으로 우려되는 스케일의 생성으로 인한 열효율 저하, 과열에 의한 노통의 압궤, 수관의 팽출 등 안전사고 등을 예방하기 위하여 보일러의 형식 및 압력과 관련하여 규정 이상의 불순물을 배출함으로써 보일러의 신진대사를 원활하게 하는 방법 및 장치이다.
2. [표 1]에서 살펴보는 바와 같이 보유수량이 적거나, 보일러 압력을 높게 사용할수록 TDS (Total Dissolved Solid) 농도를 낮게 운용해야 하므로, 보다 많은 관심과 신경을 써야 한다는 것을 알 수 있다. 여기서 TDS 농도를 낮게 운용해야 한다고 함은 용수가 불량하거나 동일한 TDS 농도일 경우 더 많은 양을 분출해야 한다는 의미이다.
3. 보일러 급수 및 관수의 샘플을 측정하여 전기전도율을 측정하여 TDS 농도를 산출한다.
   TDS 농도(ppm, μS/cm, 25℃ 기준) = 전기전도율 × 0.7

$$Q = \frac{S \times F}{B - F}$$

여기서, Q : 1일 분출량(L/일)
F : 급수의 TDS 농도(ppm, μS/cm)
응축수 회수율을 감안할 수 있음(급수량 − 응축수 회수량)
S : 증기 발생량(L/일)
B : 보일러 관수의 최대 허용 TDS 농도(ppm, μS/cm)

[표 1] KS B 6209에 따른 보일러 형식별 TDS 농도(ppm, μS/cm)

보일러	TDS 농도	보일러	TDS 농도
노통연관보일러	4,000～6,000	수관식 보일러(20～30kg/cm^2)	1,000 이하
수관식 보일러(10kg/cm^2 이하)	4,000 이하	관류보일러(25kg/cm^2 이하)	1,000 이하
수관식 보일러(10～20kg/cm^2)	3,000 이하		

PART 01 PART 02 PART 03 PART 04 PART 05 PART 06

(1) 진단 시 운전 중 분출장치의 고장으로 1일 1회 수작업으로 전 배수만 실시하고 있으나, 관류보일러의 특성을 고려한 정상운용 및 시간의 경과 시 더 많은 분출량이 예상된다.

4. 분출목적

(1) 관수의 불순물 농도를 한계점 이하로 유지한다.

(2) 관수의 pH를 조절하여 부식을 방지한다.

① 급수의 pH : 6~9(평균 8.5)

② 보일러수의 pH : 10.5~11.8

(3) 캐리오버 현상을 방지하여 양질의 스팀을 제조 및 공급한다.

(4) 스케일 및 슬러지 생성을 방지한다.

① 안전사고 방지 및 보일러 효율 향상

② 청소보존 등의 목적

(5) 보일러 내의 슬러지를 외부로 배출함으로써 보일러의 수질을 목표치 이내로 유지한다.

따라서, 적절한 Blow Down의 결정은 보일러의 장애와 에너지 절약의 측면에서 대단히 중요하다고 할 수 있다.

5. 분출방법

(1) 분출은 수저분출(水底噴出)방법과 수면분출(水面噴出)방법으로 구분할 수 있다.

① 수저분출방법 : 하부에 잔재한 슬러지를 외부로 배출한다.

② 수면분출방법 : 수면의 부유물질 및 관수의 적정 TDS 농도를 유지한다.

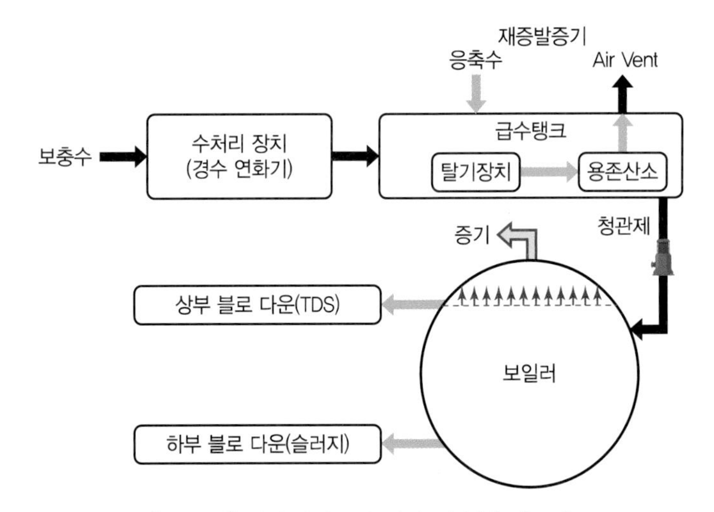

[그림 1] **일반적인 급수장치 및 분출시스템**

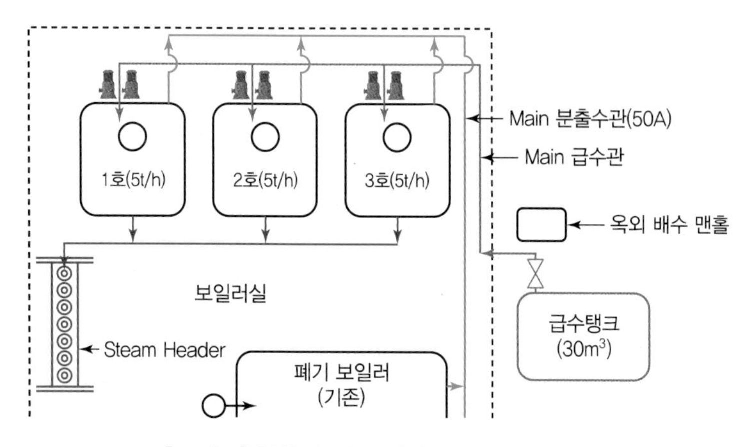

[그림 2] **분출관 및 보일러실의 주요 배관도**

2 개선대책

1. 어차피(필연적으로) 실시하여야 할 분출이라면 적정량을 실시하여야 하겠고, 규정된 농도 이상의 관수(포화수)를 버리더라도 분출수가 보유한 열을 열교환 후 폐열을 합리적으로 회수하여 에너지 절약과 주변 환경을 개선할 것을 권장한다.
   (1) 온수를 제조하여 보충수를 승온하거나, 후생복리용으로 활용한다.
   – [그림 1] 및 [그림 2] 참조
   (2) 급수탱크 위치를 고려하여 급수탱크에 급수가열기를 설치하여 급수온도를 가온하여 보일러의 효율을 높힌다. –[그림 3] 참조

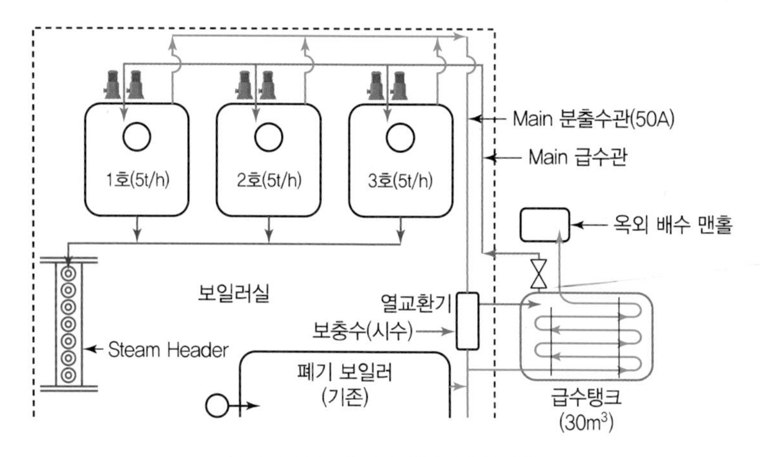

[그림 3] **분출수(폐열) 회수장치**

[그림 4] 폐열회수 이용장치의 모습

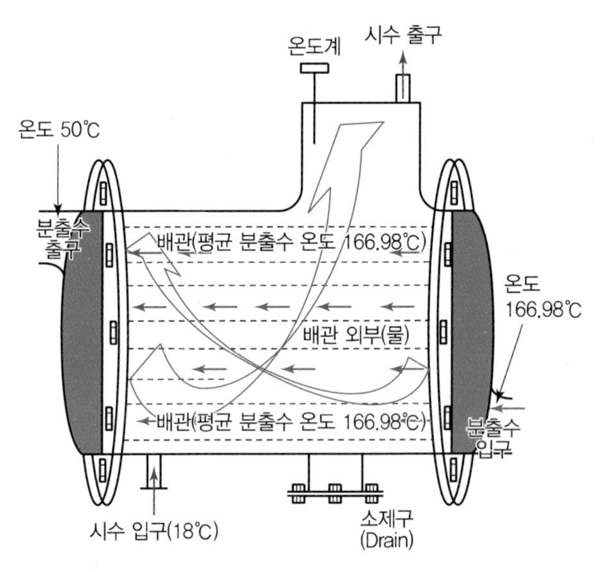

[그림 5] 분출관을 활용한 폐열회수 이용장치

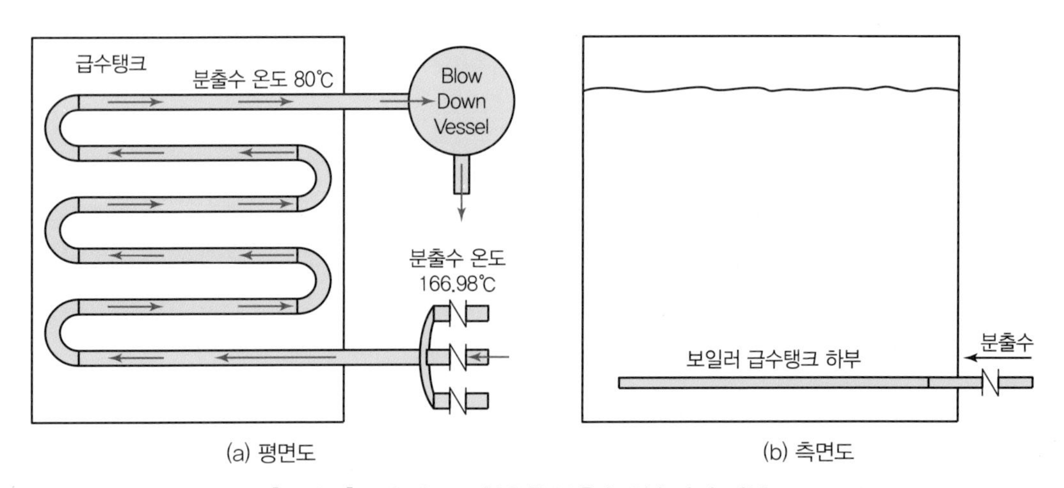

[그림 6] 급수탱크를 활용한 분출수 회수장치 세부도

3 기대효과

1. 분출수 분출량 감소 및 최적화 시 연료 절감률(%)

Exercise 01

LNG 연료를 사용하는 $7kg/cm^2 \times 5t/h$의 관류식 보일러에서 1%의 Blow Down 절감 시 연료 절감률은?(단, 급수온도는 37℃, 급수의 TDS는 100ppm, 관수의 TDS는 1,000ppm이고, 보일러 효율은 93.09%이다.)

풀이

$$\text{Blow Down율} = \frac{100}{1{,}000 - 100} = 11.11\%$$

(1) Blow Down율 1%에서 회수할 수 있는 열량
$= 5{,}000 \times 0.01 \times (166.98 - 37)℃ = 6{,}499\text{kcal/h}$

(2) 5t/h 보일러의 100% 부하 시 소요되는 연료량
$= 5{,}000 \times (650.35 - 37) \div (9{,}290 \times 93.09/100) = 355\text{Nm}^3/\text{h}$

(3) 연료 절감률(%)
$= 6{,}499 \div (355 \times 9{,}290 \times 93.09/100) \times 100\% = 0.21\%$

2. 분출수 열회수 이용 시 연료 절감률(%)

기본사양

- 5t/h 관류보일러의 보유수량 및 전배수량 : 400kg/기 · 회
- 5t/h 관류보일러의 전배기 횟수 : 350회/년
- 0.65MPa 포화수 온도 : 166.98℃
- 연료(LNG) 발열량 : $9{,}290\text{kcal/Nm}^3$
- 보일러 평균 효율 : 93.09%
- 운전 중 TDS 감지에 의한 분출수는 제외(현재 미가동/고장)

(1) 분출수 회수가능열량(kcal/년)
= 일일 분출수량 × 물의 비열 × 분출횟수
× (배출온도 − 열교환 후 배출온도) × 안전율
$= 400\text{kg/회} \times 1 \times 350\text{회/년} \times (166.98 - 50)℃ \times 0.8$
$= 13{,}101{,}760\text{kcal/년} = 2{,}911.50\text{kcal/h}$

※ 안전율 80%는 손실열 및 열교환기 효율 등을 고려하였으며, 진단 시 운전 중 분출은 고장으로 인해 실시하지 않아 제외한다.

(2) 시수 승온가능온도(℃)

=분출수 회수가능열량÷(시수 공급량(kg/h)×물의 비열)

=2,911.50kcal/h÷(2,168.46kg/h×1kcal/kg ℃)

=1.34℃(폐열 회수 시 시수 온도는 19.34℃)

① 시수 공급량

=(연간 총 증발량÷연 가동시간)×(연간 총 증발량−응축수 회수율)

=(19,516,119.12kg/년÷4,500h/년)×(1−0.5)

=2,168.46kg/h

(3) 열교환기 면적(m^2)

$$=\frac{\text{회수가능열량(kcal/h)}}{\text{총괄전열계수}(\text{kcal/m}^2\text{ h ℃})\times\text{대수평균온도차(℃)}}$$

$$=\frac{2{,}911.50}{1{,}000\times\frac{(147.64-32)}{\ln\frac{147.64}{32}}}$$

=0.04m^2

※ 열교환기의 총괄전열계수는 1,000kcal/m^2 h ℃를 적용했으며, 시수온도 19.34℃는 분출수 폐열을 회수해 18℃ 시수를 승온시킨 값을 적용하였다.

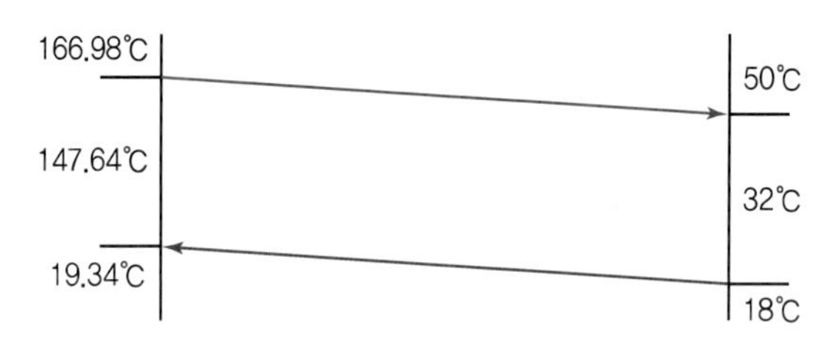

[그림 7] **대수평균온도차**

(4) 연료 절감량(Nm^3/년)

=절감열량(kcal/h)×연간 가동시간(h/년)÷연료 발열량(kcal/Nm^3)

÷보일러 평균효율(%)

=2,911.50kcal/h×4,500÷9,290÷93.09/100

=1,515Nm^3/년=1.56TOE/년=0.06TJ/년

(5) 절감률(%)

=절감량(TOE/년)÷공정 에너지 사용량(열)(TOE/년)×100%

=1.56TOE/년÷1,418.23TOE/년×100%

=0.11%(총 에너지 사용량 대비 0.04%)

(6) 연간 절감금액(천원/년)

=연간 연료 절감량(Nm^3/년)×적용 LNG 단가(원/Nm^3)

=1,515Nm^3/년×624.45원/Nm^3

=946천원/년

(7) 탄소배출 저감량(tC/년)

=절감량(TOE/년)×탄소배출계수(tC/TOE)

=1.56TOE/년×0.639tC/TOE

=1.00tC/년

4 경제성 분석

1. 투자비

[표 2] **항목별 투자비** (단위 : 천원)

항목	단위	개선안			비고
		단가	수량	계	
폐열회수장치 제작 및 설치	1식	2,000	1	1,000	• 급수탱크 공사 시 참조 • 열교환기 제작 및 설치
계				1,000	

2. 투자비 회수기간(운전 중 분출수 제외)

=투자비(천원)÷연간 절감금액(천원/년)

=1,000천원÷946천원/년

=1.06년

SECTION
10 보일러 분출수 절감 사례

1 현황 및 문제점

1. 보일러 증발량 10ton/h, 최고사용압력 1MPa임에도, 공급되는 보충수는 경수연화장치, 청관제 주입장치 등 수처리 장치가 없는 관계로 상수도가 그대로 보일러에 급수되고 있으며 보일러수의 pH 값 역시 조절하지 않은 상태로 운용하고 있다.
2. 2008년 1월 말경 성능검사를 받기 위해 세관을 실시한 결과 보일러 내에 스케일이 약 2.5~3mm 정도 생성된 것을 검사기기 조정자가 확인하였으며, 본 진단 당시에도 수저분출 작업 시 슬러지 및 녹물이 다량 분출되는 것을 확인하였다.
3. 이 회사의 스팀 사용 공정은 No－Trap Rendering System으로 주요 열사용설비의 응축수 회수율은 상당히 높은 편이나, 기타 트랩이 부착되어 있는 B－C유 저장탱크 및 유지저장탱크(단속적 사용으로 응축수 생성량 측정 곤란), 유지정제탱크 등에 사용되는 증기는 Steam Trap 통과 후 전량 버려지고 있으므로, 상대적으로 보충수 투입량도 많은 편이다.

2 개선대책

응축수 탱크 전단에 경수연화장치를, 후단에는 청관제 투입장치를 설치해 철저한 수질 관리로 스케일 생성 및 보일러 내 부식 발생을 억제함으로써 보일러의 효율 증가 및 수명을 연장한다.

3 기대효과

[표 1] **보일러 스케일 두께에 따른 연료 손실률(에너지관리기준 별표 3)**

스케일 두께(mm)	0.5	1	2	3	4	5	6
연료의 손실(%)	1.1	2.2	4.0	4.7	6.3	6.8	8.2

1. 스케일 생성에 의한 연료 손실량(Nm^3/년)

$=$스케일 두께에 따른 연료 손실률 × 연간 연료 사용량(Nm^3/년)

$=0.032\times1{,}257{,}982Nm^3$/년

$=40{,}255Nm^3$/년$=41.42TOE$/년

(1) 스케일 두께에 따른 연료 손실률(%)은 측정이 곤란하여 추정한 값으로, 현 상황이 지속될 경우를 가정하여, 생성될 스케일 두께를 약 1.667mm로, 그에 따른 연료 손실률은 에너지관리기준 별표 3에 의해 약 3.2%로 추산하였다.

① 스케일 두께 1mm 기준 : 1.667×2.2÷1=3.667%

② 스케일 두께 2mm 기준 : 1.667×4÷2=3.334%

③ 스케일 두께 3mm 기준 : 1.667×4.7÷3=2.611%

④ 평균={3.667+3.334+2.611}÷3=3.2%

(2) [그림 1]과 같이 Scale 두께에 따른 열손실률을 파악한다.

면적중심 $x_c = \frac{2}{3}x = \frac{2}{3} \times 2.5 = 1.667\text{mm}$

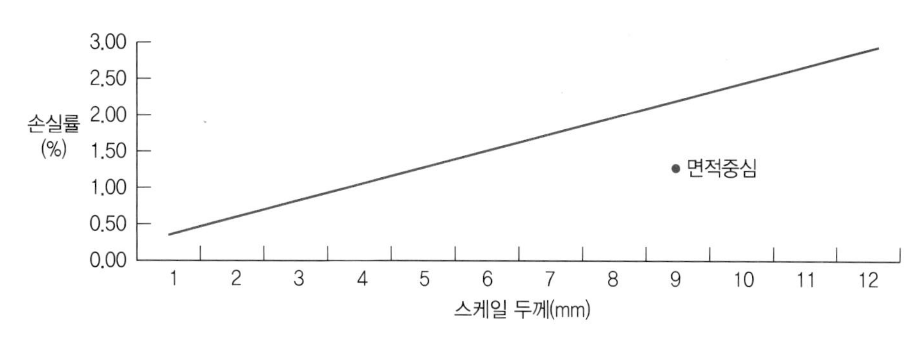

[그림 1] **스케일 두께에 따른 손실률**

2. 연간 절감금액(천원/년)

=연간 연료 절감량(Nm^3/년)×LNG 연료 단가(원/Nm^3)

=40,255Nm^3/년×870원/Nm^3

=35,022천원/년

3. 탄소배출 저감량(tC/년)

=절감량(TOE/년)×탄소배출계수(tC/TOE)

=41.42TOE/년×0.641tC/TOE

=26.55tC/년

SECTION 11 보일러 수저분출 시 폐열 회수 이용으로 에너지 절감(보일러 본체 부문)

1 개요

1. 보일러는 마치 우리의 인체와도 같다. 이를테면 연료라는 에너지를 투입하여 열이라는 에너지로 전환하고, 열에너지는 증기 에너지로 다시 전환하는 과정에서 수중의 불순물들이 용해되면 보일러의 동(胴) 하부에 침전하게 된다. 이것을 슬러지라고 한다.
2. 침전된 슬러지는 주로 Scale로 생성되어 보일러의 안전관리 측면에서 외부로 배출해야 하는데, 분출수가 가지고 있는 온도는 포화수에 해당하므로 많은 에너지를 보유하고 있다.
3. 슬러지를 외부로 배출하는 것은 보일러 운용 과정에서 필연적이기에 분출수(슬러지)는 버리더라도 그 속에 보유한 열을 회수하게 되면 에너지를 절약하게 되므로 긍정적으로 검토해 볼 필요가 있다.
4. 이를 감안하여 열 손실을 방지하기 위하여 증기압력이 완전히 소진된 후에 실시하면, 관수는 배출될지라도 하부에 침전된 슬러지는 일부만 배출하게 되므로 실제로는 불필요한 관수를 배출함으로써 비효율적인 운용이 된다.
5. 따라서 운전 중에 소량 간헐적으로 실시하여 슬러지를 배출하며, 포화수의 열을 회수하는 방법을 강구하여야 한다.

[그림 1] 일반적인 수저 분출장치(분출수 회수장치 없음)

2 분출수(포화수) 회수 이용 방법

1. 수저 분출배관에 포화수 현열(폐열) 회수용 열교환기를 설치

(1) 설치공간을 고려하고, 가급적 전열면적을 최대화한다(넓고 길게 한다).

(2) 분출밸브의 급개로 발생하는 Water Hammer에 의한 파손을 감안하고 강구한다.

(3) 최종 열교환기의 끝에는 다소 높게 하는 것이 열의 성층화의 원리를 이용할 수 있어 합리적이다.

(4) 일시 다량 분출방법보다는 소량 간헐적 분출방법이 효과적이다(수저 자동분출장치 설치를 권장한다).

2. 기존의 수동식 분출장치 및 폐열회수 이용장치

(1) 보일러실의 설치공간을 활용하여 수저 분출관에 폐열회수용 열교환기를 제작 설치한다.

(2) 일시 다량 분출로 폐열회수 이용률이 저하되는 문제가 있다.

3. 자동 소량 간헐적 분출장치로 교체

(1) 일일 분출량을 등분하여 소량 간헐적으로 분출하여 효율을 높인다.

(2) 슬러지의 분출효과 및 인력손실의 감소로 일석이조의 효과를 도모한다.

[그림 2] **수동식 분출장치 및 폐열회수 이용장치**

[그림 3] **자동식 분출장치 및 폐열회수 이용장치**

4. 자동분출의 Set로 Vessel을 설치

(1) 실내외 환경을 개선한다.

(2) 분출수의 유속을 변화시킨다.

(3) 소량 분출수의 냉각으로 재증발증기 생성을 억제한다.

[그림 4] Blow Down Vessel

3 수저 분출량 산출 방법

1. Blow Down 양을 결정하기 위해서는 보일러의 관수 최대 허용 TDS(Total Dissolved Solid) 농도를 알아야 한다.

[표 1] KS B 6209에 따른 보일러 형식별 TDS 농도(ppm, μS/cm)

보일러	TDS 농도	보일러	TDS 농도
노통연관보일러	4,000~6000	수관식 보일러(20~30kg/cm²)	1,000 이하
수관식 보일러(10kg/cm² 이하)	4,000 이하	관류보일러(25kg/cm² 이하)	1,000 이하
수관식 보일러(10~20kg/cm²)	3,000 이하		

(1) 노통연관보일러는 약 3,000ppm 정도, 수관식 보일러는 2,000ppm 정도로 정리한 곳도 있다.

(2) 특기할 것은 단위 용량당 관수의 보유수량이 적을수록 TDS 농도는 낮아지게 되므로, 보다 많은 관심과 신경을 써야 한다는 것을 알 수 있다.

(3) 보일러 급수 및 관수의 샘플을 측정하여 전기전도율을 측정하여 TDS 농도를 산출한다.
TDS 농도(ppm, μS/cm, 25℃ 기준) = 전기전도율 × 0.7

$$Q = \frac{S \times F}{B - F}$$

여기서, Q : 1일 분출량(L/일)
F : 급수의 TDS 농도(ppm, μS/cm)
응축수 회수율을 감안할 수 있음(급수량 − 응축수 회수량)
S : 증기 발생량(L/일)
B : 보일러 관수의 최대 허용 TDS 농도(ppm, μS/cm)

Exercise 01

어느 보일러의 1일 급수량이 7,000L이고, 급수 중의 고형분이 150ppm이며, 보일러의 최대 허용 고형분이 2,500ppm일 때의 1일 분출량은?

풀이 $\frac{7{,}000\text{L} \times 150\text{ppm}}{2{,}500\text{ppm} - 150\text{ppm}} = 447\text{L/day}$

2. 공식 없이 일반적인 측면에서의 분출량은 수면계 눈금이 2단 정도 내려가도록 Blow Down을 실시하면 무난하지만, 고형분을 측정하여 정상적인 방법으로 실시하는 것이 바람직하다. 이와 같은 방법을 응용하여 간헐적 방법으로 분할하여 분출하면 효과적이다.

4 보일러 분출수열(폐열) 회수로 에너지 절약

1. 장기적인 안목과 안전관리 및 작업 상태를 감안한 설치장소를 고려하여 폐열회수장치를 설치한다.
2. 단면적 및 길이를 크게 하여 열교환 효율을 높인다.
3. 회수 효율을 높이기 위해서는 소량 간헐적으로 실시하고, 분출속도가 감소할 수 있도록 밸브로 조절하여야 한다.
4. 열교환된 온수를 세면용 및 보일러 급수의 보충수 등으로 활용한다.

$Q = (t_1 - t_2) \times l \times \gamma$

여기서, Q : 폐열회수열량(kcal)
t_1 : 상승온도(℃)
t_2 : 기존온도(℃)
l : 상승온도 제조량
γ : 상승온도의 비중

5 기대효과

1. 회수 가능한 열량을 산출한다.
   회수가능열량=1일 분출수량(L/일)×분출압력의 포화수 열량(kcal/kg)
2. 회수된 열량을 연료로 환산한다.
   연료 환산량(kg)=(Q ÷ 연료의 유효발열량)
   연료의 유효발열량(kcal/kg)=발열량(kcal/L)×연료의 비중×보일러 효율

SECTION 12 보일러 수면분출 시 폐열 회수 이용으로 에너지 절감(보일러 본체 부문)

1 개요

동 내부의 안전저수위보다 약간 높게 설치하여 보일러 내 상부의 유지분 및 부유물질 등을 제거하는 장치로서 관수의 TDS 농도를 감지하여 자동으로 배출하는 장치이다.

2 회수 이용방법

수면분출 시에는 반드시 폐열회수장치를 올바르게 설치하여 보일러 급수온도 상승에 의한 효율 상승으로 에너지를 절약할 수 있도록 하여야 한다. 급수온도가 높을 경우에는 폐열회수장치(열교환기)를 경유하여 급수되도록 대책을 강구한다.

[표 1] **폐열회수장치 비교**

구분	비효율적인 폐열회수장치	효율적인 폐열회수장치
효율	• 내부에 내장된 코일의 재질 및 전열면적에 따라 다르다. • 급수탱크 온도가 낮을 경우에는 검토할 수 있다.	• 내부에 내장된 코일의 재질 및 전열면적에 따라 다르다. • 급수탱크 온도가 낮을 경우에는 검토할 수 있다. • 효율이 좋다(100℃ 이상도 가능).
최종 급수온도	• 열교환된 용수(온수)가 급수탱크로 이송된다. • 급수탱크의 온도와 혼합되거나, 밀도 차이에 의한 고온수 활용의 효율이 낮다. • 별도의 배관을 설치하여 미관을 손상하거나, 방열면적이 증가하게 된다. • 최종적인 급수온도 상승에 효과가 낮다.	• 급수탱크의 온도를 포화수로 열교환하면 기존의 급수탱크 온도보다 높게 된다. • 열분해로 인한 용존산소 감소로 부식이 감소하고, 온도상승에 의해 효율도 상승하게 된다.

보일러의 급수가 회수장치를 경유(통과)하지 않고 있다.

(a) 비효율적인 폐열회수장치

보일러의 급수가 폐열회수장치(열교환기)를 통과하여 보일러에 급수할 수 있도록 설치되어 있다.

(b) 효율적인 폐열회수장치

[그림 1] **보일러 수면분출장치 비교**

3 폐열 회수 이용으로 인한 열효율 및 에너지 절감 산출

1. 폐열 회수 후 보일러 효율

$$\%_1 = \frac{G \times \gamma_1 \times (h_1 - h_2)}{l \times \gamma \times Q} \times 100$$

여기서, $\%_1$: 폐열 회수 후 보일러 효율

G : 급수량(L/h)　　γ_1 : 급수의 비중(kg/L)

γ : 연료의 비중　　h_1 : 증기 엔탈피(kcal/kg)

h_2 : 급수온도(℃)　　Q : 연료의 저위발열량(kcal/L)

2. 에너지 절감률(%)

=폐열 회수 후 보일러 효율(%)－폐열 회수 전 보일러 효율(%)

3. 에너지 절감량(L)

=기존 연료 사용량(L)×에너지 절감률(%)

4. 폐열회수열량

$$Q_1 = (t_1 - t_2) \times l \times \gamma$$

여기서, Q_1 : 폐열회수열량(kcal)

t_1 : 상승온도(℃)　　t_2 : 기존온도(℃)

l : 상승온도 제조량　　γ : 상승온도의 비중

SECTION 13 재증발증기(Flash Steam) 회수 이용으로 에너지 절감

1 개요

1. 증기가 가지는 (전)열량에는 포화수 현열과 포화증기의 잠열이 포함되어 있다.
2. 각각의 압력에 따라 포화증기는 증발온도가 다르며, 압력이 낮은 경우에는 낮은 온도에서 증발하고, 반대로 압력이 높은 경우에는 증발온도도 높게 된다.
3. 열수송 및 열사용 과정에서 스팀트랩(Steam Trap)을 기준으로 전단의 압력은 일반적으로 대기압 이상이고, 스팀트랩 후단의 압력은 외부로 배출하거나, 응축수 회수 탱크의 경우 에어벤트(Air Vent)로 배출하기 때문에 대기압이 작용한다.
4. 이에 따라 높은 온도의 응축수가 스팀트랩을 빠져 나오는 순간, 표준대기압(atm)에서 유지할 수 있는 최대 온도는 100℃이므로 그 이상의 온도는 다시 증발하게 되는 것이다.
5. 이것을 증기가 응축되어 다시 증발하였다 하여 재증발증기(再蒸發蒸氣)라고 하며, 증기를 사용하는 곳에서는 필연적으로 발생하므로 폐열이라고도 한다.
6. 재증발증기 발생량(발생률)은 응축수 회수량이 많거나, 증기의 사용압력이 높을수록 많이 발생하게 되어 급수온도와 보충수 공급량과 밀접한 관련이 있다.
7. 즉, 스팀의 전열량 중 잠열이 피가열체에 열을 전달하면, 포화압력에서 응축하고, 응축수가 스팀트랩을 통과하여 대기압 상태로 배출하면서 다시 증발하는 현상이다.

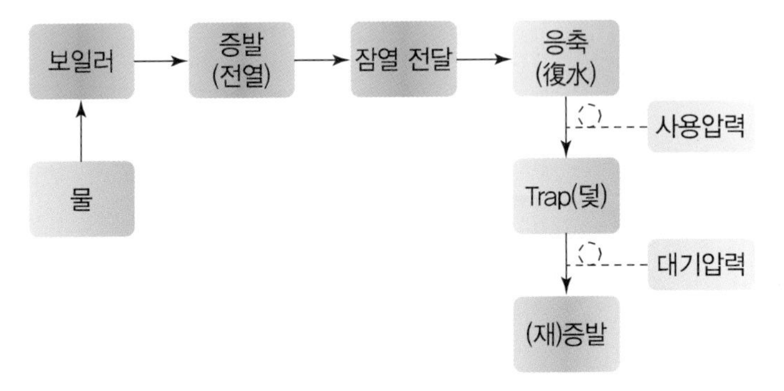

[그림 1] 재증발증기의 발생과정

2 스팀트랩 작동 및 재증발증기의 발생

1. 스팀트랩의 작동

[표 1] **스팀트랩의 종류**

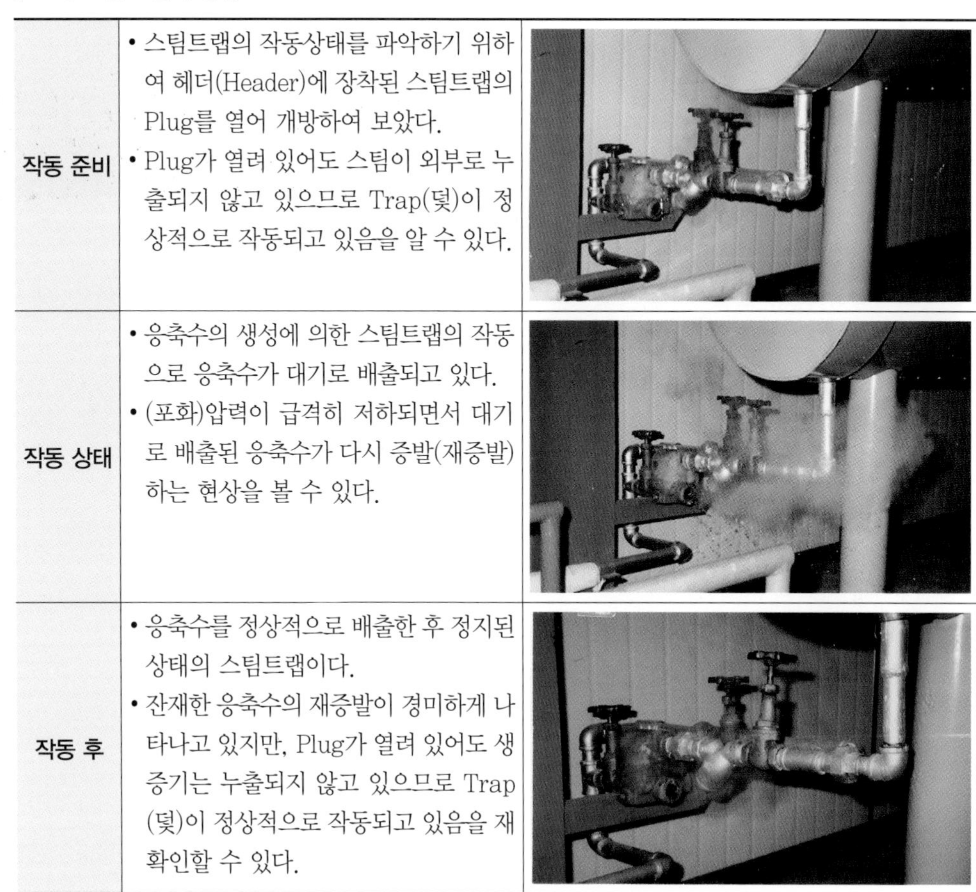

작동 준비	• 스팀트랩의 작동상태를 파악하기 위하여 헤더(Header)에 장착된 스팀트랩의 Plug를 열어 개방하여 보았다. • Plug가 열려 있어도 스팀이 외부로 누출되지 않고 있으므로 Trap(덫)이 정상적으로 작동되고 있음을 알 수 있다.
작동 상태	• 응축수의 생성에 의한 스팀트랩의 작동으로 응축수가 대기로 배출되고 있다. • (포화)압력이 급격히 저하되면서 대기로 배출된 응축수가 다시 증발(재증발)하는 현상을 볼 수 있다.
작동 후	• 응축수를 정상적으로 배출한 후 정지된 상태의 스팀트랩이다. • 잔재한 응축수의 재증발이 경미하게 나타나고 있지만, Plug가 열려 있어도 생증기는 누출되지 않고 있으므로 Trap(덫)이 정상적으로 작동되고 있음을 재확인할 수 있다.

2. 재증발증기의 발생

(1) 열설비(헤더, 열수송, 열사용)에 장착된 수많은 스팀트랩의 정상적인 작동으로, 각 스팀트랩에서 발생된 소량의 재증발증기들이 보일러 급수탱크에 한데 모여 Air Vent를 통과하면서 노적성해(露積成海)처럼 방출되고 있음을 살펴볼 수 있다.

(2) 이러한 현상은 Steam을 사용하는 곳에서 필연적인 현상이라서 폐열이라고 하지만, 알고 보면 많은 에너지를 보유하고 있어서 실제로는 에너지가 유실되고 있음을 숙지해야 할 것이다.

[그림 2] 재증발증기의 옥외 방출

[표 2] 압력별 스팀트랩에서 발생하는 응축수 1kg당 재증발증기량(스파이렉스 사코 증기시스템 데이터북)

스팀트랩 압력(kg/cm^2)	재증발증기 압력(kg/cm^2)							
	0.0	0.2	0.6	1.0	2.0	3.0	4.0	5.0
1	0.038	0.029	0.013					
2	0.063	0.053	0.038	0.025				
3	0.081	0.072	0.057	0.045	0.019			
4	0.097	0.088	0.073	0.061	0.035	0.016		
5	0.110	0.102	0.087	0.074	0.049	0.030	0.014	
6	0.122	0.113	0.098	0.086	0.061	0.042	0.026	0.012
7	0.133	0.124	0.109	0.097	0.072	0.053	0.037	0.023
8	0.142	0.133	0.119	0.107	0.082	0.063	0.047	0.033
10	0.159	0.150	0.136	0.124	0.099	0.080	0.064	0.051
12	0.174	0.165	0.151	0.139	0.114	0.095	0.080	0.066
16	0.199	0.191	0.177	0.165	0.140	0.121	0.106	0.092
20	0.220	0.212	0.198	0.187	0.162	0.143	0.128	0.114

$$Q = \frac{\text{응축수 현열} - \text{재증발증기 압력의 현열}}{\text{재증발증기 잠열}} = \frac{159.559 - 120.446}{525.90} = 0.074\text{kg/kg}(7.4\%)$$

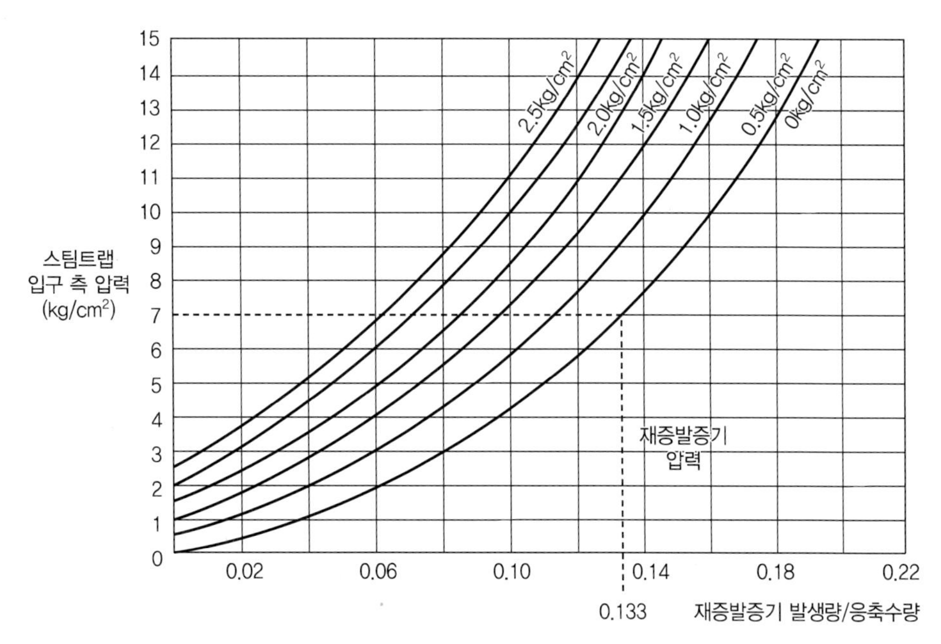

[그림 3] **압력별 응축수 1kg당 재증발증기 발생량(kg)**

3 개선대책

1. 혹시나 모를 스팀트랩의 고장 Bypass의 열림을 파악(확인)한다.
   (1) 스팀트랩의 남용 방지 및 점검을 위한 Bypass가 없는 에너지 절약형 스팀트랩을 설치하고 정기적으로 점검 및 확인한다.

2. Flash Vessel 장치를 이용한다.
   (1) 고압증기를 사용하고 주변에 저압증기를 사용하는 곳이 있어야 한다.
   (2) 재증발증기량은 감소하겠으나 그럼에도 재증발증기는 발생한다.

3. 재증발증기 발생량과 보일러 급수온도에 따라 다르게 응용하여야 한다.
   (1) 급수온도가 높으면 응축수 회수율이 높다는 것으로 재증발증기 발생 및 배출량도 비례하게 되므로 회수의 한계가 있어 급탕활용 등 다른 용도의 방법을 강구하여야 한다. 이에 따른 방법이 다양하게 달라지게 된다.
   (2) 스프레이 냉각 방법
      ① 일반적인 측면에서 준비가 필요하고 충분한 검토가 있어야 한다.
      ② 최소한 보충수 공급률이 20~30% 이상이어야 한다. 즉, 소량 지속적으로 냉수(보충수)가 공급되어야 한다. 이에 따른 냉수(보충수) 장치를 설치한다. -[그림 4] 참조
      ③ 회수 효율을 감안하여 면적을 크게 하며, 내부에 차폐판을 설치한다.

㉠ 차폐판은 회수면적을 높이는 목적도 있겠으나, 자체를 냉각 및 덮고, 차폐판에 약 5∅ 정도의 작은 구멍을 뚫어 주면 분무수의 분산으로 효율을 높일 수 있다.

㉡ 이 경우 내부에서 부하(저항)가 발생하지 않도록 한다.

(3) 전열에 의한 응축 및 온수제조로 보충수 온도 승온 방법

① 비교적 간단한 방법으로 보충수 공급률이 클수록 효과가 좋다.

② 주변에 급탕을 사용하는 곳이 있으면 최적이다. 이 경우 보충수(냉수) 공급을 제어하는 전자밸브의 위치가 달라진다.

㉠ 보일러 보충수와 주변 급탕용으로 활용할 경우에는 회수장치의 출구 측 보충수 배관에 전자밸브를 설치하고, 급탕 측은 밸브로 제어한다.

㉡ 보일러 급수로 사용할 경우에는 회수장치의 입구 측 보충수 배관에 전자밸브를 설치한다.

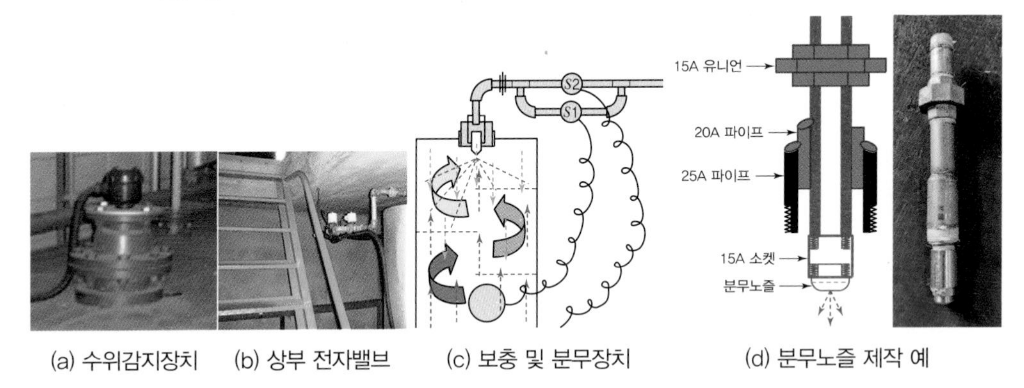

(a) 수위감지장치 (b) 상부 전자밸브 (c) 보충 및 분무장치 (d) 분무노즐 제작 예

[그림 4] **보충수 장치(스프레이 냉각 방법)**

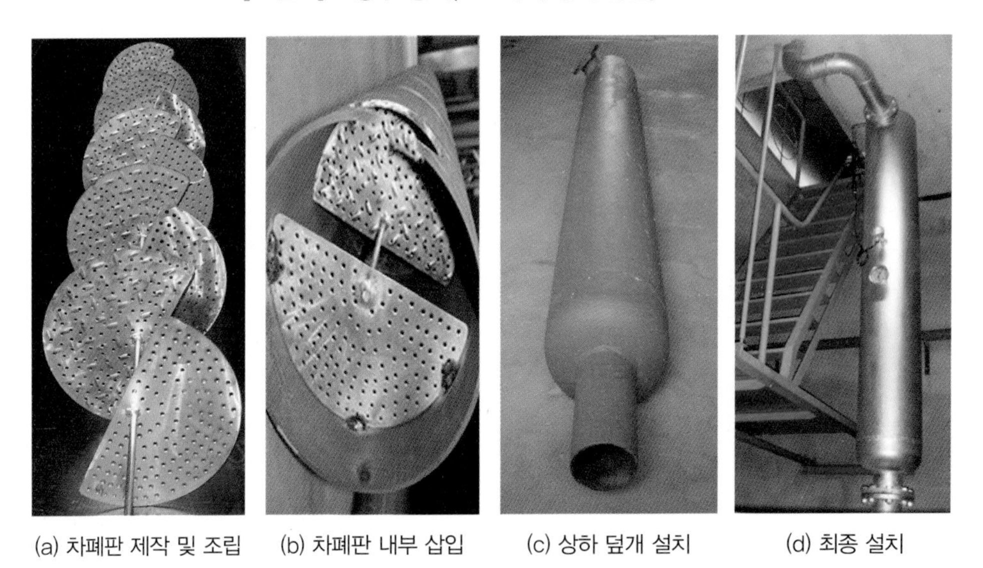

(a) 차폐판 제작 및 조립 (b) 차폐판 내부 삽입 (c) 상하 덮개 설치 (d) 최종 설치

[그림 5] **재증발증기 회수장치 제작 및 설치 순서(스프레이 방법)**

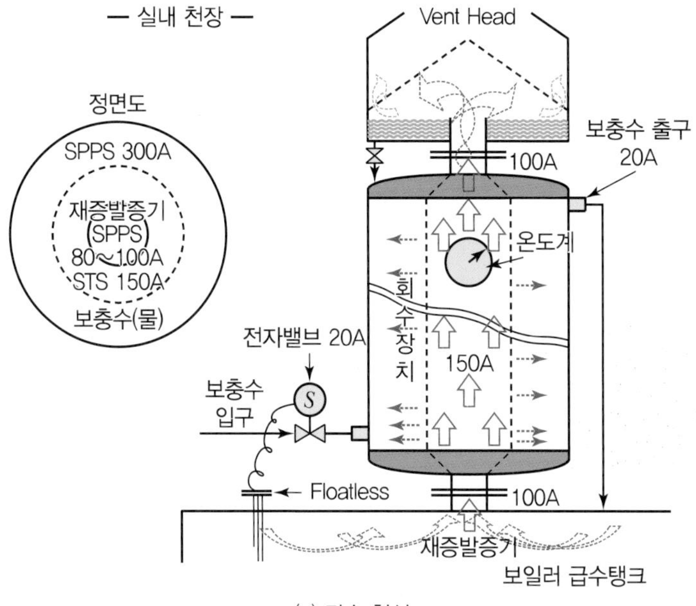

(a) 단순 형식

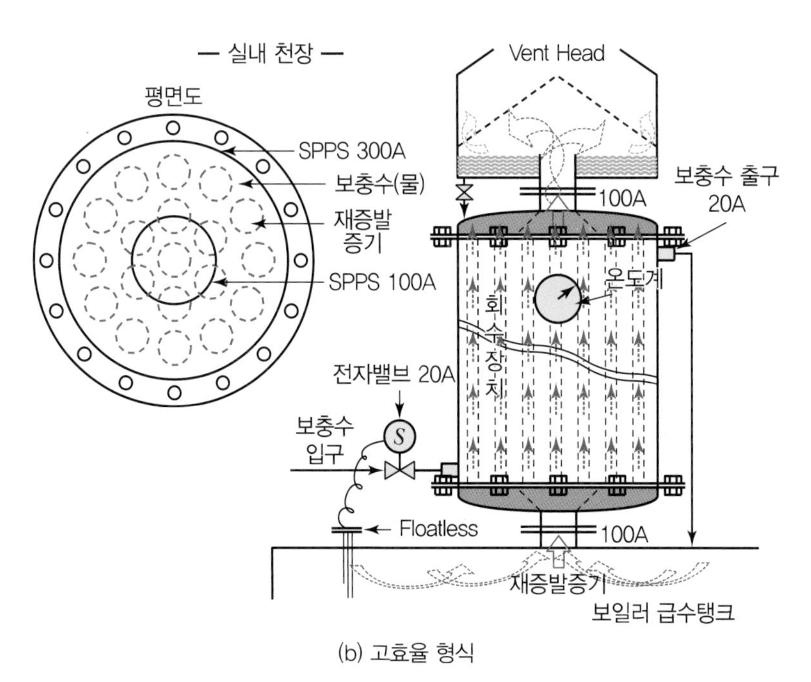

(b) 고효율 형식

[그림 6] **보일러 보충수 활용(회수장치 입구에 전자밸브 설치/부하 억제)**

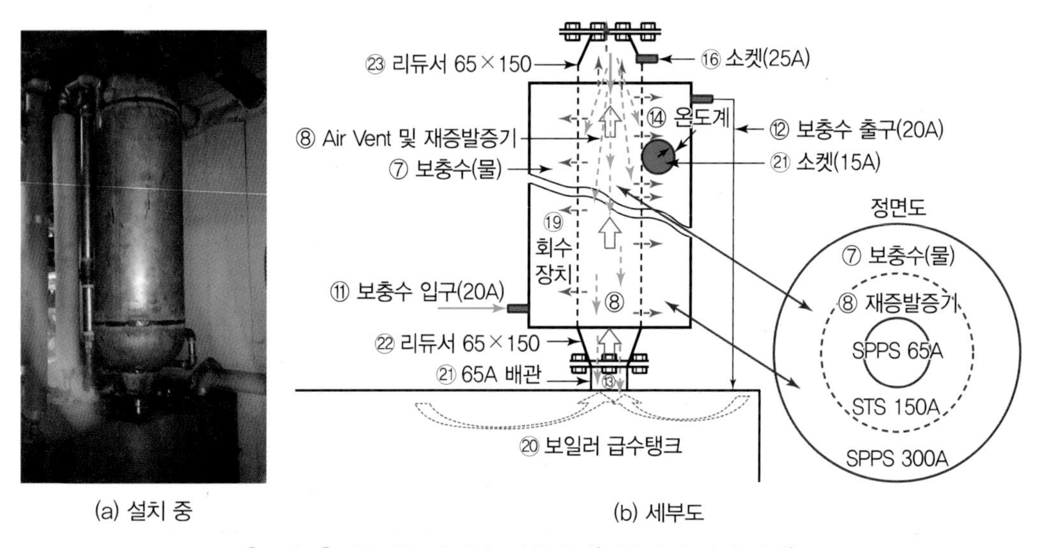

(a) 설치 중 (b) 세부도

[그림 7] **재증발증기 회수 이용장치(단순장치 설치 사례)**

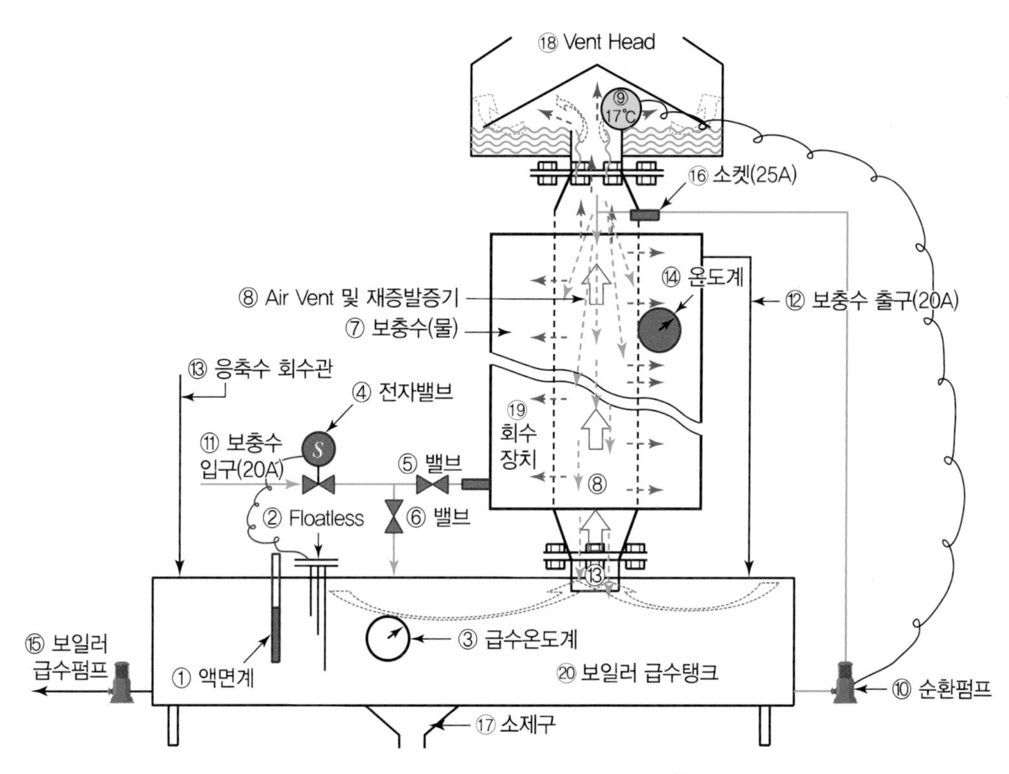

[그림 8] **재증발증기 회수 이용장치(단순장치 세부도)**

참고

부속 부착 위치 및 유의사항 - [그림 7] 및 [그림 8] 참조

매우 간단한 방법으로 Air Vent에 보다 큰 규격의 배관(드럼)을 씌워 보충수를 가온하는 방법이다.

1. 단순한 방법이지만 활용하는 방법에 따라 효과의 폭이 크다.
2. 천장 높이를 감안한 드럼과 드럼 내의 Air Vent 규격을 크게 하여 전열면적을 크게 할 것을 권장한다.
3. ④의 전자밸브와 ②의 Floatless의 수위 감지에 의한 자동 급수장치를 설치한다.
   (1) 전자밸브 전단에는 Strainer를 설치한다.
   (2) 회수장치의 고장을 고려하여 ⑤와 ⑥에 Bypass Valve를 설치한다.
   (3) 전자밸브 또한 고장을 고려하여 Bypass Valve 설치를 고려한다.
4. 보충수(시수)는 회수장치의 하부에서 상부로 흐르도록 한다.
5. ⑧은 증기를 이용하면서 필연적으로 발생하는 재증발증기가 Air Vent를 통해 대기로 방출하는 통로이며 약 100℃의 열을 보유하고 있다.
6. ⑦은 물(보충수)이며, 이른바 대기로 방출하는 ⑧의 증기를 열전도에 의하여 회수하는 드럼이다.
7. ⑦과 ⑧의 상태를 살펴볼 때, 크면 클수록 유속의 저하와 전열면적이 많아 회수 효율이 좋아지게 된다. 따라서 높이가 낮을수록 구경이 커야 한다. 하지만, 지나치면 공간을 차지하고 설치 작업에 적잖은 어려움이 있을 것이다.
8. ⑦의 드럼(파이프) 구경은 보편적으로 300A(mm)를 권장한다.
   (1) 흑관도 가능하다.
   (2) 단가 측면에서 고물상을 이용하면 유리하다.
9. ⑧의 재증발증기 방출관(에어벤트)은 열전도 및 전달 측면에서 유리한 스테인리스 재질을 이용한다.
   (1) 두께가 두꺼우면 열회수율이 저하될 것이다.
   (2) 전열면적 차원에서 구경을 크게 한다.
   (3) 단가 측면에서 고물상을 이용하면 유리하다.
10. ⑪의 보충수 입구와 ⑫의 보충수 출구의 위치는 상하 100mm 위, 아래에 설치하고, 방향을 고려한다.
    (1) 향후를 고려하여 ⑪의 보충수 입구와 같은 방향에 예비용을 설치한다.
    (2) 용접용 소켓 25A(두꺼운 재질)를 부착한다.
11. ㉑에는 회수장치의 내부 온도를 점검하는 온도계를 부착한다. 방향은 ⑪의 보충수 입구 방향과 같으며, 위에서 약 30cm 아래의 위치에 설치한다.
12. ⑯은 최후의 방법을 강구한 것으로 일정온도 상승 시 펌프를 이용하여 대기 방출을 억제하는 것으로 용접용 소켓 25A(두꺼운 재질)를 부착한다. 이때, ⑪의 보충수 입구에서 우측(직각)에 부착한다.
13. ⑲의 회수장치 내부(시수)의 온도는 재증발증기 온도와의 차이가 클수록 효과가 좋으므로 이를 고려한 적절한 조치와 활용이 필요하다.
    (1) 급탕 등 공정에 최대로 활용한다.
    (2) ⑫의 보충수 출구에 분배부속(Tee)을 활용하여 다양한 용도로 이용한다.
14. ㉒의 리듀서 규격(65×150)은 기존의 상태를 고려한 것이며, ㉓의 리듀서 규격(65×150)은 향후를 고려한 것이다. 실제 리듀서 규격은 배출량을 감안한 Air Vent 규격 및 작업 조건에 따라 변동되어야 할 것이다.
15. 위의 조치에도 불구하고 재증발증기가 옥외로 배출되는 경우
    (1) Steam Trap의 고장 및 Bypass 열림을 확인하고 조치한다.
    (2) ⑩의 순환펌프를 설치하여 Spray에 의한 분무 방식으로 대처한다.
    (3) 재증발증기를 배출하는 과정에서 저항(부하)이 발생하지 않도록 유량과 Air Vent의 구경을 감안해야 한다.
    (4) ⑨의 위치에 T/C를 설치하여 지정한 온도 이상으로 방출할 때만 순환펌프가 가동되도록 한다.

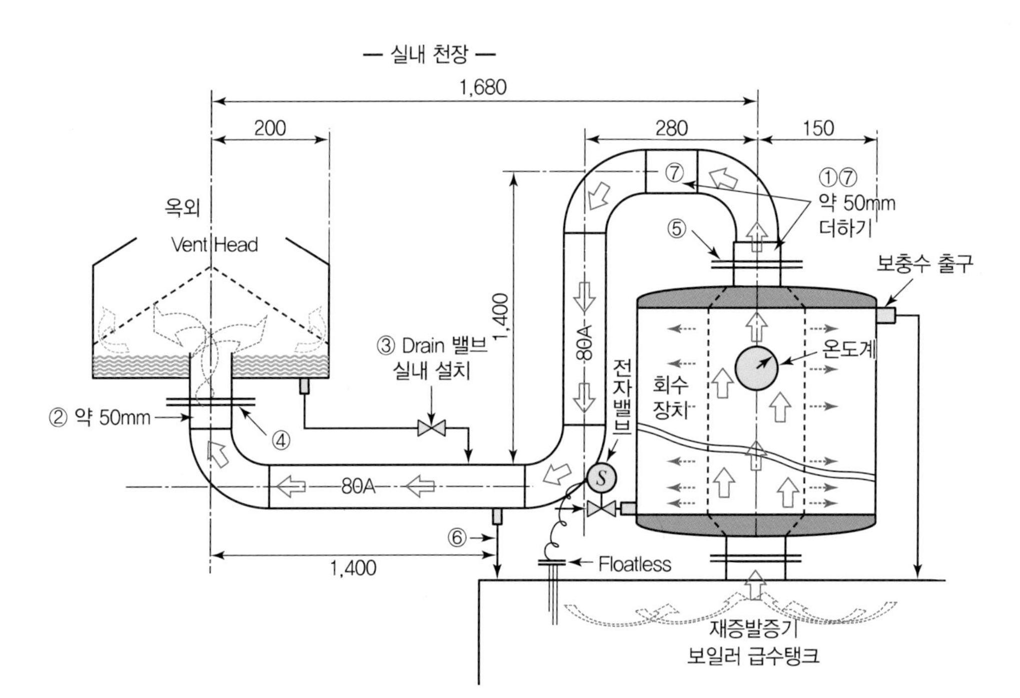

(a) 벤트헤드(Vent Head) 실내 설치

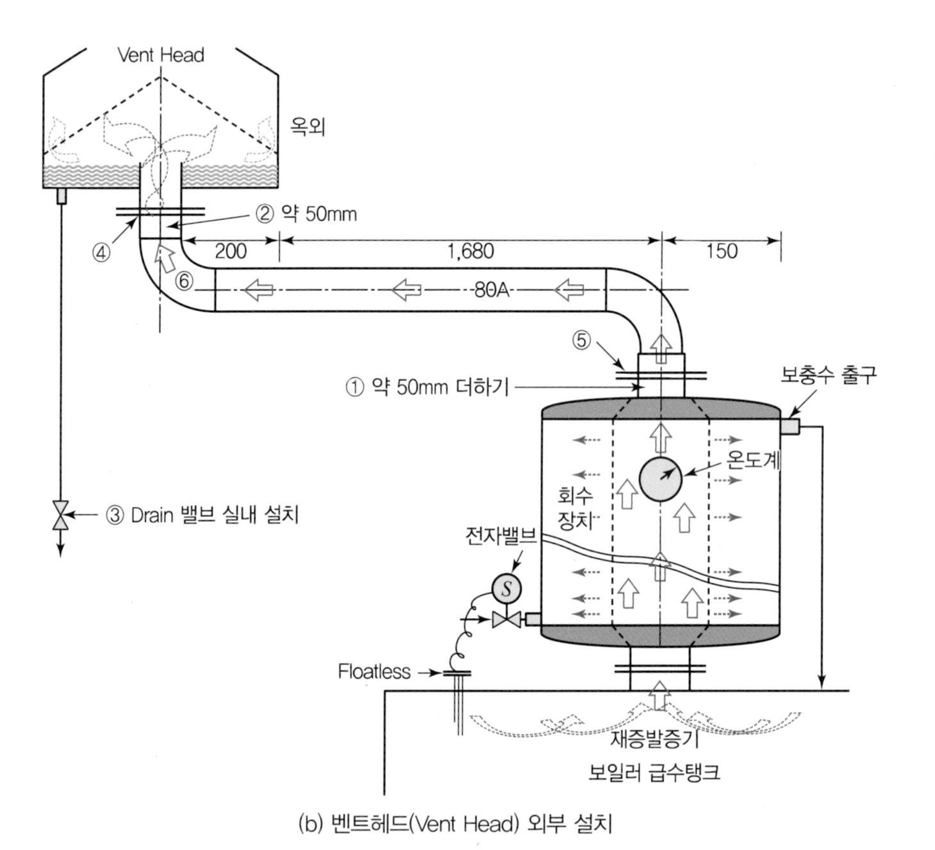

(b) 벤트헤드(Vent Head) 외부 설치

[그림 9] **회수장치 증대 응용(천장 높이 등 감안)**

4. 기타 응용 방안

(1) 다량의 응축수 발생 시 일부 응축수를 공정용 온수로 활용하는 방법을 강구한다.

① 공정용에 세팅 온도를 설정하여 자동으로 제어한다.

② 배관 및 밸브를 설치하여 동절기, 하절기에 유용하게 활용한다.

[그림 10] **공정용 온수 활용(실제도)**

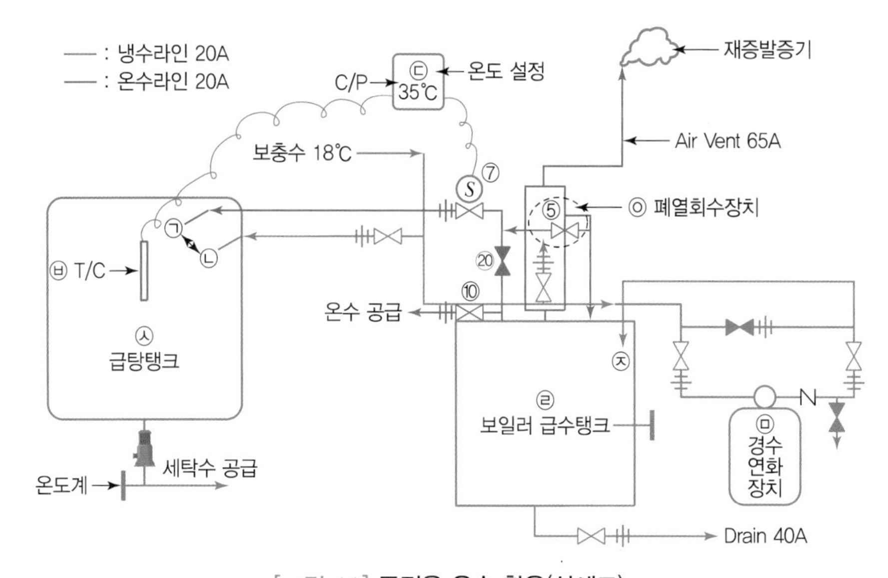

[그림 11] **공정용 온수 활용(상세도)**

(2) 재증발증기의 최대 회수 방법–[그림 10] 및 [그림 11] 참조

이 방법은 회수 효율을 높이기 위한 최상의 시스템이라 할 수 있다. 이를테면 재증발증기 회수장치에서의 전열효과와 온도차에 의한 냉각(응축) 효과를 높이기 위함이고, 여유분의 응축수를 직접 공정에 활용함으로써의 일석이조의 효과를 도모하기 위한 방법이다.

① 급탕탱크+온수공급+보충수 상부(스프레이/냉각) 공급 활용방법

㉠ [그림 10]에서 ①은 시수 또는 공급수라 한다(여기서는 편의상 시수라 한다). 시수는 20A(mm) 구경의 배관으로 공정용 급탕탱크, 공정용 온수, 보일러용 보충수로 공급한다.

㉡ ①의 시수는 ②의 재증발증기 회수와 ⑫의 보일러 보충수에 공급한다.

② 공정용 급탕탱크 공급 및 수작업용 온수 공급

㉠ ①의 시수는 ②의 밸브와 ③의 배관을 통하여 재증발증기 회수장치에서의 열을 회수한 후 ④의 배관을 통하여 ⑤의 밸브, ⑥, ⑦의 전자밸브의 작동에 의한 ⑧의 배관을 통하여 공정용 급탕탱크에 공급한다.

㉡ 공정용 급탕탱크의 온도를 더 올리거나 빨리 올려야 할 경우에는 ⑤의 밸브를 닫고, ⑳의 밸브를 열어주면 된다. 이때, 재증발증기 회수장치의 냉각효과와 보일러의 효율은 저하된다. ⑤의 밸브와 ⑳의 밸브 개폐는 항상 반대의 위치에 있어야 한다.

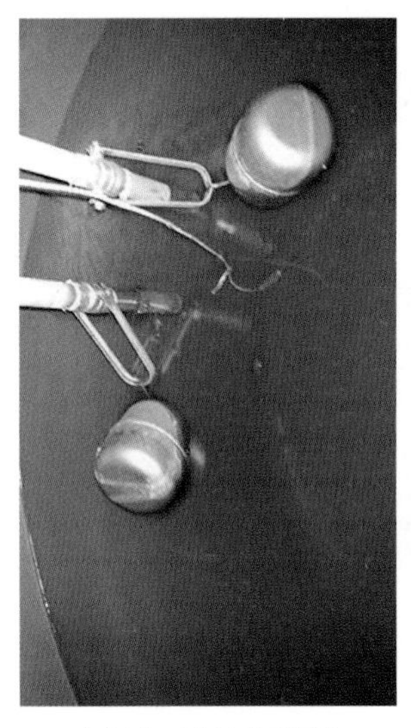

(a) 냉 · 온수공급장치

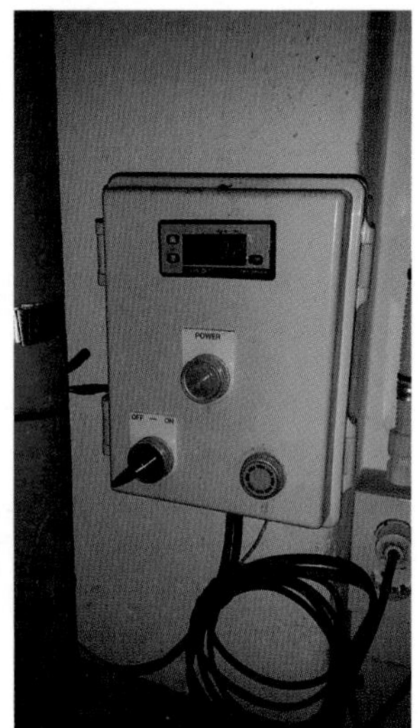

(b) 온도조절장치

(c) 급탕수 공급 펌프

[그림 12] **공정용 자동(급탕탱크) 시스템**

(3) 공정용 급탕탱크의 가온

① [그림 12]의 보조 장치로서 급탕저장탱크는 냉 · 온수를 공급하도록 2개의 볼탑(플로트)과 온도 감지기(T/C)를 설치한다.

㉠ 온수의 볼탑(플로트)이 높은 위치에 설치되어 온도 감지기에 의해 온수(응축수)가 우선적으로 자동 공급되도록 한다.

㉡ 냉수의 공급은 약간 낮은 위치에 설치하여 급탕탱크의 일정량의 수위가 저하할 경우 자동 보충하도록 한다.

② 급탕탱크의 자동온도 조정장치(T/C+Control Box)를 설치한다.

③ 급탕 이송펌프를 설치할 수 있다.

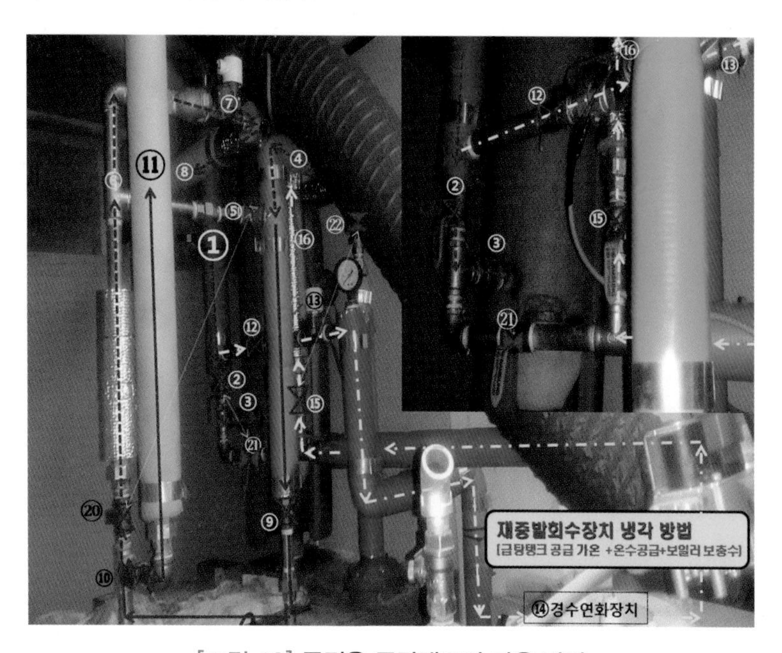

[그림 13] **공정용 급탕탱크의 가온 방법**

참고

부속 부착 위치 및 참고사항 - [그림 13] 참조

위 방법은 공정용 급탕탱크의 온도를 빨리 상승하여 작업을 조기에 실시하여 생산성을 향상시키기 위한 방법으로 [그림 13]에 설치된 밸브를 응용한 것이다.

1. 수작업용 온수 공급
   ①의 시수는 ②의 밸브와 ③의 배관을 통하여 재증발증기 회수장치에서의 열을 회수한 후 ④의 배관을 통하여 ⑨의 밸브 보일러 급수탱크를 경유하여 ⑩의 밸브 및 ⑪의 배관을 통하여 수작업용 온수를 공급하게 된다.

2. 보일러 보충수 공급(Air Vent)에서의 시수를 스프레이하는 방식의 보충수 방법
   ①의 시수는 ⑫의 밸브와 ⑬의 전자밸브를 통하여 ⑭의 경수연화장치를 통과한 후 ⑮의 밸브와 ⑯의 배관을 경유하여 재증발증기 회수장치의 최상부 Air Vent에서의 시수를 스프레이하는 방식의 보충수 방법이다. 이때 ②와 ⑮의 밸브는 열리고, ㉑과 ㉒의 밸브는 닫혀야 한다. 즉, ②와 ㉑, ⑮와 ㉒ 밸브의 개폐는 반대의 위치에 있어야 한다.

3. 공정용 급탕/온수를 사용하지 않는 경우(하절기 등)

(1) 공정용 급탕/온수가 필요하지 않으므로 ②의 시수(공급수) 밸브를 잠근다.

(2) ⑮의 밸브를 잠그고, ㉒의 밸브를 열어 Bypass시키면, 보일러 보충수가 재증발 회수장치를 경유하면서 가온(승온)하게 된다.

(3) 즉, ①의 시수는 ⑫의 밸브, ⑬의 전자밸브, ⑭의 경수연화장치, 개방된 ㉑의 밸브, ③의 배관을 경유하여 재증발증기 회수장치로 시수가 유입한 후 가온되어 개방된 ㉒의 밸브를 통하여 보일러 급수탱크에 보충된다.

(4) 이와 같은 방법은 응축수 회수율이 높아, 보충수량이 적으면 효과가 적다.

[그림 14] **공정용 급탕/온수를 사용하지 않는 경우(하절기)**

4 효과 파악

5kg/cm²의 게이지압력으로 225kg/h 증기를 사용하는 공정에 대하여 에너지 절감 효과를 파악해본다.

[표 3] **게이지압력 5kg/cm² g 증기표**

게이지압력 (kg/cm² g)	절대압력 (kg/cm² g)	포화온도 (℃)	비체적 (m³/kg)	현열량 (kcal/kg)	잠열량 (kcal/kg)	전열량 (kcal/kg)
0	1.0332	100	1.67300	100.092	539.06	639.15
5	6.033	158.29	0.319704	159.559	498.43	657.99

1. 재증발증기 발생률(%)

$$= \frac{\text{응축수 현열} - \text{재증발증기 압력의 현열}}{\text{재증발증기 현열}} \times 100\%$$

$$= \frac{159.559 - 100.092}{539.06} \times 100\% = 10.03\%$$

※ 재증발증기 발생률 $= \frac{\text{포화수 온도(℃)} - 100℃}{539} \times 100\%$

$$= \frac{158.29℃ - 100℃}{539} \times 100\% = 10.81\%$$

현열이 아닌, 온도로 계산하는 경우도 있으나 비체적을 감안한 현열로 계산함이 맞다.

2. 재증발증기 보유열량(kcal/h)

=증기 사용량(kg/h)×(포화수 엔탈피(온도)−대기압 포화수 엔탈피(온도))

=225kg/h×(159.559kcal/kg−100.092kcal/kg)

=13,380.08kcal/h

3. 응축수 보유열량(kcal/h)

=증기 사용량(kg/h)×(포화수 엔탈피(온도)−보충수 엔탈피(온도))

=225kg/h×(100℃−20℃)

=18,000kcal/h

4. 회수 가능한 연간 절감열량(kcal/년)

=[재증발증기 보유열량(kcal/h)+응축수 보유열량(kcal/h)×연간 가동시간(h)]×안전율

=(13,380.08kcal/h+18,000kcal/h)×2,000h×0.9

=56,484,144kcal/년

5. 에너지(연료) 절감량(Nm^3)

=회수 가능한 연간 절감열량(kcal/년)÷연료의 저위발열량(kcal/Nm^3)

=56,484,144kcal/년÷9,290kcal/Nm^3

=6,080Nm^3/년

여기서 연료 발열량은 열정산을 실시할 경우 입열을 활용하고 효율을 감안할 수 있다. 이 경우 효율이 87.22%라면 에너지(연료) 절감량은

56,484,144kcal/년÷9,290kcal/Nm^3÷87.22/100=6,971Nm^3/년이 된다.

6. 효과금액

=에너지(연료) 절감량(kg)×연료의 단가(870원/Nm^3)

=6,080Nm^3/년×연료의 단가(870원/Nm^3)

=5,290천원/년

5 특기사항

1. 급수온도가 약 6.4℃ 상승하면 에너지는 1% 절감된다.
2. 다양한 방법에 의해 응축수와 재증발증기를 회수 이용하면 효과는 같다. 다만, 투자를 최소화하고 간결하여 사용하는 방법이 수월해야 한다.
3. 대부분의 응축수를 회수하거나 여기서 발생하는 재증발증기 회수와 관련되거나 미기록된 내용은 다른 사례 내용을 참고하여 이해하고 숙지한다.

SECTION 14 보일러실 내 상부공기 회수 이용으로 에너지 절감

1 현황 및 문제점

현재 주 가동 중인 보일러(10t/h)의 경우 압입 송풍기를 통해 버너에 공급되는 연소용 공기는, 송풍기가 보일러 하부에 설치되어 있어 25℃ 정도의 비교적 낮은 온도로 공급되고 있으며, 보일러 상부의 연도 위쪽 대기온도는 53℃로 높게 측정되었다.

1. 보일러는 연소열을 이용하여 온수나 증기를 제조하는 장치로서 온수나 증기를 수송하는 배관과 관 모음 등에서 적잖은 열이 발생하며 실내온도가 상승하게 된다.
   (1) 밀폐된 실내 공간에서의 보일러실 내의 온도는 공기의 비중 차이로 온도가 높은 공기는 상부로 상승하고 찬 공기는 하부로 가라앉아 높이에 따라 현격한 차이를 느끼게 된다.
   (2) 산업용 보일러 및 증기보일러의 경우 상용압력이 높을수록 증기온도도 높아져 이에 따른 방열손실이 많아지고 실내온도도 높아지게 된다.
   (3) 실내에서 보일러를 예의주시하며 운전하던 시절에는 벤틸레이터 및 환풍기를 이용해 옥외로 더운 실내공기를 배출하기도 하였다.

2. 보일러를 운용하기 위해서는 버너를 포함한 각종 동력장치가 장착되거나 설치되어 적잖은 공간을 차지하거나 소음을 유발하게 된다.
   (1) 특히, 송풍기는 많은 공간을 차지하여 작업환경을 저해하거나 안전사고의 우려가 있으며, 보일러실 내의 소음(약 85～95dB)의 주범이 되어 소음난청을 유발한다.
   (2) 최근에는 이러한 문제점을 감안하여 대부분의 송풍기에 소음기를 설치한다. 이 경우 실내 공간을 더 차지하게 된다.
   (3) 보일러실 설치 공간이 적거나 소음 관계로 옥외에 설치하기도 하는데, 외기상태에 따라 우천 시는 빗물이 혼입되기도 하겠고, 특히 동절기의 경우는 현저히 낮은 연소용 공기를 공급함으로써 실온 대비 30～60℃ 급기온도 차이로 연소상태가 불량하거나 비효율적인 보일러 운전관리로 열손실을 초래하게 된다.

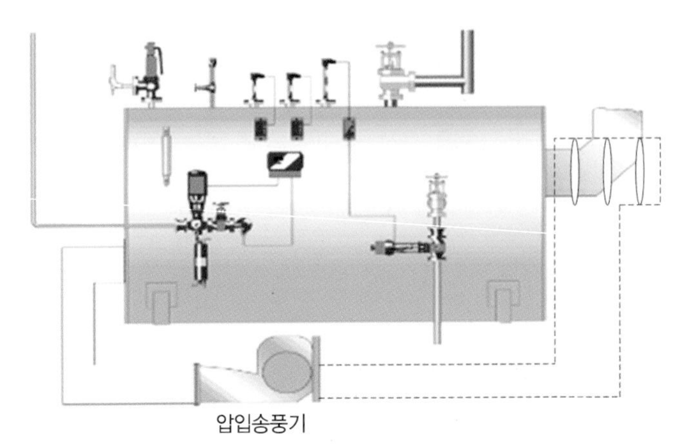

[그림 1] **실내에 설치된 송풍기(일반적인 보일러)**

[그림 2] **옥외에 설치된 송풍기**

3. 결과적으로 보일러실은 덥고 소음이 많은 곳이고, 위험하며 작업환경이 열악한 곳이다.
   (1) 보일러는 압력용기이며 위험물이다.
   (2) 보건적인 측면에서 장시간 근무 시 소음난청이나 이명증이 발생하기도 한다.
   (3) 이러한 열악한 환경에서도 안전장치가 미흡하고 불안한 시기에는 압력계를 예의주시하며 수동운전하던 시절이 있었다.

4. 연소용 공기를 높이게 되면 착화 및 연소를 좋게 하고 연소온도(공기의 현열)를 높일 수 있다.
   (1) 더운 공기는 연료의 완전연소를 가능케 하며 연소효율 향상에 의하여 에너지를 절약하게 된다.

2 개선대책

보일러실 상부공기를 이용한다. 압입송풍기 흡기부에 덕트를 설치하여 보일러 상부의 비교적 고온에 해당하는 53℃의 공기를 흡입해 연소용 공기로 공급함으로써 연소효율을 증가시켜, 에너지를 절감한다.

1. 보일러실 공간이 넓거나 부득이한 경우

(1) 반드시 소음방지기를 설치한다.

(2) 실내 온도가 비교적 높은 상부공기가 유입되도록 송풍기의 흡입 덕트 입구를 상부에 설치하여 연소효율과 쾌적한 작업환경으로의 개선을 권장한다.

2. 보일러실 내 공간이 좁거나 소음으로 문제가 될 경우

(1) 송풍기의 옥외 이설을 검토한다. 처음 보일러를 설치하는 경우에도 같다.

① 송풍실을 옥외에 설치할 경우에는 송풍실을 반드시 밀폐시키고 공기의 흡입이 보일러실 상부가 되도록 덕트를 이용하여 상부공기를 회수 이용한다.

㉠ 이 경우 송풍기의 교체 및 정비 등을 감안하여 밀폐된 송풍실을 볼트, 너트를 이용한 조립식으로 한다.

㉡ 수시 점검 및 관찰할 수 있도록 점검구 및 출입문을 설치하여야 한다.

㉢ 빗물 및 외부공기가 유입되지 않도록 철저하게 밀폐하여야 한다.

② 실내공기의 환기로 일석이조의 효과를 거둘 수 있다.

3. 송풍기의 공기 흡입구에 덕트를 직접 연결할 수도 있다. 이 경우 보일러마다 따로 덕트를 설치해야 한다.

(a) 옥외 밀폐

(b) 연소용 공기온도

[그림 3] 옥외에 설치된 송풍실(보일러 2기) 1안

3 효과 파악

1. 공급공기온도 승온에 따른 연료 1kg당 절감열량(kcal/kg)

$Q = A_o \times m \times C(t_1 - t_2)$

=공급 공기량(Nm^3/kg)×공기 비열(kcal/Nm^3 ℃)

×(보일러 상부 공기온도−송풍기 입구 공기온도)(℃)

=10.21×1.3×0.31×(53−25)

=115.2kcal/kg

여기서, Q : 연소용 공기의 현열(kcal/kg)

A_o : 이론공기량(10.21Nm^3/kg)

C : 공기의 평균 비열(0.31kcal/Nm^3 ℃)

t_1 : 보일러실 상부공기 온도(53℃)

t_2 : 외부공기 온도(25℃)

1.3 : 개선 후 공기비

※ 연간 연료 사용량 : 500,000kg/년(kg 환산 : l×비중(γ)×온도보정계수)

연료의 발열량 : 9,750kcal/kg

연료의 유효발열량=연료의 발열량×보일러 효율

=9,750kcal/kg×0.85

=8,288kcal/kg

2. 공급공기온도 승온에 따른 연간 절감열량(kcal/년)

=연료 1kg당 절감열량(kcal/kg)×연간 연료 사용량(kg/년)

=115.2kcal/kg×1,170,049kg/년

=134,789,644kcal/년

3. 연간 연료 절감량(L/년)

=연간 절감열량(kcal/년)÷B−C유 발열량(kcal/L)

=134,789,644kcal/년÷9,900kcal/L

=13,615L/년=13.48TOE/년

(1) B−C유 연료의 경우 발열량(kcal/L)은 비중과 온도를 중량으로 환산하고 보일러 효율을 감안한 유효발열량으로 정리할 수 있다.

연간 연료 절감열량(kcal/년)÷연료의 유효발열량(kcal/kg)

=134,789,644kcal/년÷8,288kcal/kg

=16,263kg/년

(2) 연료의 단가가 liter로 표기된 경우에는 환산해야 한다.

kg ÷ 연료의 밀도(비중 × 온도보정계수) ÷ 보일러 효율

4. 연간 절감금액(천원/년)

= 연간 연료 절감량(L/년) × B−C유 연료 단가(원/L)

= 13,615L/년 × 462원/L

= 6,290천원/년

5. 탄소배출 저감량(tC/년)

= 절감량(TOE/년) × 탄소배출계수(tC/TOE)

= 13.48TOE/년 × 0.875tC/TOE

= 11.79tC/년

4 기대효과

상기 식에 의거 배기가스의 보유열 회수 이용으로 연소용 공기를 약 25℃ 높일 경우 열효율은 1% 상승하게 되며 이에 따라 에너지도 1% 절감된다.

참고

송풍기의 설계 시나 사용 시 풍량의 단위가 Nm^3/min, Am^3/min, Sm^3/min으로 다르게 표시되어 있어 혼돈을 초래할 수 있다. 표를 잘 살펴보고 현장 업무에 참고하시기 바란다.

[표 1] **풍량 단위 및 해설**

구분	내용
Nm^3/min	• Normal 상태의 공기유량 • 0℃, 1기압, 상태습도 0%인 이상적인 공기량을 말한다.
Am^3/min	• Actual : 실제 상태의 공기유량 • 측정 시의 압력, 온도, 습도조건을 말한다.
Sm^3/min	• Standard : 표준상태의 공기유량 • 20℃, 1기압, 상태습도 65%인 표준공기량을 말한다.
CMM	• C : cubic(세제곱미터)의 약자 • M : meter의 약자 • M : min의 약자
정리 : 통상적으로 m^3/min나 m^3/hr로 표시할 경우 Standard를 적용한 표시이다.	

SECTION 15 보일러실 상부공기를 활용한 급기 승온 (B－C유와 LNG 사용)

1 현황 및 문제점

노통연관보일러가 5t/h, 7t/h 각 1기가 설치되어 있으며, 5t/h 보일러의 사용연료는 LNG이고, 7t/h 보일러는 B－C유를 사용하며, 예비용으로 운용하고 있다. 주력 보일러인 5t/h의 경우 연소용 공기를 공급하는 과정에서 보일러실 상부온도가 33.9℃임에도 불구하고 외부공기 8.4℃를 공급하고 있어, 기온이 낮은 동절기나 우천 시에는 공급공기 온도 저하와 수분 공급 등에 우려가 있다.

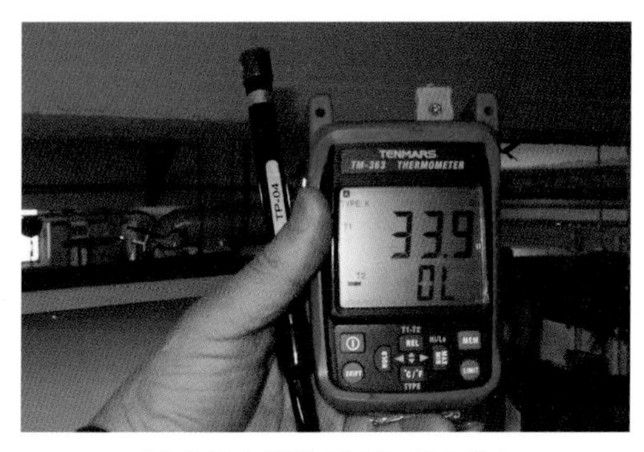

(a) 송풍기 주변 상부온도(33.9℃)

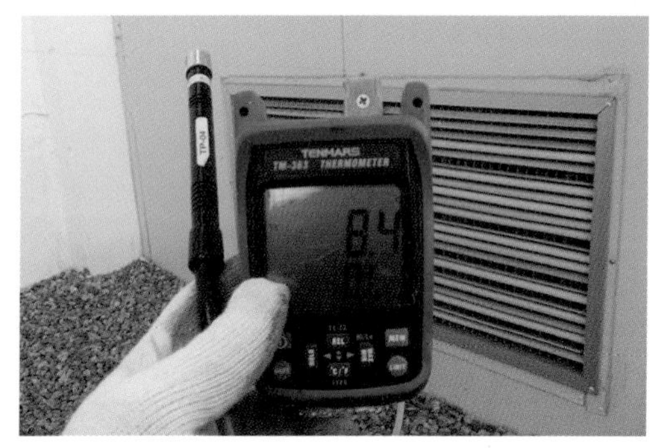

(b) 송풍실 주변 외기온도(8.4℃)

[그림 1] **보일러실 상부온도 및 송풍실 주변온도**

(a) 실내 모습

(b) 기기 배치도(측면도)

[그림 2] **보일러 연소용 공기 송풍실(개선 전)**

2 개선대책

1. 일반적으로 연소용 공기를 25℃ 높일 경우, 연료의 약 1% 정도가 절감된다.
2. 연소용 공기를 높이는 방안으로는 공기예열기를 설치하여 연소용 공기를 예열하는 방법, 미보온된 연도 주변공기를 흡입하는 방법, 보일러실 상부의 공기를 흡입하여 승온하는 방법 등이 있다.
3. 주력 보일러(5t/h)가 신설 보일러로서 보온상태가 양호하고, 급수예열에 의한 최종 배기가스 평균온도가 73.8℃로 낮은 점을 감안하여 보일러 상부공기(33.9℃)를 흡입하여 연소효율을 증대하고 에너지를 절감한다.
4. 개선방안은 보일러 상부 공기온도를 흡입해 에너지를 절감하는 안이며, 열교환기가 아니므로 LMTD 설계조건은 의미가 없어 제외한다.

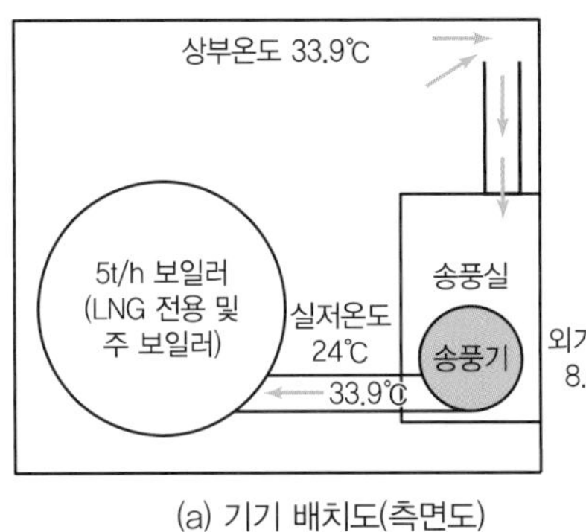

(a) 기기 배치도(측면도)

(b) 실제 공급 온도

(c) 상부공기 흡입덕트

[그림 3] **보일러 연소용 공기 공급계통도(개선 후)**

3 기대효과

1. 절감열량(kcal/년)

  =개선 후 공기비×이론공기량(Nm^3/Nm^3)×공기 비열(kcal/Nm^3 ℃)
  ×(승온가능온도−실내온도)×1호기 연간 연료 사용량(Nm^3/년)
  =1.15×10.75×0.31×(33.9−8.4)×432,420.37
  =42,258,524kcal/년

  ※ 연간 연료 사용량은 전년도 B−C유 사용량을 LNG 사용량으로 환산한 값이다.

2. 연간 연료 절감량(L/년)

  =연간 절감열량(kcal/년)÷B−C유 발열량
  =42,258,524kcal/년÷9,350kcal/L
  =4,520L/년=4.47TOE/년=0.19TJ/년

3. 절감률(%)

=절감량(TOE/년)÷공정 에너지 사용량(TOE/년)×100%

=4.47÷1,290.96×100%

=0.35%(총 에너지 사용량 대비 0.22%)

(1) 공정 에너지 사용량

=보일러 연료 사용량(TOE/년)+일반동력 전기 사용량(TOE/년)

=741.11TOE/년+549.85TOE/년

=1,290.96TOE/년

4. 연간 절감금액(천원/년)

=절감량(L/년)×B−C유 단가(원/L)

=4,520L/년×895.57원/L

=4,048천원/년

5. 탄소배출 저감량(tC/년)

=절감량(TOE/년)×탄소배출계수(tC/TOE)

=4.47TOE/년×0.875tC/TOE

=3.91tC/년

4 경제성 분석

1. 투자비

[표 1] **항목별 투자비** (단위 : 천원)

항목	단위	개선안			비고
		단가	수량	계	
재킷식 흡기덕트	1식	2,000	1	2,000	
설치비		1,000	1	1,000	
계				3,000	

2. 투자비 회수기간

=투자비(천원)÷연간 절감금액(천원/년)

=3,000천원÷4,048천원/년

=0.74년

SECTION
16 열매보일러 외부공기 온도 승온

1 현황 및 문제점

○○ 안성공장에 설치된 열매보일러는 [표 1]과 같으며, 총 6기 중 3기는 실내에 설치되어 있고, 나머지 3기는 공정 옥외에 설치하여 운용하고 있으며, 800Mcal/h를 제외한 5기는 공기예열기가 설치되어 있다. 다만, 모든 송풍기가 옥외에 설치되어 기온이 낮은 동절기에는 낮은 외기의 공급으로 인한 최종 예열온도의 저하와, 우천 시 습도의 영향으로 열효율 저하 등이 우려된다.

[표 1] **열매보일러 운용 현황**

용량 (Mcal/h)	LNG		설치장소	증기 사용량 (kg/년)	가동시간 (h/년)
	사용량 (Nm^3/년)	사용률 (%)			
1,200	82,098	5.98	공무동	7,568,383	6,000
2,000	356,643	25.98			
1,000	104,002	7.58	우레탄 1동	1,795,004	
800	88,144	6.42	노브락 2동	1,541,628	
1,500	232,649	16.95	노브락 3동	12,775,785	
3,000	509,041	37.09			
계	1,372,577	100	–	23,680,800	

[표 2] **연평균기온**

구분	단위	연평균기온	비고
남부지방	℃	12~14	
중부지방	℃	10~12	경기도 안산(평균 11℃)

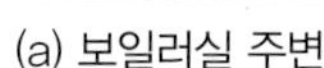

(a) 보일러실 주변 (b) ○○ 3동 주변

[그림 1] **외부에 설치된 보일러 송풍기**

2 개선대책

1. 보일러는 연료를 화학반응에 의한 보일러 연소실 내부의 온도를 높여, 피가열체인 열매의 온도를 상승시키는 것으로 예열공기는 열효율을 상승하고 에너지를 절감하는 기본이 된다.
2. 일반적으로 연소용 공기를 25℃ 높일 경우, 연료의 약 1% 정도가 절감된다. 연소용 공기를 높이는 방안으로는 다음과 같은 방법이 있다.
   (1) 공기예열기를 설치하여 연소용 공기를 예열하는 방법
   (2) 실내 상부공기를 활용하여 공기를 예열하는 방법
   (3) 송풍기를 옥외 설치할 때, 송풍실 밀폐 후 덕트를 활용한 보일러실 상부의 공기 흡입으로 승온하는 방법 등
3. ○○ 안성공장의 경우 외부스팀 활용에 따른 다량의 응축수열과 재증발열을 외부로 버리고 있어(폐열) 이를 활용하여 최소한의 외부 공기온도를 승온하여 열효율 향상과 에너지 절약을 높이는 방안을 권장한다.
   (1) 송풍실을 설치하고 폐열(재증발증기)을 활용한 외부공기 승온
   (2) 열교환기를 이용한 외부공기 승온 후 별개의 송풍기 입구에 연결 등

4. 유의사항
   (1) 폐열이 많으므로 가급적 열교환기의 면적을 크게 한다.
   (2) 열교환기의 폐열(재증발증기) 입 · 출구 구경은 크게 하여 부하를 억제한다.
   (3) 쉽고 가능한 보일러부터 시작하여 활성화한다.

(a) 재증발증기(폐열)

(b) 재증발증기 온도 측정

[그림 2] **외부로 버려지는 재증발증기(폐열)**

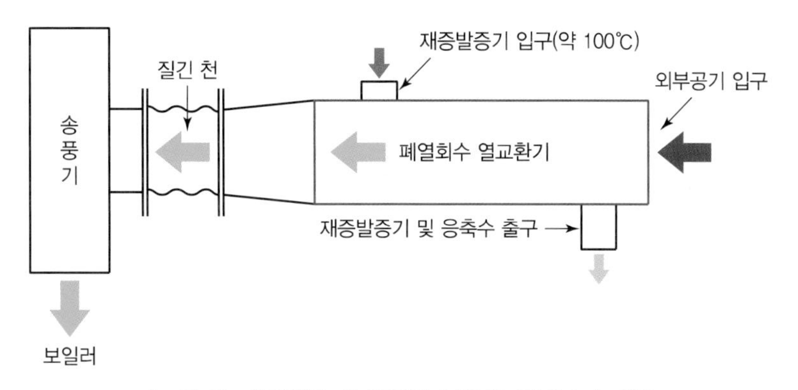

[그림 3] **재증발증기(폐열)를 이용한 외부공기 예열**

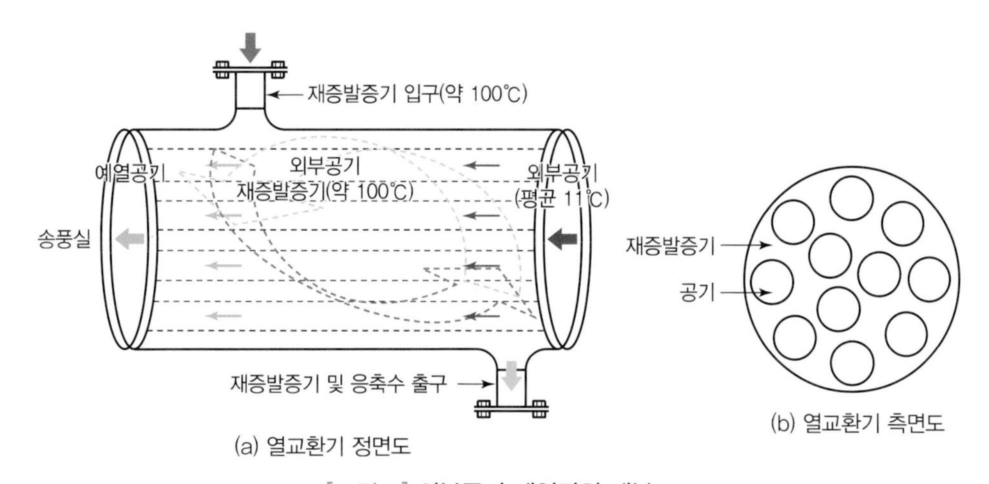

(a) 열교환기 정면도

(b) 열교환기 측면도

[그림 4] **외부공기 예열장치 세부도**

3 기대효과

1. 재증발증기량(kg/h)

= {(응축수 현열 − 재증발증기 현열) ÷ 재증발증기 잠열} × 응축수량

$= \{(148.37 - 120.13) \div 525.90\} \times 789.36$

$= 42.39\text{kg/h}$

(1) 응축수량

= 총 증기 사용량(kg/년) × 회수율(%) ÷ 연 가동시간(h/년) ÷ 보일러 운용기수

= (39,468ton/년 × 1,000) × 0.6 ÷ 6,000 ÷ 5기

= 789.36kg/h

[표 3] 주요 Data

구분	단위	내용	비고
응축수량	kg/h	789.36	
응축수 압력	kg/cm^2 g	3.5	
응축수 현열	kcal/kg	148.371	
재증발 압력	kg/cm^2 g	1.0	
재증발증기 현열	kcal/kg	120.13	
재증발증기 잠열	kcal/kg	525.90	
보일러 효율	%	87.05	평균 효율
연료 발열량	$kcal/Nm^3$	9,290	
연간 가동시간	h/년	6,000	

2. 재증발증기 열량(회수가능열량)(kcal/h)

= 재증발증기량(kg/h) × 재증발엔탈피(= 현열 + 잠열) × 안전율

= 42.39kg/h × (120.13 + 525.90)kcal/kg × 0.9

= 24,646.69kcal/h

3. 외부공기 승온가능온도(℃)

$$= \frac{\text{회수가능열량}}{\text{공기 비열} \times \text{송풍기 시간당 풍량}}$$

$$= \frac{24,646.69}{0.31 \times 3,336} = 23.83℃$$

4. 연간 연료 절감량(Nm^3/년)

= 보일러 연료 사용량(Nm^3/년) × 이론공기량(Nm^3/Nm^3) × 공기비

× 공기의 비열($kcal/Nm^3$ ℃) × (승온온도 − 연평균온도)℃

÷ 평균 입열량($kcal/Nm^3$) ÷ 평균 효율(%)

= 1,372,577 × 10.47 × 1.34 × 0.31 × (34.83 − 11) ÷ 9,300.06 ÷ 87.05/100

= 17,572Nm^3/년 = 18.08TOE/년 = 0.75TJ/년

[표 4] **보일러 운용 주요 평균치(입열량, 효율, 송풍량)**

구분	단위	300만	200만	150만	120만	100만	80만	비고(평균)
입열량	$kcal/Nm^3$	9,291.6	9,309.39	9,291.6	9,308.09	9,291.6	9,308.09	9,300.06
효율	%	89.44	89.63	89.16	89.36	87.75	78.94	87.05
송풍량	m^3/h (m^3/min)	5,400 (90)	4,320 (72)	3,000 (50)	2,400 (40)	1,560 (26)	–	3,336(5기) 2,780(6기)

5. 절감률(%)

=절감량(TOE/년)÷공정 에너지 사용량(TOE/년)×100%

=18.08TOE/년÷1,583.66TOE/년×100%

=1.14%(총 에너지 사용량 대비 0.21%)

6. 연간 절감금액(천원/년)

=절감량×적용 LNG 연료 단가

=17,572Nm^3/년×589.02원/Nm^3

=10,350천원/년

7. 탄소배출 저감량(tC/년)

=LNG 저위발열량 환산 절감량(TOE/년)×탄소배출계수(tC/TOE)

=16.32TOE/년×0.639tC/TOE

=10.43tC/년

4 경제성 분석

1. 투자비

[표 5] **항목별 투자비** (단위 : 천원)

항목	단위	개선안			비고
		단가	수량	계	
열교환기 제작 및 덮개 설치	1식	4,000	5	20,000	800Mcal/h 포함
설치비		1,000	5	5,000	예열장치 및 배관
계				25,000	

2. 투자비 회수기간

=투자비(천원)÷연간 절감금액(천원/년)

=25,000천원÷10,350천원/년

=2.42년

SECTION 17

보일러 연도 댐퍼 개도 조절로 배기가스 열손실 방지

1 현황 및 문제점

1. 보일러 후미 연도에 부착된 개도댐퍼는 대부분 100% 열린 상태로 고정되어 운용한다. 이로 인한 보일러 부하율(%)의 변동에 관계없이 일정한 개도로 가동되어 보일러 부하의 감소 시에도 배기력의 증대 및 배출가스량의 증대로 열손실이 발생하게 된다.
2. 모든 보일러의 연돌은 연소가스량, 연소가스온도, 배출속도, 건물 주위의 기류 및 광고효과 등을 감안하여 충분한 높이로 설치되므로 더욱 강한 흡입력이 발생하게 된다. -[표 1] 참조
3. 이로 인한 보일러 운전 중 고부하(100%) 시에는 통풍력에 의한 유속의 증가로 공연비의 불균형(Unbalance)이 발생하고, 배기가스 손실을 가중하게 된다. 특히, 이러한 문제는 저부하 시 더 많은 문제를 발생한다.
4. 또한 빈번하게 On / Off가 반복되는 경우의 보일러는 운전 정지 후 1, 2차 공기의 Damper가 닫혔다 하더라도 완전히 닫힌 것이 아니며, 작은 틈새에서의 통풍력(흡입력)은 보일러의 연소가 정지되어도 계속 작용하여 보일러에서 발생한 높은 열이 연도와 굴뚝을 통과하여 계속 대기 중으로 방출된다.
5. 따라서 운전 중 불필요한 Damper의 개방으로 손실되는 열을 감소하고, 운전 정지 후 방출되는 손실열을 감소하면 소정의 열효율을 높일 수 있고, 열손실을 방지(감소)할 수 있어 연료비가 절감되는 것이다.
6. 고 · 저부하 보일러 운용 시 노 내압 조절을 통한 Damper의 개폐 Control를 통한 운전 정지 후 자동으로 Damper를 조절할 수 있는 방법도 있겠으나, 관심을 가지고 직접 체험할 수도 있다. 이 경우 부하별 공연비 관리, 대기오염물질 측정, 효율 측정 등을 파악하고 Data 관리를 하여야 하므로 몇 달에서 많게는 몇 년이 소요되기도 한다.

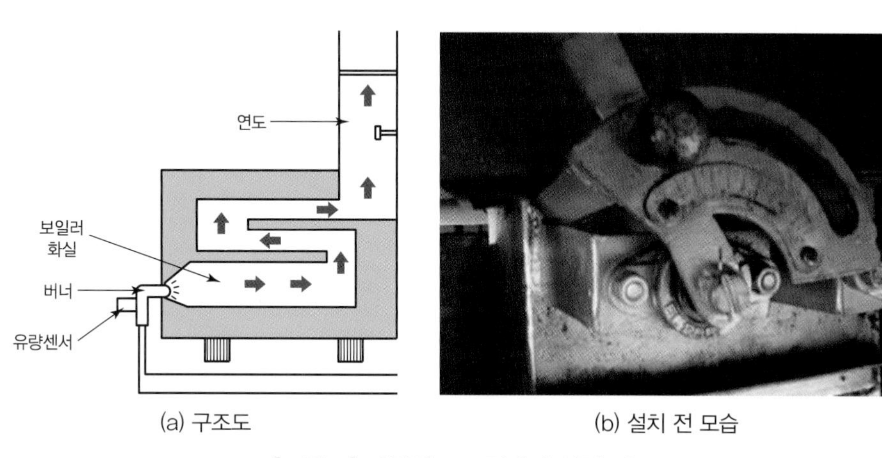

(a) 구조도 (b) 설치 전 모습

[그림 1] 자동연도 조절댐퍼 설치 전

참고

연돌의 높이와 통풍력의 관계

1. 연돌의 통풍력은 연돌의 높이와 단면적 그리고 온도 등의 변화에 따라 달라지게 된다.
   (1) 연돌의 높이 $z = 273H \times \left(\frac{r_a}{273 + t_a} - \frac{r_g}{273 + t_g} \right)$
   (2) 연돌의 상단부 단면적 $F = \frac{G \times (1 + 0.0037t)}{3{,}600w}$
2. 따라서 적법한 설계에 의하여 직경과 높이가 선정되어야 한다.
3. 대부분의 연돌은 지나치게 높고, 보일러 운전관리도 부주의하여 열효율을 저하하는 원인이 되고 있다.
4. 기업의 홍보를 위한 광고 효과를 도모하고자 연돌은 하늘 높게 치솟고 있으며, 이와 함께 에너지도 하늘로 유실되고 있는 것이다.

[표 1] 연돌의 통풍력(대기온도 27℃)

평균 연돌 온도 (℃)	연도 1m당의 통풍력 (mmH_2O)	연돌의 높이(m)									
		30	40	50	60	70	80	90	100	110	120
120	0.277	8.31	11.08	13.85	16.62	19.39	22.16	24.93	27.70	30.47	33.24
140	0.317	9.51	12.68	15.85	19.02	22.19	25.36	28.53	31.70	34.87	38.04
160	0.360	10.80	14.40	18.00	21.60	25.20	28.80	32.40	36.00	39.60	43.20
180	0.395	11.85	15.80	19.75	23.70	26.65	31.60	35.55	39.50	43.45	47.40
200	0.425	12.75	17.00	21.10	25.50	29.75	34.00	38.25	42.50	46.77	51.00
220	0.458	13.74	18.32	22.90	27.48	32.06	36.64	41.22	45.80	50.38	54.96
240	0.486	14.58	19.44	24.30	29.16	34.02	38.88	43.74	48.60	53.46	58.32

평균 연돌 온도 (℃)	연도 1m당의 통풍력 (mmH_2O)	연돌의 높이(m)									
		30	40	50	60	70	80	90	100	110	120
260	0.515	15.45	20.60	25.75	30.90	36.05	41.20	46.35	51.50	56.65	61.80
280	0.535	16.05	21.40	26.75	32.10	37.45	42.80	48.15	53.30	58.85	64.20
300	0.557	16.71	22.28	27.85	33.42	38.99	44.56	50.13	55.70	61.27	66.84
320	0.577	17.31	23.08	28.85	34.62	40.39	46.16	51.93	57.70	63.47	69.24
340	0.599	17.97	23.96	29.95	35.94	41.93	47.92	53.91	59.90	65.89	71.88
360	0.619	18.57	24.76	30.95	37.14	43.33	49.52	55.71	61.90	68.90	74.28
380	0.635	19.05	25.40	31.73	38.10	44.45	50.80	57.17	63.50	69.85	76.20
400	0.649	19.47	25.96	32.45	38.94	45.43	51.92	58.41	64.90	71.39	77.88

2 개선대책

Damper의 개도에 노 내압 조절장치를 장착하여 부하변동 및 굴뚝의 통풍력에 따라 자동제어되도록 한다.

1. 보일러 운전 중 고 · 저부하의 변동이 심할 경우 연소실의 노 내압도 달라져 불완전연소에 의한 열효율 저하를 고려하여 연도에 설치된 Damper를 이용하여 조절할 수 있는 방법을 검토해 볼 필요가 있다.

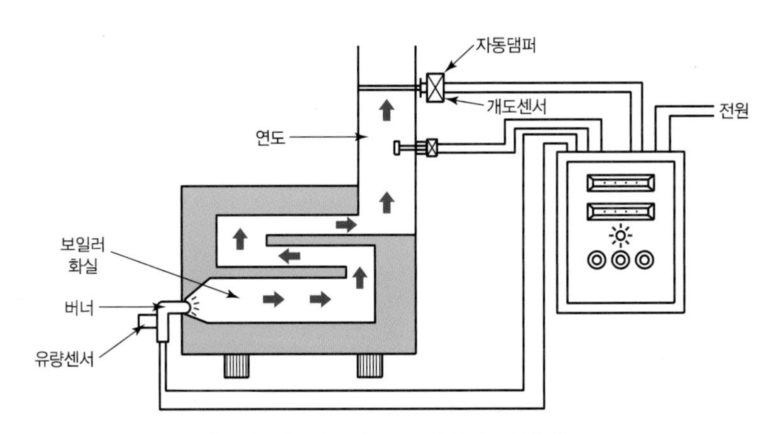

[그림 2] **자동연도 조절댐퍼 설치 후**

2. 많은 금액이 소요되므로 사전에 수동으로 검토해 볼 수도 있다.
   (1) 조절 폭이 작으면 설치할 필요가 없다. -[그림 6] 참조
      ① 이 경우 저자의 경험에 의하면 실제 개도 Damper는 보일러 운전 부하율 100% 대비 50% 이하에서 작동되었다. 이는 50% 이상이 불필요하게 항상 열려 있음을 의미한다.

② 불필요한 통풍력 및 개도 Damper의 열림은 불완전한 노 내압으로 불완전연소와 열손실을 초래하여 2중의 낭비를 초래하는 원인이 된다.

(2) 수동으로 연도의 Damper 개도를 조절하여 통풍력을 조절하여 최소화한다.

① 조심스럽고 주의 깊게 개도 Damper를 차츰 닫아가며, 공연비를 파악하고 이를 반복하여 최적의 상태에서 개도 Damper를 고정시킨다.

② 이 경우 만개 상태에서 닫힌 만큼의 손실을 억제할 수 있다.

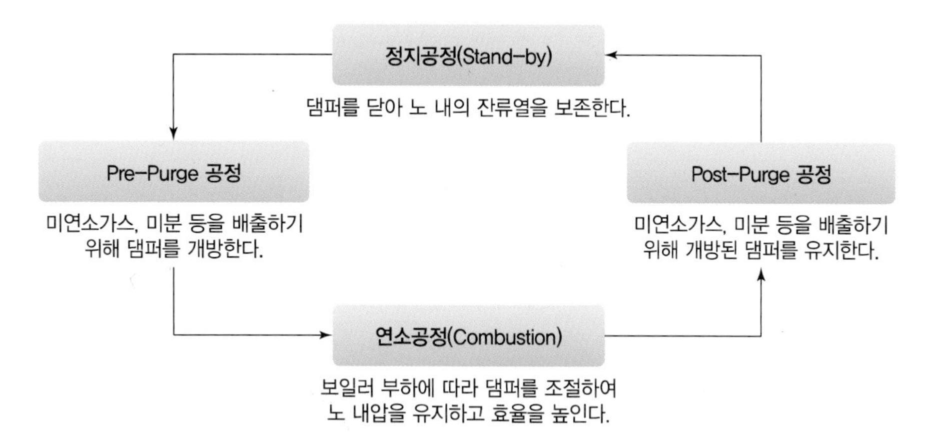

[그림 3] **자동댐퍼(노 내압 조절장치) 작동원리**

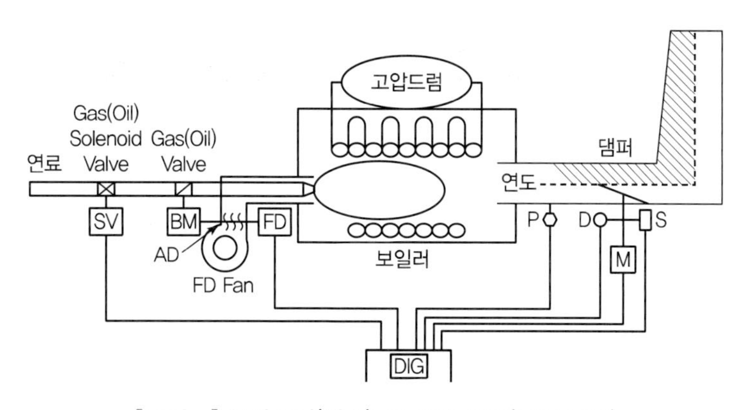

[그림 4] **부하조절(감소) 시 배기 상태(점선 부분)**

[표 2] **연도 자동댐퍼 안전장치**

구분	기능
역화 방지장치	댐퍼가 열려야 가스밸브가 열려 점화되도록 인터록 장치
노 내압 검출장치	가동 중 노 내압이 기준치 이상 시 연도 댐퍼 자동 개방
자동/수동 전환장치	수동으로 전환하여 설치 전과 같은 상황으로 가동할 수 있도록 함
자체 진단장치	자체 진단으로 이상 발생 시 연도 댐퍼 자동 개방
경보장치	이상 발생 시 경보(안전율 100%)

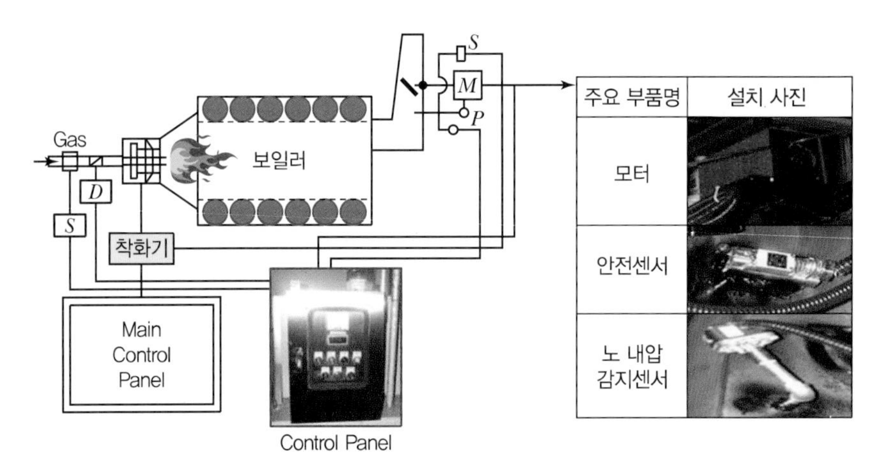

[그림 5] **노 내압 조절장치 운전 현황도**

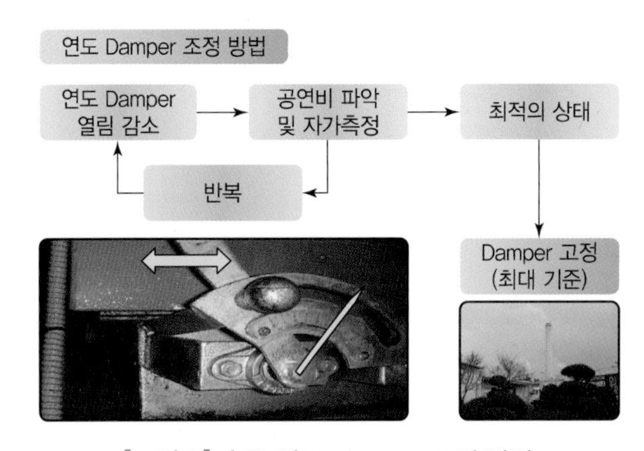

[그림 6] **수동 연도 Damper 조정 방법**

(3) 연도와 연돌의 연결부위 마감처리를 철저히 하여 통풍력을 향상 및 안정화하여야 한다.

① 연결부위에 틈새가 생기면, 통풍력이 불안전하거나 저하하는 등 연소에 지장을 초래할 수 있다.

② 특히, 대기오염물질 측정 시에는 산소 농도 가증 및 이물질의 혼입으로 불이익을 볼 수 있다.

③ 따라서 연도와 연돌의 연결부위에 대한 마감처리에 철저하여야 한다.

[그림 7] **연도와 연돌의 연결부위**

3 기대효과

[표 3] 댐퍼 개도를 수동으로 조절하여 측정한 Data

구분	배기가스 온도(℃)		비고
	100% 만개 시	40% 개방 시	
1회	179.6	172.4	저자가 실제 체험한 자료로서 Damper를 조절하여 배기가스 온도가 Down되고 있음을 알 수 있다.
2회	181.4	174.2	
3회	181.4	173.7	
평균	180.8	173.4	

1. 자동조절댐퍼 설치 시 연간 절감열량(kcal/년)

=(조정 전 배기가스 온도−조정 후 배기가스 온도)℃×실제 배기가스량(Nm^3/kg)
×배기가스 비열(kcal/Nm^3 ℃)×연간 연료 사용량(kg/년)

=(180.3℃−173.4℃)×13.26×0.33×500,000

=14,440,140kcal/년

(1) 실제 배기가스량

=이론배기가스량(Nm^3/kg)+과잉공기량(Nm^3/kg)

=10.03Nm^3/kg+{(1.337−1)×9.59Nm^3/kg}

=13.26Nm^3/kg

여기서, 이론배기가스량 : 10.03Nm^3/kg
공기비 : 1.337
이론공기량 : 9.59Nm^3/kg

2. 연간 연료 절감량(L/년)

=연간 절감열량(kcal/년)÷연료 발열량(kcal/L)

=14,440,140kcal/년÷9,750kcal/L

=1,481L/년

3. 연간 절감금액(원/년)

=연간 연료 절감량(L/년)×연료 단가(원/L)

참고

1. 풍압(mmAq)

$$Z = 0.8 \times H \times \left(\frac{353}{t_1 + 273} - \frac{367}{t_2 + 273} \right)$$

여기서, H : 연돌높이(m)

t_1 : 외기온도(℃)

t_2 : 배기가스 온도(℃)

2. 유속(m/s)

$$V = \sqrt{\frac{575 \times \Delta P \times 0.1 \times (t_2 + 273)}{1.013} \times 1}$$

여기서, ΔP : 풍압(mmAq)

t_2 : 배기가스 온도(℃)

3. 유량(m^3/s)

$$q = V \times A$$

여기서, V : 유속(m/s)

A : 연돌면적(m^2)

SECTION
18 보일러 연도 자동댐퍼 설치

1 현황 및 문제점

생산 공정의 공조기에 난방 열원 및 가습용 스팀과 DI(Deionized 초순수) 가온용 스팀공급을 위해, 노통연관보일러 20ton/h 1대, 10ton/h 2대, 5ton/h 1대가 설치되어 계절별 부하에 따라 교번운전하고 있다.

진단 시 폐열회수기 후단 배기평균온도는 155.6℃ 정도이나, 보일러 부하율(열정산 시 평균 51.32%)에 관계없이 연도 댐퍼를 100% 상시 개방하여, 연소실 내 열을 배출하고 있어 에너지 손실이 발생하고 있다.

[표 1] 2018년 보일러별 연료(LNG) 사용량 및 가동시간

구분	1호 보일러 (20ton/h)	2호 보일러 (10ton/h)	3호 보일러 (10ton/h)	4호 보일러 (5ton/h)	계
LNG 사용량 (Nm^3/년)	809,885	330,571	1,188,306	712,268	3,041,030
사용률(%)	26.63	10.87	39.08	23.42	100
가동시간(h/년)	1,097	1,021	2,914	4,083	평균 2,279

(a) 보일러

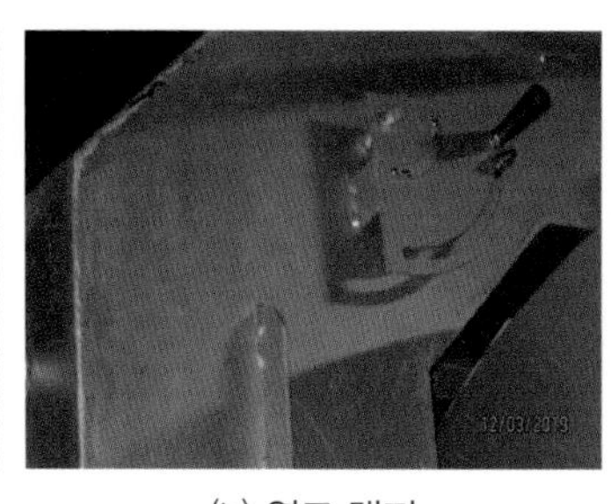
(b) 연도 댐퍼

(c) 연돌

[그림 1] 보일러 및 연도 댐퍼 · 연돌

2 개선대책

연소부하에 따라 연도 공간을 자동 조절하여 열손실을 방지하고 화염형태를 최적 상태(화염 표면적)로 유지해 연소효율을 향상하며, 적정 노 내압을 유지하고, 연료소비를 절감하기 위하여 배기연도에 자동댐퍼를 설치한다.

자동댐퍼 설치에 따른 배기 열손실 방지 시, 화실의 유효열은 화염을 최적 상태로 형성하고, 전열효과를 향상시키며 적정 노 내압을 유지하여 배출손실을 절감하고 과잉공기의 유입을 방지할 수 있다.

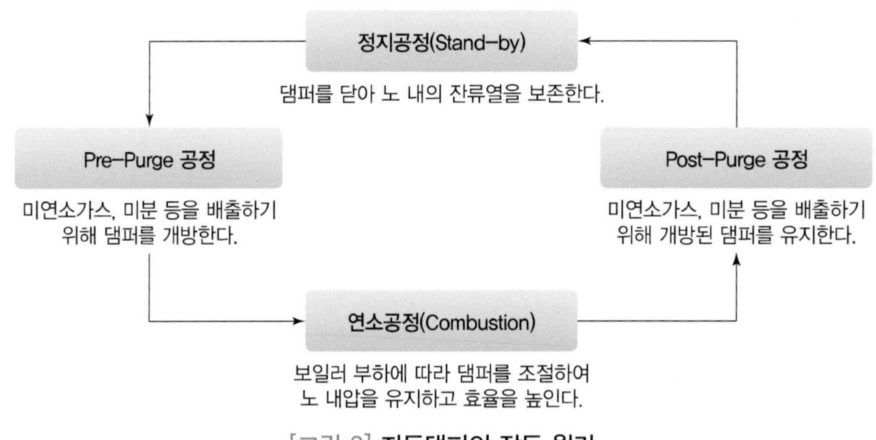

[그림 2] **자동댐퍼의 작동 원리**

[표 2] **자동댐퍼의 절감 원리**

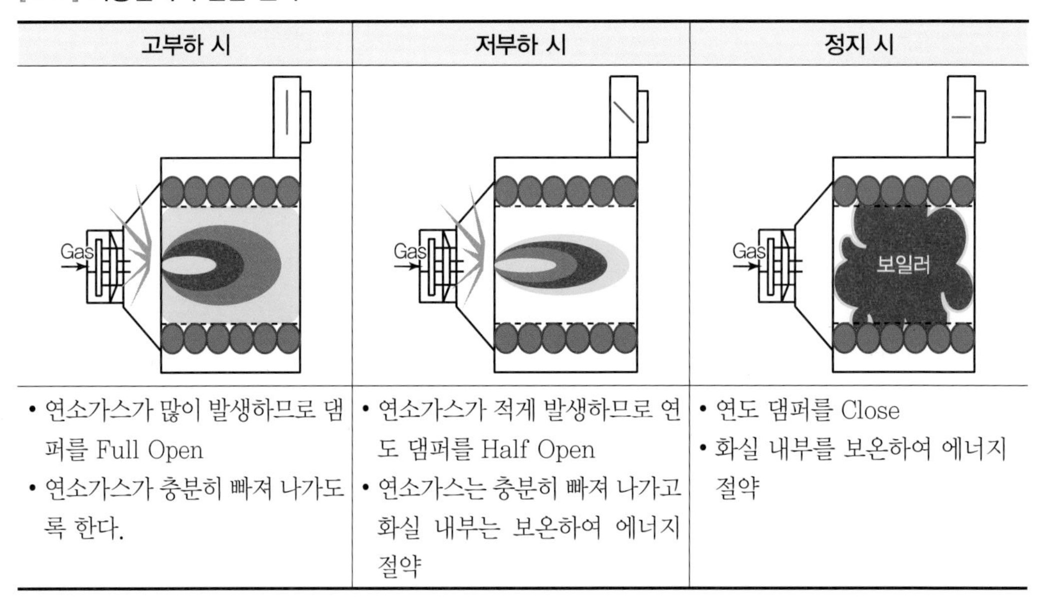

고부하 시	저부하 시	정지 시
• 연소가스가 많이 발생하므로 댐퍼를 Full Open • 연소가스가 충분히 빠져 나가도록 한다.	• 연소가스가 적게 발생하므로 연도 댐퍼를 Half Open • 연소가스는 충분히 빠져 나가고 화실 내부는 보온하여 에너지 절약	• 연도 댐퍼를 Close • 화실 내부를 보온하여 에너지 절약

참고

연도 자동댐퍼 설치 사례(농협 사료공장)

1. 적용대상 : 농협 사료 전북지사 공장(김제시 하공로 222)
2. 적용내용 : 10ton 보일러 1대에 Damper 설치로 에너지 절약
3. 적용일정
   (1) 2015년 10월~11월 : Damper 설치 제안 및 타당성 검토
   (2) 2015년 12월 5일~12월 18일 : 계약 체결 및 제품 제작
   (3) 2015년 12월 23일 : Damper 설치공사 완료
   (4) 2015년 12월 21일~2016년 1월 11일 : Damper 성능 측정
4. 효과분석
   (1) 연료 절감률 : 6.8% 절감
   (2) 배기열량 감소량 : 200,944kcal/h
   (3) 연료 절감금액 : 8,160만원
5. 투자비 회수기간 : 약 7개월

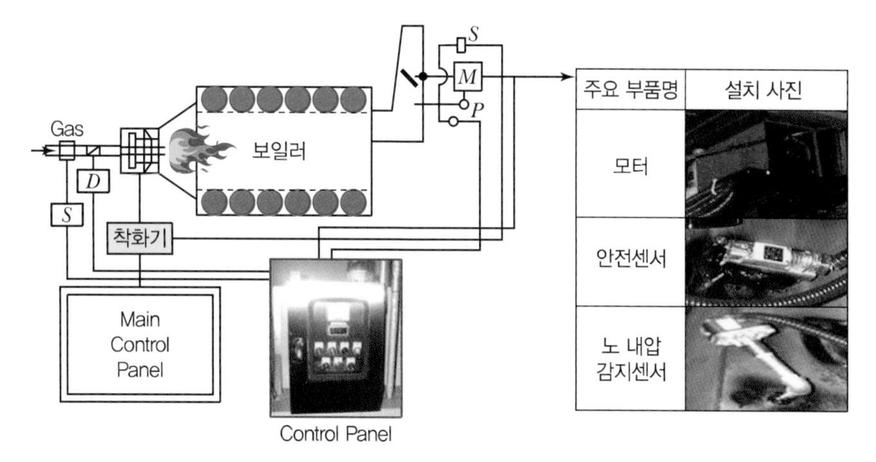

[그림 3] **노 내압 조절장치**

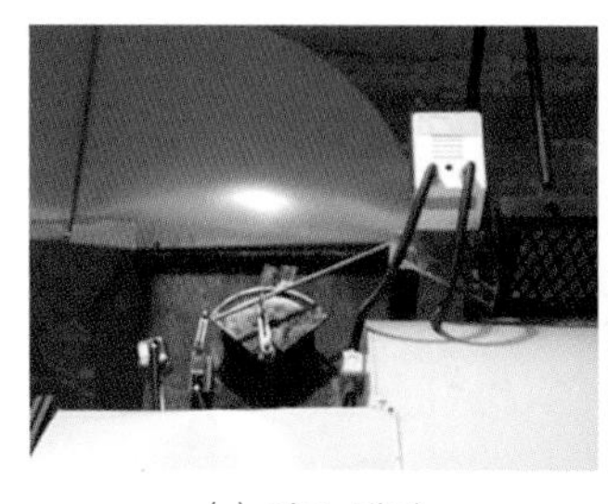

(a) 연도 댐퍼

(b) FD 센서

(c) 컨트롤 패널

[그림 4] **연도 자동댐퍼 설치**

3 기대효과

계산조건

- 보일러 가동시간 : 2,279h/년(보일러 4대의 평균)
- 외기온도 : 8℃
- 배기온도 : 155.6℃
- 연돌 높이 : 50m
- 연돌 직경 : 1.65m
- 연돌 단면적 : $2.14m^2$

1. 개선 전

(1) 연돌 통풍압(mmAq)

$$=0.8\times H\times\left(\frac{353}{t_1+273}-\frac{367}{t_2+273}\right)$$

$$=0.8\times 50\times\left(\frac{353}{8+273}-\frac{367}{155.6+273}\right)$$

$$=16.0\text{mmAq}$$

(2) 배기유속(m/sec)

$$=\sqrt{575\times \Delta P\times 0.1\times(T_1+273)\div 1{,}013.08\times a}$$

$$=\sqrt{575\times 16.0\times 0.1\times(155.6+273)\div 1{,}013.08\times 1}$$

$$=19.73\text{m/sec}$$

(3) 배기유량(m^3/sec)

$$=V\times A$$

$$=19.73\times 2.14$$

$$=42.22m^3/\text{sec}$$

(4) 배기열량(kcal/h)

= 유량×가동시간×비열×(배기온도－외기온도)

$$=42.22m^3/\text{sec}\times 60\times 60\times 0.33\times(155.6-8)$$

$$=7{,}403{,}226\text{kcal/h}$$

2. 개선 후

(1) 연돌 통풍압(mmAq)

= 개선 전 통풍압×보일러 평균부하율×안전율

$$=16.0\text{mmAq}\times 51.32/100\times 1.9$$

$$=15.6\text{mmAq}$$

(2) 배기유속(m/sec)

$$= \sqrt{575 \times \Delta P \times 0.1 \times (T_1 + 273) \div 1{,}013.08 \times a}$$

$$= \sqrt{575 \times 15.6 \times 0.1 \times (155.6 + 273) \div 1{,}013.08 \times 1}$$

= 19.48m/sec

(3) 배기유량(m^3/sec)

$= V \times A$

$= 19.48 \times 2.14 = 41.69m^3/sec$

(4) 배기열량(kcal/h)

= 유량×가동시간×비열×(배기온도－외기온도)

$= 41.69m^3/sec \times 60 \times 60 \times 0.33 \times (155.6 - 8)$

= 7,310,291kcal/h

3. 연간 연료 절감량(Nm^3/년)

= (개선 전 배기열량－개선 후 배기열량)×시간÷평균 입열×대수

= (7,403,226－7,310,291)×2,279÷9,357.49×4

= 90,537Nm^3/년＝93.16TOE/년＝3.9TJ/년

4. 절감률(%)

= 절감량(TOE/년)÷공정 에너지 사용량(TOE/년)×100%

= 93.16÷3,240.06×100%

= 2.88%(총 에너지 사용량 대비 0.49%)

※ 공정 에너지 사용량 3,240.06TOE/년은 총 연료 사용량이다.

5. 연간 절감금액(천원/년)

= 절감량(Nm^3/년)×LNG 단가(원/Nm^3)

= 90,537×559.49

= 50,655천원/년

6. 탄소배출 저감량(tC/년)

= 저위발열량 기준 절감량(TOE/년)×탄소배출계수(tC/TOE)

= 84.11TOE/년×0.639tC/TOE

= 53.75tC/년

4 경제성 분석

1. 투자비

[표 3] **항목별 투자비** (단위 : 천원)

항목	단위	개선안			비고
		단가	수량	계	
연도 자동댐퍼	20t	40,000	1	40,000	
	10t	31,000	2	62,000	
	5t	25,000	1	25,000	
계			4	127,000	

2. 투자비 회수기간

= 투자비(천원) ÷ 연간 절감금액(천원/년)

= 127,000천원 ÷ 50,655천원/년

= 2.51년

SECTION

19 보온 및 보온강화로 에너지 절감

1 개요

1. 날씨가 추워지면 두툼한 옷으로 몸을 감싸곤 한다. 이는 내 몸의 체온을 외부로부터 빼앗기지 않으려는 생리적 현상일 것이다.
2. 우리가 관리하고 있는 에너지 또한 마찬가지이다. 냉수, 온수, 그리고 증기가 가지고 있는 나름대로의 차고, 덥고, 뜨거운 에너지를 제조하여 현장에서 그대로 사용할 수 있도록 조치하는 것이 보온이다.
3. 단열재의 경우 1% 수분을 함유하면 열전도율은 30% 떨어지고, 에너지를 수송하는 배관이 보온이 되지 않았거나 부실하면 10배에서 그 이상의 방열손실이 발생하게 된다.
4. 보온은 에너지관리에 있어서의 기본 사항으로 미보온으로 인한 방열손실은 에너지 손실뿐만 아니라 증기배관에 응축수를 생성하여 증기의 건도가 낮아지며, Water Hammer에 의한 배관의 손상 등을 초래할 수 있다.
5. 열사용설비에 있어서도 증기의 건도에 의한 응축수 증가로 열전달 효율이 저하되고, 이로 인해 제품의 품질에도 영향을 초래할 수 있다.
6. 이렇듯 중요성을 숙지하고 보온을 실시하지만, 에너지 절감 차원에서의 산출방법에 적잖은 어려움이 발생하곤 한다. 보온의 중요성과 문제점 그리고 고충에 대한 사안들을 감안하여 쉽게 접근하고 풀어갈 수 있도록 정리한다.

2 방열손실 방지

1. 헤더의 적정 구경 선정으로 방열손실 방지

(1) 헤더(Header)는 일종의 관 모음으로서 분배기라고도 한다.

(2) 헤더의 구경은 헤더에 부착되는 가장 큰 증기관의 2배가 적당하다.

※ 적정 규격 이상으로 관경이 커지면 방열면적도 커지므로 방열손실에 의하여 에너지가 손실되며, 압력용기에 대한 검사대상이 되어 법적인 불이익을 받을 수 있다.

(3) Header에 부착된 각 용도별 밸브에 보온 Cover를 설치 · 이용하여 방열손실을 억제한다.

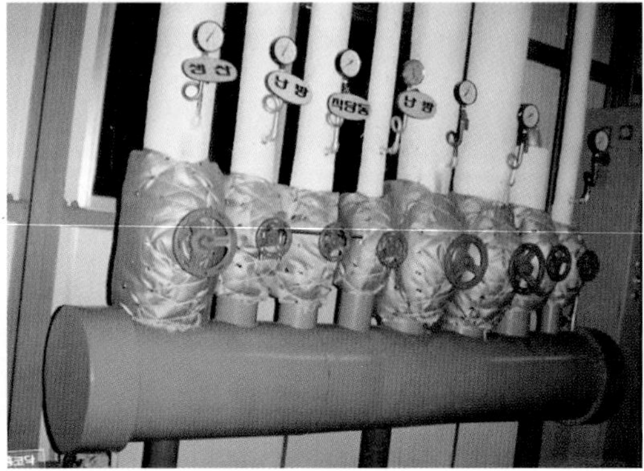

[그림 1] Steam Header의 보온 상태

2. 열수송배관의 방열손실 방지

(1) 열수송배관은 Glass Wool Cover를 기준으로 50mm 이상으로 실시한다.

① 동일한 재질로 한정된 공간에서의 배관의 간격에 의해 얇게 실시할 수도 있겠으나, 원칙은 아니다. 이 경우 방열손실은 가중될 것이다. 따라서, 처음 계획하고 실시할 때는 가급적 열전도율이 낮은 양질의 보온재를 두껍게 시공하여야 한다.

② 보온을 완벽하게 시공하였다 하더라도, 노후로 인하여 손상되거나 보온효과가 저하될 수 있으므로 유지보완 및 교체도 검토하여야 한다.

(2) 부득이 옥외에 설치할 경우에는 반드시 빗물이 유입되지 않도록 Casing 처리로 마감하고 필요에 따라서는 단열 및 코팅페인트 등으로 대책을 강구하여야 한다.

3 보온시공 및 보온강화

1. 단열재

[표 1] Glass Wool Cover 보온재의 연도별 열전도율(미국 PABCO사 연구)

유리섬유 (40mm 이상)	열전도율 (kcal/m h ℃)
최초	0.032
1년 경과 후	0.0449
2년 경과 후	0.0578
3년 경과 후	0.0710
4년 경과 후	0.0830
5년 경과 후	0.0961

[표 2] **단열재의 열전도율 비교**

구분	에어로젤	PU폼	실리카	글라스울	펄라이트	칼슘실리케이트
열전도율 (mW/m K)	11~15	20~25	33~35	40~45	55~60	60~70

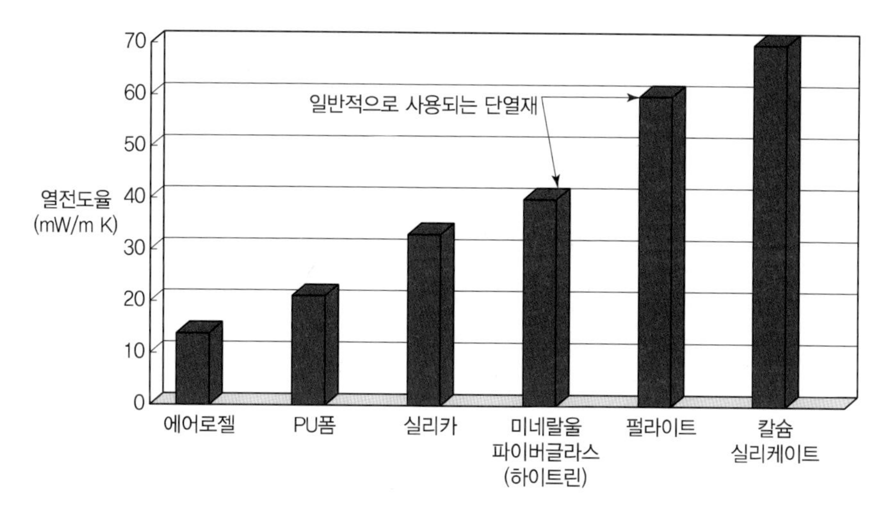

[그림 2] **보온재별 열전도율 비교**

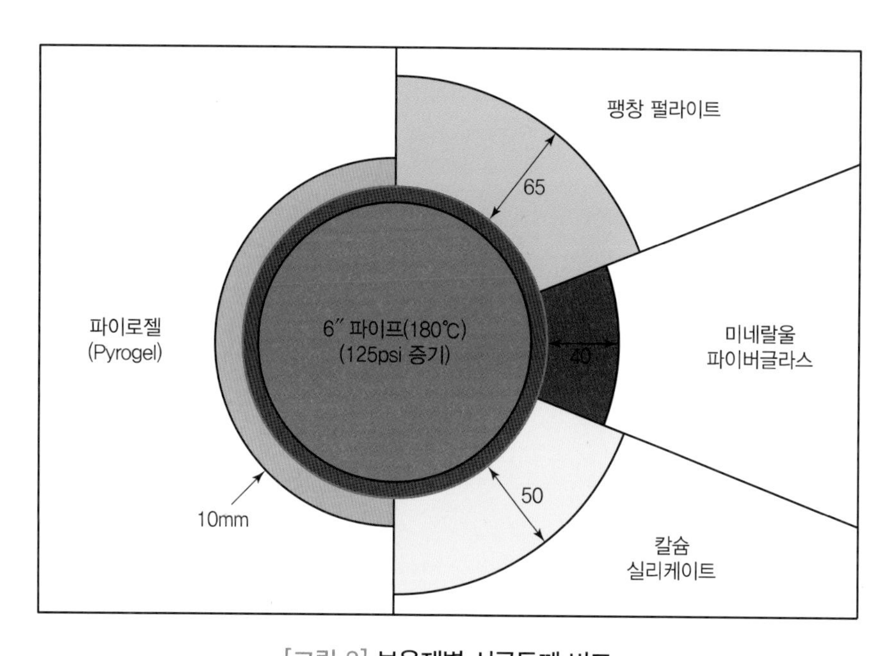

[그림 3] **보온재별 시공두께 비교**

2. 단열 코팅재

(1) 일반 보온재 활용이 어려운 곳에 사용 가능한 보온재이다.

(2) 작용원리

① 일반적인 물리적 요소인 대류, 복사 및 반사의 원리를 응용한 것이다.

② 팝콘을 연상시키는 미세입자 구조가 열 차단 및 반사효과를 수행한다.

③ 공기층을 갖는 다공성 세라믹 입자들이 열전달 및 이동을 최소화한다.

④ 기체의 열전도가 가장 낮다는 점에 착안하여 열전도도를 저하시킨다.

⑤ 코팅재로 피도물의 부식을 방지한다.

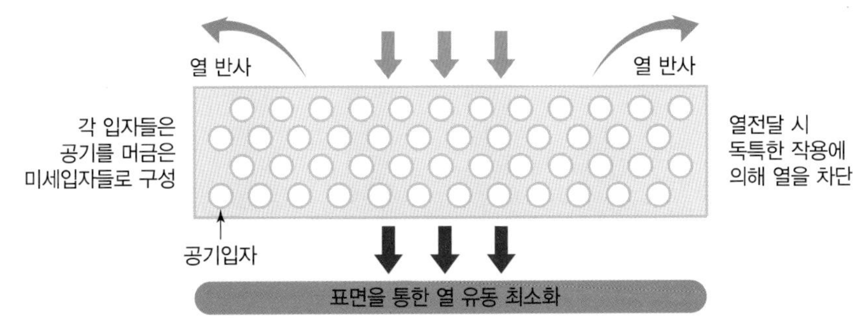

[그림 4] **단열 코팅재의 작용원리**

(3) 용도 : 플랜지, 스트레이너, 밸브, 매니폴드, 트랩 등에 사용한다.

(4) 특성 : 비가연성, 친환경성, 내부식성, 고내구성, 고내열성 등

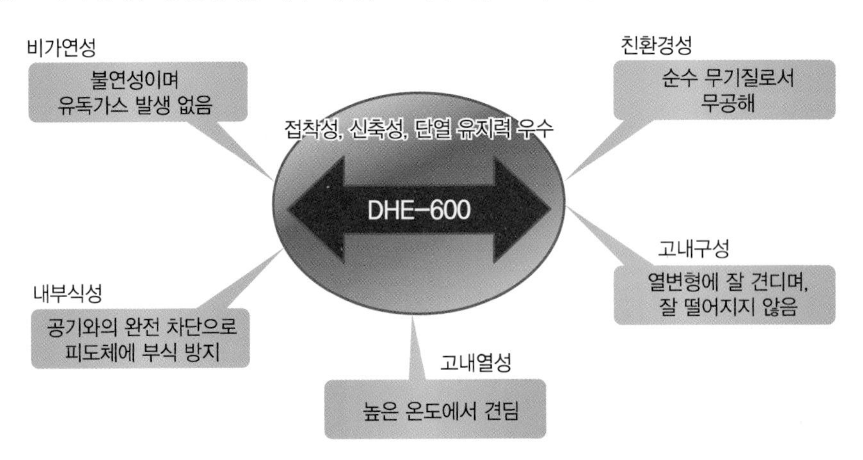

[그림 5] **단열 코팅재의 특성**

[그림 6] **보온재와 단열 코팅재의 사전 · 사후 비교**

[그림 7] **보온재별 시공두께 비교**

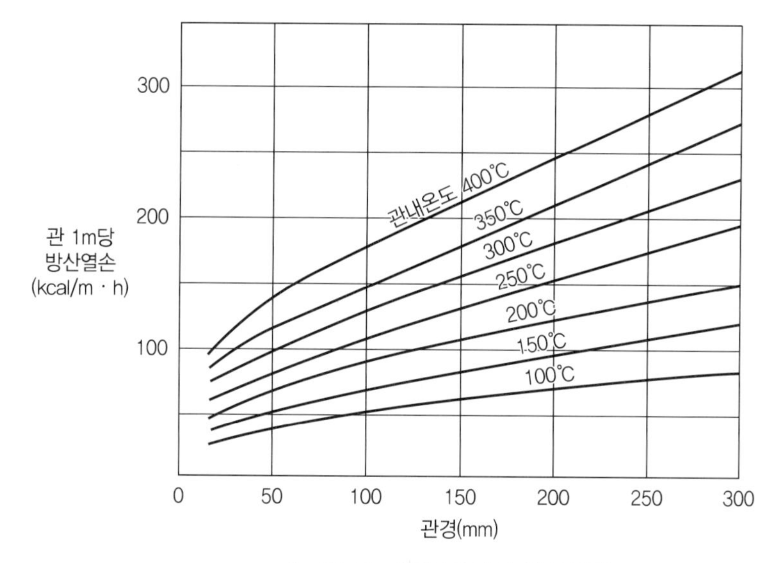

[그림 8] **표준보온관의 방산열량**

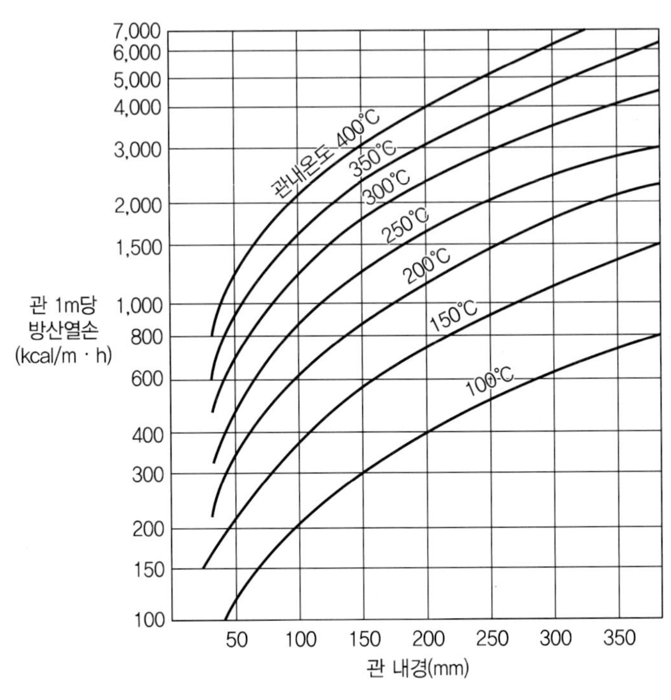

[그림 9] **나관의 방열열량**

4 현황 및 문제점

일부 스팀 사용 설비인 유지저장탱크, 유지정제탱크의 배관과 급수 배관이 미보온 상태로 운전되고 있어 방열손실이 발생하고 있다.

[표 3] **미보온 부위의 면적**

설비명	미보온 배관경	길이(m)	표면온도(℃)
급수 배관	125A	9.2	140
정제탱크 응축수 배관	50A	25	159
유지탱크 스팀배관	40A	55	159

5 개선대책

1. 보온은 에너지관리에 있어서 기본 사항으로 미보온으로 인한 방열손실은 에너지 손실뿐만 아니라 증기배관에 응축수 생성으로 인한 증기의 건도가 낮아지며 Water Hammer에 의한 배관의 손상 등을 초래할 수 있다. 또한 열사용설비에 있어서도 응축수 생성으로 인한 열전달 효율 저하로 인한 제품의 불균일 등에 의한 품질 불량 등의 영향을 초래할 수 있다.
2. 당사의 경우 미보온 부위에 대해 보온시공을 실시하여 보온 표면온도를 주위온도+30℃ 이하로 낮추어 방열손실을 줄여야 할 것이다.

3. [그림 10]은 각종 밸브의 보온시공법으로 탈부착이 가능한 보온방법을 채택하여 시공하는 것이 좋다.

(a) 대형 배관의 보온

(b) 밸브의 보온

[그림 10] **밸브의 보온**

6 기대효과

보온 시공 시의 연료 절감 기대효과는 다음과 같다.

1. 회수 가능한 연간 절감열량(kcal/년)

(1) 급수 배관 보온 시 절감열량(kcal/년)

= 배관길이 × (미보온 시 방산열량 − 보온 시 방산열량) × 연 가동시간

= 9.2m × (400 − 70)kcal/m h × 2,432h/년

= 7,383,552kcal/년

(2) 정제탱크 응축수 배관 보온 시 절감열량(kcal/년)

= 배관길이 × (미보온 시 방산열량 − 보온 시 방산열량) × 연 가동시간

= 25m × (220 − 70)kcal/m h × 2,432h/년

= 9,120,000kcal/년

(3) 유지탱크 스팀 배관 보온 시 절감열량(kcal/년)

= 배관길이 × (미보온 시 방산열량 − 보온 시 방산열량) × 연 가동시간

= 55m × (210 − 50)kcal/m h × 1,680h/년

= 14,784,000kcal/년

(4) 총 절감가능열량(kcal/년)

= (1) + (2) + (3)

= 7,383,552 + 9,120,000 + 14,784,000

= 31,287,552kcal/년

2. 연간 연료 절감량

=연간 절감열량(kcal/년)÷B−C유 발열량(kcal/L)

=31,287,552kcal/년÷9,900kcal/L

=3,160L/년=3.13TOE/년

3. 연간 절감금액

=연간 연료 절감량(L/년)×B−C유 연료 단가(원/L)

=3,160L/년×462원/L

=1,459천원/년

4. 탄소배출 저감량(tC/년)

=절감량(TOE/년)×탄소배출계수(tC/TOE)

=3.13TOE/년×0.875tC/TOE

=2.74tC/년

Exercise 01

온도 300℃의 평면적에 열전달률 0.06kcal/m² h ℃의 보온재가 두께 50mm로 시공되어 있다. 평면적으로부터 외부공기로의 배출열량을 구하시오.(단, 공기온도는 20℃, 보온재 표면과 공기와의 열전달계수는 8kcal/m² h ℃이다.)

풀이 전열저항계수 $-R=\frac{1}{\alpha}+\frac{\delta}{\lambda}=\frac{1}{8}+\frac{0.05}{0.06}=0.958$

열관류율 $K=\frac{1}{0.958}=1.044$

배출열량 $Q=K\times A\,(t_1-t_2)$

$=1.044\times1\times(300℃-20℃)$

$=292.3\text{kcal/m}^2\,\text{h}$

Exercise 02

사전 · 사후 방산열량이 산출되었을 때, 또는 [그림 8] 및 [그림 9]의 그래프에 의한 산출 방식으로 회수 가능한 연간 절감열량(kcal/년)을 구하시오.

풀이 1. 급수 배관 보온 시 절감열량(kcal/년)

=배관길이×(나관 시 방산열량−보온 시 방산열량)×연 가동시간

=10m×(400kcal/m h−70kcal/m h)×2,000h/년

=6,600,000kcal/년

2. 응축수 회수 배관 보온 시 절감열량(kcal/년)
=배관길이×(나관 시 방산열량－보온 시 방산열량)×연 가동시간
=25m×(210kcal/m h－70kcal/m h)×2,000h/년
=7,000,000kcal/년

3. 스팀공급 배관 보온 시 절감열량(kcal/년)
=배관길이×(나관 시 방산열량－보온 시 방산열량)×연 가동시간
=50m×(600－170)kcal/m h×1,500h/년
=32,250,000kcal/년

4. 총 절감가능열량(kcal/년)
=6,600,000kcal/년+7,000,000kcal/년+32,250,000kcal/년
=45,850,000kcal/년

5. 연간 연료 절감량
=연간 절감열량(kcal/년)÷B－C유 발열량(kcal/L)
=45,850,000kcal/년÷9,750kcal/L
=4,703L/년

6. 연간 절감금액
=연간 연료 절감량(L/년)×연료 단가(원/L)
=4,703L/년×1,170원/L
=5,502,510원/년

Exercise 03

공식에 의한 방산열량 산출 방법(표준보온관의 방산열량 계산식)

- t_1 : 관 내 유체온도(151℃)
  - 4kg/cm^2 g의 스팀 온도이다. 즉, 배관의 내부의 온도이다.
  - 스팀의 온도는 포화압력에 따라 다르므로, 포화증기표에서 찾는다.
- t_2 : 외기온도(12℃)
- d_1 : 배관 외경(30mm=0.03m)
  - 40A 배관의 경우 외경 치수이다. 이를 m로 환산한다.
- d_2 : 보온재(관) 외경(130mm)
  - 보온두께가 50mm일 때, 배관 외경을 감안하면 130mm(50mm×2+30mm=0.13m)이다.
- α : 보온관 표면 외기 열전달률(10)－무풍
  - 대부분의 경우 배관은 지하실 또는 Pit를 통한다고 할 때, 무풍상태이다. 따라서, 외부의 경우 기후변화에 따른 풍속을 무시할 수 없으므로 별도의 보정계수를 감안한다.
  - 바람은 곧 대류와 관련되므로 방열을 가중시키게 된다.
- λ : 보온재의 열전도도(0.05kcal/m h ℃)
  - 보온재의 특성에 따른 열전도율을 참고한다.
  - 같은 보온재라도 시간의 경과에 따라 보온의 효율(효과)가 저하되므로, 이를 감안한다.

풀이 $q=\dfrac{2\pi(t_1-t_2)}{\dfrac{2}{d_2\alpha}+\dfrac{1}{\lambda}\ln\left(\dfrac{d_2}{d_1}\right)}=\dfrac{2\times\pi\times(151-12)}{\dfrac{2}{0.13\times10}+\dfrac{1}{0.05}\ln\left(\dfrac{0.13}{0.03}\right)}=28.296\text{kcal/m h ℃}$

혹은, [그림 8] 표준보온관의 방산열량 그래프에서 산출한다.

1. 140m일 때 방열손실량 : 3,961.4kcal/h(=28.296kcal/m h ℃×140m)
   (1) 스팀량 : 4kg/cm^2 g 스팀
   (2) 스팀엔탈피 적용 시(응축수열 미회수 시)
   3,961.4kcal/h÷656kcal/kg=6kg/h
   (3) 잠열량 적용 시(응축수열 회수 시)
   3,961.4kcal/h÷504kcal/kg=7.9kg/h
2. 170m일 때 방열손실량 : 4,810.3kcal/h(=28.296kcal/m h ℃×170m)
   (1) 스팀량 : 50kg/cm^2 g 스팀
   (2) 스팀엔탈피 적용 시(응축수열 미회수 시)
   4,810.3kcal/h÷667.37kcal/kg=7.2kg/h
   (3) 잠열량 적용 시(응축수열 회수 시)
   4,810.3kcal/h÷391.61kcal/kg=12.3kg/h

Exercise 04

공식에 의한 방산열량 산출 방법(표준보온관의 방산열량 계산식)

- t_1 : 관 내 유체온도(164.17℃) – 7kg/cm^2 g의 스팀 온도
- t_2 : 외기온도(20℃)
- d_1 : 배관 외경(216mm=0.216m) – 200A 배관의 외경치수
- d_2 : 보온재(관) 외경(316mm=0.316m) – 보온두께 50mm일 때
- α : 보온관 표면 외기 열전달률(10) – 무풍
- λ : 보온재의 열전도도(0.05kcal/m h ℃)

풀이 $q=\dfrac{2\pi(t_1-t_2)}{\dfrac{2}{d_2\alpha}+\dfrac{1}{\lambda}\ln\left(\dfrac{d_2}{d_1}\right)}=\dfrac{2\times\pi\times(164.17-20)}{\dfrac{2}{0.316\times10}+\dfrac{1}{0.05}\ln\left(\dfrac{0.316}{0.216}\right)}=109.9\text{kcal/m h ℃}$

배관치수가 큰 경우는 [그림 8] 및 [그림 9]의 그래프를 참조한다.

1. 100m일 때 방열손실량 : 10,990kcal/h(=109.9kcal/m h ℃×100m)
   (1) 스팀량 : 7kg/cm^2 g 스팀
   (2) 스팀엔탈피 적용 시(응축수열 미회수 시)
   10,990kcal/h÷659.49kcal/kg=16.7kg/h
   (3) 잠열량 적용 시(응축수열 회수 시)
   10,990kcal/h÷493.82kcal/kg=22.3kg/h

참고

방열손실

1. 유체를 이송하는 배관이 외부(실외)에 설치되면 풍속과 보온재가 가질 수 있는 습기 정도는 고려하여야 한다.
2. 대부분의 보온재는 공기 셀의 크기에 따라 효율을 결정하게 된다.
3. 증기배관에서의 물로 손실되는 열량은 공기로 방출되는 손실열량에 비해 약 50배 이상이다. 따라서 물로 가득 차 있는 곳이나 땅속에 설치할 경우에는 각별한 주의가 필요하다.
   (1) 나관일 경우는 ×10을 적용한다.
   (2) 습기, 물속, 풍속 등을 감안하여야 한다.
4. 부속품이 있는 곳은 커버를 이용한다.
5. 10~20℃의 외기온도와 정체공기를 기준으로 한 수평나관의 열방산율은 [표 5]와 같다.
6. 응축속도(량) $m = \dfrac{Q \times L \times 3.6 \times f}{h}$

   여기서, m : 응축속도(량)(kg/h)
   Q : 열방산율(W/m) – [표 4] 참조
   L : 플랜지 및 피팅류를 포함한 유효길이(m)
   부속류를 포함한 총 길이이다.
   f : 보온계수(나관 : 1.0, 좋은 보온 : 0.1~0.15)
   잘된 보온계수는 일반적으로 0.1을 사용한다.
   h : 증발잠열(kJ/kg)
   증기표에서 관련 압력의 잠열량(kcal/kg)을 찾아 ×4.186kJ/kg하여 환산한다.
   3.6 : kg/h 단위에서의 환산계수

[표 4] **배관에서 열방산율(kcal/h m)**

증기와 공기의 온도차(℃)	배관구경(mm)									
	15	20	25	32	40	50	65	80	100	125
	W/m (×0.86=kcal/h m)									
56	54	65	79	103	108	132	155	188	233	324
60	60	72	88	111	125	145	172	210	250	361
67	68	82	100	122	136	168	198	236	296	410
70	72	87	106	132	147	177	209	253	311	432
78	83	100	122	149	166	203	241	298	360	500
80	86	104	125	155	171	212	248	298	376	519
89	99	120	146	179	205	246	289	346	434	601
90	100	121	146	180	196	248	291	347	443	610
100	116	140	169	208	234	285	337	400	501	696
110	132	160	193	237	251	328	385	457	587	807
111	134	164	198	241	271	334	392	469	598	816

증기와 공기의 온도차(℃)	배관구경(mm)									
	15	20	25	32	40	50	65	80	100	125
	W/m (×0.86 = kcal/h m)									
120	149	181	219	268	282	371	436	517	664	914
125	159	191	233	285	321	394	464	555	698	969
130	168	203	247	301	313	417	490	581	743	1,025
139	184	224	272	333	373	458	540	622	815	1,133
140	187	226	276	337	347	464	547	649	825	1,142
150	208	250	306	374	382	514	607	720	911	1,263
153	210	255	312	382	429	528	623	747	939	1,305
160	229	276	338	413	418	566	670	794	999	1,390
167	241	292	357	437	489	602	713	838	1,093	1,492
170	251	302	372	455	457	620	736	873	1,090	1,521
180	274	329	408	494	556	676	808	959	1,190	1,660
	275	330	407	499	497	676	805	955	1,184	1,658
190	299	359	444	544	538	735	877	1,041	1,281	1,800
194	309	372	461	566	634	758	909	1,080	1,303	1,852
200	325	389	483	592	582	795	951	1,130	1,381	1,947

[표 5] 20℃ 대기 상태에 노출된 나관의 방열량(W/m)

증기와 대기의 온도차(℃)	배관구경(mm)									
	15	20	25	32	40	50	65	80	100	150
	W/m (×0.86 = kcal/h m)									
50	56	68	82	100	113	136	168	191	241	332
60	69	85	102	125	140	170	208	238	298	412
70	84	102	124	152	170	206	252	289	360	500
80	100	122	148	180	202	245	299	343	428	594
100	135	164	199	243	272	330	403	464	577	804
120	173	210	256	313	351	426	522	600	746	1,042
140	216	262	319	391	439	533	653	751	936	1,308
160	263	319	389	476	535	651	799	918	1,145	1,603
180	313	381	464	569	640	780	958	1,100	1,374	1,925
200	368	448	546	670	754	919	1,131	1,297	1,623	2,276
220	427	520	634	778	877	1,069	1,318	1,510	1,892	2,655

[표 6] 높은 방열량을 갖는 배관에 대해 대기 이동에 기인하는 방열량의 대략적 증가

대기속도(m/s)	풍속계수	참고
0.00	1.0	1. 열을 전달하는 배관의 표면이 대기의 이동에 영향을 받을 경우 이에 따른 방열손실이 증가하게 된다. 따라서 방열손실량을 산출할 경우 대기속도(m/s)를 고려하여 풍속계수를 감안하여야 한다. 2. 참고 풍속 (1) 산들바람 : 4~5m/s(약 10mph) (2) Air Duct : 약 3m/s 내외 3. 1m/s 정도의 대기 이동은 정지상태의 정도이다. 4. 방열량은 보온재의 형태와 두께, 그리고 일반적 조건에 좌우된다.
0.50	1.0	
1.00	1.3	
1.50	1.5	
2.00	1.7	
2.50	1.8	
3.00	2.0	
4.00	2.3	
6.00	2.9	
8.00	3.5	
10.00	4.0	

[표 7] 10m/s(36km/h)의 풍속에서 보온된 배관으로부터의 대표적인 열손실(W/m)

배관직경 (mm)	보온재 두께	제품/대기 온도차(℃)						
		25	75	100	125	150	175	200
100	50	14	43	58	71	86	100	115
	100	9	26	36	45	54	62	71
150	50	20	59	77	97	116	136	155
	100	12	35	46	58	69	81	92
200	50	24	72	97	120	144	168	192
	100	14	41	55	70	84	98	112
250	50	29	87	116	145	174	202	231
	100	16	49	66	82	99	115	131
300	50	33	101	135	168	201	235	268
	100	18	56	75	94	113	131	151
400	50	41	123	164	206	246	288	329
	100	23	68	91	113	136	158	181
500	50	51	151	201	252	301	352	403
	100	28	82	109	136	163	191	217

Exercise 05

50m 길이의 200mm 배관에 120℃의 액체가 흐르고 있으며, 대기온도는 20℃이다. 배관이 50mm 두께로 보온되어 있으며, 증기가 7bar g의 조건으로 트레이서에 공급되고 있을 때 증기 소모량(kg/h)을 구하여라.

풀이 배관길이(L)=50m

실제품과 대기의 온도차=120℃−20℃=100℃

배관으로부터의 m(미터)당 열손실(Q)=97W/m ([표 7]에서 찾음)

7bar g에서 증기의 엔탈피=2,048kJ/kg (포화증기표에서 찾음)

$$m = \frac{Q \times L \times 3.6 \times f}{h}$$

$$= \frac{97\,\text{W/m} \times 50\text{m} \times 3.6 \times f}{2{,}048\text{kJ/kg}} = 8.53\text{kg/h}$$

[표 8] **표준보온계수(f)**

배관구경 (mm)	1bag g	5bag g	15bag g	1bag g	5bag g	15bag g	1bag g	5bag g	15bag g
	50mm 두께의 보온			75mm 두께의 보온			100mm 두께의 보온		
15	0.16	0.14	0.13	0.14	0.13	0.12	0.12	0.11	0.10
20	0.15	0.13	0.12	0.14	0.13	0.12	0.12	0.11	0.10
25	0.14	0.12	0.11	0.13	0.11	0.10	0.10	0.09	0.08
32	0.13	0.11	0.10	0.11	0.10	0.09	0.10	0.08	0.08
40	0.12	0.11	0.10	0.10	0.09	0.09	0.09	0.08	0.08
50	0.12	0.10	0.09	0.10	0.09	0.08	0.08	0.08	0.07
65	0.11	0.10	0.09	0.10	0.08	0.08	0.08	0.07	0.06
80	0.10	0.10	0.08	0.09	0.08	0.07	0.07	0.07	0.06
100	0.10	0.10	0.08	0.08	0.08	0.07	0.07	0.07	0.06
150	0.10	0.09	0.07	0.08	0.07	0.07	0.07	0.06	0.05

※ 표준보온계수 : 0.1~0.15

일반적으로 0.1을 적용하며, 보온이 안 된 나관은 1을 적용한다.

Exercise 06

14bar g의 조건에서 증기의 온도는 198℃이며, 대기온도가 20℃로서 온도차는 178℃이다. 이 경우 100mm의 나관의 배관길이 103m의 방열량은?

풀이 100mm 배관의 단위 길이당 방열량=1,374W/h

14bar g 조건에서 75mm 두께의 잘 보온된 100mm 구경 배관의 보온계수≒0.07

14bar g에서의 증발잠열=1,947kJ/kg

1. 방열량(kJ/kg)

$$m = \frac{Q \times L \times 3.6 \times f}{h}$$

$$= \frac{1{,}374\,\mathrm{W/m} \times 103\mathrm{m} \times 3.6 \times 0.07}{1{,}947\mathrm{kJ/kg}} = 18.3\mathrm{kg/h}$$

※ 계수 3.6은 kg/h 단위로의 환산계수이다.

2. 방열량(kcal/kg)

$$m = \frac{Q \times L \times 3.6 \times f}{h}$$

$$= \frac{1{,}374\,\mathrm{W/m} \times 103\mathrm{m} \times 0.86\mathrm{kcal/kW} \times 0.07}{1{,}947\mathrm{kJ/kg}} = 8{,}519.62\mathrm{kcal/h}$$

※ 8,519.62kcal/h÷465kcal/kg=18.3kg/h

[표 9] **건축재료에 따른 보온재별 열전도율(kcal/m h ℃)**

No.	재료명	열전도율	No.	재료명	열전도율	No.	재료명	열전도율	No.	재료명	열전도율
1	글라스울	0.032	36	석고보드	0.190	71	화강암	1.870	106	밀짚판	0.095
2	암면매트	0.032	37	암면텍스	0.054	72	아스팔트 루핑	0.090	107	우레아폼	0.031
3	석면	0.038	38	집성보드	0.190	73	모래	0.500	108	버미 큐라이트	0.056
4	폴리 스틸렌폼	0.033	39	밤라이트	0.200	74	블럭	0.150	109	목모판	0.086
5	아이스펑크	0.025	40	메크라이트	0.200	75	시트방수	0.630	100	석면 시멘트판	0.215
6	피라이트	0.060	41	다다미	0.090	76	퍼라이트 몰탈	0.260	111	무기섬유	0.370
7	규조토	0.081	42	모직포	0.110	77	천정텍스	0.120	112	마스틱 아스팔트	0.990
8	라코트	0.036	43	함판	0.140	78	방수기	0.240	113	벽돌섬유	1.119
9	연질섬유관	0.052	44	테라조	1.550	79	에톡시 블보드	0.068	114	Sheet 방수	0.256
10	석면뿜칠	0.036	45	장판지	0.180	80	랍쉬트	0.200	115	암면텍스	0.700
11	스티로폴	0.030	46	섬유판 (소나무)	0.150	81	샌드위치 판넬	0.024	116	시멘트 몰탈	0.456

No.	재료명	열전도율	No.	재료명	열전도율	No.	재료명	열전도율	No.	재료명	열전도율
12	암면뿜칠	0.036	47	섬유판(삼나무)	0.110	82	시멘트몰탈	1.200	117	모래	0.542
13	우레탄폼	0.022	48	섬유판(나왕)	0.150	83	철판	0.390	118	버미큐라이트	0.155
14	몰탈(내부)	1.200	49	경량블럭	0.681	84	경량단열CONC	0.048	119	팽창점토	0.215
15	몰탈(외부)	1.300	50	벽체외표면	0.033	85	액체방수2회	0.001	120	흙	1.500
16	타일	1.100	51	벽체내표면	0.133	86	범랑포	1.100	121	기포성용제	0.258
17	디릭스타일	0.280	52	바닥표면(상)	0.105	87	아이소핑크	0.025	122	목판	0.229
18	고무타일	0.340	53	바닥표면(하)	0.200	88	석고텍스	0.120	123	고밀도골재CONC	1.550
19	S형 기와	1.240	54	지붕외표면	0.033	89	석면	0.040	124	팽창점토골재	0.629
20	바닥용타일	1.550	55	지붕내표면(상)	0.105	90	섬유판(연질)	0.049	125	소성골재	0.471
21	시멘트벽돌	1.200	56	지붕내표면(하)	0.200	91	코르크	0.000	126	클링커	0.491
22	적벽돌	0.530	57	지하바닥표면(하)	0.200	92	보드	0.036	127	하드보드	0.069
23	내화벽돌	1.000	58	공기(수평상향)	0.170	93	바닥타일	0.073	128	강철	49
24	공기층	0.190	59	공기(수평하향)	0.250	94	카페트하부펠트	0.039	129	알루미늄	189
25	CONC(내부)	1.300	60	공기(수직)	0.200	95	유리섬유	0.030	130	동	301
26	CONC(외부)	1.400	61	유리 5mm	5.800	96	매트형	0.036	131	플라스틱보드	0525
27	CONC(경량)	0.750	62	복층유리(5/6/5)	0.116	97	두루마리형	0.030	132	석고	0.396
28	CONC(발포)	0.150	63	복층유리(5/12/2)	2.700	98	케이폭두루마리형	0.034	133	버미큐라이트	0.172
29	CONC	0.440	64	복층유리(5/12/5)	2.700	99	광물면	0.000	134	합판타일	0.121
30	버림CONC	1.500	65	공기층	0.050	100	펠트	0.034	135	사암	1.119
31	콩자갈	0.680	66	대리석	2.400	101	매트	0.036	136	석회암(연질)	1.205
32	흙(적토)	0.750	67	화강암	1.870	102	피라이트림	0.036	137	대리석	1.722
33	잡석다짐	0.530	68	리놀륨	0.160	103	폴리틸렌판	0.032	138	화강암	2.153
34	흙	1.500	69	회반죽	0.630	104	폴리우레탄(발포)	0.022	139	천연슬레이트	1.722
35	플렉시블보드	0.530	70	플라스틱	0.530	105	폴리우레탄(연질)	0.017	140	연재	0.112

SECTION
20 연료 대체(B－C유를 LNG로 대체)

1 현황 및 문제점

2012년 ○월 ○○제지(주)의 열발생설비에 사용하는 연료는 B－C유이며, 보일러용 연료로 사용하고 있다. 연료의 가격 상승으로 증기 단가가 계속 높아지는 상태이며, 온실가스 배출량 역시 높게 나타나고 있다.
2011년도 연료(벙커C유) 사용량은 2,271,314L/년이며, 연료 구입비용은 1,977.7백만원, 연료 평균 단가는 870.73원/L이다.

[표 1] 연료의 물성 비교

연료	단위	저위발열량	15℃ 비중	비열	2011년 가격	2012년 가격
B－C유	L	9,350	0.9434	0.45	870.73원	1,170원
LNG	Nm^3	9,550	－	0.31	－	818.51원

2 개선대책

현재 사용하고 있는 보일러용 B－C유를 천연가스인 LNG로 교체 시, 연료비용의 절감은 물론, 버너의 공연비(현재 공기비 2.33에 따른 손실액은 연간 1억 5천만원 상당)를 에너지관리기준상의 공연비(1.15)로 맞추기가 용이하며, 그에 따른 NOx 값 감소로 환경공해물질의 배출을 감소하고 배기가스 온도(현재 배출온도 230.9℃)를 180～190℃로 낮게 배출함으로써 연간 약 5천만원 정도의 비용을 절감할 수 있을 것으로 판단된다.
본 진단에서는 공연비, 배기가스 온도 감소에 의한 부수적인 절감액은 제외하고, 단순 연료 대체(연료의 열량)에 의한 절감량만을 도출하는 것으로 작성하였다.

1. 연료 대체(B－C유 → LNG)이므로, KCER(온실가스 감축실적 등록소) 사업이 가능(100tCO_2/년 이상)하며 2011년도 기준, 정부 구매가격은 5,000원/tCO_2이었으나, 2012년도부터는 7,000～12,000원/tCO_2이며, 추후 그린 크레딧 제도도 활용 가능할 것으로 판단된다.
2. 온실가스 감축실적 등록 시 향후 5년간 정부가 구매하며, 1차(5년간)에 한해서 연장 가능하다.

3. [표 1]에서 살펴보는 바와 같이 LNG 연료가 B－C유에 비해 단위 용량당 발열량이 많고, 단가가 저렴하고 청정연료이므로 적극적으로 대체해야 한다.

3 기대효과

1. B－C유 사용 시 연간 사용열량(kcal/년)

=B－C유 사용량(L/년)×B－C유 발열량(kcal/L)

=2,271,314×9,350

=21,236,785,900kcal/년

2. 연료 대체 시 LNG 필요량(Nm^3/년)

=B－C유 사용 시 연간 사용열량(kcal/년)÷LNG 발열량(kcal/Nm^3)

=21,236,785,900kcal/년÷9,550

=2,223,747Nm^3/년=2,346.05TOE/년

3. 연료 대체 시 LNG 가격(천원/년)

=연간 LNG 필요량(Nm^3/년)×12년 LNG 단가(Nm^3/원)

=2,223,747Nm^3/년×818.51

=1,820,159천원/년

4. 연료 대체 시 절감금액(천원/년)

=2011년도 연료 지출금액(천원/년)－연료 대체 시 LNG 가격(천원/년)

=1,977,700－1,820,159

=157,541천원/년

※ 2012년 진단 당시 B－C유 단가는 1,170원/L이므로, 연료 대체 시 절감금액은 상승할 것으로 판단된다.

5. 연간 절감 연료량

연료 대체이므로 절감량이 없다.

6. 절감률

연료 대체이므로 절감률이 없다.

7. 연료 대체 시 탄소배출 저감량(tC/년)

=현재 탄소배출량−연료 대체 시 탄소배출량

=2,248.6TOE/년×0.875tC/TOE−2,346.05TOE/년×0.637tC/TOE

=473.09tC/년=1,734.66tCO_2/년

8. 연료 대체 시 탄산가스 배출 저감량(tCO_2eq/년)

=현재 탄산가스 배출량−연료 대체 시 탄산가스 배출량

=6,895.88tCO_2eq/년−4,994.71tCO_2eq/년

=1,901.17tCO_2eq/년

4 경제성 분석

1. 투자비

[표 2] 항목별 투자비

(단위 : 천원)

항목	단위	개선안			비고
		단가	수량	계	
공장경계까지 시설 분담금		−	−	30,000	보증보험 수수료 포함
공장 내부 배관설비		−	−	70,000	
버너 교체비		−	2	50,000	
계		−	−	150,000	

2. 투자비 회수기간

=투자비(천원)÷연간 절감금액(천원/년)

=150,000천원÷157,541천원/년

=0.95년

SECTION 21 적정 보일러 용량 및 형식의 선택으로 에너지 절감

1 개요

1. 보일러(Boiler)는 기관(汽罐)이라고도 하며, 일반적으로 보일러라고 한다. 밀폐된 용기 속에 물이나 열매체를 넣고 가열하여 대기압보다 높은 압력 또는 온수를 제조하는 장치이다.
2. 보일러의 변화와 발전 과정은 인류 문화와 더불어 산업의 발전이라고도 볼 수 있다. 둥근 원통형에 연소실이 하나 설치되어 있는 단순 코르니시 보일러를 시작으로 효율을 높이고자 연소실을 두 개로 만들고, 증기압력을 이용하여 기관차를 가동하는 등 산업혁명의 초석이 되었다. 이와 같이 보일러가 산업에 기여하는 바가 커지면서 보일러의 효율성과 안전을 감안한 연관식 보일러, 노통과 연관을 겸비한 노통연관보일러, 보다 높은 압력을 얻기 위한 수관식 보일러, 초임계압력까지 고려한 초대형 관류보일러, 지진과 설치장소를 감안한 초소형 관류보일러에 이르기까지 보일러의 종류와 구조는 다양하게 변화되고 있다.
3. 공장을 비롯한 건물에 필수적으로 설치되었던 보일러가 최근에 수요가 적어지거나 없어지는 것은 전기 제조가 다양해지고 단가가 저렴해지면서 이에 따른 경제성과 환경변화가 원인이라고 할 수 있다.
4. 그럼에도 온수(열매체)나 증기를 필연적으로 사용해야 하는 공정에서는 적정 용량과 용도에 적합한 형식의 보일러가 요구되고 있다.

2 보일러의 3대 요소

보일러는 본체, 연소장치, 부속장치로 구성되어 있다. 이를 보일러의 3대 요소라고 한다.

1. 보일러 본체

(1) 동(胴, Drum)과 관(管, Tube)으로 되어 있으며, 노(爐) 내에서 연료의 화학적 반응에 의한 연소열을 받아 동 내의 수(水) 또는 매체를 가열하여 증기 또는 온수를 발생(제조)시키는 장치를 말한다.

(2) 사람으로 비교하면 몸(Body)이라고도 할 수 있다.

2. 연소장치

(1) 사용하려는 연료를 연소시키는 장치로 화염 및 고온의 연소가스를 발생시키는 장치이다.

(2) 연소실(노통, 화실, 연도, 연돌, 버너 등)이 이에 속한다.

(3) 사람으로 비교하면 입(이빨), 식도, 위, 대장, 소장이라고도 할 수 있다.

(4) 노통과 화실(연소실)의 크기, 연돌의 직경 및 높이도 중요하지만, 버너의 성능이 매우 중요하다. 사람으로 비교하면 음식을 잘게 씹어 먹어야 소화가 잘되고 탈이 없기 때문이다.

(5) 연료가 공기 중의 산소와 화학적인 연쇄반응으로 연소하는 과정에서 성능이 좋은 버너는 적은 산소로도 완전연소할 수 있어, 이로 인한 배기손실 감소와 질소산화물 저감으로 에너지 절약과 환경 측면에서 초석이 된다.

참고

1. 수소(H)의 연소 반응식

$H_2 + (1/2)O_2 \rightarrow H_2O$(물) + 68,000kcal　　발열량 34,000kcal/kg

$H_2 + (1/2)O_2 \rightarrow H_2O$(물/수증기) + 57,200kcal　　발열량 28,600kcal/kg

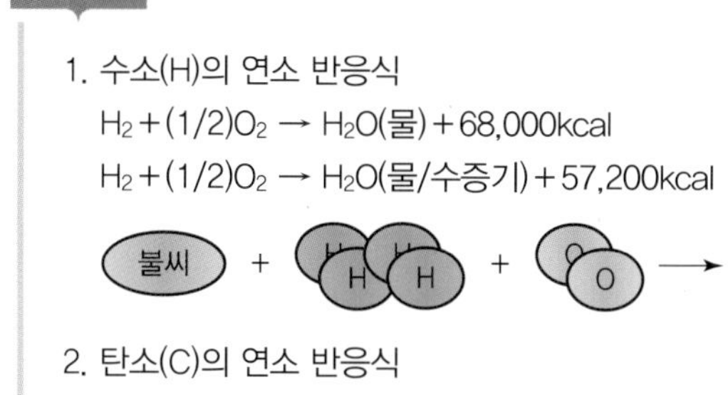

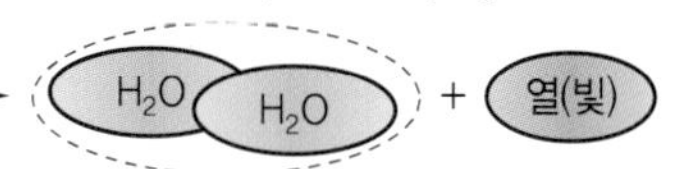

2. 탄소(C)의 연소 반응식

$C_2 + O_2 \rightarrow CO_2$ + 97,200kcal　　발열량 8,100kcal/kg

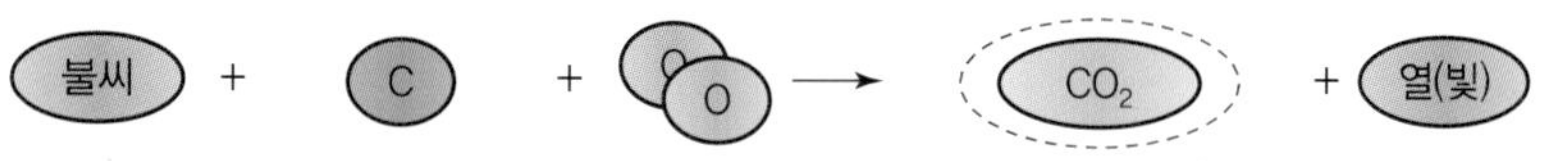

3. 황(S)의 연소 반응식

$S + O_2 \rightarrow SO_2$ + 80,000kcal　　발열량 2,500kcal/kg

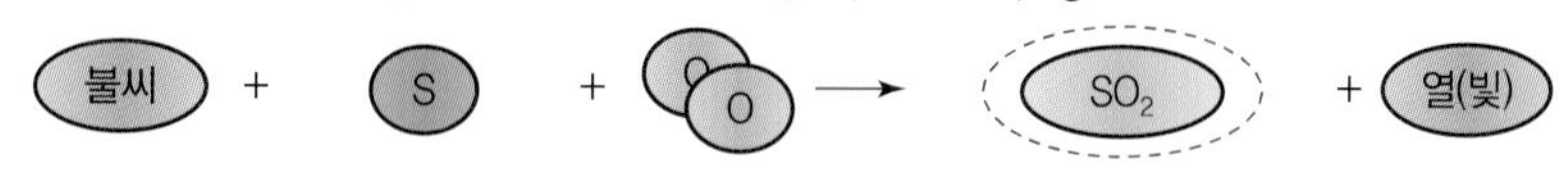

4. 액체연료의 저위발열량 계산식

저위발열량 = 고위발열량 − 수증기 잠열

H_l = {8,100C + 34,000(8H − O/8) + 2,500S} − 600(9H + W) (kcal/kg)

3. 부속설비

(1) 보일러는 압력용기로서 연료에너지를 소비하여 온수와 증기를 얻기 위한 과정에서 부득이하게 위험성이 동반된다. 또한 에너지의 소비로 기업의 가공비를 증가시키거나 환경을 저해하는 등 적잖은 문제가 동반된다.

(2) 이와 같은 문제점을 감안하여 안전관리자를 선정하여 관리하도록 규정하고, 다음과 같은 부속설비(부속장치)가 필요하다.

① 급수장치, 안전장치, 송기장치, 폐열회수장치, 통풍장치, 제어장치 등이 있다.

② 사람으로 비교하면 눈, 코, 귀, 손, 발 등 같은 것으로 본체와 연소장치와 연동된 효율과 안전을 위한 장치라고 할 수 있다.

3 노통연관보일러

1. 구조 및 장치설명

(1) 노통과 연관을 동시에 결합하여 서로의 결점을 보완하여 콤팩트한 구조로 제작된 보일러이다.

(2) 연소실이 노통으로 되어 있고, 노통과 연관의 외부에는 피가열체인 물이 채워져 있으며, 연소가스가 노통 및 연관 내부를 통과하는 구조로 제작된 보일러이다.

[그림 1] **노통연관보일러**

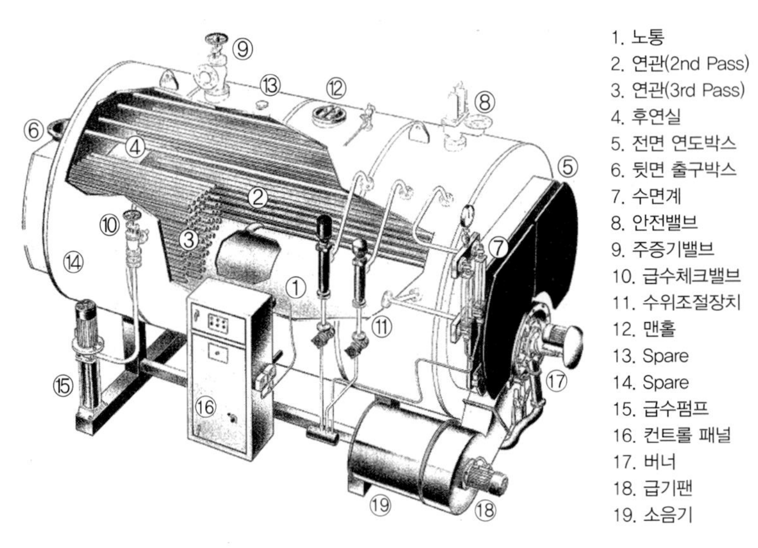

[그림 2] **노통연관보일러의 내부 구조 및 명칭**

2. 용어설명 및 특기사항 – [그림 2] 참조

(1) 노통(爐筒) : 연소가스의 흐름에 의한 1st Pass(1통로)이다.

① 노통은 노통연관보일러의 연소실로 사용되며, 구조상 파형노통과 평형노통으로 구분한다.

② 연소실은 연료의 화학반응에 의하여 고열(약 1,500~1,800℃)이 발생하는데, 철의 특성상 고열에 의한 신축이 발생할 때 신축을 원활히 흡수함으로써 보일러의 피로에 의한 균열을 방지하도록 하는 일종의 안전장치이다.

※ 철의 신축은 100℃에서 10m당 약 12mm가 수축 팽창한다.

③ 보일러의 연소실 온도를 감안할 때 노통을 비롯한 연관은 쉴 새 없이 수축, 팽창을 한다고 볼 수 있으며, 보일러의 단속운전이 심할수록 보일러의 수축, 팽창은 더욱 가중되고 피로하여 안전도를 저해할 것이다. 따라서, 보일러는 단속운전이 아닌, 지속적으로 운전관리 함이 옳다.

(2) 연관(2nd Pass) : 노통(연소실)에서 발생한 고열을 흡수하는 2차 측 통로(2통로)이다.

① 노통연관보일러의 일종인 콘덴싱(Condensing) 보일러는 2nd Pass System 방법으로 제작하여 사용하고 있다. 이 경우 배기가스 손실열을 회수 이용하기 위한 공기예열기 System을 이용하고, 배기가스의 응축(Condensing)에 의한 고온수의 급수 활용으로 보일러 효율을 높인다.

② 콘덴싱의 효과는 급수온도와 관련되므로 급수온도의 차이에 따라 효과 및 보일러 효율이 달라지게 된다.

(3) 연관(3rd Pass) : 노통(연소실)에서 발생한 고열을 흡수하는 3차 측 통로(3통로)이다. 일반적으로 연관식 보일러 및 노통연관보일러는 열효율의 상승 측면에서 3nd Pass System 방법으로 제작하여 사용한다.

(4) 후(면)연실 : 보일러의 연소실(노통) 후미에서 2nd Pass(2통로)로 연소가스 흐름의 방향을 바꾸어 주는 부분이다.

① 보일러의 본체와 후미 외부 경판과도 연결된 곳이다.

② 후연실은 고온의 연소가스(열)와 2nd Pass(2통로) 입구 측 연관의 연결부위 경판에 크랙이 발생할 수 있다. 특히, 액체연료(중유, 경유, 부생유 등)에서 LNG 연료로 대체할 때는 더욱 관심을 가져야 하고 이에 따른 대책을 강구해야 한다.

(5) 전면 연도박스(전면연실) : 2nd Pass(2통로)에 3rd Pass(3통로)로 연소가스 흐름의 방향을 바꾸어 주는 부분이다.

(6) 뒷면 출구박스 : 연료가 연소하여 열을 흡수한 후, 연소가스가 최종적으로 외부로 배출되는 곳이다.

① 연도(煙道) : 뒷면 연소가스 출구박스에서 굴뚝(연돌)의 연결부위(길)까지이다.

② 일반적으로 철판을 이용하여 원형 또는 4각으로 대부분 수평으로 설치하며 일부 경미한 경사를 이용하여 굴뚝(연돌)에 연결하고 있다.

(7) 수면계 : 보일러 내부의 수위를 점검 및 확인하는 것으로 주기적인 분출로 배관의 막힘을 예방하고 어떠한 경우라도 막힘이 없어야 한다. 수면계는 안전 측면에서 매우 중요하므로 좌우 수면을 비교하여 수시 점검하고 분출을 실시하여 확인하여야 한다.

(8) 안전밸브 : 보일러 운용상 설정압력(상용압력)의 초과 시 보일러 내부에서 발생하는 증기(Steam)를 외부로 배출함으로써 보일러의 파열사고를 방지하는 안전장치이다.

① 일반적으로 병렬로 2개를 설치하며, 보일러의 내부압력이 상용압력에 도달하였을 때 간헐적으로 분출하여 시험하며 확인하여야 한다.

② 간헐적으로 시험하지 않을 경우 밸브와 시트가 붙어 작동하지 않거나 규정 이상의 압력에서 분출하는 등 오작동을 할 수 있기 때문이다.

(9) 주증기밸브 : 보일러에서 발생하는 증기를 송기하거나 억제하는 밸브로서 일반적으로 앵글밸브를 설치한다.

(10) 급수체크밸브 : 보일러에 공급된 급수가 역지(역류)되지 않도록 하는 밸브이다. 보일러 본체 부위에 역지밸브와 체크밸브가 1 Set로 설치되어 있고, 급수펌프에 가까운 입상배관에도 설치한다.

(11) 수위조절장치 : 보일러 내부의 수위를 검출하여, 급수펌프의 On. Off의 작동으로 수위를 자동으로 공급하여 조절하는 장치이다.

① 맥도널식, 전극식, 코프란식이 있다.

② 보일러 형식 및 용량에 따라 다르게 설치한다.

(12) 맨홀 : 보일러 내부의 청소 및 점검 시 출입하는 곳이다.

(13) Spare : 예비

※ 향후 부속설비 부착 등을 감안한 것이며, 초기 보일러 가동 시 Air의 배출 등 육안으로 점검하고 확인하는 장치로 이용되기도 한다.

(14) Spare : 예비

(15) 급수펌프 : 수위조절장치의 검출에 따라 보일러에 용수를 급수하는 펌프이며, 양정(압력) 및 급수온도에 적합한 펌프를 선정하여 사용하여야 한다.

(16) 컨트롤 패널 : 보일러의 안전운용을 관리(Control)하는 박스(Panel)이다.

(17) 버너 : 연료의 입자를 미세하게 분무 · 무화하는 장치이다.

① 분무된 연료의 입자가 공기 중의 산소와 접촉 면적을 원활하게 하여 완전연소에 의한 열효율 향상을 도모하고, 이로 인한 대기오염물질(Dust, CO, Soot, NOx 등)을 저감할 수 있다.

② 연료의 연소에 필요한 최소의 공기로서 1차 공기라고도 한다.

③ 모든 기기 및 부속장치가 중요하지만, 버너의 선택은 매우 중요하다.

㉠ 버너는 보일러의 열효율 향상으로 인한 에너지 절약은 물론, 대기오염물질을 감소하는 데 중요한 역할을 하기 때문이다.

㉡ 순간의 선택이 향후 보일러를 관리하는 데 있어서 큰 비중을 차지하게 된다.

㉢ 심도 있는 연구와 설득으로 열효율을 극대화하여 기업의 생산성 향상과 국가경쟁력 제고에 기여할 수 있다.

(18) 급기팬 : 1차 공기(버너)의 부족한 공기를 보충하여 연료를 최종적으로 완전연소하기 위한 기기이다.

① 2차 공기라고도 한다.

② 보일러의 통풍시스템에 따라 급기팬의 설치위치가 달라지며, 이에 따라 통풍력도 달라지게 된다.

③ 급기팬은 완전연소하는 데, 부족한 공기를 보충하는 데 필요하지만 지나친 과잉공기는 연소실 온도를 저하시키고 오히려 열을 빼앗아 굴뚝으로 배출하는 원인이 되므로 결과적으로 열효율 저하 및 대기오염물질 가중이 된다.

(19) 소음기 : 급기팬에서 발생하는 소음을 저감하는 장치이다.

① 보일러실에는 각종 동력장치의 기동에 의해 약 80~90dB 정도의 소음이 발생하는데, 주된 요인이 급기팬(송풍기)에서 발생한다고 할 수 있다.

② 급기팬은 주변공기를 흡입하는 과정에서 팬의 기동력(회전력)으로 인해 많은 소음을 발생하게 되는데, 소음기를 설치함으로써 소음을 감소시킬 수 있다.

③ 옥외에 설치할 경우에는 빗물이나 동절기 낮은 외기가 유입되지 않도록 대책을 강구하여야 한다.

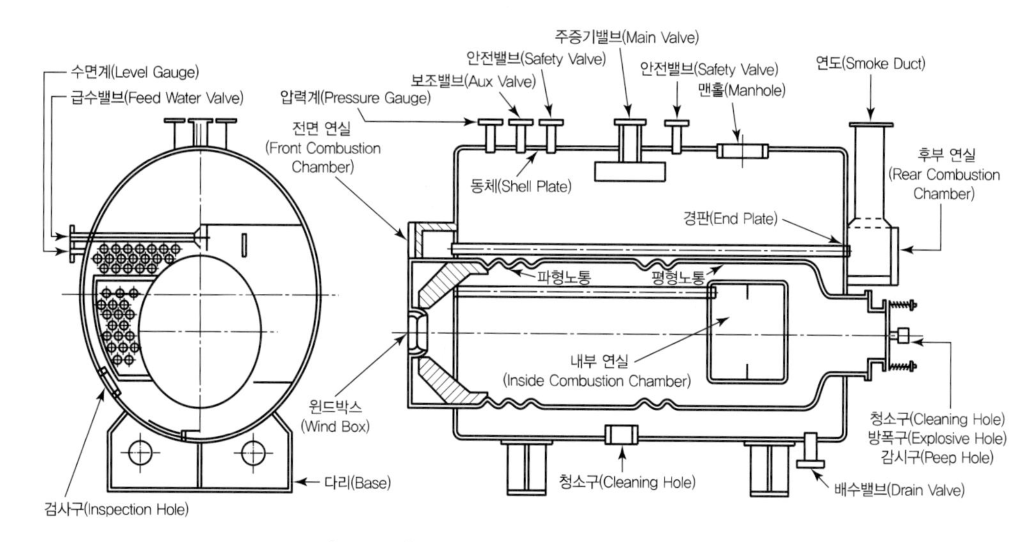

[그림 3] **노통연관보일러의 내부 구조도**

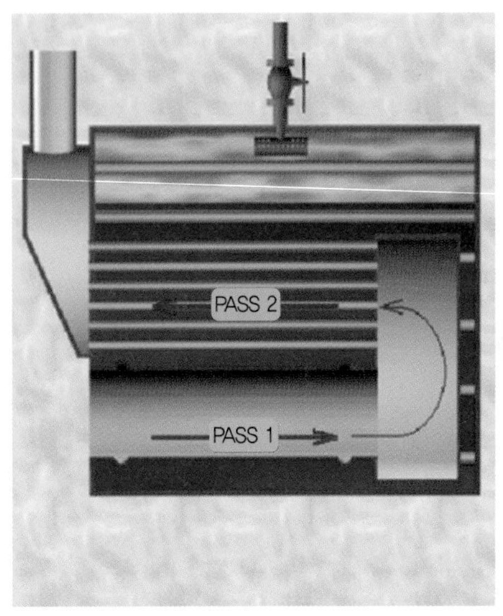

(a) 1st pass(1통로) → 2nd Pass(2통로) 흐름도　(b) 2nd pass(2통로) → 3rd Pass(3통로) 흐름도

[그림 4] **Pass(통로) 및 노통연관보일러 전면도**

※ Pass(通路)란, 연소가스의 보일러 내부에서의 흐름이며 최종 굴뚝으로 나가는 길을 뜻하는 것으로 보일러의 형식 및 제작사의 특성에 따라 Pass(통로)의 흐름도 달라지게 된다.

3. 노통연관보일러의 특징

(1) 보일러를 패키지로 구입하여 간단하게 설치할 수 있다.

(2) 보유수량이 많으므로 상당한 양의 포화수를 저장할 수 있어 짧은 시간에 급격하게 요구되는 부하에 대응할 수 있는 상당량의 에너지를 저장하고 있다.

① 초기 예열부하에 적잖은 시간이 소요된다.

② 관수의 TDS 농도를 높게 유지할 수 있어 캐리오버 발생률 및 열손실이 적다.

③ 수면적 부하가 작아서 스팀의 건도를 높일 수 있다.

④ 유지관리가 편하다.

[표 1] **노통연관보일러의 장단점**

장점	단점
• 보일러 효율이 85~90% 정도로 높다. • 증발의 속도가 빠르다. • 보일러의 부하변동이 적다(압력 일정). • 전열효율이 좋다. • 노의 구조가 밀폐되어 가압연소가 가능하다.	• 관수의 농축속도가 급격하여 급수를 좋게 해야 한다. • 구조가 복잡하고 내부가 좁아 청소작업이 곤란하다. • 부하변동에 적응이 힘들다. • 대용량 고압보일러에는 부적당하다. • 연관 등에 불순물 및 클링커가 부착하기 쉽다.

4 콘덴싱 보일러

1. 콘덴싱(Condensing, 응축)

수증기 또는 기체가 액체로 변할 때 상태변화가 일어나는데 이 과정을 콘덴싱(응축)이라고 한다. 이를테면 온도를 낮추면 수증기는 계속 응축될 것이고 이 과정에서 열을 방출하게 되는데 이 열을 응축열이라고 한다. 반대로 액체가 수증기 또는 가스로 변할 때도 상태변화가 일어나는데 이 과정을 기화라고 하며 이를 위해서는 기화열이라는 열의 흡수가 필요하다.

2. 콘덴싱 보일러의 잠열회수율

최근의 대부분의 보일러 연료는 도시가스를 사용하고 있다. 이에 따라 콘덴싱 보일러는 연료의 연소 과정에서의 수분이 보유하고 있는 잠열을 회수함으로써 일반 가스보일러에 비해 약 10~20%의 열효율 상승효과를 기대할 수 있다.

(1) 도시가스의 주성분인 메탄(CH_4)을 연소시킬 경우 화학 반응식은 1mol을 기준으로
$CH_4 + 2O_2 \rightarrow CO_2 + 2H_2O + Q$ 이므로 메탄 Nm^3 기준으로 다시 정리하면
$44.6CH_4 + 89.2O_2 \rightarrow 44.6CO_2 + 89.2H_2O + 8{,}574kcal$ (메탄 발열량 $kcal/Nm^3$)
이때 발생하는 수분 발열량은 89.2mol이므로 여기서 생성되는 수분의 양은 약 1.61~1.7kg이 된다. 만약 수분 발열량 전부가 수증기로 증발하여 배출된다면 물의 기화열(응축잠열)이 539kcal/kg이므로 Nm^3당 868kcal(=539×1.61)의 열량을 빼앗기게 된다.
※ 가스를 연료로 사용하는 보일러의 경우에는 배기가스 중의 수분 농도가 약 17~18%(11~12wt%)이기 때문에 천연가스 $1Nm^3$를 연소하는 경우에는 약 1.61~1.7kg의 수분이 발생한다.

(2) 위의 화학 반응식을 다시 고쳐보면
$44.6CH_4 + 89.2O_2 \rightarrow 44.6CO_2 + 89.2H_2O + (8{,}574 - 868)kcal$
연소 생성물 중 수분을 기체상태로 배기시켰을 때 메탄 Nm^3당 7,706kcal(=8,574−868)의 열량을 얻을 수 있지만 기체상태로 빠져나가는 수분을 응축시켜 열을 회수하면 Nm^3당 8,574kcal의 열량을 얻을 수 있다. 따라서 연소생성물 중의 수분을 응축시킴으로써 추가적으로 회수하는 열량은 (8,574−7,706)÷7,706×100=11.3%로 계산될 수 있다.

3. 콘덴싱 보일러의 원리

일반 가스보일러는 배기가스에 포함되어 있는 수증기를 모두 외부로 방출하는데, 콘덴싱 보일러는 배기가스 통로에 열교환기를 설치하여 열교환기의 전열면에서 배기가스에 포함된 수증기를 물로 응축시키고 이때 발생하는 열을 회수하여 보일러의 효율을 높여준다.

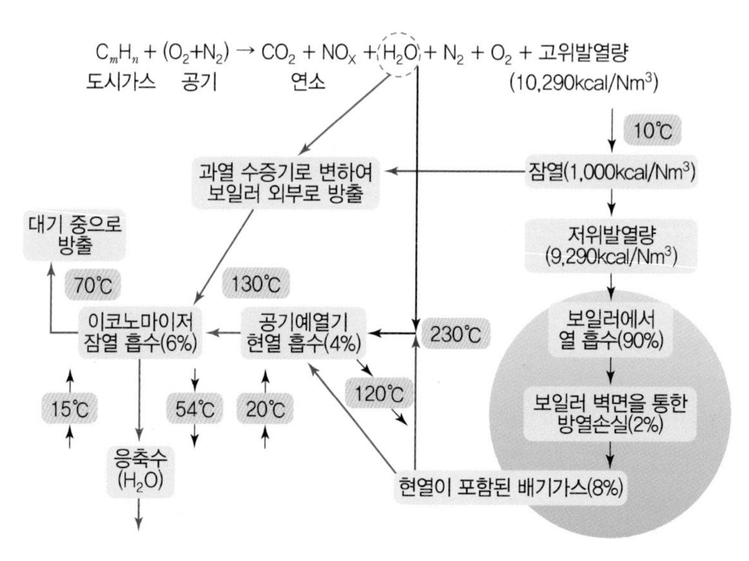

[그림 5] **콘덴싱 보일러의 원리**

4. 콘덴싱 보일러의 적용 시 판단기준

(1) 보일러에서 열손실이 가장 많은 부분은 배기가스 손실열이다. 따라서 열효율을 높이기 위해서는 배기가스 온도를 낮추는 것이 아주 중요한 항목이다.

(2) 액체연료를 사용하고 있는 사업장에서는 연료가 가지고 있는 유황 성분 때문에 저온부식을 우려해서 배기가스 온도를 150℃ 이하로 낮추지 못했지만, 최근의 많은 사업장이나 가정의 보일러에 가스연료가 사용됨으로써 배기가스 온도를 150℃ 이하로 낮추고 배기가스 성분 중에 있는 수증기를 응축시키면서 이때 얻어지는 잠열을 이용하는 콘덴싱 보일러가 각광을 받고 있다.

(3) 특히 콘덴싱 보일러에서는 배기가스열을 회수하는 장치 등이 있어 일반 유류용 보일러에서 절탄기는 단순하게 현열을 이용하여 보일러수를 가열하는 용도로 폐열 회수를 했지만 가스연료에서는 잠열을 이용하는 폐열회수시스템인 콘덴싱이 산업용과 가정용 보일러에서 유행처럼 쓰여지고 있다.

(4) 그렇지만 콘덴싱 보일러라고 해서 장점만 있는 것이 아니다. 이에 적합한 조건이 조성되어야 하기 때문이다. 이를테면 가스용 보일러에서 연소가스 성분 중에 수증기가 100% 응축이 일어나는 배기온도가 약 55℃이고, 100℃ 이상에서는 응축이 중단되기 때문이다. 따라서 100% 잠열을 이용하려면 배기가스 온도를 55℃ 이하로 낮추어야 한다. 그러므로 산업용 보일러의 응축수 회수로 인해 급수온도가 높을 경우 콘덴싱 효과는 현격히 떨어지거나 효과가 없다. 이렇게 되면 현열만을 회수하는 일반적인 절탄기와 다를 바 없다.

(5) 또한, 콘덴싱으로 형성된 응축수는 산성이 강해서 재질의 부식이나 환경오염의 원인이 되므로 재질 선정이나 폐수처리 부분에서도 신경을 써야 한다.

5. 정리

(1) 콘덴싱 보일러는 효율이 높은 보일러이지만 조건이 적합하여야 한다.

(2) 응축수(수분)량으로 인하여 기존의 굴뚝이 손상되는 경우가 발생하기도 한다.

(3) 연소 후 배기가스와 함께 배출되는 H_2O는 작은 입자 물방울이어서 외기온도가 낮은 겨울철에는 바깥의 온도가 영하의 기온이므로 따뜻한 성분의 수증기가 찬 공기를 만나면 연소가스의 부피가 순간적으로 줄어들며, 이때 연소가스 중의 수증기는 눈으로 보일 정도의 작은 물방울로 튀어나오게 된다. 이것이 흰 연기처럼 보이는데, 전문용어로 백연(白煙, 하얀 연기)이라고 한다.

※ 주변에 수목이 우거진 산을 등지고 있으면, 백연이 파란 연기로 보일 수도 있다. 수증기와 주변 삼림에 의한 색의 조화로 착상현상일 뿐이며 염려할 필요는 없다.

[그림 6] **겨울철에 발생하는 백연(白煙)**

5 수관식 보일러

1. 구조 및 장치설명

(1) 피가열체인 물이 수관의 내부에 채워져 있고, 외부에 연소가스가 접촉하여 열을 전달하는 보일러이다.

(2) 보유수량이 적어 부하변동의 대응력이 떨어지며, 주로 고압의 스팀제조에 사용된다.

(3) 상부 Drum(증기드럼)과 하부 Drum(물드럼)에 수백 개의 수관(수관군)을 연결하여 제작된 보일러이다.

(4) 상하 2개의 Drum(동, 胴)과 D자형으로 제작되었을 경우 2동 D형 수관식 보일러라고 한다.

[그림 7] **수관식 보일러**

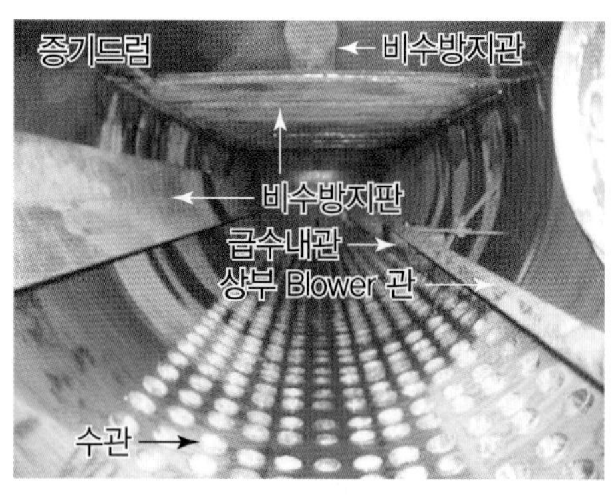

(a) 내부 구조 및 명칭

(b) 연소실 내부 모습

[그림 8] **수관식 보일러의 내부 구조**

2. 용어설명 및 특기사항

(1) 증기드럼 : 증기부와 물이 구분되는 곳으로 상부 Drum이라고 한다.

(2) 물드럼 : 수관식 보일러의 하부에 설치되어 물드럼 또는 하부 Drum이라고 한다.

(3) 수냉벽 : 수관이 수십 개에서 수백 개로 구성된 울타리와 같은 것으로 그 옆은 연소 가스가 통과하는 곳이다.

(4) 비수 방지판 : 기수공발에 의한 물이 증기와 더불어 비수되는 것을 방지하는 장치이다.

(5) 급수내관 : 상부 Drum의 수면 아래에 설치되어 보일러의 냉각을 방지하는 장치이다.

(6) 상부 Blow Down관 : 보일러의 내부에 잔재한 고형물질(TDS 농도)을 점검하여 외부로 배출하는 장치이다.

3. 수관식 보일러의 형식

자연순환식 수관보일러, 강제순환식 수관보일러, 관류식 보일러 등이 있다.

(1) 자연순환식 수관보일러

① 보일러 강수관 내의 물의 밀도와 승수관(증발관) 내의 기포를 포함한 기수(증기와 물) 혼합물의 밀도차에 의해서 발생하는 순환력으로 순환이 이루어지는 보일러이다.

② 2동 D형 수관식 보일러가 이에 해당된다.

※ 동(胴)이 2개(상하)로 구성되어 2동이라 하고, D형으로 제작되어 2동 D형 수관식 보일러라고 한다.

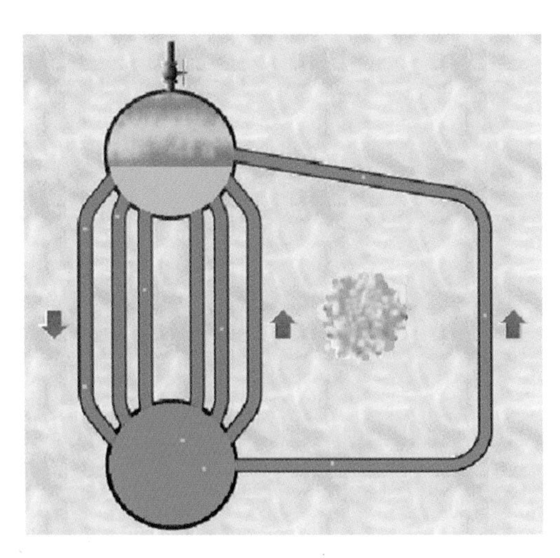

[그림 9] **2동 D형 수관식 보일러의 내부 구조**

(2) 강제순환식 수관보일러

① 보일러에서 압력이 높아지면 포화수의 온도가 상승하여, 하강하는 강수와 상승하는 승수와의 비중차가 많지 않아 보일러 관수의 순환이 불량해지게 된다.

② 강수관과 승수관 사이에 순환펌프를 설치하여 강제로 순환시키는 보일러로서, 모든 수관 내에 물이 균일하게 흘러가도록 하여 과열을 방지하는 보일러이다.

③ 일반적으로 높은 압력을 요구하는 보일러로서 라몬트 보일러와 베록스 보일러가 대표적인 보일러라고 할 수 있다.

[표 2] **수관식 보일러의 장단점**

장점	단점
• 급수예열 시 보일러 효율이 85~95% 정도로 높다. • 연소실 구조를 마음대로 제작할 수 있다. • 전열면이 커서 급수의 증발속도가 빠르다. • 방산열의 손실을 줄일 수 있다. • 고압이나 대용량에 적당하다. • 관수의 순환상태가 양호하다. • 고부하 연소가 가능하다. • 보유수량이 적어 파열 시 피해가 적다.	• 급수처리가 까다롭다. • 증발속도가 너무 빨라 습증기로 인한 관 내 장애가 우려된다. • 곡관이어서 내부의 청소가 불편하다. • 관의 파열이 우려된다. • 관 외면에 클링커의 생성이 일어나기 쉽다. • 직관보일러에 비해 제작이 까다롭다. • 연소실 구조가 복잡하여 통풍의 저항이 뒤따를 수 있다. • 보유수량이 적어 부하변동에 응하기 어렵다.

(3) 관류식 보일러

① 개요

㉠ 원래 초고압(임계압력 100kg/cm^2 이상) 1개의 수관만으로 15~20ton/h를 증발할 수 있는 능력의 대형 보일러 용도로 제작된 보일러이다.

㉡ 물이 긴 관의 한쪽 끝에서 순환펌프로 압입되면서 관이 가열되면, 물은 관을 유동하면서 예열 → 증발 → 과열하여 증기가 된 후 다른 한 끝으로 나가게 되는 구조로 제작된 일종의 수관식 보일러이다. 즉, 관류보일러는 Drum(동, 胴)이 없이 수관으로만 구성되어 있다.

㉢ 이러한 구조적 특성을 이용하여 대용량 보일러로 제작되어 발전용 등의 용도로 사용되어 오다가 최근에는 소형 보일러(2ton/h 이하)를 제작하여 떡방앗간, 세탁소, 연구실, 기숙사 등에 많이 사용하고 있다. 여기서는 우리 주변에서 주로 사용하고 있는 소형 관류보일러에 대해 언급하고자 한다.

② 구조 및 특징

㉠ 다량의 수관군으로 형성되어 있다.

㉡ 소형 관류보일러는 원래 요구되는 증기량이 너무 적어 수관식 또는 노통연관보일러가 부적합한 경우 사용하기 위한 용도로 만들어졌다.

㉢ 보유수량이 적으므로 점화 후 약 5분 이내에 스팀을 제조할 수 있어 증기를 필요로 하는 소규모 공정에만 활용하다가, 최근에는 이를 대수제어시스템으로 응용하여 산업용에도 점차 활용하고 있다.

㉣ 장비의 일체화로 적은 공간 내에도 설치가 가능한 이점이 있지만, 관수 보유수량이 매우 작은 보일러인 관계로 증발속도가 다른 보일러에 비해 매우 신속히 이루어지게 되므로 이로 인한 적잖은 부작용과 문제가 발생하기도 한다.

- 보유수량이 적어 부하변동 시 대처능력이 떨어진다.
- 국부적인 열 부하를 많이 받으므로 불순물이 부착하기 쉽다.
- 수질관리를 철저히 해야 한다.

참고

관류보일러의 부작용

1. 증발의 형태로 살펴볼 때, 막비등(큰 기포군이 형성되어 비등하는 상태)의 형태로 증기가 생성되는 구조에 가깝다고 할 수 있다. 이는 수관에 열적인 응력을 주어서 바람직하지 않은 영향을 줄 수 있는 사항이다.
2. 관수가 깨끗한 경우에는 영향력이 적으나 관수의 농축이 심할 경우에는 수관이 파손될 정도로 악영향을 줄 수 있다.
3. 보일러 급수나 보충수의 경도가 높거나(센물 : 110ppm 이상) 보일러수의 Blow Down을 매일 실시하지 않으면 관수가 농축하고 알칼리도가 높으면 보일러 내에서 알칼리 부식과 더불어 기수공발(Carry Over)이 발생하여 수면계에서는 가수면(수위가 육안으로 볼 때 높아 보이는 현상) 상태가 심하여 실질적으로 보일러의 상부 수관과 수관군 Header 부분이 물의 기포 상태에서 노출이 일어날 수도 있다. 이로 인하여 보일러 하부관군에서는 스케일로 인한 막힘 현상과 상부관군에서는 과열을 초래할 수 있는 우려가 있다.
4. 다른 측면에서 살펴본다면 증발량의 과대(Pick Load) 소비로 인하여 순간적으로 보일러 상부가 급수가 채워지기 전에 열에 노출이 순간적으로 일어나서 수관이 과열될 수 있는 우려도 있다.
5. 수중의 실리카(SiO_2) 이온은 경미하지만 경질이기 때문에 우려되고 특성상 무시할 수 없는 성분인 만큼 가급적 Scale 성분을 분석하여 수질관리를 하여야 한다.
6. 가동 시 건도가 저하한다.
7. 전열면적이 작아 배기가스 온도가 높다. 배기가스의 열회수로 열효율을 높이기 위하여 Economizer를 설치하여 급수를 예열시키는 방법을 강구하지만, 응축수 회수율이 높을 경우 급수의 온도가 높아 효과가 낮다.
8. 구조상 연속급수가 불가능하여 보일러 급수온도가 높으면 관류의 특징인 물 순환이 이루어지지 않아 본체 및 Economizer가 과열되고 Water Hammering 현상이 발생할 수 있다.
9. 보유수량이 적어 On－Off 횟수가 많아 퍼지에 의한 동력 및 열손실(약 6%)이 크다.
10. 수위편차가 커서 증기의 건도가 낮아, 열사용설비의 효율이 떨어지게 된다.

[표 3] **보일러 종류별 열부하 비교(2t/h 기준)**

구분		전열면적(m^2)	보유수량(L)	관류식 대비	
				전열면적	보유수량
노통연관	3 Pass(표준)	36～47	3,900	4.7	32.5
	2 Pass(콘덴싱)	28	2,100	2.8	17.5
수관식	수관식(표준)	36～47	2,200	2.8	18.3
	관류식(소형)	9.9	120	기준(1)	

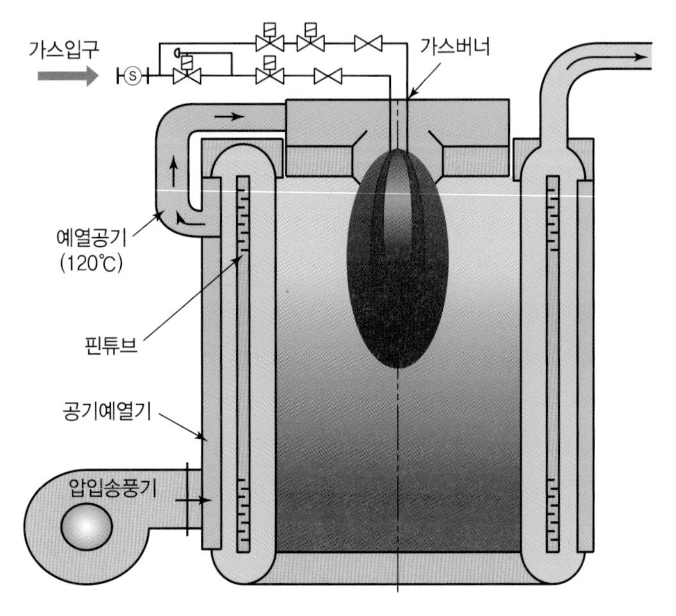

[그림 10] **소형 관류보일러의 구조**

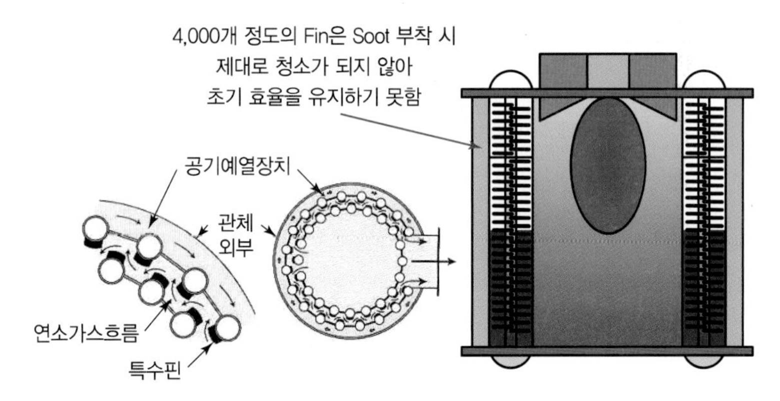

[그림 11] **소형 관류보일러의 내부 구조 및 명칭**

[표 4] **전열면 열부하 비교**

구분	전열면적 (m^2)	전열면 열부하 (kcal/m^2)	비고
콘덴싱 보일러	28	1,232,000	전열면적당 열부하가 크면 철의 인장강도가 작아지고, 균열이 빨리 발생한다.
관류보일러	9.9	4,520,000	

[표 5] **보유수량에 따른 관수농도 변화 비교표**

완전배수 후 관수		1시간 후		2시간 후		5시간 후		8시간 후	
보유수량	급수 TDS	공급수량	관수농도	공급수량	관수농도	공급수량	관수농도	공급수량	관수농도
345	100	2,845	825	5,345	1,549	12,845	3,723	20,345	5,897
1600	100	4,100	256	6,600	413	14,100	881	21,600	1,350
2500	100	5,000	200	7,500	300	15,000	600	22,500	900
4200	100	6,700	160	9,200	219	16,700	398	24,200	576

10시간 후		15시간 후		20시간 후		3,000ppm 도달급수량		3,000ppm 도달시간	
공급수량	관수농도	공급수량	관수농도	공급수량	관수농도	2,500kg/h 기준		2,500kg/h 기준	
25345	7,346	37,845	10,970	50,345	14,593	관류	10,350	관류	4.0
26,600	1,663	39,100	2,444	51,600	3,225	소형노통	48,000	소형노통	18.6
27,500	1,100	40,000	1,600	52,500	2,100	수관식	75,000	수관식	29.0
29,200	695	41,700	993	54,200	1,290	노통연관	126,000	노통연관	48.7

- 상기 자료는 보일러학교 자료를 참고한 것이다.
- 상기 표에서 보는 바와 같이 보유수량이 작은 관류보일러에서 농축도가 크며, 보유수량이 많은 노통연관식 보일러에서는 농축도가 작아짐을 알 수 있다. 특히, 관류보일러의 경우 2,000kg/h 이하일 경우 전열면적이 9.9m^2 밖에 되지 않으므로 그 심각성은 더할 수 있다.
- 따라서, 보유수량이 작은 보일러일수록 연속분출, 전배수, 경수연화장치(연수기 관리), 청관제 투입 등 보일러 급수에 대한 철저한 관리가 요망됨을 알 수 있으며, 전체 Blow Down, 간헐적 분출, 연속분출을 실시하여 조절하여야 한다.

[표 6] **KS B 6209에 따른 보일러 형식별 TDS 농도**

보일러 형식		TDS 농도(ppm, μS/cm)
노통연관식(10kg/cm^2 이하)		4,000~6,000
수관식	10kg/cm^2 이하	4,000 이하
	10~20kg/cm^2	3,000 이하
	20~30kg/cm^2	1,000 이하
관류보일러(10kg/cm^2 이하)		1,000 이하

③ 관류보일러의 장단점

㉠ 관류보일러는 원래 초고압(100kg/cm^2 이상) 1개의 수관만으로 15~20ton/h을 증발할 수 있는 능력의 대형 보일러 용도로 제작된 보일러이다. 따라서, 관류보일러의 장단점은 고유의 대형 보일러와 비교하여 소형 보일러의 경우 장단점이 다르게 나타난다.

ⓛ 교과서적 측면에서는 일반적으로 대형 보일러 위주로 언급하고 있으며, 일부는 소형 관류보일러에 대해 언급한 곳도 있다. 따라서 관류보일러라 하더라도 대형인지 소형인지, 고압용인지 저압용인지, 산업용인지 일반 가정용인지, 급수온도의 상태는 어떠한지, 연료는 어떤 연료를 사용하는지 등 많은 것을 검토하고 적정 용도 및 적정 환경에 따라 장단점이 달라질 수 있다.

[표 7] **보일러 종류별 장단점 비교**

구분	수관식 보일러	연관식 보일러
사용압력	고압 및 중압용(10kg/cm^2)	저압용(10kg/cm^2)
제작용량	10t/h 이상	2~10t/h
증기건도	98% 이상	• 건도가 낮다. • 압력이 높을수록 건도는 향상된다.
열효율	90~92%	85~90%
열손실	외부 방열손실이 많다.	외부 방열손실이 적다.
투자비	비싸다.	싸다.
공사기간	현장 조립형으로 길다.	완제품 출하로 비교적 싸다.
부하추종성	• 부하추종성이 우수하다. • 부하변동에 의한 압력변화가 민감하다.	• 부하추종성이 수관식에 비해 떨어진다. • 압력변화가 비교적 둔감하다.
설치면적	넓은 면적이 필요하다.	좁은 면적에 설치 가능하다.
보일러 구조	복잡하다.	비교적 간단하다.
화실구조	외분식	내분식
수위조절	비교적 어렵다.	보유수량이 많아 비교적 쉽다.

④ 정리

㉠ 관류보일러는 수질관리와 관련하여 수명, 과열, 효율. 품질 등에서 밀접한 관련이 있으므로 철저한 관리를 하여야 한다.

ⓛ 관류보일러 내의 철의 부식으로 인한 농축현상과 청관제 등 화학약품 사용 등으로 침전물의 발생이 심하므로 일일 분출량은 반드시 제작사에서 제시한 대로 실시하여야 한다.

㉢ 용존산소는 급수의 온도가 높을수록 감소하지만, 관류보일러의 급수온도가 높으면 보일러 순환이 저해되는 문제가 발생하기도 한다.

㉣ 구조적 시스템으로 인하여 보일러 효율은 처음 설치 시와 달리 현저하게 감소할 수 있다.

ⓜ 구조상 배기가스 온도가 높아 효율이 떨어지게 되며, 이로 인한 폐열회수 이용시스템을 구축하고 있다.

ⓑ 잦은 On-Off 동작운전으로 초기 불완전연소가 반복되고, 이로 인한 동력비와 실제 증발배수는 낮아질 수 있다.

ⓢ 보일러의 연속가동으로 생산 공정에 스팀을 직접 가열하여 사용하는 곳에서는 득보다는 실이 될 수 있으므로 보일러 선정 시 나무가 아닌 숲을 보고 냉철히 파악하고 선정해야 한다.

6 증기 보일러

1. 증기 보일러의 과열과 원인

(1) 열의 전달 방법에는 열전도, 열대류, 열복사가 있으며, 화염에 의한 보일러의 용수를 가열하는 과정은 열복사라고 할 수 있다. 보일러의 경우 화염에 의해 가열된다.

(2) 이와 같은 화염은 국부에 계속 가열하면 막비등(Film Boiling)으로 인한 과열이 심할 것이며, 분산하여 가열하면 핵비등(Nucleate Boiling)으로 덜하게 될 것이다.

(3) 보일러의 과열현상은 보일러 용량 대비 전열면적과 용수관리에 의한 Scale 부착 등으로 정리할 수 있다.

2. 증기 보일러의 선택

보일러를 선택하는 기본은 적정 용량이라고 할 수 있다. 다음은 설치장소와 사용용도를 신중히 검토하고 고려하여 이에 적합한 보일러의 형식을 선정하는 방법이다.

(1) 보일러 정격용량 선정

① 정격용량이란, 교과서 측면에서의 급탕부하+난방부하+배관부하+예열부하의 합이라고 할 수 있다.

② 실무적인 측면에서는 이를 응용하여 생산설비에 대한 열사용기기의 시설용량을 우선적으로 감안하여야 할 것이다.

(2) 보일러 형식 선정

① 생산성 향상을 위한 부하변동에 적절히 대응할 것

㉠ 먼저, 압력을 설정한다. 여기서 설정압력은 공정상 필요로 하는 최고사용압력으로 상용압력이라고 한다.

㉡ 상용압력은 생산 공정에 필요한 최소한의 압력이라고 할 수 있으며, 보일러의 안전과 증기의 질을 고려하여 최고사용압력을 설정하면 될 것이다.

㉢ 상용압력은 최고사용압력의 70~80%로 설정하여 운용하는 것이 바람직하다.

㉣ 보일러를 왜 설치하고 운용하는지의 목적과 용도가 뚜렷하면 형식이 쉽게 선정될 것이다.

㉤ 보일러의 형식과 용량 선정은 [그림 12]를 참조하여 충분한 검토 후 선정한다.

㉥ 실수 및 시행착오가 없도록 각별한 주의가 요망된다.

② 증기의 품질을 고려할 것

㉠ 보일러를 관리하는 자의 고객은 생산 공정이다. 따라서 고객을 위해서 고품질의 증기를 제조하려면 보일러의 형식이 보인다. 보일러 형식 및 특성에 따라 제조되는 증기의 건도와 불순물의 함량이 다르기 때문이다.

㉡ 고압증기를 제조하여 저압증기로 감압하여 사용하면 증기의 건도는 더욱 향상되어 증기의 품질 향상으로 인한 열사용설비의 효율 증대와 에너지 절감의 일석이조의 효과가 있다. 증기의 품질 및 건도는 보일러의 수면적 부하에 따라 다르기 때문이다.

참고

수면적 부하($kg/m^2 h$)

1. 초당 증기 발생량을 보일러 동체 수면적으로 나누어 계산한다.
2. 이 수치가 낮을수록 물 입자가 증기로부터 분리되어 건조한 증기를 생산하는 기회가 크다는 것을 의미한다.
3. 수면적 부하가 크면 증기와 물방울이 분리될 기회가 더 작다는 것을 의미한다. 이것은 높은 용존 고형물의 농축에 의해 더 많이 악화되므로 효율과 건조한 증기 생산을 위해서 정확한 제어가 필요하다.
4. 부하가 급격히 증가하는 시점에서 보일러의 압력저하가 일어나며, 결국 증기의 밀도가 감소하여 더 높은 증기 발생률이 나타나게 되며, 점차 더 습한 증기가 보일러로부터 발생하여 나감을 의미한다.
5. 이러한 점을 감안할 때 수면적이 작은 수관식(특히 관류식)은 건도의 저하로 인해 증기의 품질이 저하되며, 불필요한 증기 발생률로 실제 효율과는 상이하다고 할 수 있다.

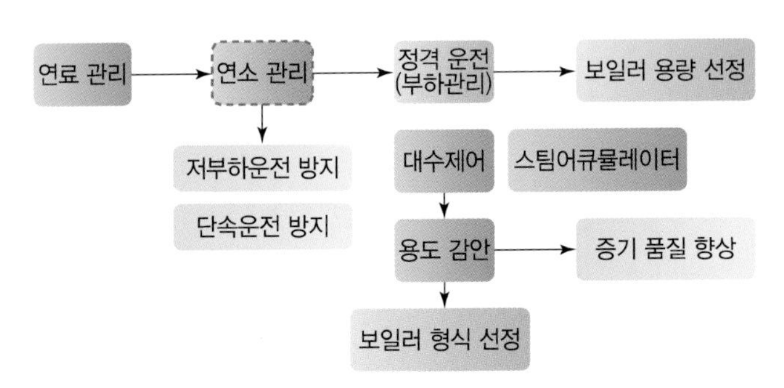

[그림 12] **보일러 용량 및 형식 선정 검토도**

③ 보일러 효율을 고려할 것

㉠ 효율이 좋으면 금상첨화이다.

㉡ 단, 효율에 너무 집착하다 보면 보일러의 설치 목적과 용도를 망각할 수 있다. 그렇게 되면 작은 것을 얻으려고 하다가 큰 것을 잃게 되는 치명적 실수를 할 수 있으니 주의해야 한다. 왜냐하면 생산 공정에서는 제품의 품질이 더 우선되어야 하기 때문이다.

㉢ 일부 보일러 제조업체는 나름대로의 효율성을 강조하여 그야말로 만병통치약과도 같은 좋은 보일러로 홍보하고 영업하고는 한다. 그러나 현혹에 의한 순간의 실수는 고스란히 기업에게 피해가 갈 것이며, 많은 공부와 정보 공유로 시행착오를 없애야 한다. –[그림 13] 및 [표 8] 참조

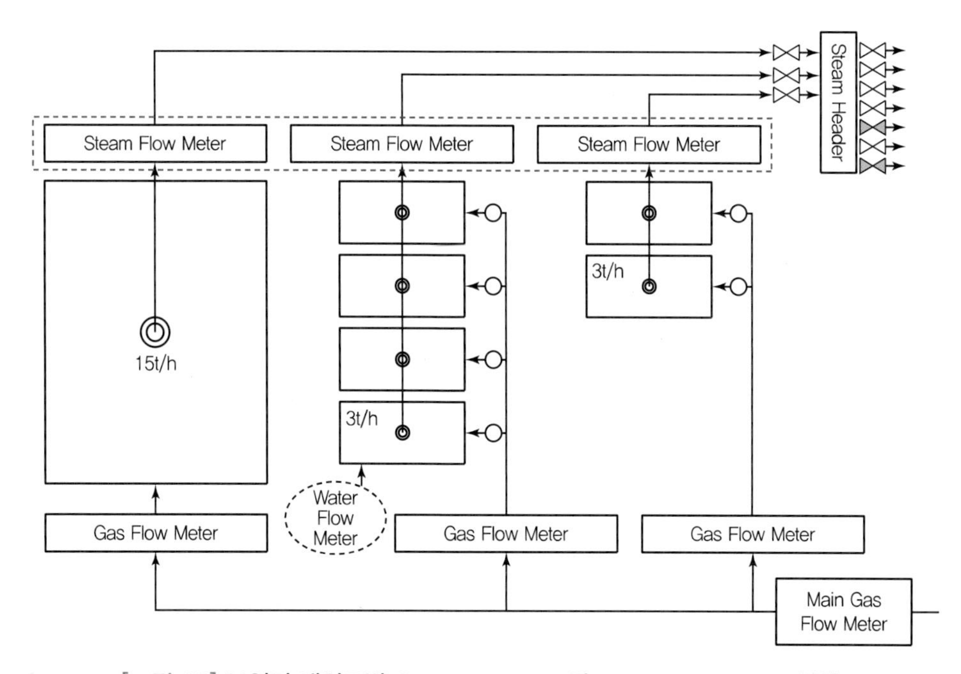

[그림 13] **보일러 배치도별 Gas Flow Meter 및 Steam Flow Meter 설치도**

[표 8] K회사 보일러 형식별 증발배수 및 효율 차이

증발배수(kg/m³)				효율(%)		부하율(%)	
1호기	2호기	3호기	평균	1, 2호기	3호기	1, 2호기	3호기
13.5	14.0	15.4	14.3	79.3	89.1	64.5	45.4
13.5	13.7	15.3	14.3	78.9	88.3	62.0	45.0
12.7	13.6	15.4	14.0	75.0	89.3	57.0	40.3
11.6	12.5	15.1	13.3	67.7	87.7	51.8	33.4
10.7	12.9	15.0	12.9	46.5	83.0	52.9	29.7
10.9	13.1	15.1	13.2	65.8	87.5	49.4	31.6
12.8	13.3	15.0	13.7	71.2	87.1	52.6	39.1
12.4	11.9	15.2	13.2	69.3	87.7	48.9	33.5
11.4	13.4	15.3	13.4	68.0	90.2	47.8	31.0
11.1	12.5	15.0	12.9	64.5	87.4	56.2	32.9
12.1	13.5	14.4	13.4	72.4	84.6	53.5	35.0
13.2	13.6	15.1	13.9	77.2	84.8	61.4	41.9
12.2	13.2	15.1	13.5	71.1	87.2	54.8	36.6

※ [표 8]은 저자가 에너지진단을 통해 얻은 K회사에서의 [그림 13]의 그룹 및 Line에 설치된 연료 Flow Meter와 Steam Flow Meter에 따른 신뢰성이 높은 자료로서, 보일러의 형식 선정이 얼마나 중요한 것인지에 대한 증빙 자료라고 할 수 있다.
[표 8]에서 보일러 효율에 10~20% 이상의 차이가 발생하고 있음은 에너지가 10~20% 이상 더 소비(낭비)된다는 의미이다. 배기가스 손실열을 감안한 효율도 설득력이 있지만, 순수 증발량(증발배수)이 중요하다. 업체의 현혹에 빠지지 않도록 충분한 이해가 필요하며 직무에 대한 주인의식, 책임의식, 사명감이 요구되는 사안이다.

④ 유지관리 및 안전사고를 고려할 것
㉠ 보일러의 유지관리 및 안전사고를 무시할 수 없다.
㉡ 유지관리 시 경제성과 인력손실을 감안할 수 있다. 즉, 관리가 편리하고 수월하며, 유지관리비가 적고, 인력손실이 작아야 한다.

⑤ 향후 환경 측면에서의 유지관리를 고려할 것
㉠ 보일러는 환경 측면과도 밀접한 관계가 있다.
㉡ 최근에는 TMS에 의한 대기오염물질 규제를 하고 있으며, 질소산화물(NOx)의 규제도 점차적으로 강화되고 있는 추세이다.
㉢ 기업 이미지와도 관련된 법적인 문제인 관계로 많은 검토와 고민이 요구되는 사항이므로 종합적으로 고려하고 감안하여야 한다.

[표 9] **공정에 따른 보일러 형식 선정**

구분	형식	비고
• 부하변동이 심한 곳 • 사용압력이 10kg/cm^2 이하	노통연관보일러 또는 콘덴싱 보일러	
사용압력이 10kg/cm^2 이상	수관식 보일러	고압 증기 제조
• 부하변동에 별 영향이 없는 곳 • 소량의 스팀을 긴급으로 사용해야 하는 곳	소형 관류보일러	• 세탁소, 방앗간, 연구소, 기숙사 • 부하변동, 증기의 품질에 무관한 곳
• 부하변동이 심한 곳 • 단속운전 및 저부하운전이 심한 곳 • 스팀으로 직접 가열하는 곳 • 고품질 스팀일 것(건도 1 가능)	수관식 보일러+스팀 어큐뮬레이터 활용	• 경제적 운전 • 효율 향상(에너지 절약) • 대기오염물질 감소(TMS 대응) • 심야전력 이용 가능 • 심야 운전정지 가능 • 일정한 스팀 송기로 생산성 향상 • 보일러실 주변에 스팀어큐뮬레이터의 설치공간 확보

SECTION
22 보일러 형식의 중요성과 운용 합리화

1 현황 및 문제점

K공장은 노후된 수관식 보일러 15t/h 2기와 Steam Accumulator를 보유하고 있었으나, 노후로 인해 수관식 보일러 15t/h 1기와 Steam Accumulator를 철거하고 현재는 노후된 수관식 보일러 15t/h는 1 Line 약 50% 부하율로 세팅 운용하고, 최근에 설치된 관류식 보일러 3t/h 4기 2 Line과 관류식 보일러 3t/h 2기 3 Line으로 구분하여 대수제어 운용하고 있다. 각 Line별 입구에는 Main 연료(Gas) Flow Meter가 설치되어 있고, 주증기배관에는 Steam Flow Meter가 설치되어 있다.
이에 따른 연료 사용량 대비 증기발생량과 배기가스 성분을 기초로 한 전산일지로 살펴본 증발배수 및 효율 측정 결과는 놀랍게도 노후 수관식 보일러 15t/h 대비, 신설된 관류식 보일러 3t/h가 오히려 훨씬 낮게 나타났다.

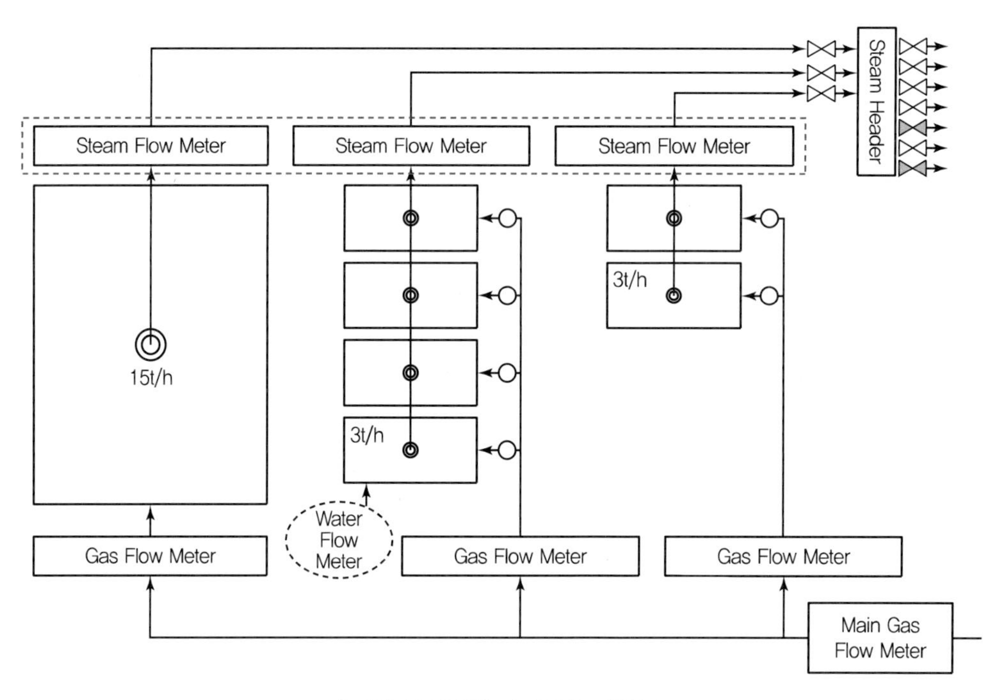

[그림 1] K공장 보일러실 계통도

(a) 수관식 보일러(15t/h×1기)

(b) 관류형 보일러(3t/h×6기)

[그림 2] 보일러실 전경

[표 1] 측정 시 운용 Date

구분	단위	관류형 1~4호(3t/h)					수관식 (15t/h)	비고
		1호기	2호기	3호기	4호기	평균		
증발배수	kg/Nm^3	13	12.1	12.7	11.9	12.43	15.1	동일 조건
보일러 효율	%	80	74.47	78.16	73.23	76.47	92.91	
부하율	%	60.66	54.44	55.87	56.32	56.82	49.73	

[표 2] 2017년도 보일러 운전 통계(K공장 자료 제공)

증발배수(kg/m^3)				효율(%)		부하율(%)	
1~4호기	5~6호기	수관	평균	관류	수관	관류	수관
13.5	14.0	15.4	14.3	79.3	89.1	64.5	45.4
13.5	13.7	15.3	14.3	78.9	88.3	62.0	45.0
12.7	13.6	15.4	14.0	75.0	89.3	57.0	40.3
11.6	12.5	15.1	13.3	67.7	87.7	51.8	33.4
10.7	12.9	15.0	12.9	64.5	83.0	52.9	29.7
10.9	13.1	15.1	13.2	65.8	87.5	49.4	31.6
12.8	13.3	15.0	13.7	71.2	87.1	52.6	39.1
12.4	11.9	15.2	13.2	69.3	87.7	48.9	33.5
11.4	13.4	15.3	13.4	68.0	90.2	47.8	31.0
11.1	12.5	15.0	12.9	64.5	87.4	56.2	32.9
12.1	13.5	14.4	13.4	72.4	84.6	53.5	35.0
13.2	13.6	15.1	13.9	77.2	84.8	61.4	41.9
12.2	13.2	15.1	13.5	71.1	87.2	54.8	36.6

PART 01
PART 02
PART 03
PART 04
PART 05
PART 06

[표 3] 라인별 연료 사용량

구분	단위	수관식 보일러 (15t/h)	관류형 보일러(3t/h)		비고(합계)
			1~4호	5~6호	
사용량	Nm^3/년	1,295,538	1,306,572	754,433	3,356,543
계	Nm^3/년	1,295,538	2,061,005		3,356,543
사용률	%	38.60	61.40		100

측정 시 관류형 보일러와 수관식 보일러의 연소가스 측정에 의한 배기가스 온도와 O_2양은 차이가 크지 않으나, 자체 라인에 설치된 Steam Flow Meter의 통과량에 근거한 증기량 대비 실제 소요한 연료(LNG) 사용량에 대한 증발배수(kg/Nm^3)는 크게 달라짐을 알 수 있다. 이는 관류보일러의 특성상 연소효율(단속운전 및 전열면 열부하), 특히 분출로 인한 것으로 생각된다.

2 개선대책

수관식 보일러 15t/h는 증발배수 및 보일러 효율이 좋고 부하에 따른 여유분이 있으므로, 수관식 보일러의 운용을 높이고 비효율적인 관류보일러 운전시간을 억제하거나 감소한다. 노후보일러 대체 시는 장기적 안목에서 신중히 검토할 것을 권장한다.

1. 수관식 보일러의 세팅부하 운전에서 압력비례로 정상 운용한다.
   (1) 정격운전으로 증발배수 및 보일러 효율을 더 높일 수 있도록 한다.
   (2) 보일러실의 모든 기기에 장착된 안전밸브의 분출압력을 12kg/cm^2 내외로 세팅한다.
   (3) 압력제한을 10kg/cm^2로 설정하며, 압력비례 설정압력을 9~10kg/cm^2로 한다.
      ① 관류형 보일러는 수관식 보일러보다 낮은 압력으로 설정한다(약 8.5~9.5kg/cm^2).
      ② 주, 월 단위로 세팅 압력을 교대하여 운전시간을 고르게 한다.

[표 4] 대수제어 설정 압력

구분	수관식 (15t/h)	○○보일러(3t/h)		비고
		1차	2차	
제한압력	10	9.5	8.5	운전정지 압력
압력비례	9~10	9~9.5	8.5~9	부하 자동 조절

2. 현재 보일러 및 버너가 노후화(약 30년 사용) 상태이므로 향후 보일러 교체 시 나타날 수 있는 문제점을 고려하여 시행착오를 방지한다.
   (1) 턴-다운비의 폭을 높여 보일러의 꺼짐을 방지한다.
   (2) 종전과 같이 Steam Accumulator 설치도 고려한다. 이 경우 반드시 수관식 보일러(고압증기 제조)를 운용(설치)해야 한다.

(3) 부하대응에 적합하고 증기의 품질(건도)이 양호한 노통연관보일러를 고려할 수 있다.

① 향후, 대용량 수관식 3~4기 운용을 검토한다.

② 10t/h×2기+5t/h×2기 (추후 설치장소를 감안한 세부검토 요망)

(4) 저 NOx를 감안한 고효율 버너를 선정한다.

※ 보일러의 연소효율은 버너의 영향이 크다.

3. 자동분출장치 시스템을 설치하여 낭비의 최소화로 에너지의 손실을 억제하고 주변 환경을 개선한다.

3 기대효과(330쪽 열정산 참조)

계산조건

- 목표 효율로 향상 시의 절감률(%)
  ={(목표 효율−측정 효율 평균)÷목표 효율}×100%
  ={(95.0−76.47)÷95.0}×100%=19.51%
- 목표 효율은 신설 보일러의 효율 95%를 적용하였다.
- 진단 시 부하율이 49.73%일 때 보일러 효율은 92.91% 이상이며, 향후 정격운전 및 버너의 성능 등을 감안한 것이다.

1. 연간 연료 절감량(Nm^3/년)

=관류보일러 연료 사용량(Nm^3/년)×절감률×안전율

=2,061,005Nm^3/년×19.51/100×0.7

=281,471Nm^3/년=289.63TOE/년=12.23TJ/년

2. 절감률(%)

=절감량(TOE/년)÷에너지 사용량(TOE/년)×100%

=289.63TOE/년÷2,120.77TOE/년×100%=13.66%

※ 상기 절감량에서 여유율 70%를 감안하였으므로 예상 절감률은 13.66% 내외이다.

3. 연간 절감금액(천원/년)

=연간 연료 절감량(Nm^3/년)×적용 연료 단가(원/Nm^3)

=281,471Nm^3/년×655.00원/Nm^3

=184,364천원/년

4. 탄소배출 저감량(tC/년)

=절감량(TOE/년)×탄소배출계수(tC/TOE)

=289.63TOE/년×0.641tC/TOE=185.65tC/년

4 경제성 분석

1. 투자비

[표 5] **항목별 투자비** (단위 : 천원)

항목	개선안			비고
	수량	단가	계	
수관식 보일러(15t/h)	1식	650,000	650,000	버너 포함
계			650,000	

※ 현재 운용 중인 수관식 보일러(15t/h)의 정상운전시스템 구축 비용은 500천원~5,000천원으로 추정되나, 노후화를 감안하여 보일러 교체로 선정하였다.

2. 투자비 회수기간

=투자비(천원/년)÷연간 절감금액(천원/년)

=650,000÷184,364

=3.53년

참고

계측 Data

시간	급수량계	가스유량계
08시 30분		
16시 00분		
사용량 (7.5시간)	급수량=52,207,849−52,158,445 =49,404	가스량=2,290,686−2,287,660 =3,026
증발배수	급수량÷가스량=49,404L(48,003kg)÷3,026=16.33(15.86)kg/Nm^3	
실제 증발량	49,404L÷1.02919=48,003kg	

SECTION

23 보일러 단속운전 개선(보일러 교체)

1 현황 및 문제점

대구○○은 노통연관보일러 6ton/h 2대와 5ton/h 1대가 설치되어 있으며 교번 운전하고 있다. 보일러의 성능검사 결과, 평균 부하율이 25.16%로 부하설비보다 용량이 큰 보일러가 가동되고 있고, 1997년도에 설치되어 연소 비례제어 장치가 없으며, 고부하 운전만으로 단속 운전되어 잦은 점 · 소화에 의한 프리퍼지와 포스트퍼지로 열손실이 발생하고 있다.

[표 1] 6ton/h 보일러의 운전 현황(2012년 8월 16일 10:00~11:00 기준)

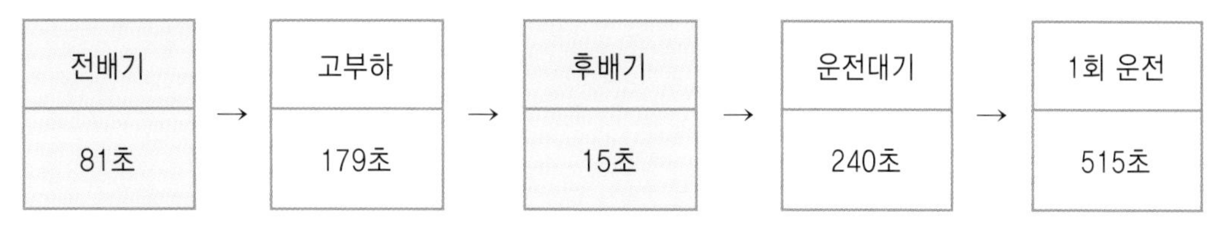

[표 2] 보일러 연료 사용량 및 점 · 소화 상태

구분	단위	내용
연간 연료 사용량	Nm^3/년	736,303
시간당 평균 연료 사용량	Nm^3/h	84.05
전배기(프리퍼지)시간+연소이행	초/회	81
후배기(포스트퍼지)	초/회	15
송풍기 풍량	m^3/min	100
전배기 평균 배기가스 온도	℃	106.6
후배기 평균 배기가스 온도	℃	117.2
점 · 소화횟수	회/시간당 평균	7
운전부하율	%	25.16

2 개선대책

1. 증기의 사용용도는 소독, 취사, 후생복리용 급탕제조 등으로, 공정을 살펴볼 때 증기 압력이 정밀하게 미치는 영향은 적다고 할 수 있으며, 동절기 난방용(흡수식)에 사용하지 않으므로 비교적 연중 증기 사용량은 크게 차이가 나지 않을 것으로 판단된다. 또한 1997년도에 설치되어 내구 연한이 도래한 상태이므로, 적정 용량의 보일러로 교체하는 것이 바람직하다.
2. 기존 보일러 6ton/h 2기와 5ton/h 1기를, 3ton/h 보일러 2대로 교체하며, 보일러의 형식은 기존과 동일한 노통연관보일러를 선정하여 부하변동과 증기의 품질 향상에 대처하여 열사용설비의 효율 상승을 도모한다.

3 기대효과

1. 보일러 배기열 절감가능열량(kcal/년)

=실제배기공기량(m^3/h)×공기 비열×(배기온도−실내온도)×프리퍼지 시간(h/회) ×프리퍼지 횟수(회/h)×연간 가동시간×안전율

=6,000×0.31×(111.9−33)×96/3,600×7×8,760×0.8

=191,977,712.6kcal/년

※ 실제배기공기량 6,000m^3/h는 현재 운전 중인 6t/h 보일러 송풍기 정격 풍량이며, 배기온도는 전 · 후배기 평균 온도이다.

2. 연간 연료 절감량(Nm^3/년)

=연간 절감열량÷보일러 평균 입열(kcal/Nm^3)÷보일러 평균 효율

=191,977,712.6kcal/년÷9,579.48kcal/Nm^3÷90.64/100

=22,110Nm^3/년=23.33TOE/년=0.98TJ/년

※ 보일러 평균 입열 및 보일러 평균 효율은 보일러별 연료 사용량을 적용해 계산한 평균값이다.

3. 절감률(%)

=절감량(TOE/년)÷공정 에너지 사용량(열+전기)(TOE/년)×100%

=23.33TOE/년÷1,157.28TOE/년×100%

=2.02%(총 에너지 사용량 대비 0.62%)

(1) 공정 에너지 사용량

=보일러 에너지 사용량(TOE/년)+보일러 전기 사용량(TOE/년)

=776.8TOE/년+380.48TOE/년=1,157.28TOE/년

4. 연간 절감금액(천원/년)

=연간 연료 절감량(Nm^3/년)×적용 LNG 단가(원/Nm^3)

=22,110Nm^3/년×890.22원/Nm^3

=19,683천원/년

5. 탄소배출 저감량(tC/년)

=절감량(TOE/년)×탄소배출계수(tC/TOE)

=23.33TOE/년×0.637tC/TOE

=14.86tC/년

4 경제성 분석

1. 투자비

[표 3] **항목별 투자비**

(단위 : 천원)

항목	단위	개선안			비고
		단가	수량	계	
보일러 교체	1식	45,000	2대	90,000	
계				90,000	

2. 투자비 회수기간

=투자비(천원)÷연간 절감금액(천원/년)

=90,000천원÷19,683천원/년

=4.57년

PART 01 PART 02 PART 03 PART 04 PART 05 PART 06

SECTION 24 보일러 운용 합리화로 에너지 손실 방지 (예열부하, 방열)

1 현황 및 문제점

보일러 운용은 ○○학원 기숙사와 ○○신관 기숙사의 급탕제조와 동절기 난방용으로 활용하고 있으며, 같은 실에 각 기숙사별로 2기의 보일러를 설치하여 1주일 주기로 교번 운용으로 인한 잦은 예열부하 운전으로 에너지가 손실되거나 운전 중 방열손실을 초래하고 있다.

- 4기의 보일러가 같은 실에 설치되어 있다.
- 보유수량이 비교적 많은 노통연관보일러이다.
- 기숙사별로 보일러를 가동하여 2기의 보일러를 동시에 가동하고 있다.
- 급수탱크도 분리되어 있다.
- 보일러마다 감압밸브가 장착되어 있다.
- 일지 점검 결과 난방공급시간 및 급탕제조시간의 조절이 가능하다.

[표 1] 보일러별 연료 사용량(Nm^3/년)

구분	단위	○○학사 기숙사		○○신관 기숙사		비고(합계)
		1호기(3t/h)	2호기(3t/h)	3호기(2t/h)	4호기(2.5t/h)	
사용량	Nm^3	89,618	92,683	69,899	63,800	316,000
		182,301		133,699		
사용률	%	28.36	29.33	22.12	20.19	100
		57.69		42.31		

[표 2] **계절별 운용현황 및 운전시간**

구분	일자	기온	요일	운전시간	비고
동절기	1월 7일	−11℃	월	08 : 30~09 : 30 17 : 00~19 : 20 22 : 00~24 : 00 03 : 40~06 : 00	급탕, 난방
	2월 20일	−2℃	목	12 : 00~12 : 30 17 : 00~19 : 00 22 : 00~24 : 00 04 : 00~06 : 00	급탕, 난방
하절기	7월 2일	28℃	화	17 : 00~17 : 40 05 : 00~06 : 00	급탕
가을	11월 21일	4℃	목	08 : 30~09 : 30 13 : 00~14 : 00 17 : 00~18 : 20 22 : 00~24 : 00 03 : 30~05 : 30	급탕, 난방

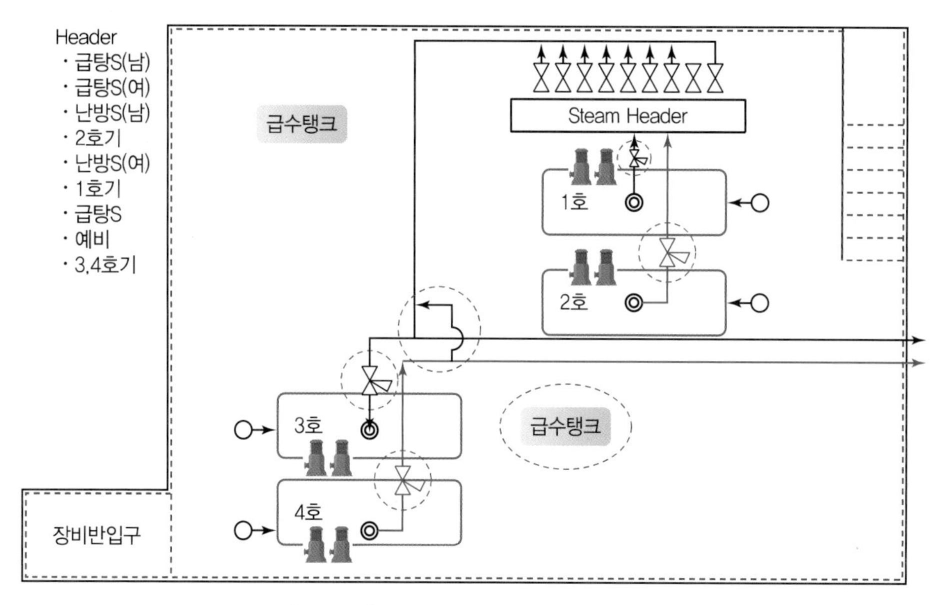

[그림 1] **보일러 운전 및 증기 계통도**

2 개선방안

1. 보일러란 밀폐된 용기에 물을 넣어 물을 덥히고 가온하여 증기를 제조하는 기기로서, 초기 운전에서 증기의 발생까지의 연소과정을 예열부하라 한다. 예열부하의 경우 물의 온도와 용기가 보유하고 있는 수량에 따라 시간이 다르게 된다. 이에 따라 보일러를 간헐적으로 가동하고 보유수량까지 많다면 예열부하는 길게 되어 에너지가 유실된다.
2. 보일러는 압력용기이자 안전관리와 밀접한 관련이 있는 기기로서, 운용과정에서의 쉼 없는 열응력 팽창에 의해 피로하게 되며, 이러한 과정은 보일러의 간헐적 운전 및 점 · 소화의 반복이 원인이라고 할 수 있다.

3. 보일러는 압력비례제어에 의해 지속적으로 가동되는 것이 합리적이다.

(1) 2기의 저부하 운전에서 1기의 정격부하로 운용한다.

① 감압밸브 이설 및 제거 등 배관을 개선한다.

② 용량이 다소 부족할 경우 급탕제조시간 및 난방시간을 조절한다.

(2) 용량이 부족할 경우에는 대수제어로 운용한다.

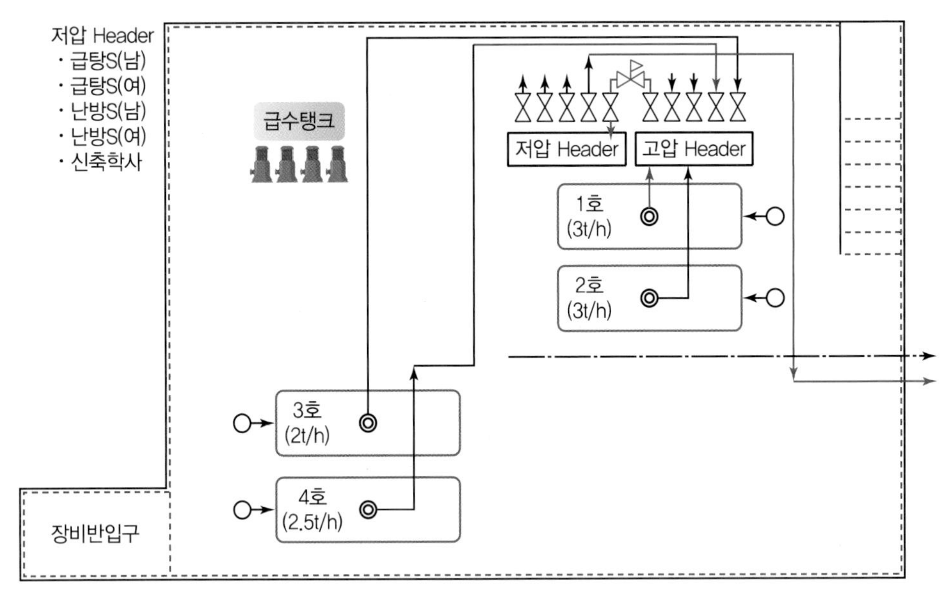

[그림 2] **보일러 운용 합리화**

3 기대효과

1. 방열손실 감소로 인한 연료 절감량(Nm^3/년) – [표 1] 참조

=보일러 연료 사용량×보일러 평균 방열손실

=158,000×5/100

=7,900Nm^3/년=8.13TOE/년=0.34TJ/년

※ 기숙사별 보일러 2대가 교번 운전 중이므로 1기로 통합 운용하여 정상운용 시 방열손실 5%를 억제한다.

2. 예열부하 감소로 인한 연료 절감량(Nm^3/년)

=보일러 보유수량×예열부하온도×운전횟수×안전율÷LNG 저위발열량

=2,500kg×(161.42−90)℃×3회/일×365일/년×0.7÷9,290

=14,732Nm^3/년=15.16TOE/년=0.63TJ/년

※ 노통연관보일러(3TOE/h, 2.5TOE/h, 2TOE/h) 평균 보유수량을 2,500kg, 보일러 상용압력을 5.5kg/cm^2, 일평균 예열부하를 3회로 적용한다.

3. 총 절감량(Nm³/년)

=LNG 절감량

=방열손실 감소로 인한 연료 절감량+예열부하 감소로 인한 연료 절감량

=7,900Nm³/년+14,732Nm³/년

=22,632Nm³/년=23.29TOE/년=0.98TJ/년

4. 절감률(%)

=절감량(TOE/년)÷보일러용 LNG 연료 사용량(TOE/년)×100%

=23.29TOE/년÷325.16TOE/년×100%

=7.16%

5. 연간 절감금액(천원/년)

=절감량×LNG 단가

=22,632Nm³/년×809.68원/Nm³

=18,325천원/년

6. 탄소배출 저감량(tC/년)

=절감량(TOE/년)×탄소배출계수(tC/TOE)

=23.29TOE/년×0.639tC/TOE

=14.88tC/년

4 경제성 분석

1. 투자비

[표 3] **항목별 투자비**

(단위 : 천원)

항목	단위	개선안			비고
		단가	수량	계	
감압밸브 제거 및 이설공사	1식	1,000	4	4,000	공사비 포함
신축학사 주증기관 개선	1식	4,000	1	4,000	공사비 포함
Header 제작	1식	4,000	1	4,000	저압 신설
계				12,000	

2. 투자비 회수기간

=투자비(천원)÷연간 절감금액(천원/년)

=12,000천원÷18,325천원/년=0.65년

SECTION
25 급탕용 보일러 교체로 에너지 절감

1 현황 및 문제점

상가, 사무동, 화장실 등에 온수를 공급하기 위해 동절기는 4ton/h(난방 겸용), 하절기는 2.5ton/h(0.35MPa) 보일러를 가동하여 급탕제조를 하고 있으나 그 사용량이 6.88ton/일로 적고, 2.5ton/h 보일러는 급탕을 충족시키기 위해 1일에 한 번 정도 가동되고 있으며 급탕탱크의 용량은 3ton/h, 급탕온도는 60℃이다. 가동되는 2.5ton/h 보일러는 노통연관식으로서 보유수량이 많아 예열부하, 배관부하 등, 초기 시동부하에 따른 에너지 손실이 발생하고 있다.

[표 1] **월별 급탕량 및 연료 사용량**

월	온수 사용량(ton/월)	연료 사용량(Nm^3/월)	기타
1	268	49,659(난방, 급탕)	※ 급탕 1ton당 연료 사용량(Nm^3/년) (급탕 전용인 5월~10월 적용) =연료 사용량÷급탕량 =13,155÷756 =17.4Nm^3/ton ※ 연간 총 급탕량(12개월) =2,093ton/년 ※ 급탕 시 연간 연료 사용량(Nm^3/년) =급탕량×급탕톤당 연료 사용량 =2,093×17.4 =36,418Nm^3/년
2	235	33,714(난방, 급탕)	
3	226	33,183(난방, 급탕)	
4	198	12,553(난방, 급탕)	
5	168	3,050(급탕)	
6	128	1,767(급탕)	
7	93	1,704(급탕)	
8	119	1,956(급탕)	
9	96	1,630(급탕)	
10	152	3,048(급탕)	
11	200	23,771(난방, 급탕)	
12	210	35,881(난방, 급탕)	
합계	2,093	201,916	

2 개선대책

가동되는 2.5ton/h 보일러는 사용부하에 비해 보일러의 용량이 너무 커서 시동 부하 등에 따른 에너지 손실이 발생하므로 사용 부하를 충족할 수 있는 소용량 온수보일러(50,000kcal/h)로 교체하여, 급탕 전용으로 사용함으로써 연료를 절감할 것을 권장한다.

3 기대효과

1. 현재 급탕 시 연간 LNG 사용량(Nm^3/년) - [표 1] 참조

= 연간 급탕량(ton/년) × 급탕 1ton당 평균 연료 사용량(Nm^3/ton)

= 2,093ton/년 × 17.4Nm^3/ton

= 36,418Nm^3/년

(1) 급탕 1ton당 평균 연료 사용량

= 13,155Nm^3 ÷ 756ton

= 17.4Nm^3/ton

※ 급탕 전용 기간인 5월부터 10월까지 6개월간 연료 사용량을 같은 기간 급탕량으로 나눈 값을 적용한다.

2. 일평균 급탕 시 필요열량(kcal/일) ※ 일가동시간 10시간

= 연간 급탕량(kg/년) ÷ 연 가동일수 × 비열 × (급탕온도 - 급수온도)

= 2,093,000kg/년 ÷ 304일/년 × 1kcal/kg ℃ × (60 - 15)℃

= 309,819kcal/일

3. 연중 최고 피크 시 급탕 필요열량(kcal/일) ※ 1월 기준

= 피크 시 급탕량(kg/월) ÷ 월 가동일수 × 비열 × (급탕온도 - 급수온도)

= 268,000kg/월 ÷ 26일/월 × 1kcal/kg ℃ × (60 - 15)℃

= 463,846kcal/일 = 46,384.6kcal/h

※ 피크 시 필요열량이 46,384.6kcal/h이므로 온수 보일러 50,000kcal/h 설치로 충분한 열량 공급이 가능하다.

4. 온수 보일러 50,000kcal/h 설치 시 일 가동시간(h/일)

= 일평균 급탕 시 필요열량(kcal/일) ÷ 온수 보일러 출력(kcal/h)

= 309,819kcal/일 ÷ 50,000kcal/h

= 6.2h/일

5. 온수보일러 가동 시 시간당 LNG 사용량(Nm^3/h)

$$=\frac{\text{온수보일러 출력}}{\text{연료 발열량}\times\text{보일러 효율}\times\text{안전율}}$$

$$=\frac{50,000}{10,550\times 0.9\times 0.9}$$

$=5.851Nm^3/h$

※ 보일러 효율은 90%, 기타 손실을 고려한 안전율은 90%를 적용한다.

6. 온수보일러 가동 시 연간 LNG 사용량(Nm^3/년)

=시간당 LNG 사용량(Nm^3/h)×일 가동시간(h/일)×연 가동일수

$=5.851Nm^3/h\times 6.2h$/일×304일/년

$=11,028Nm^3$/년

7. 연간 연료 절감량(Nm^3/년)

=현재 급탕 시 연간 LNG 사용량－온수보일러 가동 시 연간 LNG 사용량

$=36,418Nm^3$/년$-11,028Nm^3$/년

$=25,390Nm^3$/년=26.79TOE/년

8. 절감률(연료 사용량 대비)

=절감량(TOE/년)÷총 연료 사용량(TOE/년)×100%

=26.79TOE/년÷213TOE/년×100%

=12.58%

9. 연간 절감금액(천원/년)

=연간 연료 절감량(Nm^3/년)×적용 연료 단가(원/Nm^3)

$=25,390Nm^3$/년×610.6원/Nm^3

=15,503천원/년

10. 탄소배출 저감량(tC/년)

=절감량(TOE/년)×탄소배출계수(tC/TOE)

=26.79TOE/년×0.637tC/TOE

=17.07tC/년

SECTION
26 노후설비 교체

1 현황 및 문제점

○○(주) ○○공장은 생산공정에 의한 800~3,000Mcal/h 용량의 열매보일러 6기를 보유하고 있으며 공정별 분산 설치하여 운용하고 있다. 6기 중 4기의 열매보일러는 30년 이상이며, 특히 1988년 2월에 설치(32년 경과)된 800Mcal/h 열매보일러는 고온의 배가스 배출에도 불구하고 공기예열기가 미장착되어 적잖은 열손실이 초래되고 있다. 일반보일러 대비 열매유를 감안한 내구연한(약 20년)을 감안하더라도 많은 시간이 경과하여 안전성도 우려된다.

[표 1] 조달청 권장 고시 제2018-14호 보일러 내구연한

일련번호	종전 분류체계		일련번호	변경 분류체계		내용연수
	분류번호	품명		분류번호	품명	
412	40102002	수관보일러	471	40102002	수관보일러	11
413	40102003	전기보일러	472	40102003	전기보일러	11
414	40102004	간접가열보일러	473	40102095	간접가열보일러	8
415	40102008	소형 기름보일러	474	40102099	소형 기름보일러	10
416	40102009	주철제 보일러	475	40102092	주철제 보일러	10
417	40102012	입형 보일러	476	40102091	입형 보일러	10

[표 2] 조달청 고시 제2014-12호 보일러 내구연한

일련번호	분류번호	품명	내용연수
418	40102001	노통연관보일러	11
419	40102002	수관보일러	11
420	40102003	전기보일러	11
421	40102007	소형 기름보일러	10
422	40102091	입형 보일러	11
423	40102092	주철제 보일러	11
424	40102095	간접가열보일러	8

※ 「물품관리법」 제16조의2

(a) 노후보일러 및 공기예열기 미장착

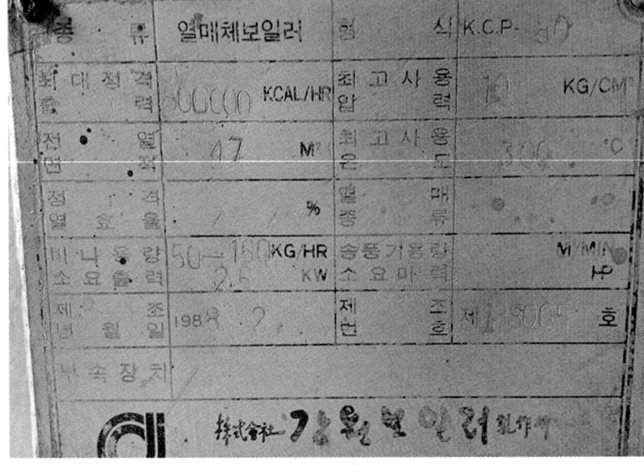

(b) 보일러 명판

[그림 1] **교체 대상 보일러의 모습 및 명판**

2 개선대책

1. 내구연한을 감안하여 안전과 보일러 효율 상승 차원에서 고효율 보일러로 교체하여 안전을 도모하고 에너지를 절감한다.
2. 현재 및 미래의 생산성 향상을 고려한 보일러 운전 부하율을 고려하여 적정 용량을 선정하며, 비용 절감과 효율 상승 등을 감안한다.
3. 진단 시 운전부하율을 살펴볼 때 200~400Mcal 용량도 가능할 것으로 판단된다.

3 기대효과

계산조건

- 목표 효율로 향상 시의 절감률(%)
  = {(목표 효율 − 측정 효율 평균) ÷ 목표 효율} × 100%
  = {(90 − 78.94) ÷ 90} × 100% = 12.29%
- 목표 효율은 공기예열기가 설치된 보일러 효율을 참조하여 90%를 적용하였다.
- 진단 시 함께 열정산 및 성능을 파악한 나머지 5기 자료를 참조한다.
- 신설 시, 폐열 회수 증가 시 90% 이상 효율도 가능하다.

1. 연간 연료 절감량(Nm^3/년)

   = 보일러 연료 사용량(m^3/년) × 절감률

   = 88,144Nm^3/년 × 12.29/100

   = 10,833Nm^3/년 = 11.15TOE/년 = 0.47TJ/년

2. 절감률(%)

=절감량(TOE/년)÷공정 에너지 사용량(보일러용)(TOE/년)×100%

=11.15TOE/년÷1,412.38TOE/년×100%

=0.79%(총 에너지 사용량 대비 0.13%)

3. 연간 절감금액(천원/년)

=절감량×적용 LNG 연료 단가

=10,833Nm^3/년×589.02원/Nm^3

=6,381천원/년

4. 탄소배출 저감량(tC/년)

=LNG 저위발열량 환산 절감량(TOE/년)×탄소배출계수(tC/TOE)

=10.06TOE/년×0.639tC/TOE

=6.43tC/년

4 경제성 분석

1. 투자비

[표 3] **항목별 투자비** (단위 : 천원)

항목	단위	개선안			비고
		단가	수량	계	
열매보일러 400Mcal/h	1식	100,000	1대	100,000	설치비 포함
계				100,000	

2. 투자비 회수기간

=투자비(천원)÷연간 절감금액(천원/년)

=100,000천원÷6,381천원/년

=15.67년

※ 노후설비에 대한 대책이며, 가동률 증가로 인한 에너지 소모량이 많을수록 투자비 회수기간은 단축될 것이다.

SECTION
27 예비용 보일러 방열손실 차단

1 현황 및 문제점

노통연관보일러 20ton/h 1대, 10ton/h 2대, 5ton/h 1대가 설치되어 있으며, 계절별로 동절기는 20ton/h, 간절기는 10ton/h, 하절기는 5ton/h 보일러를 부하에 따라 교번 운전하고 있다. 부하에 따라 보일러를 1대씩 가동하고 있으나, 주 증기 배관라인에 체크밸브가 없어, 운전 중인 보일러에서 발생된 스팀이 정지된 예비 보일러에 역류하여 방열에 의한 열손실이 발생하고 있다.

(a) 2, 3호 보일러 헤더밸브 열화상

(b) 1, 2, 3, 4호 헤더밸브 개방

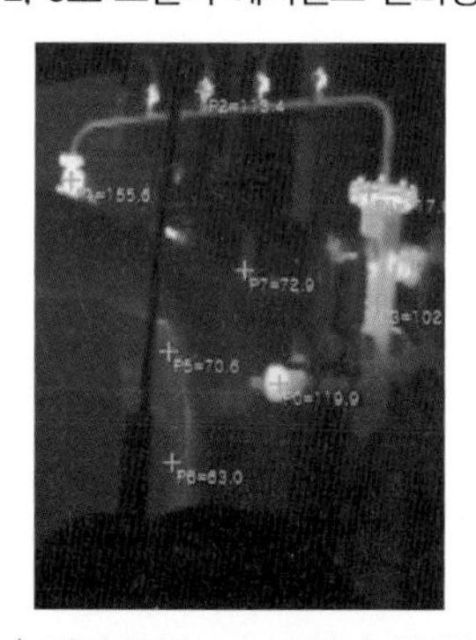

(c) 정지 중인 4호 보일러 열화상

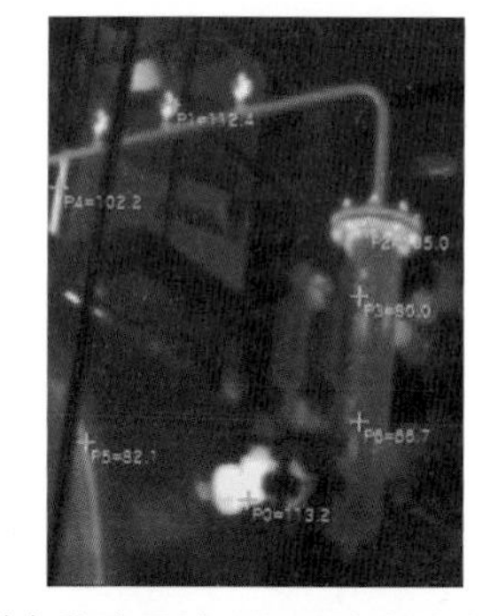

(d) 운전 중인 3호 보일러 열화상

(e) 정지 중인 4호 보일러 압력계

(f) 운전 중인 3호 보일러 압력계

[그림 1] **보일러 열화상 및 압력계의 모습**

[표 1] **보일러별 LNG 사용량**

구분	1호 보일러 (20ton/h)	2호 보일러 (10ton/h)	3호 보일러 (10ton/h)	4호 보일러 (5ton/h)	계
LNG 사용량(Nm^3/년)	809,885	330,571	1,188,306	712,268	3,041,030
가동시간(h/년)	1,097	1,021	2,914	4,083	9,115

2 개선방안

1. 스팀헤더 인입용 메인 밸브를 개방 상태로 운전하는 이유로, 예비용 보일러가 항시 Standby 상태로 있어야, 운전 중인 보일러 고장 시 즉각 대처할 수 있고, 예비용 보일러가 열을 축적하고 있어야 위급 상황 시 보일러를 가동해도 열 충격을 받지 않을 것이다.
2. 예비용 보일러의 개념은 그 현장에 여분의 보일러가 있는 것만으로도 항시 대기상태로 볼 수 있고, 휴지했던 보일러를 가동해도 열 충격은 발생하지 않는다.
3. 따라서 보일러 주증기밸브 후단의 스팀라인에 체크밸브를 신설해, 예비용으로 전환 시 자동으로 스팀 역류를 차단하든지, 헤더의 메인 밸브를 수동으로 차단해 방열에 의한 열손실을 차단한다.

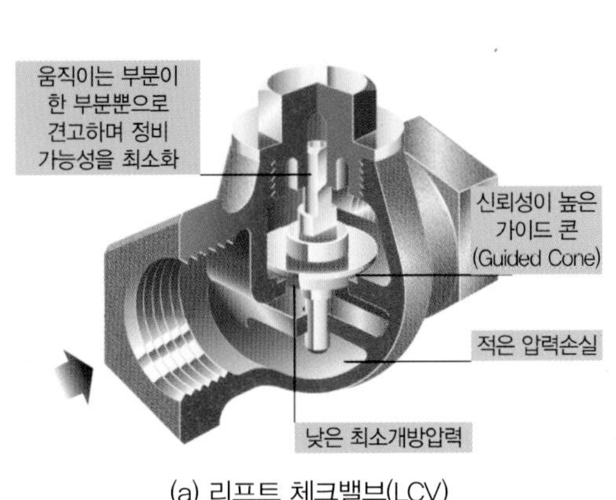

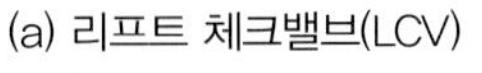
(a) 리프트 체크밸브(LCV)

(b) DCV 디스크, SDCV 스플리트 디스크, LCV 리프트, WCV 스윙타입

[그림 2] **스팀 체크밸브**

디스크 체크밸브(DCV)는 흐르는 유체의 압력에 의해 개방되고 유체의 흐름이 멈추었을 때 내장된 스프링에 의해 역류가 발생하기 전에 폐쇄된다.

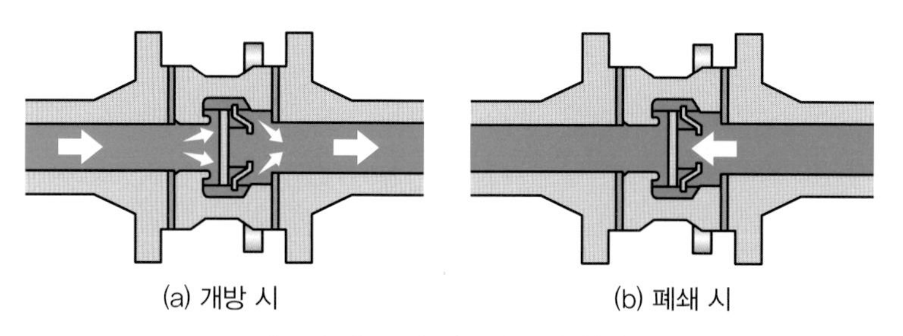

(a) 개방 시　　(b) 폐쇄 시

[그림 3] **스팀 체크밸브의 원리**

3 기대효과

1. 각 보일러의 절감 연료량(Nm³/년)

(1) 1호 보일러 절감 연료량(Nm³/년)

=시간당 연료 사용량×방열손실률×방열시간×안전율

=809,885÷1,097×2/100×(8,760−1,097)×0.7

=79,203Nm³/년

(2) 2호 보일러 절감 연료량(Nm³/년)

=시간당 연료 사용량×방열손실률×방열시간×안전율

=330,571÷1,021×2/100×(8,760−1,021)×0.7

=35,079Nm³/년

(3) 3호 보일러 절감 연료량(Nm³/년)

=시간당 연료 사용량×방열손실률×방열시간×안전율

=1,188,306÷2,914×2/100×(8,760−2,914)×0.7

=33,375Nm³/년

(4) 4호 보일러 절감 연료량(Nm³/년)

=시간당 연료 사용량×방열손실률×방열시간×안전율

=712,268÷4,083×2/100×(8,760−4,083)×0.7

=11,422Nm³/년

※ 보일러의 평균 방열 및 기타 손실열은 4.3%이나, 기타 손실열을 감안하여 방열손실률은 대당 2%를 적용한다.

2. 연간 연료 절감량(Nm^3/년)

=1호 절감량+2호 절감량+3호 절감량+4호 절감량

=79,203+35,079+33,375+11,422

=159,079Nm^3/년=163.69TOE/년=6.85TJ/년

3. 절감률(%)

=절감량(TOE/년)÷공정 에너지 사용량(TOE/년)×100%

=163.69÷3,240.06×100%

=5.05%(총 에너지 사용량 대비 0.85%)

4. 연간 절감금액(천원/년)

=절감량(Nm^3/년)×LNG 단가(원/Nm^3)

=159,079×559.49

=89,003천원/년

5. 탄소배출 저감량(tC/년)

=저위발열량 기준 절감량(TOE/년)×탄소배출계수(tC/TOE)

=147.78TOE/년×0.639tC/TOE=94.43tC/년

4 경제성 분석

1. 투자비

[표 2] **항목별 투자비** (단위 : 천원)

항목	단위	개선안			비고
		단가	수량	계	
스팀용 250A 체크밸브	1식	6,000	1	6,000	
스팀용 200A 체크밸브	1식	5,000	2	10,000	
스팀용 150A 체크밸브	1식	4,000	1	4,000	
계				20,000	공사비 포함

2. 투자비 회수기간

=투자비(천원)÷연간 절감금액(천원/년)

=20,000천원÷89,003천원/년=0.22년

SECTION
28 보일러 효율관리 및 열정산으로 에너지 절감

1 열정산의 목적

열의 흐름을 파악해 그 분포 상태를 보고 손실요인을 차단하여 에너지를 절약하고, 보일러의 적정용량(부하율) 유무, 합리적인 운전상태(압력)의 확인, 스팀 단가 등을 계산해 열사용설비에서의 절감량 계산 등에 활용할 수 있다.

2 열정산의 준비

1. 보일러의 종류 및 사용연료 확인 : 기준은 고위발열량이나 통상 저위발열량으로 계산한다. 다만, 어느 것을 선택하였는지를 명기하여야 한다.
   (1) 종류 : 스팀(콘덴싱－고위발열량), 온수(진공 온수), 열매, 랜더링 시스템
   (2) 연료 : LNG, LPG, B－C유, 경유, 등유, 보일러 등유, 부생유 1호, 부생유 2호, 정제유 (저위발열량 8,890kcal/L, 0.8998kg/L－비중)
2. 가스계량기의 위치 및 유량계의 정상 여부를 확인한다.
   (1) 온도계, 압력계, 보정계 등의 작동 여부를 확인한다.
   (2) 계량기 한 대에 여러 대의 보일러 설치 시, 실무자 의견을 반영해 결정한다.
3. 수량계의 위치 및 정상 여부를 확인한다.
   (1) 눈금 및 단위를 확인한다(일반적으로 m^3로 표기).
   (2) 수량계가 없거나 고장일 경우에는 손실열법으로 계산한다.
4. 열매, 온수 보일러의 경우에는 열매 입 · 출구 온도를 측정한다.
5. 자동 블로 다운 여부를 확인하며, 작동 시는 수동으로 차단한다.
6. 배기가스 측정 포인트를 확인한다.
   (1) 폐열회수기 설치 시 전 · 후단 측정(후단 적용)
   (2) 고연소(75%), 중연소(50%), 저연소(25%) 모두 측정하여 산술평균한다.
7. 보일러를 처음 가동 시는 관류 30분 이상, 노통 1시간 이상 가동 후 측정한다.
8. 실내 온도는 급기팬 입구에서 측정한다.

9. 외기온도가 실내온도보다 높을 경우(하절기) 공기의 현열(=실내온도−외기온도)은 −값으로 계산된다.

3 보일러 효율 측정

입 · 출열법과 손실열법에 의하여 산출한다.

1. 입 · 출열법

일반적으로 적용하는 방법으로 급수량계 및 연료계량계 등 계측기기가 정확하여야 한다.

2. 손실열법

(1) 급수량계가 설치되지 않았거나, 설치가 되었다 하더라도 급수유량계(Water Flow Meter), 연료유량계(Gas Flow Meter)의 정확도의 신뢰성이 의심될 경우에 적용한다.

(2) 특히, 산업체 대부분의 보일러에 설치된 증기보일러의 경우 급수유량계가 노후되었거나 고장으로 방치하고 있음을 살펴볼 수 있다. 이 경우 손실열법을 사용하며, 방열손실 값은 약 5%를 적용한다.

(3) 배기가스 측정치에 의한 배기가스 온도 및 O_2 값을 적용하여 간이식으로 효율을 산출할 수 있다.

4 보일러 관련 주요 열정산

1. 스팀 보일러 열정산(입 · 출열법, LNG / Steam Flow Meter 설치)
2. 스팀 보일러 열정산(입 · 출열법, LPG)
3. 스팀 보일러 열정산(손실열법, LNG)
4. 손실열법 및 입출열법 비교
5. 스팀 보일러 열정산(입 · 출열법, B−C유)
6. No−Trap Rendering System 열정산(입 · 출열법, LNG)
7. 온수보일러 열정산(손실열법, LNG)
8. 열매보일러 열정산(손실열법, LNG)

산업용 보일러 부속장치

SECTION 01 배기폐열 회수를 위한 공기예열기 설치(LPG)

1 현황 및 문제점

주식회사 ○○식품의 보일러의 배기가스 온도는 1호기가 171.9℃, 2호기가 202.6℃로, 열손실이 발생하고 있다.

[표 1] **배가스 측정 결과**

관류식 보일러	배기가스				공기비
	O_2(%)	CO(ppm)	CO_2(%)	온도(℃)	
1호기(1.0ton/h)	7.1	0	9.13	171.9	1.51
2호기(1.0ton/h)	7.0	4	9.2	202.6	1.50
평균값	7.05	2	9.17	187.25	1.51

(a) 1호기

(b) 2호기

[그림 1] **관류보일러 연도**

2 개선대책

1. 일반적으로 배기가스 보유 폐열을 회수하여 이용함으로써 배기가스 배출온도를 25℃ 낮출 경우 연료의 약 1% 정도가 절감된다. 보일러 연료로 LPG(액화석유가스)를 사용하고 있어 연료 중에 유황(S) 성분이 거의 포함되어 있지 않기 때문에 저온부식 등의 문제가 없으므로,

폐열회수장치를 설치하여 배기가스 배출 온도를 130℃(결로 방지) 정도까지 낮추어 운전하는 것이 바람직하다.

2. 배기가스 폐열 회수 방안으로는 공기예열기를 설치하여 연소용 공기를 예열하는 방안과 절탄기(Economizer)를 설치하여 급수를 승온하는 방안이 있다. 본 진단에서는 공기예열기를 설치하여 연소용 공기를 승온, 공급함으로써 에너지를 절감하는 방안을 제시한다.

3 기대효과

1. 절감열량(kcal/kg)

$= \{G_0 + (m-1) \times A_0\} \times C_g \times (t_{g1} - t_{g2}) \times \alpha$

$= \{13.65 + (1.25-1) \times 12.41\} \times 0.33 \times (187.25 - 110) \times 0.9$

$= 384.36$kcal/kg

※ 안전율(α)은 90%를 적용한다.

2. 보일러 공급 공기의 승온가능온도(℃)

=배기폐열 평균 회수가능열량(kcal/kg)÷{이론공기량(Nm³/kg)×공기비 ×공기 비열(kcal/Nm³ ℃)}

$= 384.36\text{kcal/kg} \div (12.41\text{Nm}^3\text{/kg} \times 1.25 \times 0.31\text{kcal/Nm}^3\ ℃)$

$= 79.93$℃

3. 열교환기 면적(m^2)

$$= \frac{\text{회수가능열량(kcal/h)}}{\text{총괄전열계수(kcal/m}^2\text{ h ℃)} \times \text{대수평균온도차(℃)}}$$

$$= \frac{384.36 \times 31}{25 \times \dfrac{(88 - 85.32)}{\ln \dfrac{88}{85.32}}} = 5.5\text{m}^2$$

(1) 열교환기의 총괄전열계수=25kcal/m^2 h ℃

(2) 시간당 연료 사용량

= 총 연료 사용량÷연 가동시간÷수량

=147,323kg/년÷2,376h/년÷2대

=31.0kg/h

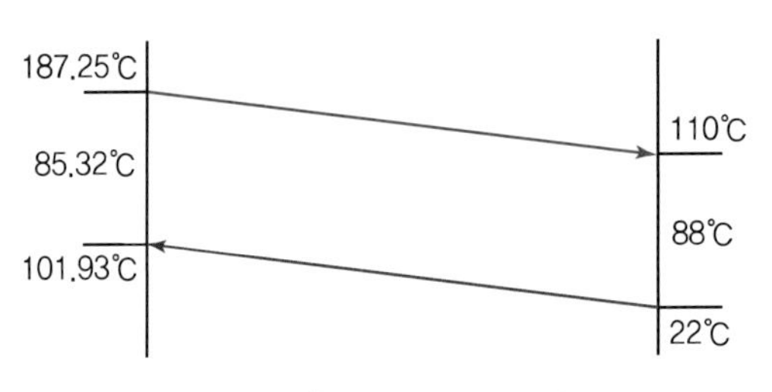

[그림 2] **대수평균온도차**

4. 보일러 연간 연료 절감량(kg/년)

=절감열량(kcal/kg)×연간 연료 사용량(kg/년)÷LPG 발열량(kcal/kg)

=384.36kcal/kg×147,323kg/년÷11,050kcal/kg

=5,124kg/년=6.17TOE/년

5. 절감률(%)

=절감량(TOE/년)÷총 연료 사용량(TOE/년)×100%

=6.17TOE/년÷177.52TOE/년×100%

=3.48%(총 에너지 사용량 대비 1.52%)

6. 연간 절감금액(천원/년)

=연간 연료 절감량(kg/년)×적용 LPG 단가(원/kg)

=5,124kg/년×1,230.87원/kg=6,307천원/년

7. 탄소배출 저감량(tC/년)

=절감량(TOE/년)×탄소배출계수(tC/TOE)

=6.17TOE/년×0.713tC/TOE

=4.4tC/년=16.13tCO_2/년

4 경제성 분석

1. 투자비

[표 2] **항목별 투자비** (단위 : 천원)

항목	단위	개선안			비고
		단가	수량	계	
공기예열기 설치	1식	5,520	2	11,040	
시공비	1식	6,000	2	12,000	
계				23,040	

2. 투자비 회수기간

=투자비(천원)÷연간 절감금액(천원/년)

=23,040천원÷6,307천원/년

=3.65년

참고

[표 3] 한국물가정보 자료

품명	규격		단위	가격	제작사
스파이럴 공기예열기	THC−19GA−12	3,000	대	5,520,000	대열보일러
스파이럴 공기예열기	THC−27GA−12	4,500	대	7,820,000	대열보일러
스파이럴 공기예열기	THC−34GA−12	5,000	대	9,775,000	대열보일러
스파이럴 공기예열기	THC−40GA−12	6,000	대	11,500,000	대열보일러

SECTION
02 배기폐열 회수를 위한 공기예열기 설치(부생유)

1 현황 및 문제점

[표 1]에서 알 수 있는 바와 같이 보일러 배기가스 온도가 높아 이에 따른 열손실이 발생하고 있다.

[표 1] **배가스 측정 결과**

구분	배기가스 측정치				부생유 사용량(L)
	O_2(%)	CO(ppm)	CO_2(%)	온도(℃)	
1호 보일러(증기용)	10.0	0	8.12	214.7	601,841
2호 보일러(열매용)	6.8	25	10.48	277.5	207,411

[그림 1] **보일러 연도**

2 개선대책

1. 보일러에 사용되는 연료는 부생유이며, 에너지관리기준의 목표 배기가스 온도인 220℃보다 다소 낮은 214.7℃로 측정되었으나 에너지 손실이 발생하고 있다.

2. 일반적으로 배기가스 보유 폐열을 회수하여 이용함으로써 배기가스 배출온도를 25℃로 낮출 경우 연료의 약 1% 정도가 절감된다. 보일러 연료로 부생유를 사용하고 있어 연료 중에 유황(S) 성분이 경미하나마 포함되어 있으므로 저온부식(노점온도 150℃) 등의 문제를 감안하여 배기가스 배출 온도를 160℃ 정도까지 낮추어 운전하는 것이 바람직하다.
3. 배기가스 폐열을 회수하는 방안으로 공기예열기를 설치하여 연소용 공기를 예열하는 방법과 절탄기(Economizer)를 설치하여 급수를 승온하는 방안이 있으나, 급수온도가 주변 소각폐열을 적절히 이용한 90℃로 비교적 높으므로, 공기예열기를 설치하여 연소용 공기를 승온 공급함으로써 에너지를 절감하는 방안을 제안하며, 2호 보일러는 연료 사용량이 적으며 설치 공간이 협소하여 제외하였다.

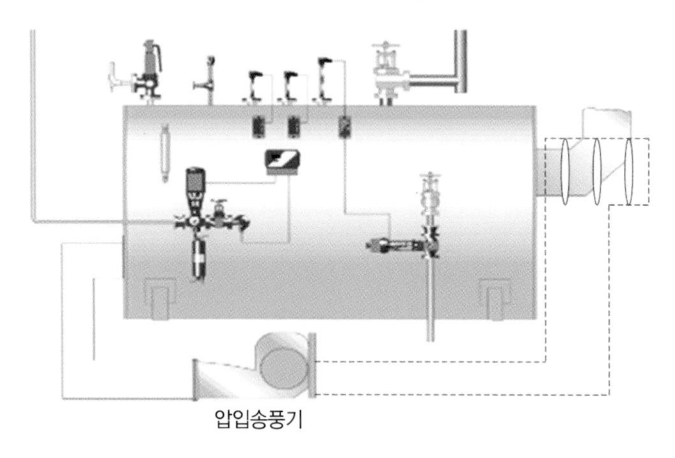

[그림 2] **보일러 연소용 공기 공급계통도(개선 후)**

3 기대효과

1. 보일러 절감열량(kcal/kg)

$= \{G_0 + (m_2 - 1) \times A_0\} \times C_g \times (t_{g1} - t_{g2})$

$= \{12.3 + (1.25 - 1) \times 11.38\} \times 0.33 \times (214.7 - 160)$

$= 273.38$kcal/kg

2. 보일러 공급 공기의 승온가능온도(℃)

= 배기폐열 회수가능열량(kcal/kg) ÷ {이론공기량(Nm^3/kg) × 공기비 × 공기 비열(kcal/Nm^3 ℃)}

= 273.38kcal/kg ÷ (11.83Nm^3/kg × 1.25 × 0.31kcal/Nm^3 ℃)

= 59.64℃

3. 열교환기 면적(m^2)

$$= \frac{\text{회수가능열량(kcal/h)}}{\text{총괄전열계수(kcal/m}^2\text{ h ℃)} \times \text{대수평균온도차(℃)}}$$

$$= \frac{273.38 \times 159.51}{25 \times \frac{(132 - 127.06)}{\ln\frac{132}{127.06}}} = 13.47\text{m}^2$$

(1) 열교환기의 총괄전열계수 = 25kcal/m^2 h ℃

(2) 연료 사용량

= 1호 보일러 연료 사용량 ÷ 연 가동시간

= 601,841L/년 × 0.811 ÷ 3,060h/년

= 159.51kg/h

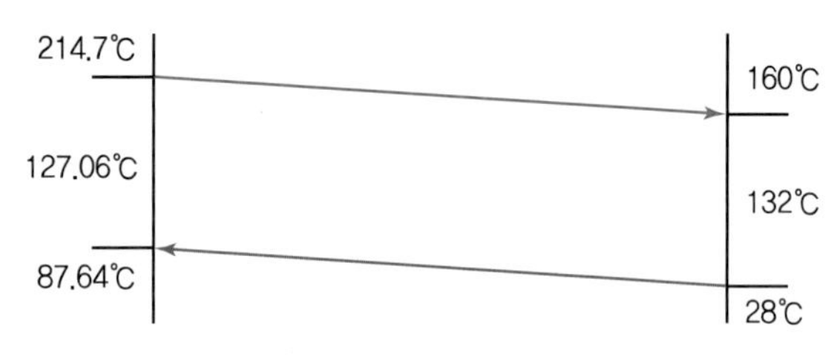

[그림 3] **대수평균온도차**

4. 보일러 연간 절감열량(kcal/년)

= 절감열량(kcal/kg) × 1호 보일러 연간 연료 사용량(kg/년)

= 273.38kcal/kg × 488,093.05kg/년

= 133,434,878.01kcal/년

5. 연간 연료 절감량(L/년)

= 연간 절감열량(kcal/년) ÷ 부생유 발열량(kcal/L)

= 133,434,878.01kcal/년 ÷ 8,350kcal/L

= 15,980L/년 = 14.14TOE/년 = 0.59TJ/년

6. 절감률(%)

= 절감량(TOE/년) ÷ 총 연료 사용량(TOE/년) × 100%

= 14.14TOE/년 ÷ 716.19TOE/년 × 100%

= 1.97%(총 에너지 사용량 대비 1.27%)

7. 연간 절감금액(천원/년)

=연간 연료 절감량(L/년)×부생유 단가(원/L)

=15,980L/년×848원/L

=13,551천원/년

8. 탄소배출 저감량(tC/년)

=절감량(TOE/년)×탄소배출계수(tC/TOE)

=14.14TOE/년×0.812tC/TOE

=11.48tC/년

4 경제성 분석

1. 투자비

[표 2] **항목별 투자비** (단위 : 천원)

항목	단위	개선안			비고
		단가	수량	계	
공기예열기 설치	1식	15,000	1	15,000	
설치비				5,000	
계				20,000	

2. 투자비 회수기간

=투자비(천원)÷연간 절감금액(천원/년)

=20,000천원÷13,551천원/년

=1.48년

SECTION 03 배기가스 폐열 회수로 보일러 급수온도 승온

1 현황 및 문제점

1. ○○공장은 5기의 보일러를 보유하고 있으며, 각 보일러에는 공기예열기를 설치하여 폐열을 회수 이용하고 있다. 공기예열에 의한 1차 배기가스 회수 후의 배출되는 배기가스 온도가 평균 133.5℃로 비교적 높은 편이며, 가동시간이 연 8,400시간으로 길어 배기에 의한 열손실이 발생하고 있다.
2. 응축수는 비교적 회수하고 있으나, 공조기 가습 및 재증발증기에 의한 유실 등으로 보일러 급수온도는 약 57℃으로 낮은 편이며, 보일러의 평균 부하율은 40.37%이다.
3. 급수탱크의 설치장소는 연도의 말미에 위치하며 급수탱크 구조는 입형으로 설치되어 물의 성층화에 의한 고온의 응축수가 상부로 상승함으로써 실제는 더 낮게 급수되어 보일러의 부동팽창에도 영향을 미치고 있다.

[그림 1] 보일러 연도

(a) 급수탱크

(b) 재증발증기 배출

[그림 2] **보일러 급수탱크 설치**

2 개선대책

1. 일반적으로 배기가스 보유 폐열을 회수하여 이용함으로써 급수온도를 6.4℃ 높일 경우, 연료 약 1% 정도가 절감된다.

   (1) 배기가스 폐열을 회수하는 방안

   ① 공기예열기를 설치하여 연소용 공기를 예열하는 방안

   ② 절탄기(Economizer)를 설치하여 급수를 승온하는 방안

   (2) 보일러 급수온도를 승온하는 방안

   ① 응축수 회수 이용을 증대하는 방안

   ② 절탄기(Economizer)를 설치하여 급수를 승온하는 방안

   ③ 보일러 상하분출수의 포화수 열온을 회수하는 방안

   ④ 급수탱크의 내부를 개선하여 상부수를 이용하는 방안

2. 본 진단에서는 사용연료가 LNG이고, 급수온도가 57℃로 비교적 낮으며, 대부분의 보일러에 공기예열기가 장착되어 있고, 연도가 횡렬로 설치된 조건을 감안하여, 연도 후미에 절탄기를 부착하여 보일러 급수를 예열해 에너지를 절감하는 방안을 제시한다.

[표 1] **배기가스 온도 및 연소가스 측정치**

항목	단위	1호기	2호기	3호기	4호기	5호기
배가스 온도	℃	187	운휴	152.7	123.4	114.1
배가스 O_2 농도	%	14	-	11	13	11.3
공기비	m	3	-	2.1	2.63	2.16
배가스 CO 농도	ppm	2	-	0	0	0

(1) 연도 최종부위의 배기가스 평균온도는 133.5℃이며, 연돌은 스테인리스 재질로 부식의 우려가 없으므로, 급수 예열 후 배가스 온도를 약 78℃로 배출하도록 한다.

(2) LNG 연소 시 배기가스의 노점온도는 55℃이나, 온도가 100℃ 이하 시 발생할 수 있는 결로 현상에 의한 응축수는 연돌의 하부에 설치된 드레인 장치를 이용하여 자연 배출한다.

(3) 승온된 급수는 급수탱크 내부를 개선하여 상부의 고온수가 보일러에 급수하도록 한다.

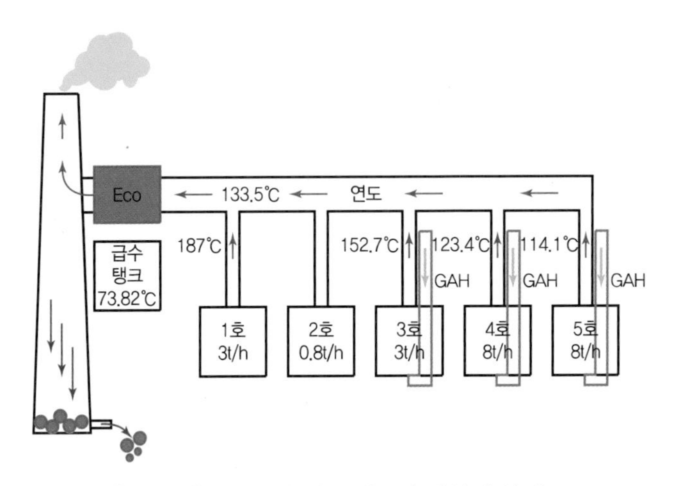

[그림 3] **보일러실 연도 및 급수예열기 설치도**

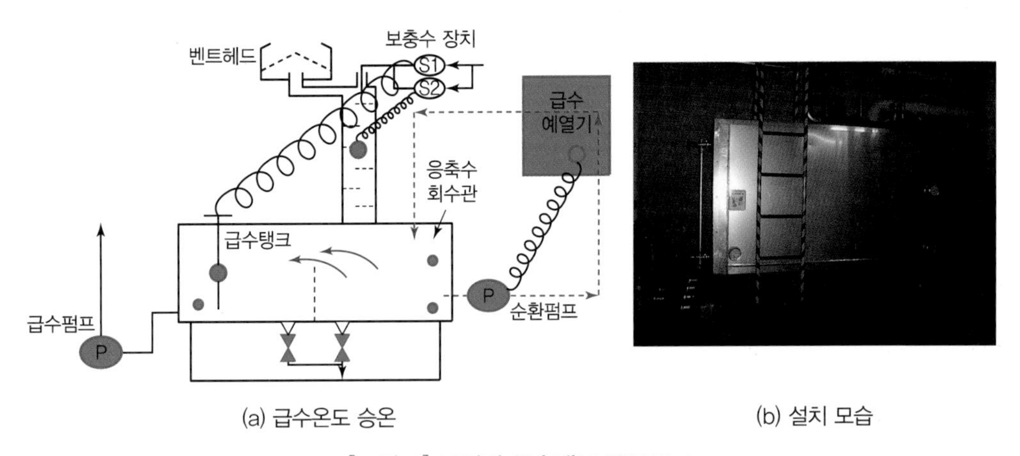

(a) 급수온도 승온

(b) 설치 모습

[그림 4] **보일러 급수탱크 구조도**

3 기대효과

1. 배기폐열 회수가능열량(kcal/Nm³)

$= \{G_0 + (m_2 - 1) \times A_0\} \times C_g \times (t_{g1} - t_{g2}) \times a$

$= \{11.86 + (1.2 - 1) \times 10.75\} \times 0.33 \times (133.5 - 78) \times 0.9$

$= 230.93 \text{kcal/Nm}^3$

(1) 안전율을 고려해 절탄기 효율은 90%를 적용한다.

(2) 배기가스 평균온도는 보일러별 연료 사용량과 배기가스 온도를 산술평균으로 계산한 추계치이다.

배기가스 평균온도

=(보일러별 연료 사용량×각 보일러의 배기가스 온도)÷총 연료 사용량

$= (243{,}935 \times 187 + 222{,}297 \times 152.7 + 570{,}616 \times 123.4 + 570{,}616 \times 114.1)$
$\div 1{,}598{,}464$

$= 133.5℃$

2. 보일러 급수 승온가능온도(℃)

$=$배기폐열 회수가능열량(kcal/Nm³)×연료 사용량(Nm³/h)
÷{(급수량(kg/h)×물의 비열(kcal/kg ℃)}

$= 230.93 \text{kcal/Nm}^3 \times 190.29 \text{Nm}^3/\text{h} \div (2{,}612.68 \text{kg/h} \times 1 \text{kcal/kg ℃})$

$= 16.82℃$

(1) 연료 사용량

=2호기를 제외한 연간 총 연료 사용량÷연간 가동시간

$= 1{,}598{,}464 \text{Nm}^3$/년 $\div 8{,}400 \text{h}$/년

$= 190.29 \text{Nm}^3/\text{h}$

(2) 급수량

=시간당 연료 사용량×보일러 평균 증발배수

$= 190.29 \text{Nm}^3/\text{h} \times 13.73 \text{kg/Nm}^3$ 연료

$= 2{,}612.68 \text{kg/h}$

3. 열교환기 면적(m^2)

$$= \frac{\text{회수가능열량(kcal/h)}}{\text{총괄전열계수}(\text{kcal/m}^2\ \text{h}\ ℃) \times \text{대수평균온도차}(℃)}$$

$$= \frac{230.93 \times 190.29}{50 \times \dfrac{(59.68 - 21)}{\ln \dfrac{59.68}{21}}}$$

$= 23.73\text{m}^2$

※ 열교환기의 총괄전열계수는 $50\text{kcal/m}^2\ \text{h}\ ℃$를 적용한다.

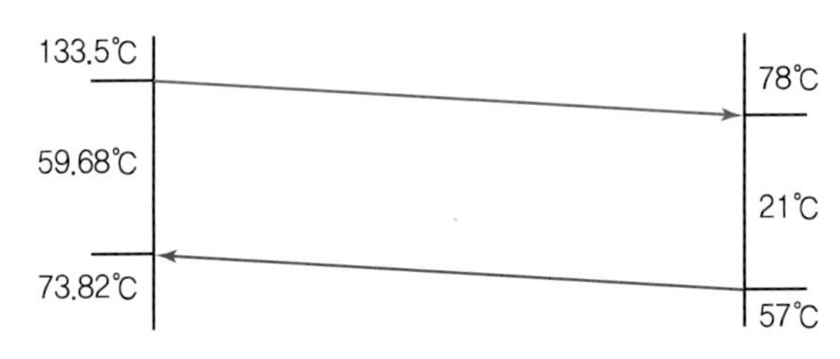

[그림 5] **대수평균온도차**

4. 연간 연료 절감량(Nm^3/년)

= 절감열량(kcal/Nm^3) × 2호기를 제외한 연간 연료 사용량(Nm^3/년) ÷ 연료 발열량(kcal/Nm^3) ÷ 보일러 효율

= $230.93\text{kcal/Nm}^3 \times 1,598,464\text{Nm}^3$/년 ÷ $9,550\text{kcal/Nm}^3$ ÷ 84.16/100

= $45,927\text{Nm}^3$/년 = 48.45TOE/년 = 2.03TJ/년

※ 보일러 효율은 열정산에 의한 평균효율 84.16%를 적용한다.

5. 절감률(%)

= 절감량(TOE/년) ÷ 공정 에너지 사용량(열 + 전기)(TOE/년) × 100%

= 48.45TOE/년 ÷ 1,718.92TOE/년 × 100%

= 2.82%(총 에너지 사용량 대비 0.52%)

(1) 공정 에너지 사용량

= 보일러 연료 사용량(TOE/년) + 보일러 전력 사용량(TOE/년)

= 1,687.22TOE/년 + 31.7TOE/년

= 1,718.92TOE/년

6. 연간 절감금액(천원/년)

=연간 연료 절감량(Nm^3/년)×적용 LNG 단가(원/Nm^3)

=45,927Nm^3/년×677.79원/Nm^3

=31,128천원/년

7. 탄소배출 저감량(tC/년)

=절감량(TOE/년)×탄소배출계수(tC/TOE)

=48.45TOE/년×0.637tC/TOE

=30.86tC/년

4 경제성 분석

1. 투자비

[표 2] **항목별 투자비**

(단위 : 천원)

항목	단위	개선안			비고
		단가	수량	계	
절탄기 설치	1식	60,000	1	60,000	
계				60,000	시공비 포함

2. 투자비 회수기간

=투자비(천원)÷연간 절감금액(천원/년)

=60,000천원÷31,128천원/년

=1.93년

SECTION

04 보일러 및 흡수식 냉온수기 공기비 조정

1 현황 및 문제점

보일러는 [표 1]과 같이 설치되어 있으며 성능검사 시, 배기가스 측정 자료 중 O_2 농도는 목표치 기체연료 3.5%, 액체연소 4.2%보다 높게 측정되어 열손실이 발생하고 있다. 또한 대부분의 보일러는 경미하지만 불완전연소로 인하여 CO 가스가 발생하고 있다.

[표 1] 경유 보일러 성능검사표

구분		용량 (t/h)	측정치				입열량 (kcal/kg)	효율 (%)	비고
			배기온도 (℃)	CO	O_2	공기비			
교양 대학	1호	3	181.1	20	4.6	1.28	10,004.78	86.24	노연 2기 2004년
	2호		213.0	45	4.0	1.24	10,001.67	85.04	
자연 과학	1호	1.7	166.9	74	6.6	1.46	10,018.75	85.90	관류 3기 2012년
	2호		163	35	8.0	1.62	10,031.18	85.22	
공과 대학	1호	1.5	228.0	27	7.9	1.6	10,029.62	81.45	관류 2기 2012년
	2호		216.1	27	8.0	1.62	10,031.18	82.01	
도서관	1호	1	242.1	29	4.8	1.3	10,006.33	83.16	관류 2기 2018년
	2호		223.0	9	9.9	1.89	10,052.14	79.50	
학생 회관	1호	1	229.2	21	5.4	1.35	10,010.21	83.39	2007년
	2호	1.5	228.6	19	5.2	1.33	10,008.66	83.58	2012년
평균			209.1	30.6	6.44	1.44	10,019.45	83.55	

[표 2] 흡수식 냉온수기 성능검사표

구분		용량 (kcal/h)	배기온도 (℃)	CO	O_2	공기비	입열량 (kcal/Nm^3)	난방 (COP)	비고
국사원	1호	816,500	127.7	6	7.5	1.56	9,501.66	0.43	• 난방 • 교번운전
	2호		운휴						

[표 3] **가스 보일러 성능검사표**

구분		용량	측정치				입열량 (kcal/Nm³)	효율 (%)	비고
			배기온도 (℃)	CO	O_2	공기비			
국사원	1호	1t/h	188.4	7	9.2	1.78	9,432.08	82.13	• 관류증기
	2호		207.8	13	7.6	1.57	9,416.4	82.35	• 급탕용
제2 기숙사	1호	1,200 Mcal/h	205.6	318	4.7	1.29	9,395.5	84.41	• 진공온수 • 급탕용
	2호		193.1	36	6.7	1.47	9,408.94	94.71	
	3호	600 Mcal/h	191.5	24	6.2	1.42	9,405.2	94.28	
평균			197.28	79.6	6.88	1.49	9,411.62	87.58	

[표 4] **용도별 에너지 사용량**

구분		단위	사용량 (년)	단가 (원)	발열량 (kcal/kg)	비고
경유보일러용		kg	209,950	1,191.52	9,894.12	• 247,000L/년 • 경유 단가 : 1,012.79원/L • 경유의 비중 0.85 • 각 동별 난방 및 급탕 제조
LNG	보일러용	Nm³	324,360	499.26	9,290	약 53% 사용, 기숙사 난방
	흡수식		287,640			약 47% 사용, 복지 냉난방

2 개선방안

1. 적정 기준 공기비(m)는 기체연료 사용 시 증발량 관리규정에 의한 용량별 목표 공기비 이내로 운용되어야 한다. [표 5]에서와 같이 5ton/h 이하 보일러의 경우 목표 공기비는 기체연료 1.15~1.25, 액체연료 1.2~1.3로서 산소 농도가 각각 3.5%, 4.2% 이하가 되도록 연소조건(공기 투입량)에 맞게 조절하여야 함을 의미한다.
2. 주의점으로 공기비를 낮출 때 불완전연소가 일어나지 않도록 하여야 하며, 불완전연소가 일어나지 않는지를 판단하기 위하여 CO 농도 또는 Smoke Test를 병행하고 운전부하에 따른 최적상태를 표시, 효율적인 계측관리를 실시하여야 한다.

[표 5] 기준 및 목표 공기비

구분	부하율 (%)	공기비					
		고체연료		액체연료		기체연료	
		기준	목표	기준	목표	기준	목표
증발량 5t/h 이상 ~20t/h 미만	50~100	1.25~1.35	–	1.2~1.3	1.15~1.25	1.15~1.25	1. 1~1. 2
증발량 5t/h 미만	50~100	1.4 이하	–	1.3 이하	1. 2~1. 3	1.3 이하	1.15~1.25

3 기대효과

1. 경유 보일러용

(1) 공기비 개선에 따른 절감열량(kcal/kg)

=(개선 전 평균 공기비－개선 후 공기비)×이론공기량(Nm^3/kg)

×공기 비열(kcal/Nm^3 ℃)×(배기가스 온도－외기온도)℃

=(1.44－1.25)×10.89×0.31×(209.1－2)

=132.84kcal/kg

(2) 불완전연소 개선에 따른 절감열량(kcal/kg)

$=30.5\times\{G_0+(m-1)\times A_0\}\times CO(\%)$

=30.5×{11.67+(1.44－1)×10.89}×0.00306%

=1.54kcal/kg

(3) 경유용 보일러 연간 연료 절감량(kg/년)

=(공기비 개선에 따른 절감열량+불완전연소 개선에 따른 절감열량)kcal/kg

×연간 연료 사용량(kg/년)÷경유 저위발열량(kcal/kg)

=(132.84+1.54)kcal/kg×209,950kg/년÷9,894.12kcal/kg

=2,851.50kg/년=3,354.71L/년

① 경유 저위발열량

=체적당 발열량(kcal/L)×경유의 비중(γ)

=8,410kcal/L÷0.85kg/L 경유

=9,894.12kcal/kg

2. 가스(LNG) 보일러용

(1) 공기비 개선에 따른 절감열량($kcal/Nm^3$)

$=$(개선 전 평균 공기비 − 개선 후 공기비) × 이론공기량(Nm^3/kg)

× 공기 비열($kcal/Nm^3$ ℃) × (배기가스 온도 − 외기온도)℃

$=(1.49-1.2)\times 10.47\times 0.31\times(197.28-2)$

$=183.81kcal/Nm^3$

(2) 불완전연소 개선에 따른 절감열량($kcal/Nm^3$)

$=30.5\times\{G_0+(m-1)\times A_0\}\times CO(\%)$

$=30.5\times\{11.56+(1.49-1)\times 10.47\}\times 0.00796\%$

$=4.05kcal/Nm^3$

(3) LNG 보일러 연간 연료 절감량(Nm^3/년)

$=$(공기비 개선에 따른 절감열량 + 불완전연소 개선에 따른 절감열량)$kcal/Nm^3$

× 연간 연료 사용량(Nm^3/년) ÷ LNG 저위발열량($kcal/Nm^3$)

$=(183.81+4.05)kcal/Nm^3\times 324,360Nm^3$/년 $\div 9,290kcal/Nm^3$

$=6,559Nm^3$/년

3. 가스(LNG) 흡수식 냉온수기용

(1) 공기비 개선에 따른 절감열량($kcal/Nm^3$)

$=$(개선 전 평균 공기비 − 개선 후 공기비) × 이론공기량(Nm^3/Nm^3)

× 공기 비열($kcal/Nm^3$ ℃) × (배기가스 온도 − 외기온도)℃

$=(1.56-1.2)\times 10.47\times 0.31\times(127.7-2)$

$=146.87kcal/Nm^3$

(2) 불완전연소 개선에 따른 절감열량($kcal/Nm^3$)

$=30.5\times\{G_0+(m-1)\times A_0\}\times CO(\%)$

$=30.5\times\{11.56+(1.56-1)\times 10.47\}\times 0.0006\%$

$=0.32kcal/Nm^3$

(3) LNG 보일러 연간 연료 절감량(Nm^3/년)

$=$(공기비 개선에 따른 절감열량 + 불완전연소 개선에 따른 절감열량)$kcal/Nm^3$

× 연간 연료 사용량(Nm^3/년) ÷ LNG 저위발열량($kcal/Nm^3$)

$=(146.87+0.32)kcal/Nm^3\times 324,360Nm^3$/년 $\div 9,290kcal/Nm^3$

$=5,139Nm^3$/년

4. 총 절감량(Nm^3/년)

(1) 경유 보일러 공기비 개선

=2,851.50kg/년=3,354.71L=3.03TOE/년

(2) LNG 보일러 공기비 개선+흡수식 냉온수기 공기비 개선

=6,559Nm^3/년+5,139Nm^3/년

=11,698Nm^3/년=12.04TOE/년=0.4TJ/년

5. 절감률(%)

=절감량(TOE/년)÷공정 에너지 사용량(열+전기)TOE/년×100%

=15.07TOE/년÷852.79TOE/년×100%

=1.77%(총 에너지 사용량 대비 0.37%)

(1) 공정 에너지 사용량

=경유 사용량+LNG 사용량

=223.04TOE/년+629.75TOE/년

=852.79TOE/년

6. 연간 절감금액(천원/년)

=경유 절감금액+LNG 절감금액

=(경유 절감량×경유 단가)+(LNG 절감량×LNG 연료 단가)

=(3,354.71L/년×1,012.79원/L)+(11,698Nm^3/년×499.26원/Nm^3)

=3,398천원/년+5,840천원/년

=9,238천원/년

7. 탄소배출 저감량(tC/년)

=경유 탄소배출 저감량(tC/년)+LNG 탄소배출 저감량(tC/년)

=(2.82TOE/년×0.842tC/TOE)+(10.87TOE/년×0.639tC/TOE)

=9.32tC/년

※ 연료별 저위발열량 환산(TOE/년) 및 적용

4 경제성 분석

1. 투자비

[표 6] **항목별 투자비**

(단위 : 천원)

항목	단위	개선안			비고
		단가	수량	계	
버너 제조업체에 공기비 조정	1식	300	19대	5,700	
흡수식 제조업체에 공기비 조정	1식	300	2대	600	
계				6,300	

2. 투자비 회수기간

=투자비(천원)÷연간 절감금액(천원/년)

=6,300천원÷9,238천원/년

=0.68년

참고

1. 3,000Mcal/h 열매보일러의 공기비 개선에 따른 절감량
   ① 공기비 개선에 따른 절감열량(kcal/Nm^3)
   =(개선 전 공기비－개선 후 공기비)×이론공기량(Nm^3/Nm^3)×공기 비열(kcal/Nm^3 ℃)
   ×(배기가스 온도－외기온도)℃
   =(1.3－1.2)×10.47×0.31×(128.4－22)
   =34.53kcal/Nm^3
   ② 불완전연소 개선에 따른 절감열량(kcal/Nm^3)
   =30.5×$\{G_0+(m-1)\times A_0\}\times \text{CO}(\%)$
   =30.5×{11.56+(1.3－1)×10.47}×0.0012%
   =0.55kcal/Nm^3
   ③ 3,000Mcal/h 열매보일러의 연간 연료 절감량(Nm^3/년)
   =(①+②)×연간 연료 사용량(Nm^3/년)÷연료 발열량(kcal/Nm^3)
   =(34.53+0.55)kcal/Nm^3×509,041Nm^3/년÷9,290kcal/Nm^3
   =1,922Nm^3/년

2. 2,000Mcal/h 열매보일러의 공기비 개선에 따른 절감량
   ① 공기비 개선에 따른 절감열량(kcal/Nm^3)
   =(개선 전 공기비－개선 후 공기비)×이론공기량(Nm^3/Nm^3)×공기 비열(kcal/Nm^3 ℃)
   ×(배기가스 온도－외기온도)℃
   =(1.37－1.2)×10.47×0.31×(119.9－22)
   =54.02kcal/Nm^3

② 불완전연소 개선에 따른 절감열량(kcal/Nm^3)

$= 30.5 \times \{G_0 + (m-1) \times A_0\} \times CO(\%)$

$= 30.5 \times \{11.56 + (1.37 - 1) \times 10.47\} \times 0.0031\%$

$= 1.46$kcal/Nm^3

③ 2,000Mcal/h 열매보일러의 연간 연료 절감량(Nm^3/년)

=(①+②)×연간 연료 사용량(Nm^3/년)÷연료 발열량(kcal/Nm^3)

=(54.02+1.46)kcal/Nm^3×356,643Nm^3/년÷9,290kcal/Nm^3

=2,130Nm^3/년

3. 1,500Mcal/h 열매보일러의 공기비 개선에 따른 절감량

① 공기비 개선에 따른 절감열량(kcal/Nm^3)

=(개선 전 공기비 − 개선 후 공기비)×이론공기량(Nm^3/Nm^3)×공기 비열(kcal/Nm^3 ℃)
×(배기가스 온도 − 외기온도)℃

$= (1.36 - 1.2) \times 10.47 \times 0.31 \times (129 - 22)$

$= 55.57$kcal/Nm^3

② 불완전연소 개선에 따른 절감열량(kcal/Nm^3)

$= 30.5 \times \{G_0 + (m-1) \times A_0\} \times CO(\%)$

$= 30.5 \times \{11.56 + (1.36 - 1) \times 10.47\} \times 0.002\%$

$= 0.94$kcal/Nm^3

③ 1,500Mcal/h 열매보일러의 연간 연료 절감량(Nm^3/년)

=(①+②)×연간 연료 사용량(Nm^3/년)÷연료 발열량(kcal/Nm^3)

=(55.57+0.94)kcal/Nm^3×232,649Nm^3/년÷9,290kcal/Nm^3

=1,415Nm^3/년

4. 1,200Mcal/h 열매보일러의 공기비 개선에 따른 절감량

① 공기비 개선에 따른 절감열량(kcal/Nm^3)

=(개선 전 공기비 − 개선 후 공기비)×이론공기량(Nm^3/Nm^3) ×공기 비열(kcal/Nm^3 ℃)
×(배기가스 온도 − 외기온도)℃

$= (1.27 - 1.2) \times 10.47 \times 0.31 \times (171.7 - 22)$

$= 34.01$kcal/Nm^3

② 불완전연소 개선에 따른 절감열량(kcal/Nm^3)

$= 30.5 \times \{G_0 + (m-1) \times A_0\} \times CO(\%)$

$= 30.5 \times \{11.56 + (1.27 - 1) \times 10.47\} \times 0.0012\%$

$= 0.44$kcal/Nm^3

③ 1,200Mcal/h 열매보일러의 연간 연료 절감량(Nm^3/년)

=(①+②)×연간 연료 사용량(Nm^3/년)÷연료 발열량(kcal/Nm^3)

=(34.01+0.44)kcal/Nm^3×82,098Nm^3/년÷9,290kcal/Nm^3

=304Nm^3/년

5. 1,000Mcal/h 열매보일러의 공기비 개선에 따른 절감량

① 공기비 개선에 따른 절감열량(kcal/Nm^3)

=(개선 전 공기비 − 개선 후 공기비)×이론공기량(Nm^3/Nm^3)×공기 비열(kcal/Nm^3 ℃)
×(배기가스 온도 − 외기온도)℃

$= (1.31 - 1.2) \times 10.47 \times 0.31 \times (163.7 - 22)$

$= 50.59$kcal/Nm^3

② 불완전연소 개선에 따른 절감열량(kcal/Nm^3)

$=30.5\times\{G_0+(m-1)\times A_0\}\times CO(\%)$

$=30.5\times\{11.56+(1.31-1)\times 10.47\}\times 0.0014\%$

$=0.63$kcal/Nm^3

③ 1,000Mcal/h 열매보일러의 연간 연료 절감량(Nm^3/년)

=(①+②)×연간 연료 사용량(Nm^3/년)÷연료 발열량(kcal/Nm^3)

=(50.59+0.63)kcal/Nm^3×104,002Nm^3/년÷9,290kcal/Nm^3

=573Nm^3/년

6. 800Mcal/h 열매보일러의 공기비 개선에 따른 절감량

① 공기비 개선에 따른 절감열량(kcal/Nm^3)

=(개선 전 공기비－개선 후 공기비)×이론공기량(Nm^3/Nm^3)×공기 비열(kcal/Nm^3 ℃)
×(배기가스 온도－외기온도)℃

$=(1.41-1.2)\times 10.47\times 0.31\times(307.7-22)$

$=194.73$kcal/Nm^3

② 불완전연소 개선에 따른 절감열량(kcal/Nm^3)

$=30.5\times\{G_0+(m-1)\times A_0\}\times CO(\%)$

$=30.5\times\{11.56+(1.41-1)\times 10.47\}\times 0.0013\%$

$=0.63$kcal/Nm^3

③ 800Mcal/h 열매보일러의 연간 연료 절감량(Nm^3/년)

=(①+②)×연간 연료 사용량(Nm^3/년)÷연료 발열량(kcal/Nm^3)

=(194.73+0.63)kcal/Nm^3×88,144Nm^3/년÷9,290kcal/Nm^3

=1,854Nm^3/년

7. 총 절감량(LNG 절감량)

=각 열매보일러의 절감량의 합

=1,922+2,130+1,415+304+573+1,854

=8,198Nm^3/년=8.44TOE/년=0.35TJ/년

8. 절감률(%)

=절감량(TOE/년)÷공정 에너지 사용량(보일러용)TOE/년×100%

=8.44TOE/년÷1,412.38TOE/년×100%

=0.6%(총 에너지 사용량 대비 0.1%)

(1) 공정 에너지 사용량

=1,372,577Nm^3/년×1.029÷1,000

=1,412.38TOE/년

※ 열매보일러 총 연료 사용량을 석유환산계수로 산출

9. 연간 절감금액(천원/년)

=절감량×적용 LNG 연료 단가

=8,198Nm^3/년×589.02원/Nm^3

=4,829천원/년

10. 탄소배출 저감량(tC/년)

=LNG 저위발열량 환산 절감량(TOE/년)×탄소배출계수(tC/TOE)

=7.62TOE/년×0.639tC/TOE=4.87tC/년

11. 경제성 분석

(1) 투자비

[표 7] **항목별 투자비**

(단위 : 천원)

항목	단위	개선안			비고
		단가	수량	계	
버너 제조업체에 공기비 조정	1식	400	6대	2,400	연 2회 조정
계				2,400	

(2) 투자비 회수기간

=투자비(천원)÷연간 절감금액(천원/년)

=2,400천원÷4,829천원/년

=0.5년

SECTION
05 감압증기 사용에 의한 스팀의 건도 향상

1 개요

1. 감압(減壓)이란, 높은 압력을 낮게 하여 공급하여 사용한다는 뜻으로 낮게 사용한다는 것은 열사용설비에서 요구하는 온도를 고려하고 공급관의 구경 등을 감안하면 되겠지만, 증기를 제조하는 보일러에서 상용압력을 얼마나 세팅하느냐가 관건이다.
2. 압력이란, 단위 면적(cm^2)당 어떤 무게가 하중(kg/cm^2)을 받는 것으로 면적이 같은 곳에서 큰 무게(하중)를 받게 되면 압력이 상승하게 된다. 특히, 열에너지를 보유한 증기보일러에서는 배기가스 온도 상승과 안전사고 측면에서 엄청난 위험을 초래할 수 있어 적정 압력(상용압력) 운용이 중요하다. 이러한 문제를 고려하여 국가에서는 국가기술자격증을 취득한 자를 선임하여 안전하게 운용하며 에너지 효율 극대화로 에너지 절약과 환경규제에 대처하도록 규정하고 있다. 그럼에도 보일러에 처음 입문하는 분들은 보일러 압력을 올리기가 두려워 저압증기 제조 운용을 하는 경우가 많다.
3. 보일러 상용압력은 보일러 제작사에서 보일러 명판에 부착된 최고사용압력 대비 약 70~80% 정도로 운용함이 좋다. 여기서 최저로 유지하여야 할 상용압력 또한 중요하다. 상용압력은 산업현장에서의 작업공정을 감안해야 한다.

(1) 상용압력

① 보일러를 운용하는 측면에서 공정상 유지하여야 할 최저압력이다. 제품과 관련된 경우에는 어떠한 경우라도 그 이하의 압력으로 떨어져서는 안 된다.

② 상용압력은 작업공정에 따라 다르다.

③ 작업공정에 따른 압력제한 및 압력비례 범위를 설정한다.

④ 이 경우 보일러의 형식 대비 부하변동에의 대처와 빈번한 단속운전으로 인한 압력저하 등을 고려하여야 한다.

(2) 적정 용량 및 형식의 보일러 운용의 경우

① 최고사용압력 대비 약 70~80%에서 운전(압력) 차단

② 상용압력은 차단압력의 약 0.5~1kg/cm^2 아래에서 재기동

③ 보일러는 적정 용량을 선정하고 부하 측 증기사용 대비 증기를 제조하는 보일러의 압력비례조정에 의해 소정의 부하율 범위에서 가능하면 지속적으로 운용되는 것이 바람직하다.

(3) 고압의 증기를 저압의 증기로 제조하여 사용 시 이점

① 증기가 보유하고 있는 잠열량을 증대하여 실제 증기의 사용량이 감소한다.

② 응축수 온도가 하강하여 재증발증기의 발생률 감소로 열손실이 감소한다.

③ 감압증기는 건도 향상으로 열사용기기의 효율 향상 등 일석이조의 효과가 있다.

㉠ 고압증기 제조 시는 프라이밍과 캐리오버 발생률이 낮고, 건도가 향상된다.

㉡ 고압증기에서 저압증기로 감압 시 건도가 향상된다.

④ 수송배관의 관경을 축소함으로써 설비투자 및 방열손실을 감소할 수 있다.

[그림 1] **감압밸브**

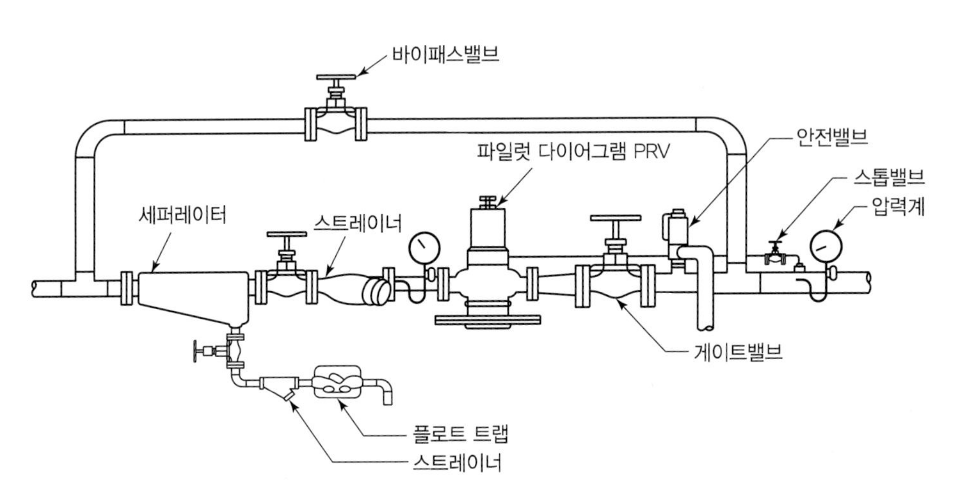

[그림 2] **감압밸브 배관도**

[표 1] **포화증기표(압력과 온도 및 열량의 관계)**

압력(kg/cm^2)		포화온도 (℃)	현열량 (kcal/kg)	잠열 (kcal/kg)	전열량 (kcal/kg)	비고
Gauge	절대					
	0.5	80.86	80.855	550.94	631.79	
0.0	1.0332	100	100.092	539.06	639.15	표준상태
1	2.0332	120.13	120.445	525.90	646.35	
3	4.0332	143.22	144.005	509.74	653.75	UHT 사용
5	6.0332	158.29	159.559	498.43	657.99	
7	8.0332	169.78	171.526	489.32	660.86	상용

2 감압 후 저압증기 사용에 의한 에너지 절감 사례

UHT의 설계용량에 의거 400,000kcal/h의 열량을 필요로 할 때, 보일러 운전에 의한 상용압력 $7kg/cm^2$ 증기를 감압 없이 사용할 때와 $3kg/cm^2$의 저압증기로 감압하여 사용할 때의 증기의 사용량을 비교해 보자.

[표 2] **증기압 감압에 의한 열량 변화**

구분	포화온도 (℃)	비용적 (m^3/kg)	현열량 (kcal/kg)	잠열량 (kcal/kg)	전열량 (kcal/kg)
$7kg/cm^2$	169.78	0.243796	171.526	489.32	660.85
$3kg/cm^2$	143.22	0.467181	144.005	509.74	653.75

1. $7kg/cm^2$의 증기 사용 시의 증기 소모량(kg/h)

=소요열량(kcal/h)÷$7kg/cm^2$ 압력의 증기 잠열(kcal/kg)

=400,000kcal/h÷489.32kcal/kg

=817kg/h

2. $3kg/cm^2$의 증기 사용 시의 증기 소모량(kg/h)

=소요열량(kcal/h)÷$3kg/cm^2$ 압력의 증기 잠열(kcal/kg)

=400,000kcal/h÷509.74kcal/kg

=785kg/h

3. 증기 절감량(kg/h)

=$7kg/cm^2$의 고압증기 소모량−$3kg/cm^2$의 저압증기 소모량

=817kg/h−785kg/h

=32kg/h

4. 연료 절감량(환산)

={증기 절감량(kg/h)×(증기엔탈피－급수엔탈피)÷유효발열량}×연 가동시간

={32kg/h×(489.32－80)kcal/kg÷7,956kcal/kg}×6,000h/년

= 9,878kg/년

5. 연간 절감금액(원/년)

=절감량(L/년)×연료의 단가(원/L)

=9,878kg/년×연료의 단가(원/kg)

3 증기의 건도 향상에 의한 에너지 절약

1. 증기의 질

증기의 질이란, 증기 내에 함유한 수분의 정도를 나타내며, 수분이 전혀 없는 건증기를 건도 1로 기준하고, 물방울이 함유한 증기를 습증기라 한다.

2. 건도

(1) 스팀에 수분이 포함되지 있지 않은 건조한 증기를 %로 표시한 수치를 증기(스팀)의 건도라고 한다.

$$건도 = \frac{포화증기}{습증기} \times 100\%$$

(2) 건도가 저하될 때 발생하는 현상

① 스팀의 전열량이 감소한다.

㉠ 열사용설비의 효율이 저하되고 작업시간이 지연된다.

㉡ 열사용처의 스팀 사용량이 많아진다.

② 스팀배관에 워터해머링(Water Hammering) 현상이 발생한다.

※ 응축수량의 가중에 의한 재증발량도 많아져 열손실이 증가한다.

③ 스팀배관 및 장치의 부식을 초래하여 수명을 단축시킨다.

④ 연료의 손실이 많아진다.

㉠ 건도가 1% 낮아지면 효율이 0.8% 떨어진다.

㉡ 증기의 건(조)도를 1% 상승시키면 에너지를 약 0.8% 절감할 수 있다.

(3) 건도 향상 방법

① 보일러를 최고사용압력에 가깝게 운전한다. → 캐리오버 방지

② 보일러 초기 가동 시 신속히 승압한다. → 건증기 제조

③ 피크부하 발생의 방지를 위한 시스템을 사용한다.

④ 보온관리를 철저히 한다.

⑤ 기수분리기를 설치한다.

⑥ 감압 후 사용한다.

3. 건도 향상에 의한 에너지 절약 사례

(1) 간헐적으로 사용하는 단위(kJ/kg)를 활용하여, 건도의 변화를 살펴보면 다음과 같다.

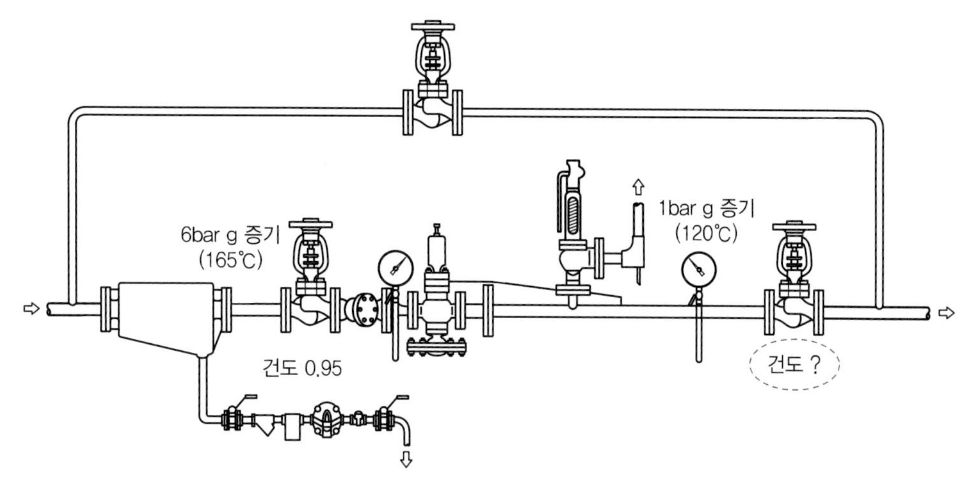

[그림 3] **감압에 의한 건도 향상 예**

① 1차 측 에너지 = 2차 측 에너지

1차 측 에너지 = (698 + 2,066 × 0.95)kJ/kg = 2,661kJ/kg (≒ 636kcal/kg)

※ 1kJ = 0.238845kcal

② 전열량 = 현열 + (잠열 × 건도)

2,661kJ/kg = 506kJ/kg + 2,201kJ/kg × 건도

636kcal/kg = 121kcal/kg + 526kcal/kg × 건도

③ 2차 측 건도 = 0.98

(2) 건도 95%인 $10kg/cm^2$의 증기를 $2kg/cm^2$로 감압할 때의 건도의 변화를 살펴보면 다음과 같다.

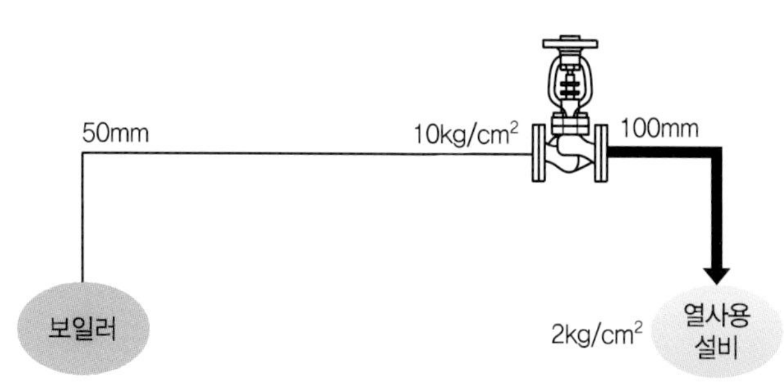

[그림 4] **감압에 의한 배관 구경 및 건도 향상 예**

[표 3] **감압 후 건도 상태**

증기압력		현열 (kcal/kg)	잠열 (kcal/kg)	전열 (kcal/kg)	건도	비고
1차 압력	10kg/cm^2	185.793	477.98	663.77	0.95	
2차 압력 (감압 후)	2kg/cm^2	133.80	516.88	650.68	0.9795	• 잠열 상승 • 건도 향상

① 건도가 95%인 압력 10kg/cm^{2}의 증기의 전열량을 계산하면 다음과 같다.

전열량 = 현열 + (잠열 × 건도)

= 185.79 + (477.98 × 0.95)

= 639.87kcal/kg

② 일반적으로 감압 전후의 열손실량은 없으므로 전열량은 감압 전의 열량과 같다.

639.87kcal/kg = 현열 + (잠열 × 건도)

= 133.8 + (516.68 × 건도)

= 0.9795 = 97.95%

③ 따라서 10kg/cm^{2}의 증기를 2kg/cm^2 증기로 감압하여 사용함으로써 스팀의 잠열 증대로 인한 에너지를 38.7kcal/kg 절감할 수 있다.

516.68kcal/kg − 477.98kcal/kg = 38.7kcal/kg

④ 건도도 2.95% 향상되어 열사용기기의 효율을 상승시킴으로써 일석이조의 효과를 도모한다.

97.95% − 95% = 2.95%

(3) 6bar g의 100% 건증기를 1bar g 압력 감압했을 때의 (과열증기)온도는 다음과 같다.

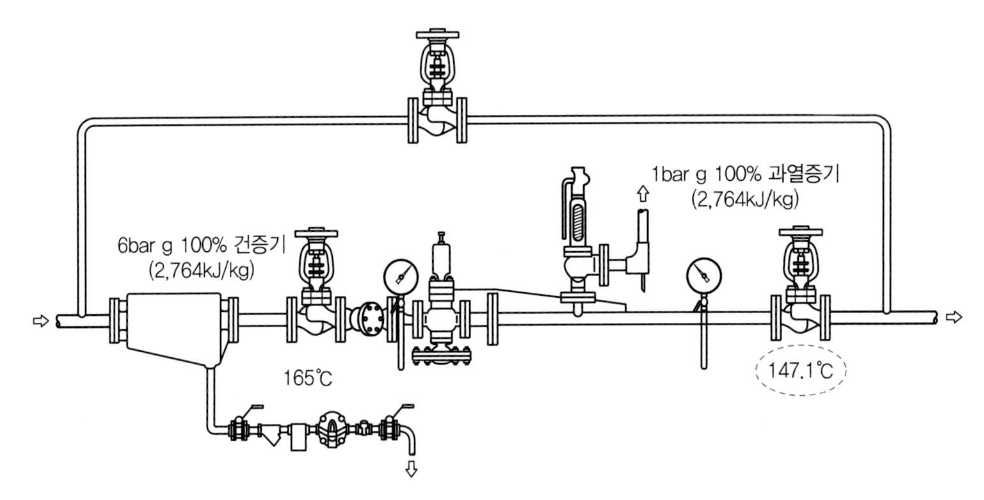

[그림 5] **감압에 의한 과열증기 발생 예**

① 1차 측 에너지=2차 측 에너지

② 과잉 에너지=2,764−2,707=57kJ/kg (13.61kcal/kg)

또는, 660.17−646.55=13.62kcal/kg

③ 비열=(2,770−2,707) / 30℃=2.1kJ/kg ℃ (0.5kcal/kg ℃)

또는, (661.60−646.55) / 30℃=0.5kcal/kg ℃

④ 과열도=57kJ/kg÷2.1k/kg ℃=27.1℃

또는, 13.62÷0.5=27.24℃

⑤ 1bar g 증기의 포화온도=120℃

⑥ 과열증기의 온도=120+27.1=147.1℃

또는, 120+27.24=147.24℃

SECTION
06 스팀 감압에 의한 연료 절감(부생유)

1 현황 및 문제점

보일러에서 생산된 681.13kg/h, 0.4MPa의 스팀을 감압해 0.27MPa로 농축기에 공급하고 있어, 사용되는 잠열은 낮고 생성되는 응축수의 온도는 높아 열사용 효율이 낮아 에너지 손실이 발생하고 있다.

2 개선대책

현재 사용하는 스팀 0.27MPa을 0.06MPa로 낮추어 공급함으로써 잠열을 최대한 활용하여 스팀 사용량을 절감하고, 응축수 온도를 낮게 유지함으로써 재증발증기량의 감소 및 방열손실 감소 등으로 에너지를 절감한다.

3 기대효과

1. 농축기 공급 열량(kcal/h)

=스팀 사용량(kg/h)×(0.4MPa 증기 엔탈피－0.27MPa 포화수 엔탈피)

=681.13kg/h×(656.14－142.136)kcal/kg

=350,103kcal/h

2. 0.06MPa로 감압 시 필요 스팀량(kg/h)

=농축기 공급열량(kcal/h)÷(0.4MPa 증기 엔탈피－0.06MPa 포화수 엔탈피)

=350,103kcal/h÷(656.14－113.570)kcal/kg

=645.27kg/h

※ 0.27MPa에서의 스팀 비용적은 0.497985m^3/kg이며 0.06MPa에서의 스팀 비용적은 1.09031m^3/kg이므로 감압 후 배관 직경은 현재보다 1.5배 이상 커야 한다.

3. 절감 스팀량(kg/h)

=현재 스팀 사용량(kg/h)−감압 시 스팀 사용량(kg/h)

=681.13kg/h−645.27kg/h

=35.86kg/h

4. 절감 연료량(L/년)

$$= \frac{\text{절감 스팀량} \times (\text{증기엔탈피} - \text{급수엔탈피})}{\text{부생유 발열량} \times \text{보일러 효율}} \times \text{연간 조업시간(h/년)}$$

$$= \frac{35.86 \times (656.14 - 78)}{8,850 \times 0.6605} \times 4,352\text{h/년}$$

=15,435L/년=13.66TOE/년

5. 연간 절감금액(천원/년)

=연간 연료 절감량(L/년)×부생연료 1호 단가(원/L)

=15,435L/년×916.3원/L

=14,143천원/년

6. 탄소배출 저감량(tC/년)

=절감량(TOE/년)×탄소배출계수(tC/TOE)

=13.66TOE/년×0.812tC/TOE

=11.09tC/년

SECTION 07 응축수 회수로 보일러 급수온도 승온

1 개요

1. 응축수는 고온의 스팀이 응축된 순수(증류수)와 같으므로, Scale 생성을 억제하고 열효율을 높일 수 있는 최상의 용수이다. 따라서 응축수의 회수가 잘되고 있는 시스템은 에너지 절약에 대한 최소한의 기본을 갖추었다고 해도 무리가 아니다.
2. 응축수는 포화수에 가까운 고온의 열수(熱水)이며, 물속에 불순물(Fe, Mn, Mg, SiO_2 등)을 전혀 함유하지 않는 관계로 Scale 생성을 억제할 수 있는 최적의 용수이다.
   (1) 용존산소의 탈기로 인한 부식을 억제하므로 보일러의 수명과도 관련이 있다.
   (2) Scale은 열전도를 저하시켜 과열로 인한 보일러의 안전사고를 유발하는 원인이 되기 때문이다.

2 응축수 회수 방법

1. 응축수가 발생하는 곳에는 반드시 응축수 회수관을 설치하여야 한다.
   (1) 추후 증설 시 공급관은 설치하는데 응축수 회수관은 설치하지 않는 곳을 가끔 발견할 수 있다.
   (2) 회수관은 가급적 하부에 설치하고, 부득이 상부에 설치할 경우에는 Steam Trap 후단에 Check Valve를 설치하여야 한다.
   (3) 적절한 구배를 주어 회수에 지장이 없도록 한다.
   (4) 회수관은 반드시 보온을 하여 방열손실을 억제한다.
   ※ 부득이 옥외에 설치할 경우 방수(케이싱) 처리하거나, 단열페인트를 강구한다.

2. 스팀트랩(Steam Trap)을 효율적으로 관리하여 응축수를 최대로 회수해야 한다.
   (1) 용도와 용량에 적합한 스팀트랩을 설치한다.
   (2) 스팀트랩은 가급적 설비의 하부에 설치하고, 부득이 상부에 설치할 경우에는 U-Seal과 적절한 배관을 구성하여야 한다.
   (3) 스팀트랩의 철저한 점검과 Bypass 남용을 억제하여 응축수 유실도 억제하여야 한다.

(4) Bypass가 없는 에너지 절약형 스팀트랩 배관을 한다.

① 대부분의 스팀트랩은 Bypass가 설치되어 있다. 고정관념에 의한 스팀트랩의 Bypass 설치로 설치작업공간이 협소하여 통행이 불편하고 작업능률 저하와 방열면적 증가로 에너지가 유실 등 적잖은 우려가 있다.

② 특히, 스팀트랩의 정상적인 작동이 생산성 향상에 밀접한 관련이 있음에도 불구하고 점검장치가 없거나 비효율적 운영으로 인해 에너지의 유실과 설비의 효율 저하에 대한 적잖은 우려가 있다.

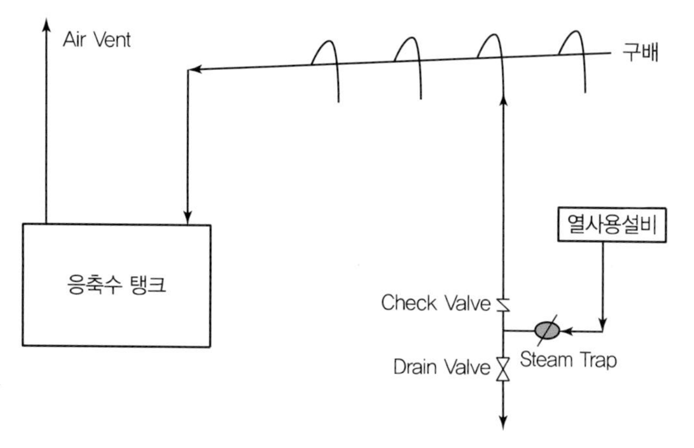

[그림 1] **상향식 스팀트랩 및 응축수 회수관 설치방법(실내 및 외부용)**

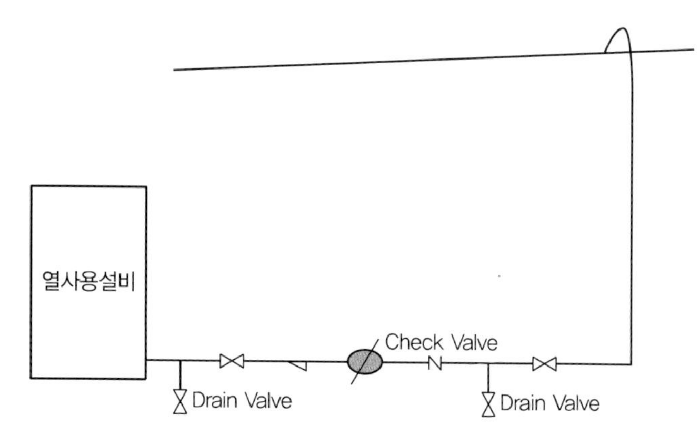

[그림 2] **상향식 스팀트랩 및 응축수 회수관 설치방법(동파 방지용)**

3 응축수 회수의 효과

1. 급수온도 약 6.4℃ 상승 시 연료 1% 절감 효과

(1) 포화증기표를 바탕으로 한 엄격히 계산된 근거치로 막연히 얻어진 결과가 아니다.

(2) 특히 증기에 관한 모든 근거치는 포화증기표를 잘 활용한다면 보다 효과적으로 얻고자 하는 결과를 추렴하여 볼 수 있으므로 적극적으로 활용하라고 권하고 싶다.

2. 급수온도가 미치는 절감률의 간단한 예

(1) 계기압력 $1kg/cm^2$ g인 포화증기를 만들 때의 압력에서의 필요한 전열량은 646.35kcal/kg이다.

(2) 급수온도를 6.4℃를 올리면 물의 비열은 1kcal/kg ℃이므로 현열량은 6.4kcal/kg 줄어들어 필요한 전열은 639.95kcal/kg이 된다.

(3) 그 비율은 639.95÷646.35=0.99이므로 포화증기를 만들기 위해 들어간 열량값(즉, 연료량)의 차가 1% 정도 되는 것이다.

3. 정상적인 응축수는 순수이고 청결한 것이 원칙이나, 공정에 따라 불순물에 오염되거나 오염될 우려가 있어 버리는 공정에 있어서는 응축수는 버리더라도 응축수가 보유한 열을 회수하는 방법을 강구하여야 한다.

[표 1] 보일러 Scale 두께에 따른 연료 손실률

스케일 두께(mm)	0.1	1	2	3	4	5	6
연료 손실(%)	1.1	2.2	4	4.7	6.3	6.8	8.2

4 정리

1. 보일러를 관리하고 에너지를 절약하고자 할 경우에는 반드시 응축수를 전량 회수하여야 한다.
2. 이에 미치지 못할 경우 전량 회수할 수 있도록 대책을 강구해야 한다.
3. 부득이 버리는 응축수는 열교환기를 이용한 응축수 열을 회수하는 방안을 강구하여야 한다.

SECTION 08 응축수 회수로 보일러 급수온도 승온(부생유)

1 현황 및 문제점

1. 보일러에서 발생된 스팀은 Steam Header를 경유하여 각 사용처에 공급되고 있으나 응축수 회수 이용 및 재증발증기 회수 이용에 대한 인식 부족으로 에너지가 유실되고 있다. 일부 응축수는 외부로 배출되고 있으며, 이로 인한 에너지 유실은 물론 통행 시 화상 등 안전사고가 우려된다.

[그림 1] **외부로 누출되고 있는 응축수**

2. 응축수 탱크가 아닌 급탕탱크로 회수 중인 응축수는 맨홀이 열려 있는 상태로 재증발증기 발생에 의한 실내 습도 및 온도 상승으로 보일러실 문을 개방하거나 천장 및 벽에 환풍기를 추가하여 내부 공기를 환기함으로써 에너지의 유실이 가중되고 있다. 응축수 회수탱크 또한 같은 상태이다.

(a) 응축수 회수 탱크

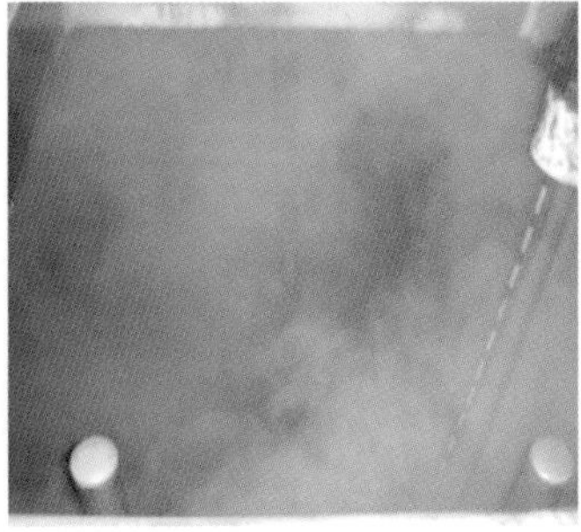

(b) 급탕탱크

(c) 주변 환기장치

[그림 2] **재증발증기 누출 및 주변 환기시설**

3. 작업장과 보일러실이 1층에 위치한 관계로 응축수 회수는 상향식 방법으로 설치하는 것이 당연하겠으나, 배관의 불합리로 Water Hammering에 의한 안전사고와 생산효율 저하가 우려된다.

[그림 3] **나관 및 스팀트랩과 배관 연결의 불합리**

4. 응축수 배관을 1개 라인에 여러 개의 배관을 연결하여 응축수 차압 및 배압과 관련하여 회수에 어려움이 있다(구배 없음).

(a) 스팀헤더

(b) 아이롤러 하부

[그림 4] **나관 및 스팀트랩 설치의 불합리**

2 개선대책

1. 일반적으로 급수온도를 약 6.4℃ 상승할 경우 연료 1% 정도가 절감된다.
2. 증기는 포화온도에서 증발 및 응축하므로 증기가 보유한 잠열을 전달하고 발생하는 응축수의 온도는 높다고 할 수 있다.
3. 응축수는 증류수와 같으므로 스케일 생성 억제로 열효율 향상을 도모하는 이점이 있으며, 고온수 급수에 의한 보일러의 부동팽창 및 부하변동 방지에도 도움이 되므로 응축수의 전량 회수 이용 및 고온수 활용은 보일러의 안전관리와 에너지 절약 차원에서 필수적이라 할 수 있다.
4. 따라서 응축수 회수는 공정과 작업환경 및 투자비를 감안하여 1개 라인으로 한다.
   (1) 이 경우 응축수 차압 및 배압이 발생하지 않도록 적절한 구배 및 배관구경을 선정하여야 하며, 응축수와 재증발증기를 전량 회수하여야 한다.
   (2) 배관방법은 보일러실과 생산공장이 동일한 층수(1층)에 있으므로, 기존과 같이 상향식 설치를 하여야 하지만 방법 기준에 맞게 하여야 한다.
   (3) 응축수를 배출하는 스팀트랩의 후단에는 반드시 Check Valve를 설치하여 응축수가 역류되지 않도록 하여야 한다.
   (4) 스팀트랩의 설치방법은 Bypass를 제외한 에너지 절약형 스팀트랩으로 설치하면 많은 이점이 있다.
   (5) 응축수 회수공정에서 필연적으로 발생하는 재증발증기는 회수하여야 하며 이 또한 원칙에 맞게 활용하여야 한다.
   (6) 맨홀은 점검 및 소제 시만 활용하고 개방하여서는 안 되며, 별도의 Air Vent를 설치한 후 재증발증기를 회수 이용하여야 한다.

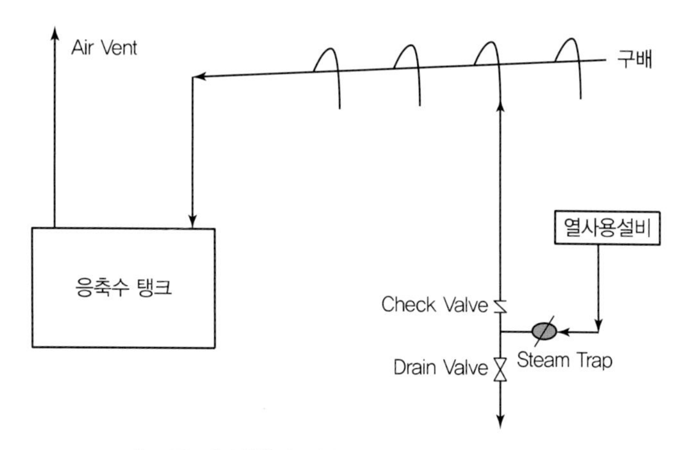

[그림 5] **상향식 회수배관 스팀트랩 설치도**

3 기대효과

1. 정상가동 시 응축수 온도(℃)

=｛(응축수 회수율×비열×포화수 엔탈피+보충수 공급률×비열×급수엔탈피)

×증발배수｝÷(비열×증발배수)

=｛(0.7×1×100+0.3×1×20)×14.03｝÷(1×14.03)

=76℃

(1) 재증발증기 보유열은 유실된 것으로 계산하며, 대기압 포화온도를 적용한다.

(2) 응축수 회수율은 공정을 감안하여 70%, 보충수 공급률은 30%를 적용한다.

2. 연간 절감열량(kcal/년)

=급수량×비열×(정상가동 시 응축수 온도－현재 급수온도)

=806,058.43kg/년×1kcal/kg ℃×(76－20)℃

=45,139,272.08kcal/년

(1) 증발량(급수량)

=연간 연료 사용량(L/년)×연료의 비중×증발배수(kg/kg 연료)

=70,929L/년×0.81×14.03kg/kg 연료

=806,058.43kg/년

3. 연료 절감량(L/년)

=연간 절감열량(kcal/년)÷보일러 입열÷보일러 효율

=45,139,272.08kcal/년÷8,358.71kcal/L÷85.59/100

=6,309L/년=5.58TOE/년

4. 절감률(%)

=절감량(TOE/년)÷총 연료 사용량(TOE/년)×100%

=5.58TOE/년÷62.77TOE/년×100%

=8.89%(총 에너지 사용량 대비 5.97%)

5. 연간 절감금액(천원/년)

=연간 연료 절감량(L/년)×부생유 연료 단가(원/L)

=6,309L/년×927.08원/L

=5,849천원/년

6. 탄소배출 저감량(tC/년)

=절감량(TOE/년)×탄소배출계수(tC/TOE)

=5.58TOE/년×0.812tC/TOE

=4.53tC/년=16.61tCO_2/년

4 경제성 분석

1. 투자비

[표 1] **항목별 투자비** (단위 : 천원)

항목	단위	개선안			비고
		단가	수량	계	
응축수 회수관 개선	1식	7,000	1	7,000	
계				7,000	시공비 포함

2. 투자비 회수기간

=투자비(천원)÷연간 절감금액(천원/년)

=7,000천원÷5,849천원/년

=1.2년

SECTION 09 응축수 회수 이용으로 보일러 급수온도 승온 (응축수 오염수)

1 현황 및 문제점

1. 보일러에서 발생한 스팀의 80.02%는 가류기에, 10.98%는 예열기에, 나머지 9%는 세척기에 사용하고 있으며 공급 스팀 압력은 0.65MPa이다.
2. 가류기 및 예열기에서 생성되는 응축수는 고무제품 가류 과정에서 이물질 혼입 등으로 인해 부득이 세정탑에서 냄새를 제거하고 전량 방출하고 있으며, 세정탑의 응축수 온도는 약 100℃이고, A, B동 가류기의 응축수는 D동 세정탑으로, 60m 가류기의 응축수는 C동 세정탑에서 처리 후 방류하고 있어 다량의 에너지 손실이 발생하고 있다.

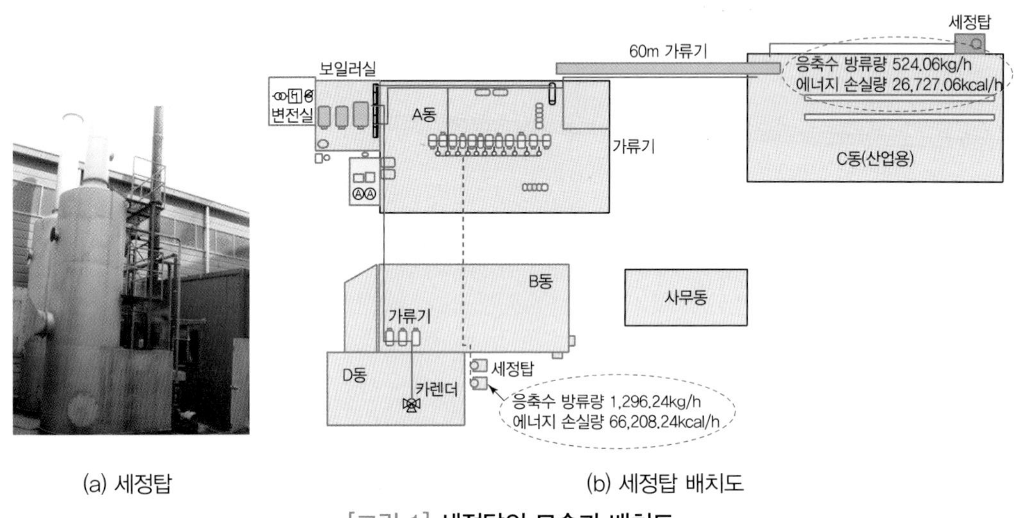

(a) 세정탑 (b) 세정탑 배치도

[그림 1] **세정탑의 모습과 배치도**

2 개선대책

1. ㅇㅇ산업의 경우 응축수 회수가 어려워, 보일러 급수로 전량 시수를 사용하고 있어 급수온도가 18℃로 낮은 상태이므로, 세정탑 응축수와 열교환해 보일러 급수온도를 승온함으로써 에너지를 절감하는 방안을 제안한다.

2. 가류기에서 배출되는 폐열의 열교환 방안

(1) 브레이징 열교환기를 사용하는 방안

(2) 코일형 배관에 의한 방안

(3) 셸 앤드 튜브에 의한 방안 등

3. 본 진단에서는 열교환기 표면에 이물질 부착 등을 고려해 코일형 배관에 의한 방안을 추천한다. C동과 D동으로 분류되어 있는 세정탑을 보일러실 급수탱크 옆으로 이전하고, 용량이 큰 D동 세정탑만 활용한다.

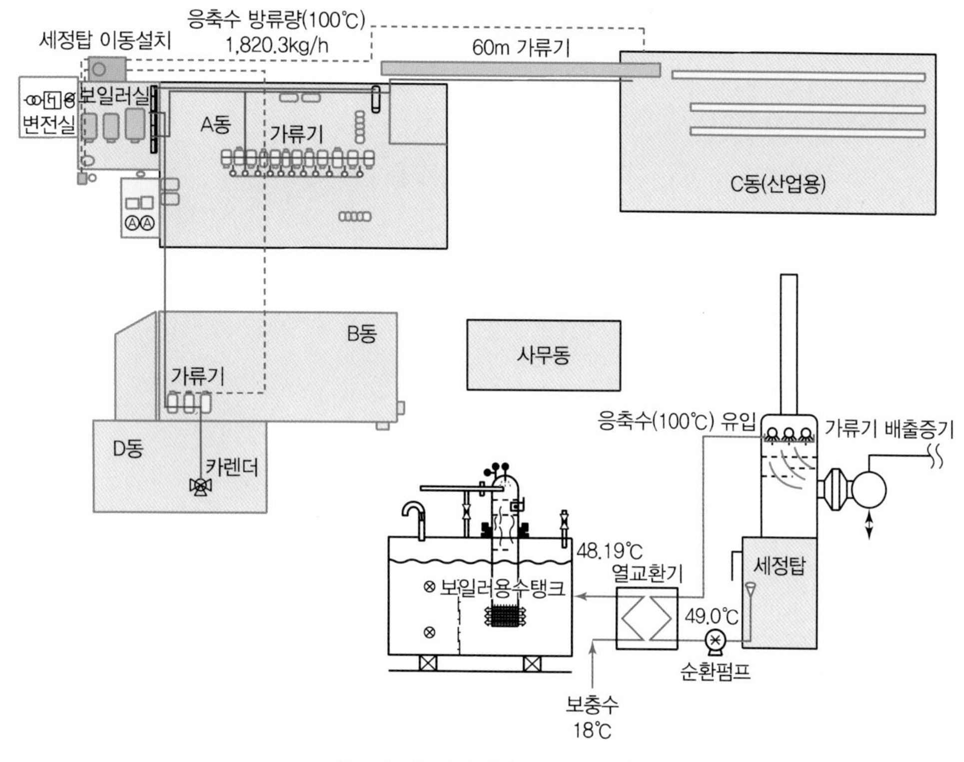

[그림 2] **개선 후(세정탑 이설)**

3 기대효과

1. 응축수 회수가능열량(kcal/년)

= 연간 발생 증기량 × 응축수 회수율 × 비열 × (응축수 온도 − 열교환 후 응축수 온도) × 안전율

= 17,477,249.6kg/년 × 73.99/100 × 1 × (100 − 49) × 80

= 527,601,812.74kcal/년 = 74,268.27kcal/h

(1) 세정탑으로의 응축수 회수율은 누증, 재증발증기, 세척기 등에 사용하는 스팀량을 제외한 73.99%를 적용하고, 기타 손실열 등을 고려해 안전율은 20%를 적용한다.

응축수 회수율 = 100 − 누증 손실률 − 재증발률 − 세척기 사용률

= 100 − 4.29 − 12.72 − 9.0

= 73.99%

(2) 연간 발생 증기량(보일러 급수량)

= 연간 연료 사용량(Nm^3/년) × 평균 증발배수(kg/Nm^3 연료)

= 1,363,280Nm^3/년 × 12.82kg/Nm^3 연료

= 17,477,249.6kg/년

(3) 평균 증발배수(열정산에 의한 평균치를 적용)

= (보일러 1,2,3호 증발량) ÷ (보일러 1,2,3호 연료 사용량)

= (141 × 12.89 + 73 × 12.72 + 132 × 12.79) ÷ (141 + 73 + 132)

= 12.82kg/Nm^3 연료

2. 보일러 급수 승온가능온도(℃)

= 회수가능열량(kcal/kg) ÷ (보일러 급수량 × 물의 비열)

= 527,601,812.74kcal/년 ÷ (17,477,249.6kg/년 × 1)

= 30.19℃

3. 열교환기 면적(m^2)

$$= \frac{\text{회수가능열량(kcal/h)}}{\text{총괄전열계수(kcal/m}^2\text{ h ℃)} \times \text{대수평균온도차(℃)}}$$

$$= \frac{74,268.27}{1,000 \times \dfrac{(51.81 - 31)}{\ln\dfrac{51.81}{31}}}$$

= 1.83m^2

※ 열교환기의 총괄전열계수는 물 대 물이므로 1,000kcal/m^2 h ℃를 적용한다.

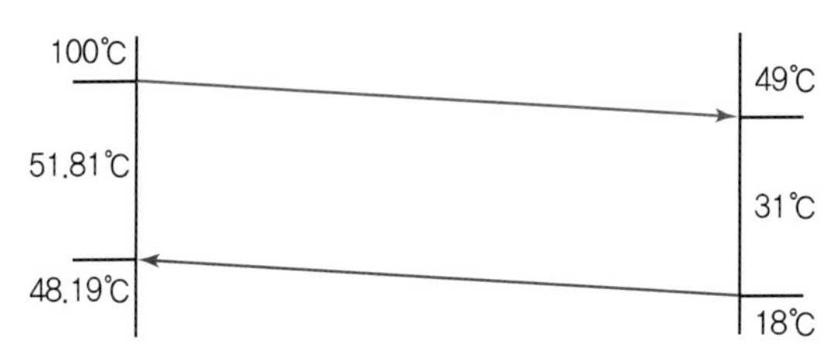

[그림 3] **대수평균온도차**

4. 연료 절감량(Nm^3/년)

=연간 절감열량(kcal/년)÷LNG 발열량(kcal/Nm^3)÷보일러 평균효율(%)
=527,601,812.74kcal/년÷9,550kcal/Nm^3÷84.52/100%
=65,365Nm^3/년=68.96TOE/년=2.89TJ/년

(1) 보일러 평균효율
=Σ(보일러 연료 사용량×보일러 효율)÷총 연료 사용량
=(531,296×85.01+439,463×84.06+392,521×84.38)÷1,363,280
=84.52%

5. 절감률(%)

=절감량(TOE/년)÷공정 에너지 사용량(열+전기)TOE/년×100%
=68.96TOE/년÷1,210.72TOE/년×100%
=5.7%(총 에너지 사용량 대비 2.57%)

(1) 공정 에너지 사용량
=가류기 연료 사용량(TOE/년)+가류기 전기 사용량(TOE/년)
=1,150.9TOE/년+59.82TOE/년
=1,210.72TOE/년

6. 연간 절감금액(천원/년)

=연간 연료 절감량(Nm^3/년)×적용 LNG 단가(원/Nm^3)
=65,365Nm^3/년×720.36원/Nm^3
=47,086천원/년

7. 탄소배출 저감량(tC/년)

=절감량(TOE/년)×탄소배출계수(tC/TOE)
=68.96TOE/년×0.637tC/TOE
=43.93tC/년

4 경제성 분석

1. 투자비

[표 1] **항목별 투자비** (단위 : 천원)

항목	단위	개선안			비고
		단가	수량	계	
열교환장치 설치	1식	10,000	1	10,000	
회수배관 개선 및 보온		30,000	1	30,000	
계				40,000	

2. 투자비 회수기간

=투자비(천원)÷연간 절감금액(천원/년)

=40,000천원÷47,086천원/년

=0.85년

SECTION 10 폐응축수를 활용한 급수온도 승온 (롤 환봉 산세수 오염수)

1 현황 및 문제점

1. 제철소에서 생산된 굵고 가는 롤 형태의 환봉은 Bolt, Nut 등의 용도로 제조하기 위한 전처리 작업으로 다른 공장으로 수송하여 열처리 → 석회피막 → 석회중화 → 산세 → 수세 → 세척 → 피막 → 피막수세 → 피막중화 → 인발 등의 과정을 통해 제품을 가공하고 생산하는 공정이 있다. 이 공정은 상부가 노출된 공정에서 환봉의 롤을 조에 투입하여 가공하는 과정에서 열교환기를 이용하여 소정의 온도를 유지하기 위해 증기를 사용하고 있다.

2. 이와 같은 공정에서 열교환기의 파손 및 Pin Hole 등으로 소량의 응축수가 유입되더라도 대형 사고가 발생할 수 있으므로 대부분의 응축수를 외부로 버리고 있다. 이로 인해 다음과 같은 문제가 발생한다.

   (1) 용수의 낭비가 발생한다.
   (2) 외부로의 응축수와 재증발증기 배출로 주변 환경이 저해된다.
   (3) 보일러 급수의 보충수(찬물)량이 많아진다.
      ① 저온의 급수로 인한 부식 초래로 안전사고가 우려되고 수명이 단축된다.
      ② 부동팽창이 심하고 부하변동에 대응이 어렵다.
   (4) 에너지 투입량이 많아진다.

3. 공정은 업체별 노하우에 따라 다르지만, 온도는 다음과 같다.
   탕세 → 산세(30~40℃) → HPS → 수세 1 → 피막(80~85℃) → 수세 2 → 중화(60~90℃) → 윤활(85~90℃)

[그림 1] 산세 중인 모습

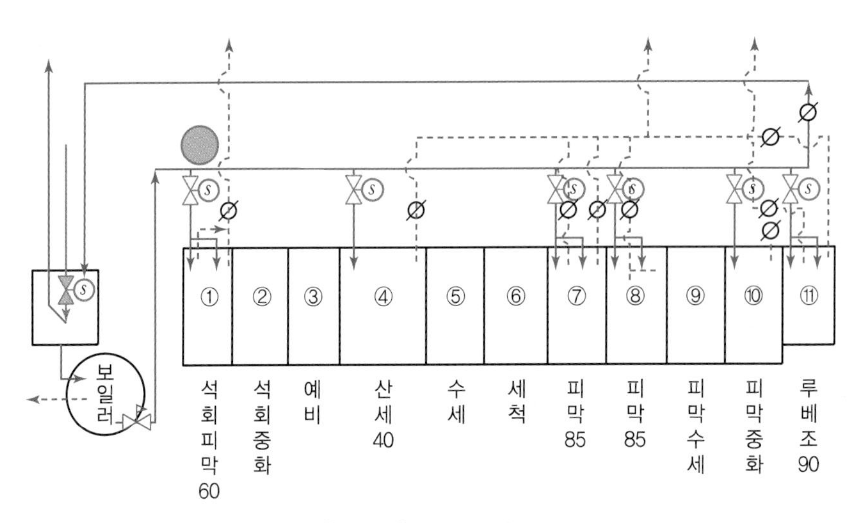

[그림 2] 산세 공정도

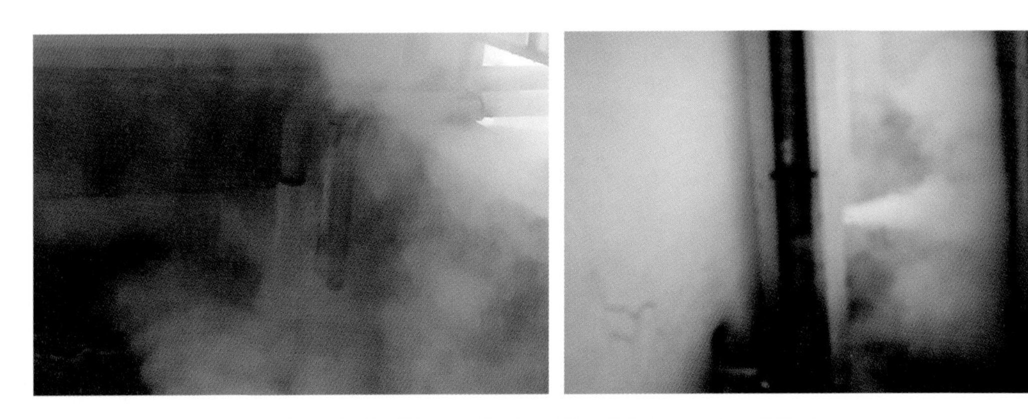

[그림 3] 외부로 배출하고 있는 응축수 및 재증발증기

2 개선방안

1. [그림 5]에서와 같이 폐응축수를 한 곳으로 모아 응축수와 여기서 발생하는 재증발증기를 합리적으로 회수 이용하는 방법이다. 응축수를 급수탱크의 주변에서 기수(재증발증기와 응축수)가 분리되도록 배관을 개선하고, 재증발증기 회수장치를 설치하여 각각(응축수와 재증발증기) 급수온도를 승온하여 에너지를 절감하고 아울러 주변 환경 저해에 대처한다.

   ※ 한정된 공정과 면적을 감안하여 기존의 급수탱크를 이용하려는 것으로 나름대로의 검토과정을 거친 저자의 최종안이며 발명특허를 출원한 발명품이다. 주의할 점은 재증발증기는 Air Vent를 통해 배출되므로, 배관 부하에 의한 흐름의 지장이 없도록 하여야 한다.

   (1) 가능한 한 구경을 크게 하여야 한다.

   (2) 응축수의 고임이 없도록 조치한다.

   (3) 회수 효율을 높이기 위하여 가급적 하부에 설치하며, 급수탱크의 용량이 작으면 상부까지 설치할 수 있다.

   (4) 필요에 따라서는 보일러 급수탱크를 새로 제작할 것을 고려한다.

      ① 지나친 급수탱크의 용량 증대는 방열손실 등으로 인해 불합리하며, 적정 용량은 보일러 용량의 약 1.5배 정도이다.

      ② 급수탱크를 최대한 올리면 많은 이점이 있다.

         ㉠ 급수온도 상승 시 Pumping 효율을 올릴 수 있다.

         ㉡ 특히, 농축된 녹물 등에 대해 소제 시 쉽게 조치할 수 있다.

            ※ 제작 시 하부에 용접용 Reducer를 이용한 소제구를 설치한다.

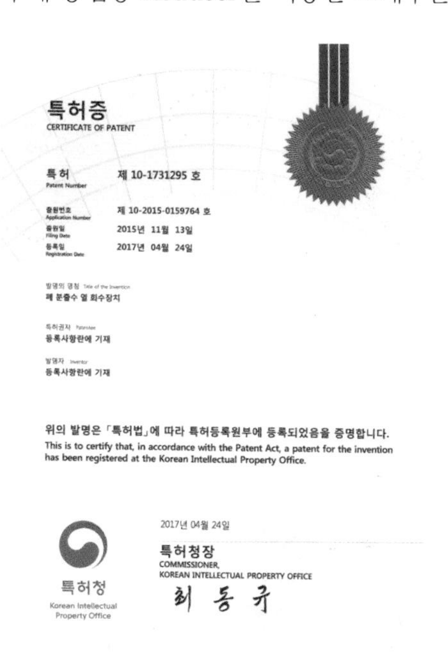

특허증
CERTIFICATE OF PATENT

특허 Patent Number: 제 10-1731295 호

출원번호 Application Number: 제 10-2015-0159764 호
출원일 Filing Date: 2015년 11월 13일
등록일 Registration Date: 2017년 04월 24일

발명의 명칭 Title of the Invention
폐 분출수 열 회수장치

특허권자 Patentee
등록사항란에 기재

발명자 Inventor
등록사항란에 기재

위의 발명은 「특허법」에 따라 특허등록원부에 등록되었음을 증명합니다.
This is to certify that, in accordance with the Patent Act, a patent for the invention has been registered at the Korean Intellectual Property Office.

2017년 04월 24일

특허청장
COMMISSIONER,
KOREAN INTELLECTUAL PROPERTY OFFICE
최 동 규

특허청
Korean Intellectual Property Office

[그림 4] **저자가 취득한 특허증(폐 분출수 열회수장치)**

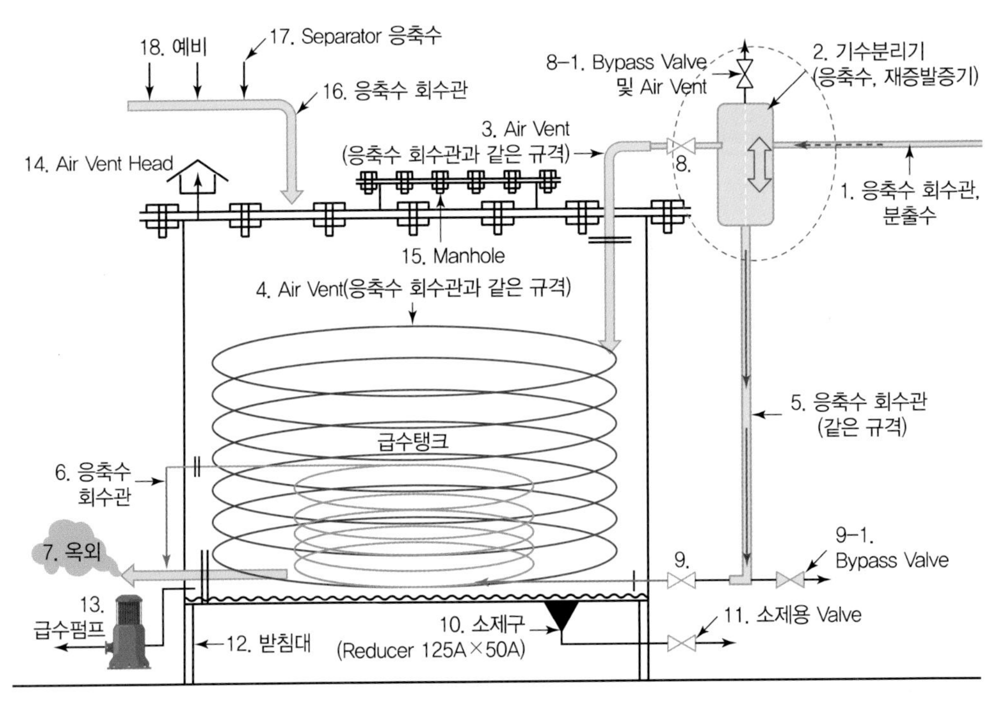

[그림 5] **보일러 급수탱크(1개)를 이용한 도면(특허 제10-1731295호)**

참고

[그림 5]의 과정 설명

1. 응축수 회수관 및 분출수

   응축수 회수관은 산업현장에서 발생하는 모든 응축수가 한데 모이는 주 응축수 배관이므로 이에 적합한 규격이어야 한다. 즉, 응축수 차압에 의한 응축수 이송의 저해로 인한 Water Hammering의 최소화로 배관의 손상을 방지하고, 열사용설비의 효율 상승에 지장이 없어야 한다. 여기서 분출수란, 보일러수의 농축 및 TDS(Total Dissolved Solid, 총 용존 고형물질 농도)에 의한 보일러의 분출수로서 포화수와 같으므로 최상의 열량을 보유하고 있다. 분출수는 보일러에서 배출하므로 2의 기수분리기에 부착하거나 가까운 곳에 연결하여야 한다.

2. 기수분리기(응축수, 재증발증기)

   응축수가 Steam Trap을 통과하면 압력강하에 의해 재증발되는 현상이 발생한다. 기수분리기(Separator)에서 Q(유량) = A(단면적) × V(속도)이므로 기수분리기를 통한 재증발증기는 위로 상승하고, 응축수는 비중에 의해 아래로 분리하여 회수 효율을 높이는 데 목적이 있다.

3. 4. Air-Vent 겸 재증발증기관

   이 관은 실제 Air Vent 목적의 배관 및 Coil이다. 다만 그곳에 자연스럽게 재증발증기가 함유되어 배출될 뿐이다. 따라서 Air-Vent 역할에 지장이 없도록 적정 규격의 배관이 필요하며, 응축수의 고임이 없도록 구배를 주거나 최소한 수평이어야 한다.

5. 응축수 회수관

5의 응축수 회수관은 3, 5의 재증발증기 회수관의 고장 및 손상 시를 감안한다. 구경이 클수록 하자의 우려는 적어진다. 급수탱크 내부에 설치된 Coil 및 열교환기는 가급적 낮은 위치에 설치한다. 이것은 물의 성층화로 하부의 낮은 물에 의한 열교환 효율 상승을 도모하고, 상부에 보유한 열을 빼앗아 배출하는 우려를 방지하기 위함이다.

6. 응축수 회수관 및 7. 옥외

최종 외부로 배출하는 응축수관은 7의 배관과의 연결도 고려한다. 이는 작업환경 개선으로 미관을 도모하고, 여열을 타 용도로 이용하기 위한 목적이다. 여기서 어떠한 경우라도 물의 고임이 없어야 한다.

8. Air Vent 및 재증발증기관 밸브

이 곳의 밸브는 열교환장치의 고장 및 손상을 고려한 밸브이다. 따라서 고장 시에만 한시적으로 사용되는 밸브이므로 Flange를 이용한 차폐판의 막음으로도 대처할 수 있다.

8－1. Bypass 밸브

8의 열교환장치의 고장 및 손상 시 사용되거나, 간헐적 점검용으로 활용할 수 있다. 이때, 효율은 저하되더라도 재증발증기열을 함께 회수할 수 있다. 다만, Air Vent의 우려 시는 소량 개방하여 적절한 조절로 대처하여야 한다.

9. 응축수 공급 억제 밸브

9의 밸브는 응축수열 회수용 열교환기의 고장 및 손상 시 사용되는 밸브이다. 따라서 8의 밸브와 같이 고장 시에만 한시적으로 사용되는 밸브이므로 Flange를 이용한 차폐판의 막음으로도 대처할 수 있다. 이 경우 재증발증기열 회수용 열교환기를 이용하여 응축수열을 함께 회수할 수 있다. 다만, Air Vent의 우려 시는 소량 개방하여 적절한 조절로 대처하여야 한다.

10. 소제구(Reducer 150～125A×50A)

여기서 Reducer 150～125A×50A란, 소제하는 입구를 크게 하고 최종 배출구는 적절히 조치하라는 뜻이다. 즉, 보일러 급수탱크에서 녹물을 비롯한 불순물의 유입으로 필연적 농축되는 이물질을 간편하고 수월하게 소제하기 위함이다. 이 경우 내부에 출입하지 않고 맨홀에서 살펴보며 소제를 할 수 있다. 사전에 12. 받침대를 최대한 높이는 것이 유리하다.

11. 소제용 밸브

소제 시 농축수 등 배수가 원활하도록 50A 구경이 적당하다. 소제 시 소요되는 청소수량보다 배수되는 양이 많아야 하기 때문이다. 또한 구경이 작으면 농축수로 인해 밸브가 막힐 수도 있기 때문이다.

2. 별도의 폐응축수를 설치하여 열교환에 의해 회수하는 방안이다. 열회수 방법 및 면적에 따라 회수 효율이 달라지게 된다.
  (1) 급수 외 급탕용으로도 이용할 수 있다.
  (2) 한정된 저장 탱크에 지속적으로 유입되는 폐응축수는 자연적으로 Overflow 되므로 [그림 6]과 같이 Overflow 관을 개선하여 하부의 폐수(저온)가 Overflow 되도록 한다.
  (3) 보충수의 온도를 더 승온할 수 있도록 [그림 6]과 같이 폐응축수의 유입 위치에 별도의 열교환기를 설치한다.
  (4) 재증발증기는 재증발증기 회수방법을 응용한다.

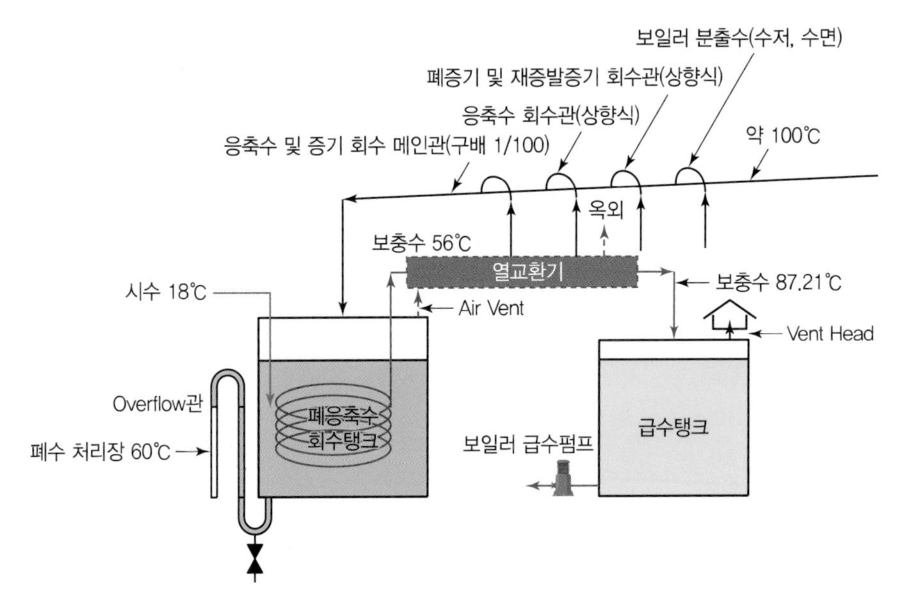

[그림 6] 별도의 폐열회수탱크 설치

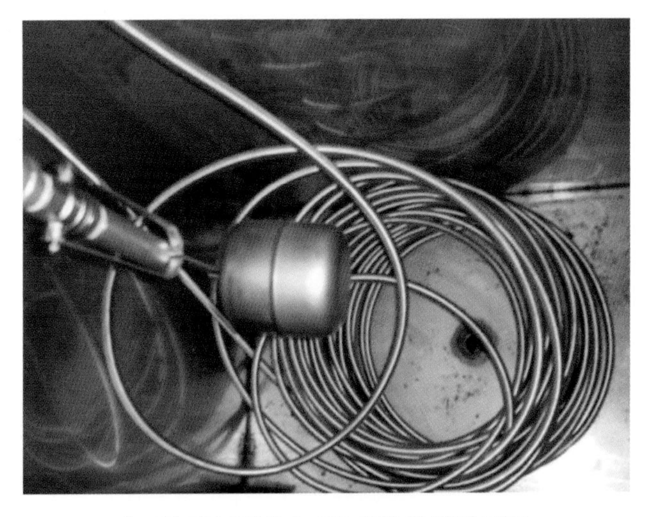

[그림 7] 자바라 Coil을 이용한 급탕 제조

3. [그림 8]과 같이 튜브형 열교환기를 설치하여 급수와 급탕으로 할 수 있다.
   (1) 이 경우 급탕의 공급온도는 크게 다를 수 있으므로 급탕의 보충수로 활용하길 권장한다.
   (2) 튜브(열교환기)의 구경이 크고 길면 효율이 좋을 것이다.

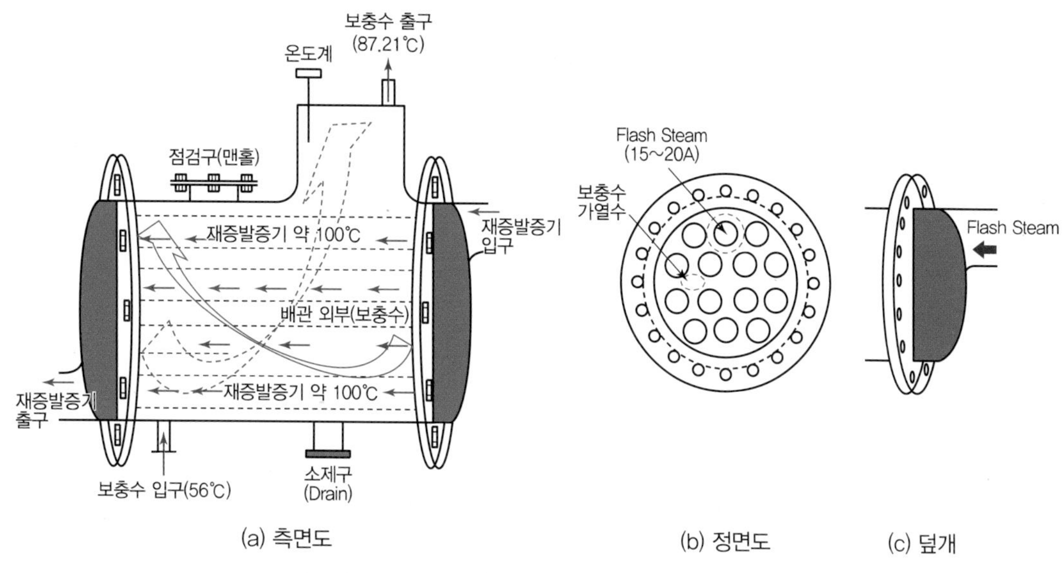

[그림 8] **열교환기(Tube Type)를 이용한 회수도**

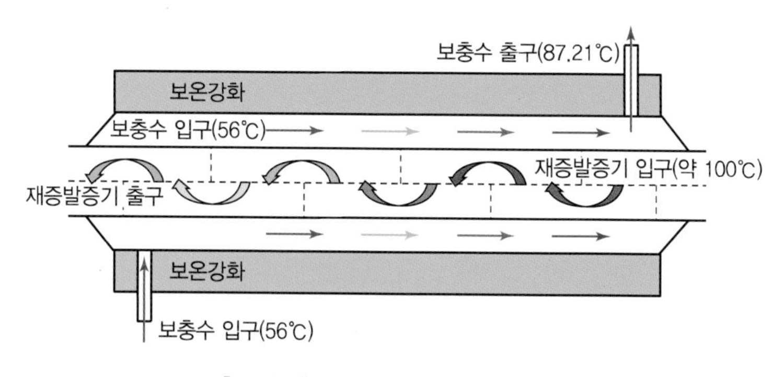

[그림 9] **이중관을 이용한 회수도**

3 기대효과

1. 보일러 급수온도가 약 6.4℃ 상승하면 에너지는 약 1% 절감된다. 따라서 10℃ 상승하면 에너지를 1.5% 절감하는 것이다.
2. 이 밖에 급수의 승온으로 인한 용존산소 제거로 보일러의 부식 방지 및 수명 연장, 부동팽창 및 부하변동 억제 및 감소 등의 이점이 있다.

SECTION 11 재증발증기를 활용한 보일러 급수 승온(LNG)

1 현황 및 문제점

1. 보일러에서 제조된 증기는 공정용인 세병기, 증류동, 양조동 등에 사용되며 사용압력은 0.5MPa이고, 본관동, 기숙사 등은 난방용으로 0.2MPa로 감압해 사용하고 있다.
2. 공정에 열원을 공급하고 트랩을 통해 배출되는 응축수는 응축수 탱크로 약 70% 정도를 회수하고 있으나, 응축수 탱크에 재증발증기 회수장치가 없어 재증발증기는 벤트를 통해 방출되고 있다.
3. 스팀트랩의 고장, 스팀트랩의 바이패스밸브의 고장 및 열림 등도 우려되고 있다.

[표 1] 2010년도 증기 발생량 및 사용량

2010년도 증기 발생량 및 사용량(ton/월)												
1월	2월	3월	4월	5월	6월	7월	8월	9월	10월	11월	12월	계
5,360	4,143	4,149	3,197	2,736	3,111	3,173	3,282	2,721	2,840	3,801	4,967	43,480

※ (주)ㅇㅇ의 연간 통계 자료로 Steam Flow Meter 계측치이며, 응축수 회수율은 약 70%이다.

[그림 1] 재증발증기의 방출(생증기 배출 예상)

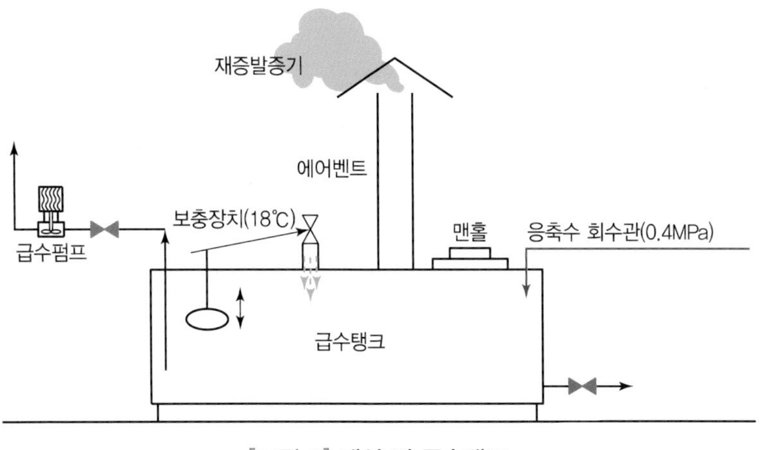

[그림 2] **개선 전 급수탱크**

2 개선방안

1. Air Vent로 의외의 다량의 증기 배출과 특히 압력 동반 시는 생증기 배출을 의심해 본다.
   (1) Steam Trap의 고장과 부적절, Bypass Valve의 열림과 고장 등을 확인한다.
   (2) 이를 감안하여 Bypass가 없는 에너지 절약형 Steam Trap의 설치를 권장한다.

[표 2] **에너지 절약형 스팀트랩**

에너지 절약형 스팀트랩 설치방법	스팀트랩 점검방법	고장 시 조치 방법
1 2 3 4 5 6 7 ※ 위 그림은 교육 및 홍보용으로서 설치 후 보온하여야 한다.	①의 밸브를 잠그고, ②의 밸브를 열어 본다. 응축수가 간헐적으로 배출되면 정상이며, 간헐적으로 이와 같은 방법으로 점검한다.	⑥의 밸브를 잠그고, ⑦의 밸브를 생증기가 누출되지 않을 만큼 열어 준 후 ④의 Strainer 청소 및 ⑤의 Union을 이용하여 ③의 스팀트랩을 교체한다.

2. Air Vent로 방출하는 재증발증기에 대한 재증발 회수장치를 설치한다.
   (1) 보충수 공급방법을 개선한다.
      ① Ball Tap 방식에서 Floatless 방식으로 개선한다.
      ② 보충수는 최상부에서 스프레이에 의해 재증발증기가 응축되도록 한다.
      ③ 특히, 응축수 탱크(Condensate Tank)가 옥외에 설치되어 있거나, 동절기에 동파의 우려가 있을 경우 Spray 냉각 방식을 권장한다.
   (2) 전열 및 응축효과를 도모하기 위해 회수장치 내부에 차폐판을 설치한다.
      ① 차폐판을 지그재그로 장착하여 회수효율을 높인다.

② 차폐판은 약 5∅ 구경의 구멍을 뚫어 주면 효율을 가중할 수 있다.

③ 재증발 회수장치의 구경은 가급적 크게 한다.

※ Air Vent의 부하를 최소화한다.

④ 재증발증기가 다량으로 발생하거나, 회수효율이 낮을 경우 순환펌프를 활용할 수 있다. 이때 펌프 입구 배관은 급수탱크 하부에서 약 15cm 위치에 설치하여 급수탱크 최하부의 슬러지 유입을 방지한다.

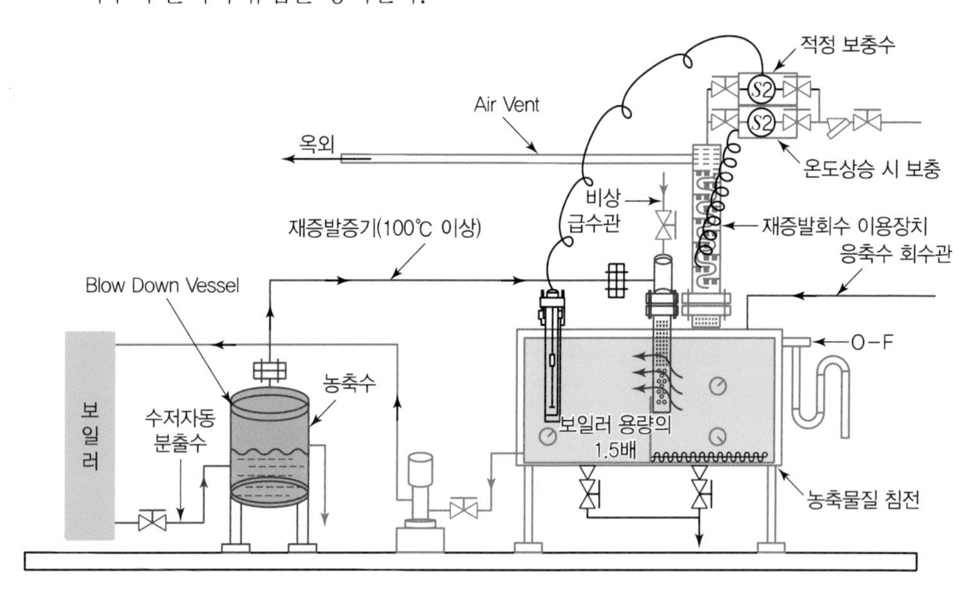

[그림 3] **개선 후 공정도**

[그림 4] **급수승온장치 설치 모습**

3. 기업의 특성을 고려한다.

(1) 자체 제작 및 설치가 가능하므로 최소의 가공비로 최대의 효과를 도모한다.

(2) 실무자의 자기계발의 기회로 활용한다.

3 기대효과

1. 재증발증기 발생량(kg/년)

=스팀 사용량×응축수 회수율×{(0.4MPa 포화수 엔탈피−대기압 포화수 엔탈피)
÷대기압 증발잠열(kcal/kg)}

=43,480,000kg/년×0.7×{(152.13−100)kcal/kg÷539kcal/kg}

=2,943,652kg/년=655.89kg/h

(1) ○○동은 스팀 사용압 0.5MPa로 점유율 70.68%이며, 나머지 스팀은 난방용으로 사용압 0.2MPa, 점유율 29.32%이다. 따라서 트랩 후단 압력은 0.4MPa을 적용한다.
0.5×0.7068+0.2×0.2932=0.41MPa

2. 재증발증기 회수가능열량(kcal/년)

=재증발증기 발생량(kg/년)×대기압 증발잠열(kcal/kg)×안전율

=2,943,652kg/년×539kcal/kg×0.7

=1,110,639,899kcal/년=247,469kcal/h

※ 방열 및 기타 손실열을 감안해 안전율은 70%를 적용한다.

3. 보일러 급수 승온가능온도(℃)

=회수가능열량(kcal/h)÷물의 비열(kcal/kg ℃)÷급수량(kg/h)

=247,469kcal/h÷1kcal/kg ℃÷9,688kg/h

=25.54℃

(1) 재증발증기 회수 시 보일러 급수온도=93.54℃

(2) 보일러 급수량

=스팀 사용량(kg/년)÷연 가동시간(h/년)

=43,480,000kg/년÷4,488h/년

=9,688kg/h

4. 재증발증기 활용에 의한 연간 연료 절감량(Nm^3/년)

=회수가능열량(kcal/년)÷연료 발열량(kcal/Nm^3)÷보일러 효율

=1,110,639,899kcal/년÷9,550kcal/Nm^3÷87.22 /100

=133,338Nm^3/년=140.67TOE/년=5.89TJ/년

※ 연료의 발열량은 연료의 입열을 활용할 수 있다. 이 경우 열정산을 실시하여야 한다.

5. 절감률(%)

=절감량(TOE/년)÷공정 에너지 사용량(열+전기)TOE/년×100%

=140.67TOE/년÷2,864.78TOE/년×100%

=4.91%(총 에너지 사용량 대비 2.2%)

(1) 공정 에너지 사용량

=보일러 에너지 사용량(TOE/년)+보일러 전기 사용량(TOE/년)

=2,845.06TOE/년+19.72TOE/년

=2,864.78TOE/년

6. 연간 절감금액(천원/년)

=절감량(Nm^3/년)×LNG 단가(원/Nm^3)

=133,338Nm^3/년×678.02원/Nm^3

=90,405천원/년

7. 탄소배출 저감량(tC/년)

=절감량(TOE/년)×탄소배출계수(tC/TOE)

=140.67TOE/년×0.637tC/TOE

=89.61tC/년

4 경제성 분석

1. 투자비

[표 3] 항목별 투자비 (단위 : 천원)

항목	단위	개선안			비고
		단가	수량	계	
응축수 탱크	1식	20,000	1	20,000	
플래시스팀 회수장치		5,000	1	5,000	
계				25,000	시공비 포함

2. 투자비 회수기간

=투자비(천원)÷연간 절감금액(천원/년)

=25,000천원÷90,405천원/년

=0.28년

SECTION

12 재증발증기를 활용한 보일러 급수 승온(벙커C유)

1 현황 및 문제점

보일러에서 제조된 0.6MPa의 증기는 평균 0.24MPa로 1, 2호 건조기에 주로 사용하며, 공정에 열원을 공급하고 Steam Trap을 통해 배출되는 응축수는 응축수 탱크로 약 80% 정도를 회수하여 보일러 급수온도는 80℃이나, 응축수 탱크에 재증발증기 회수장치가 없어 재증발증기는 벤트를 통해 방출되고 있다.

[표 1] 2011년도 증기 발생량

2011년도 증기 발생량(ton/월)												
1월	2월	3월	4월	5월	6월	7월	8월	9월	10월	11월	12월	계
2,883	1,847	2,545	2,566	2,489	2,389	2,517	2,027	2,418	2,425	2,368	2,560	29,034

※ 증기 발생량은 벙커C유 비중을 적용해, 보일러 평균 증발배수(13.55)에 의해 산출한다.

[그림 1] 재증발증기의 방출

PART 01 PART 02 PART 03 PART 04 PART 05 PART 06

(a) 급수탱크의 모습

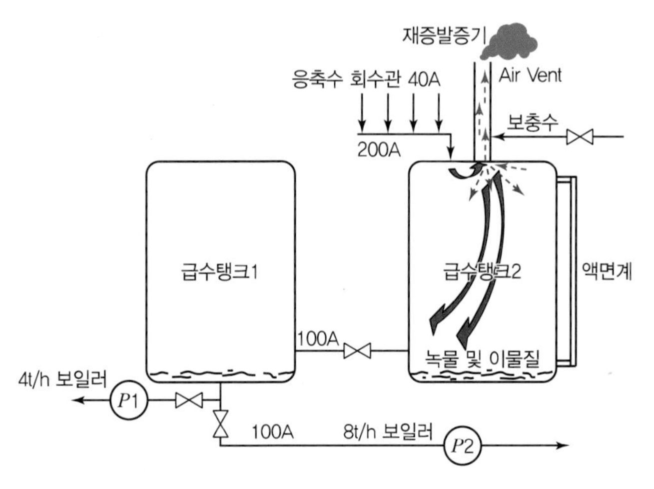

(b) 급수탱크 측면도

[그림 2] **개선 전 공정도**

2 개선방안

Air Vent로 방출하는 재증발증기를 재증발 회수장치를 제작하여 회수한다.

1. 보충수 공급방법을 개선한다.
   (1) 급수탱크 보충수 공급방법을 수작업에서, Floatless 방식에 의해 자동공급되도록 개선한다. 이 경우 수위감지장치는 펌프 측 급수탱크 1에 설치한다.
   (2) 보충수는 급수탱크 2, Air Vent의 최상부에서 스프레이 형태로 공급하여 재증발증기가 응축되도록 한다.
2. 전열 및 응축효과를 증대하기 위해 회수장치 내부에 차폐판을 설치한다.
   (1) 차폐판을 지그재그로 장착하여 전열 증대로 회수효율을 높인다.
   (2) 차폐판은 약 3~5∅ 구경의 구멍을 뚫어 주면 효율을 증대할 수 있다.
3. 재증발 회수장치의 구경을 가급적 크게 함으로써 Air-Vent의 부하를 최소화한다.
4. 재증발증기가 다량으로 발생하거나, 회수효율이 낮을 경우 순환펌프를 활용한다.
5. 1, 2 급수탱크 연결 부분은 하단에서부터 급수탱크 2/3 정도의 상부에 설치해 2탱크의 고온수가 1탱크로 넘어가도록 하여 온도차에 의한 저온수 공급을 차단한다. 이때 2탱크에만 이물질이 모이도록 하여 보일러로의 불순물 유입을 차단한다.

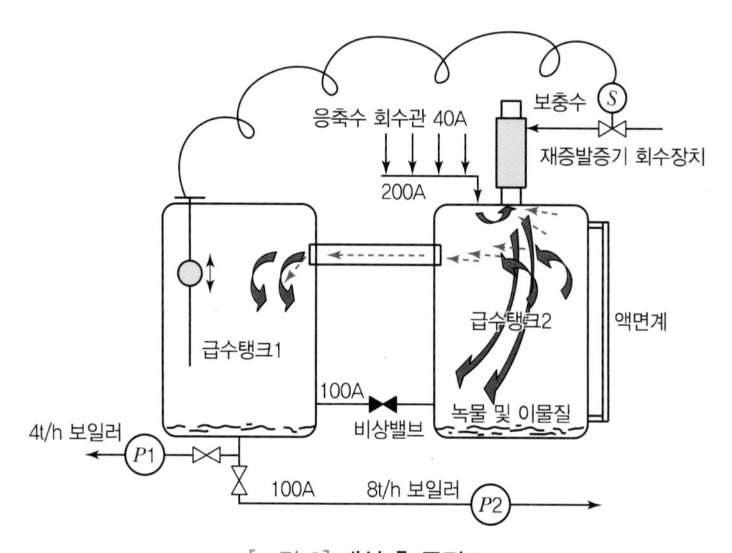

[그림 3] **개선 후 공정도**

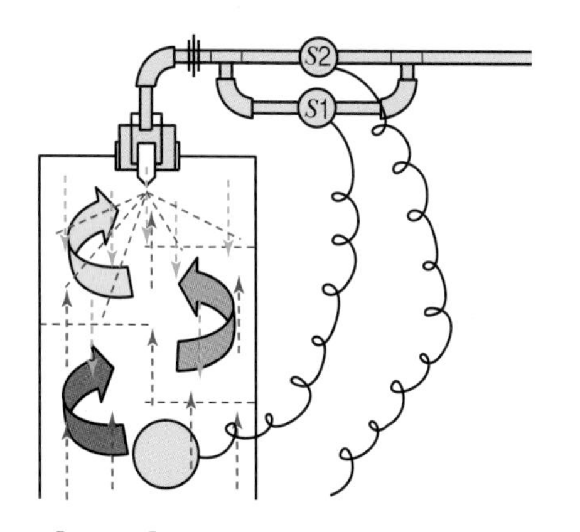

[그림 4] **재증발증기 회수장치 내부도**

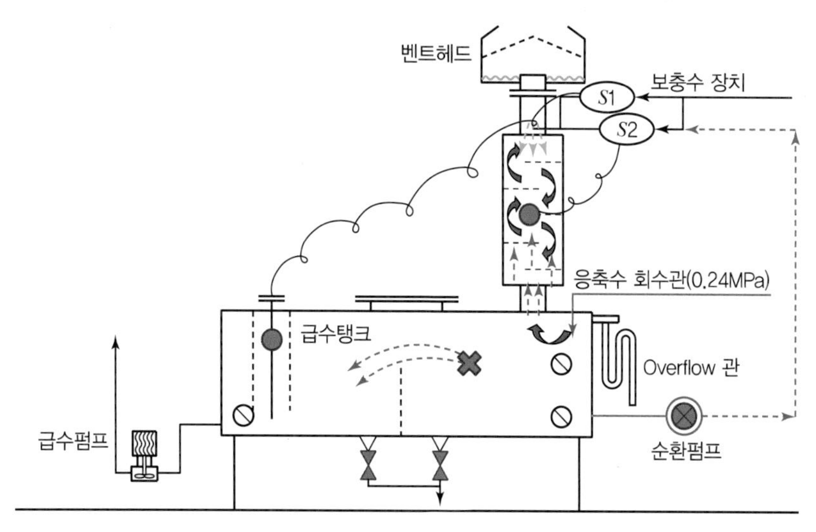

[그림 5] **순환펌프 설치 시 공정도**

3 기대효과

1. 재증발증기 발생량(kg/년)

=스팀 사용량×응축수 회수율×(0.24MPa 포화수 엔탈피－대기압 포화수 엔탈피)

÷대기압 증발잠열(kcal/kg)

=29,034,000kg/년×0.8×(137.815－100)kcal/kg÷539kcal/kg

=1,629,567kg/년=186.02kg/h

2. 재증발증기 회수가능열량(kcal/년)

=재증발증기 발생량(kg/년)×대기압 증발잠열(kcal/kg)×안전율

=1,629,567kg/년×539kcal/kg×0.6

=527,001,967.8kcal/년

※ 방열 및 기타 손실열을 감안해 안전율은 60%를 적용한다.

3. 보일러 급수 승온가능온도(℃)

=회수가능열량(kcal/년)÷물의 비열(kcal/kg ℃)÷급수량(kg/년)

=527,001,967.8kcal/년÷1kcal/kg ℃÷29,034,000kg/년

=18.15℃

(1) 재증발증기 회수 시 보일러 급수온도는 98.15℃로 승온된다.

보일러 급수온도=80℃+18.15℃=98.15℃

4. 재증발증기 활용에 의한 연간 연료 절감량(L/년)

=회수가능열량(kcal/년)÷연료 발열량(kcal/L)÷보일러 효율

=527,001,967.8kcal/년÷9,350kcal/L÷77.08/100

=73,124L/년=72.39TOE/년=3.03TJ/년

5. 절감률(%)

=절감량(TOE/년)÷공정 에너지 사용량(열+전기)TOE/년×100%

=72.39TOE/년÷2,308.1TOE/년×100%

=3.14%(총 에너지 사용량 대비 1.31%)

(1) 공정 에너지 사용량

=보일러 연료 사용량(TOE/년)+보일러 전기 사용량(TOE/년)

=2,248.6TOE/년+59.5TOE/년

=2,308.1TOE/년

6. 연간 절감금액(천원/년)

=절감량(L/년)×B−C유 단가(원/L)

=73,124L/년×870.73원/L

=63,671천원/년

7. 탄소배출 저감량(tC/년)

=절감량(TOE/년)×탄소배출계수(tC/TOE)

=72.39TOE/년×0.875tC/TOE

=63.34tC/년

4 경제성 분석

1. 투자비

[표 2] **항목별 투자비**

(단위 : 천원)

항목	단위	개선안			비고
		단가	수량	계	
플래시스팀 회수장치 설치		−	1	10,000	
보일러 급수탱크 배관 개선		−	1	2,000	
계				12,000	시공비 포함

2. 투자비 회수기간

=투자비(천원)÷연간 절감금액(천원/년)

=12,000천원÷63,671천원/년=0.19년

참고

기대효과 및 경제성 분석 사례(LNG)

1. 배기폐열 회수가능열량(kcal/Nm³)

$=\{G_0+(m_2-1)\times A_0\}\times C_g\times(t_{g1}-t_{g2})\times a$

=\{11.86+(1.23−1)×10.75\}×0.33×(230.73−130)×0.9

=428.78kcal/Nm³

※ 안전율을 고려해 절탄기 효율은 90%를 적용한다.

2. 보일러 급수 승온가능온도(℃)

=배기폐열 회수가능열량(kcal/Nm³)×연료 사용량(Nm³/h)÷{급수량(kg/h)×물의 비열(kcal/kg ℃)}

=428.78kcal/Nm³×17.71Nm³/h÷(250.24kg/h×1kcal/kg ℃)

=30.35℃

(1) 시간당 연료 사용량

= 보일러용 연간 총 연료 사용량(Nm^3/년) ÷ 연간 가동시간(h/년)

= 48,288Nm^3/년 ÷ 2,727h/년

= 17.71Nm^3/h

(2) 시간당 급수량

= 시간당 연료 사용량(Nm^3/h) × 보일러 증발배수(kg/Nm^3)

= 17.71Nm^3/h × 14.13kg/Nm^3 연료

= 250.24kg/h

(3) 연간 가동시간

= 303일/년 × 9h/일

= 2,727h/년

※ 근무일 303일(일요일 52일, 명절 6일, 휴가 4일 제외), 일 9시간 가동

3. 열교환기 면적(m^2)

$$= \frac{\text{회수가능열량(kcal/h)}}{\text{총괄전열계수}(\text{kcal/m}^2\text{ h ℃}) \times \text{대수평균온도차(℃)}}$$

$$= \frac{428.78 \times 17.71}{50 \times \dfrac{(136.11 - 46.22)}{\ln\dfrac{136.11}{46.22}}}$$

= 1.82m^2

※ 열교환기의 총괄전열계수는 50kcal/m^2 h ℃를 적용한다.

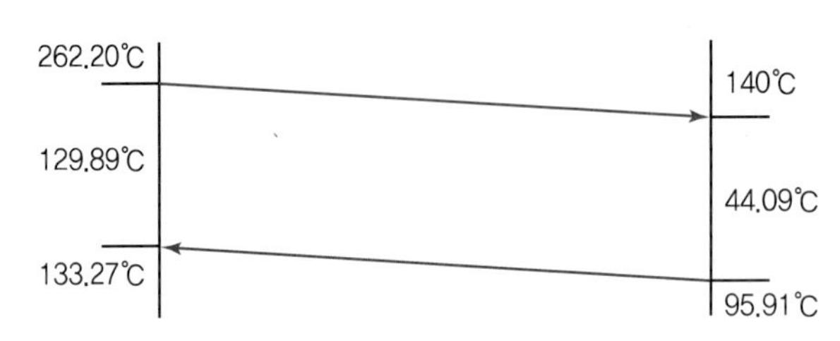

[그림 6] **대수평균온도차**

4. 연간 연료 절감량(Nm^3/년)

= 절감열량(kcal/Nm^3) × 연간 연료 사용량(Nm^3/년) ÷ 보일러 입열량(kcal/Nm^3) ÷ 보일러 평균효율

= 428.78kcal/Nm^3 × 48,288Nm^3/년 ÷ 9,424.45kcal/Nm^3 ÷ 83.17/100

= 2,642Nm^3/년 = 2.76TOE/년 = 0.12TJ/년

※ 보일러 입열량과 보일러 효율은 열정산에 의하여 적용한다.

5. 절감률(%)

= 절감량(TOE/년) ÷ 총 에너지 사용량(LNG)TOE/년 × 100%

= 2.76TOE/년 ÷ 50.36TOE/년 × 100%

= 5.48%

6. 연간 절감금액(천원/년)

= 연간 연료 절감량(Nm^3/년) × 적용 LNG 단가(원/Nm^3)

= 2,642Nm^3/년 × 886.11원/Nm^3

= 2,341천원/년

7. 탄소배출 저감량(tC/년)

= 절감량(TOE/년) × 탄소배출계수(tC/TOE)

= 2.76TOE/년 × 0.637tC/TOE

= 1.76tC/년

8. 경제성 분석

(1) 투자비

[표 3] **항목별 투자비** (단위 : 천원)

항목	단위	개선안			비고
		단가	수량	계	
절탄기 설치	1식	3,000	1	3,000	
계				3,000	시공비 포함

(2) 투자비 회수기간

= 투자비(천원) ÷ 연간 절감금액(천원/년)

= 3,000천원 ÷ 2,341천원/년

= 1.28년

SECTION
13 건조기실 상부공기 활용으로 급기공기 승온

1 현황 및 문제점

건조기의 Air Heater는 실내공기를 흡입하여 170℃의 열풍을 제조하여, 분말 스프를 열풍으로 건조하고 있다. 열교환기, 건조기 등에서 발산되는 방열 및 기타 손실열(입열의 18%) 등에 의해 주변의 공기는 온도가 올라가고, 온도가 높아진 공기는 건물 상부에 머물게 되므로 상층부의 온도가 높게 형성된다. 건조기실의 높이는 약 28m이고, 높이에 따라 실내 공기온도가 다르게 나타나고 있으며, 건조기 하단부에서의 급기 공기온도는 30.1℃, 최상부 공기온도는 42.7℃ 이상으로 나타나고 있다.

(a) 건조기실 내부

(b) 건조기실 외부

[그림 1] 건조기실 모습

[표 1] 건조기실 층별 실내온도(℃)

구분	창내 (흡입구)	1층	2층	3층	4층	5층	6층
온도	27	30.1	33.5	36.6	38.2	41.1	42.7
측정 모습							

2 개선방안

1. 건조기 급기 팬의 흡입공기를 승온하여 에너지(증기) 소비량을 절감하기 위하여, 급기의 흡입부위를 하부에서 상부로 개선하여 상부의 더운 공기를 이용한다.
2. 최상부 온도를 흡입하여 사용하면 효과는 크겠으나, 실내 환경을 감안하여 3층 높이의 실내온도 이용으로 개선할 것을 권장한다.
3. Air Filtering 장치는 기존과 같으며, 흡입구 최상부위에서의 관리가 수월한 위치를 선정하여 안전망을 설치한다.
4. 실내온도 감소로 작업환경 개선에 의한 작업능률 향상, 하절기 냉방부하 감소 등 시너지 효과를 얻을 수 있다.

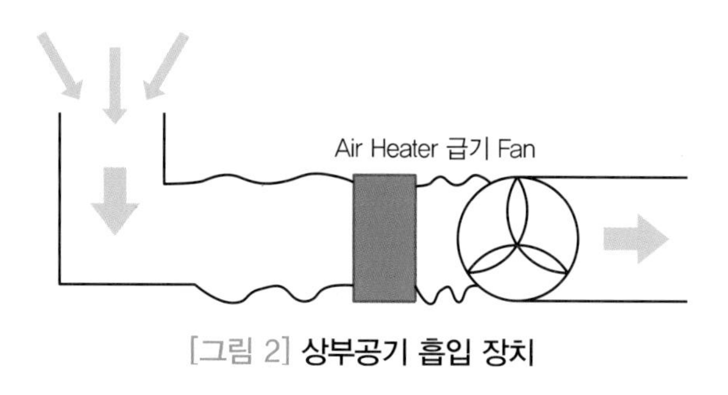

[그림 2] **상부공기 흡입 장치**

3 기대효과

1. 절감가능열량(kcal/h)

=흡입 공기량(Nm^3/h)×공기 비열(kcal/Nm^3 ℃)×급기 온도차(℃)

=39,776.84Nm^3/h×0.31kcal/Nm^3 ℃×(36.6−30.1)℃

=80,150.33kcal/h

2. 연간 연료 절감량(Nm^3/년)

=절감열량(kcal/h)×가동시간(h/년)÷보일러 입열(kcal/Nm^3)÷보일러 효율

=80,150.33kcal/h×6,624h/년÷9,580.9kcal/Nm^3÷90.58/100

=61,177Nm^3/년=64.54TOE/년=2.7TJ/년

(1) 보일러 입열 및 효율은 열정산에 의한 평균치를 적용한다.

(2) 연간 가동일수 276일(일요일 52일, 토요일 26일, 명절 및 휴가 11일 제외)에 조업시간 24h/일(현장 2교대 근무)을 적용한다.

연간 가동시간=276일/년×24h/일=6,624h/년

3. 절감률(%)

=절감량(TOE/년)÷공정 에너지 사용량(열+전기)TOE/년×100%

=64.54TOE/년÷2,128.39TOE/년×100%

=3.03%(총 에너지 사용량 대비 1.76%)

(1) 공정 에너지 사용량

=건조기 연료 사용량(TOE/년)+건조기 전기 사용량(TOE/년)

=1,549+579.39TOE/년

=2,128.39TOE/년

4. 연간 절감금액(천원/년)

=연간 연료 절감량(Nm^3/년)×적용 LNG 단가(원/Nm^3)

=61,177Nm^3/년×674.34원/Nm^3

=41,254천원/년

5. 탄소배출 저감량(tC/년)

=절감량(TOE/년)×탄소배출계수(tC/TOE)

=64.54TOE/년×0.637tC/TOE

=41.11tC/년

4 경제성 분석

1. 투자비

[표 2] **항목별 투자비** (단위 : 천원)

항목	단위	개선안			비고
		단가	수량	계	
덕트 설치	1식	10,000	1	10,000	
주변 설비 개선 및 시공비	1식	20,000	1	20,000	
계				30,000	시공비 포함

2. 투자비 회수기간

=투자비(천원)÷연간 절감금액(천원/년)

=30,000천원÷41,254천원/년

=0.73년

SECTION

14 스팀트랩에 의한 에너지 절약 및 생산성 향상

1 현황 및 문제점

1. 스팀트랩(Steam Trap)이란, 응축수를 배출하고 스팀의 배출을 억제하는 일종의 자동밸브로서 스팀의 배출을 억제하는 덫(Trap)이다. 그러므로 기능을 상실한 스팀트랩은 잘못 선택하였거나 고장 난 스팀트랩이라고 할 수 있다. 응축수가 배출하는 만큼 증기가 공급되는 것으로 잠열을 피가열체에 전달하고 발생된 응축수를 원활하게 배출하여야 한다.
2. 각 공장 및 사업장에는 수십 개 내지는 수백 개의 스팀트랩이 설치되어 있는데, 나름대로의 용도에 따라 열에너지를 수송하는 배관과 열사용설비, 그리고 기기들이 한정된 좁은 공간 속에 복잡하게 얽히게 된다.
3. 그럼에도 증기를 사용하는 대부분의 설비는 고정관념에 의한 스팀트랩의 Bypass 설치로 설치작업 공간이 협소하여 통행이 불편하고 작업능률 저하와 방열면적 증가로 에너지가 유실되는 등 적잖은 우려가 있다.
   (1) 스팀트랩을 설치하는 것도 힘든데 Bypass까지 설치하게 되어 더욱 힘들게 한다. 그런데, 어렵게 설치한 스팀트랩을 설치 후 정상적으로 작동되는지 점검하고 살펴보는지도 의문스럽다.
      ① 혹시 누적된 이물질의 막힘으로 인하여 무용지물이 되고 있지 않은지?
      ② 스팀트랩의 Bypass는 얼마나 유용하게 활용하고 있는지?
      ③ 스팀트랩의 유명무실로 습증기는 가중되고, 증기의 품질은 저하되어 생산성이 저하되지 않는지?
   (2) 관리가 되지 않는 곳에는 스팀의 유속에 의한 Water Hammer가 나타날 수 있고, 배관 및 기기의 파손을 가중시켜 수명 단축은 물론 설비 효율을 저하시키게 된다. 특히, 스팀트랩의 정상적인 작동이 생산성 향상에 밀접한 관련이 있음에도 불구하고, 원칙과 상식을 벗어나 이상하게 설치하거나 점검장치가 없어 비효율적으로 운영하는 곳을 살펴볼 수 있다.
4. 이런저런 현황과 생증기의 누출 등으로 인해 에너지의 유실과 설비의 효율 저하에 대한 적잖은 문제가 발생하고 있다.

(a) 웰스(위치+배관) (b) 관말 (c) 트랩 2개 설치+상향식 연결 방법

[그림 1] **스팀트랩 설치가 잘못된 사례**

(a) 돌출 (b) 옥외 (c) 상부 설치

[그림 2] **스팀트랩 설치 모습**

[그림 3] **압력이 맞지 않거나 고장 난 스팀트랩**

2 개선방안

1. 용도와 사용압력에 적합한 규격의 스팀트랩을 설치하여 원활한 응축수 배출로 목적에 기여하여야 한다.

2. 응축수 회수관은 용량에 적합한 구경을 설치하고, 구배를 주어 응축수 차압이 없거나 작아야 한다.
   (1) 지나치게 큰 회수관은 설치비용과 방열손실 등으로 유지관리 측면에서 낭비요소가 될 수 있다.
   (2) 응축수 회수를 상향으로 이송할 경우에는 스팀트랩 후단에 체크밸브(Check Valve)를 설치하고 상부의 배관 연결에 주의하여야 한다.
   (3) 용도에 따라 Steam의 품질을 향상시키기 위한 기수분리기(Separator)를 부착해야 하고, 여기서 분리된 응축수를 배출하는 스팀트랩을 부착하여야 한다.

3. 스팀트랩의 Bypass 사용 및 남용을 억제하기 위한 Bypass가 없는 에너지 절약형 스팀트랩 장치로 개선할 것을 권장한다.
   (1) 제작을 간편하게 하고, 부품도 적게 소요되며, 설치공간을 최소화하여 작업환경이 개선될 수 있다.
   (2) 과감하게 스팀트랩의 Bypass를 제거하거나, 스팀트랩의 Bypass를 제거할 것에 대비하여 새롭게 제작되는 것은 미리 숙지하여 착오가 없도록 한다.
   (3) Bypass는 스팀트랩이 고장 날 경우를 대비하여 설치한 것으로, 실제로 사용하다 보면 득보다는 실이 많음을 알 수 있다.
      ① 바이패스밸브(Bypass Valve)의 고장으로 Steam이 누설되는 곳이 의외로 많다.
      ② 바이패스밸브의 남용으로 생증기가 누출할 때 누설부위의 발견이 매우 어렵다.
      ③ 스팀트랩의 고장 시 보수가 어렵고, 인력손실이 가중된다.
      ④ 점검장치를 설치할 경우에는 많은 경비가 소요된다.

4. 스팀트랩이 고장이 나는 경우 [그림 4]와 같이 관리한다. 이 방법은 아주 간단하고, 편리하고, 경제적이며 이상적이다. 거기다가 쉽게 점검까지 할 수 있어 금상첨화이다.

5. 정리하면, 기기는 설치 여부가 중요한 것이 아니고, 어떻게 합리적이고 효율적으로 관리하느냐가 중요하다고 할 수 있다.

참고

에너지 절약형 스팀트랩 개발 동기

1. 저자는 현장에서 근무 중 에너지 절약에 대한 사명감으로 각종 설비에 대한 상황을 예의주시하던 중 보일러 급수탱크 에어벤트에서 평상시와 다르게 많은 증기가 방출되는 것을 살펴보며, Steam Trap에 장착된 Bypass Valve의 남용을 알게 되었다.
2. 이러한 상황은 잊을 만하면 간헐적으로 발생하고는 하였다. 아무리 단속하고 주의해도 반복되는 것을 보고 문제의 Bypass Line(배관)을 없애 버리면 어떨까, 그리고 처음부터 설치하지 않으면 어떤 문제가 생길까, 하는 문제의식에서 에너지 절약형 스팀트랩을 발명하고 설치하게 되었다.
3. 저자가 근무하는 현장에서는 전혀 문제가 없었고, 좋은 점이 많아 만족스러워서 주변의 동료들에게 홍보하고 권장하였다. 처음에는 일부 부정적인 반응이 있었지만 30여 년이 지난 현재는 널리 보급되어 활용하고 있다.

[표 1] **에너지 절약형(개량형) 스팀트랩 제작 및 관리 방법**

에너지 절약형 스팀트랩 설치방법	스팀트랩 점검방법	스팀트랩 교체 및 고장 시 조치 방법
※ 위 그림은 교육 및 홍보용으로서 설치 후 보온하여야 한다.	①의 밸브를 잠그고, ②의 밸브를 열어 본다. 응축수가 간헐적으로 배출되면 정상이다.	⑥의 밸브를 잠그고, ⑦의 밸브를 열어준다. 이때 생증기가 누출되지 않을 만큼 수동 조절한다. ⑤의 Union을 풀고, ③의 스팀트랩을 교체한다. 안전을 고려하여 ①의 밸브를 잠그고, ②의 밸브를 열어준다.

[그림 4] **에너지 절약형(개량형) 스팀트랩으로 교체 중인 모습**

[표 2] **스팀트랩 누증 시 손실량**

구멍지름(mm)	손실량(kg/h)				
	2	5	7	10	20
1	1	2	3	4	8
2	4	9	12	17	32
3	9	20	27	38	71
4	16	35	48	67	125
5	25	55	76	105	197

적용공식 : $G=0.5626D^2\sqrt{\frac{P}{V}}$

여기서, G : 건조포화증기량(kg/h)

D : 작은 구멍(오리피스)의 직경(mm)

P : 증기의 압력(kg/cm^2)

V : 건조포화증기의 비용적(m^3/kg)

[표 3] **스팀트랩 점검장치 및 점검방법**

구분	눈(Sight Glass)	소리	반응(색)	온도
그림				
점검방법	사이트 글라스에 의한 작동상태를 육안으로 확인	청진기 및 초음파 진단기에 의해 확인	센서 체임버에 의한 외부반응 색에 의해 확인	스팀트랩 작동에 대한 온도에 의해 확인

참고

응축수 회수 방법

1. 가급적 하향식으로 응축수를 회수하도록 한다. 응축수 회수는 차압 및 배압을 최소화할 수 있도록 적절한 구배(1/70~1/100)와 구경을 선정한다.
2. 상향식으로 설치할 수 있다.
   (1) 차압 및 배압을 한층 고려하고, 입상관의 응축수 고임에 의한 Water Hammering과 동파 방지를 감안하고 대책을 강구해야 한다.
   (2) 스팀트랩 후미의 하부에는 반드시 체크밸브를 설치하여 역류를 방지한다.
   (3) 회수관은 스팀트랩마다 별개로 설치한다.
   (4) 보온을 강화하고, 외부의 경우 필요시에는 열선을 이용하여 동결을 방지한다.

3. 부득이한 경우 스팀트랩을 열사용설비의 상부에 설치할 수 있다. 이 경우 회수 효율이 더딜 수 있으므로 각별한 주의를 기울여야 한다.
   (1) 열사용설비의 하부 관말에 U-Seal을 설치한다.
   (2) 응축수를 상부로 이송하기 위해서는 소정의 압력이 있어야 한다.
   (3) [그림 6]의 세부도와 같이 비교적 작은 배관(1/2~3/4)을 굵은 배관에 찔러 넣어 최소의 압력으로 응축수를 이송할 수 있도록 한다.
   (4) 이송된 응축수는 스팀트랩을 통하여 자연스럽게 흘러가도록 적절한 구배가 있어야 한다(응축수 차압 및 배압을 최소화한다).

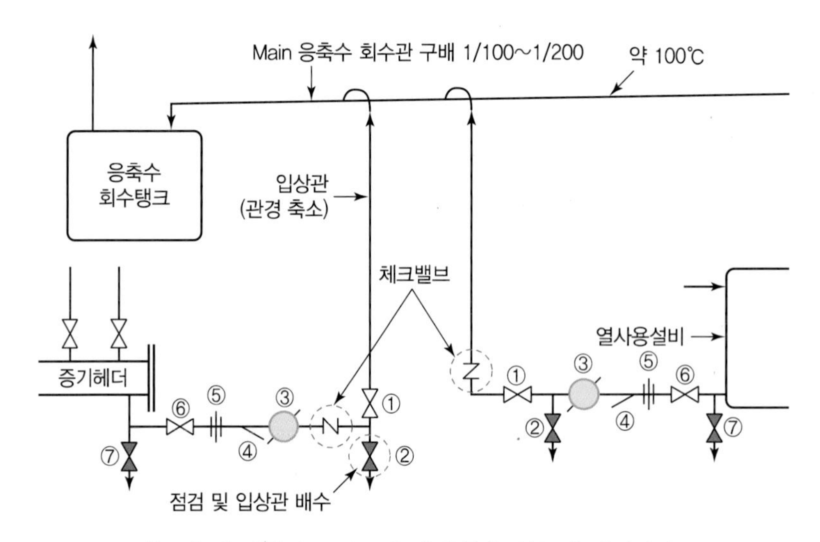

[그림 5] **상향식 스팀트랩 및 응축수 회수관 설치방법**

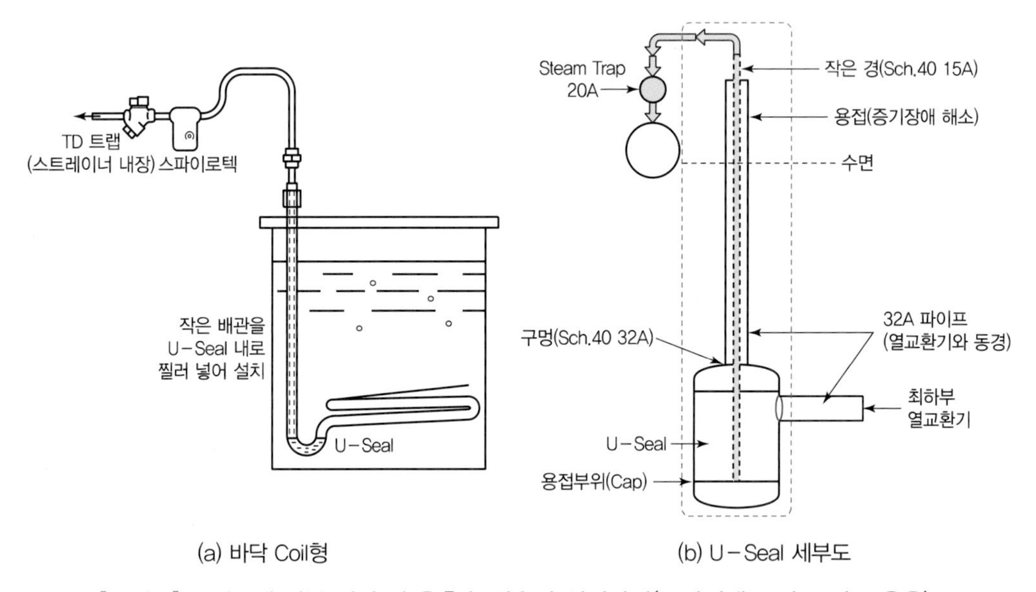

(a) 바닥 Coil형 (b) U-Seal 세부도

[그림 6] **스팀트랩 상부 설치 및 응축수 회수관 설치방법(스파이렉스 사코 자료 응용)**

(a) 계획도 및 실제 실시

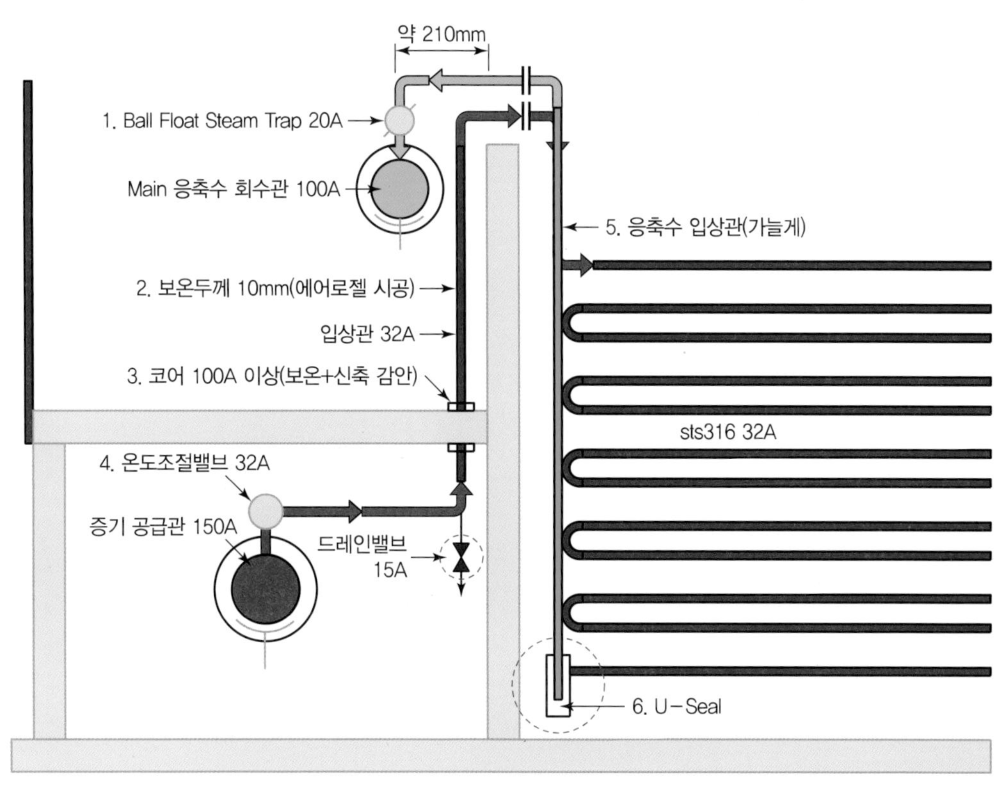

(b) 세부도

[그림 7] **설치 및 세부도**

(a) 설치 모습

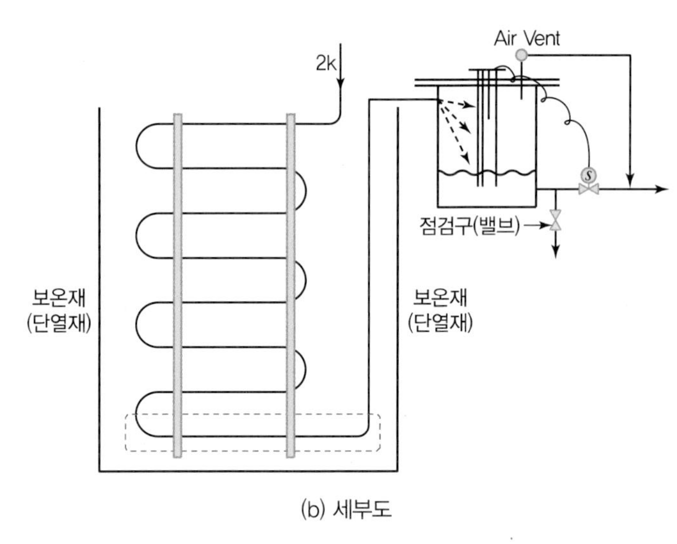

(b) 세부도

[그림 8] **스팀트랩 상부 설치 및 응축수 회수관 설치방법(수직/벽걸이 Coil형)**

3 기대효과

1. 적절한 형식 및 압력의 스팀트랩 설치로 합리적, 효율적 이용을 도모한다.
   (1) 생증기 누출 방지로 에너지 절약
   (2) 제작비 및 점검장치 비용 절감
   (3) 작업장 공간 확대 및 장애물 제거로 작업능률 향상 및 안전사고 방지

2. 원활한 스팀트랩 작동으로 Water Hammer 방지 및 열사용설비 효율 향상을 도모한다.
   (1) 설비손상 방지
   (2) 인력손실 방지
   (3) 원가절감 및 생산성 향상

4 트랩(Trap)

1. 증기트랩(Steam Trap)

(1) 증기는 많은 열량을 보유하고 있으며, 이 열량은 여러 가지로 이용된다. 그러나 방열기나 증기관 안에서 생긴 응축수나 공기는 방열의 방해 요인이 되므로, 이들을 빨리 환수관으로 배출해야 한다.

(2) 증기트랩은 이와 같은 목적을 위하여 증기관의 관 끝이나 방열기 등 열사용설비의 환수구 또는 응축수가 고이는 곳에 설치하는 것이다.

(3) 증기트랩의 종류에는 열동식 트랩, 플로트 트랩, 버킷 트랩, 충격식 트랩 등이 있다.

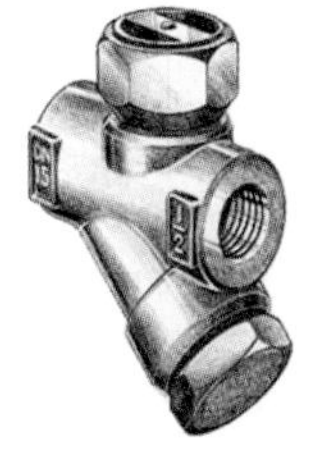
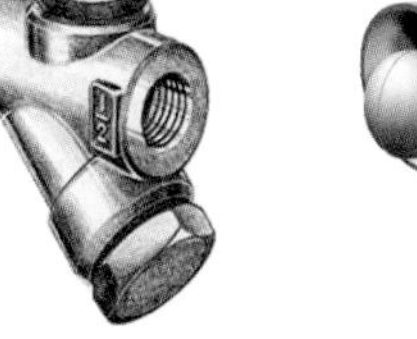
(a) 서모다이나믹

(b) 볼플로트식

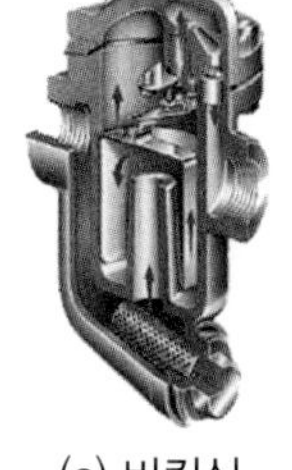
(c) 버킷식

(d) 바이메탈식

(e) 압력평형식

[그림 9] **스팀트랩의 종류**

(4) 스팀트랩의 작동원리

① 압력평형식 스팀트랩(Balanced Pressure Steam Trap)

[표 4] **압력평형식 스팀트랩의 작동원리**

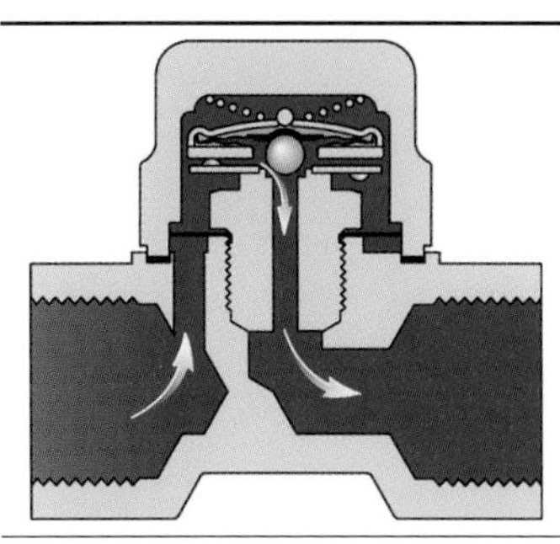	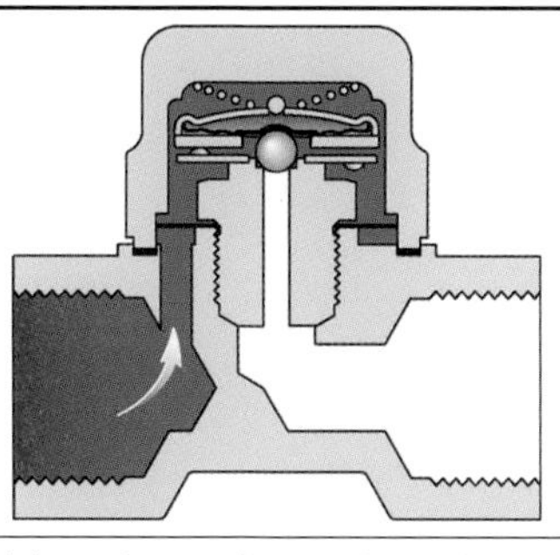	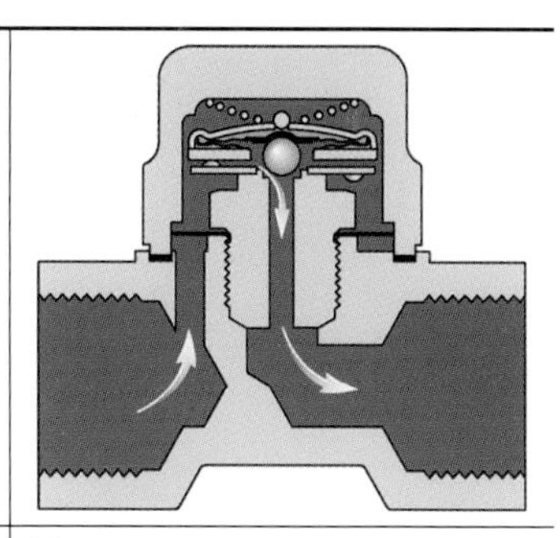
(a) 증기와 응축수의 온도차를 이용하며 가동 초기 공기 및 찬 응축수를 원활하게 배출한다(응축수 현열 이용 : 방열기 트랩).	(b) 포화온도에 근접하면 캡슐 내부의 액체가 증발하여 캡슐 내부의 압력이 밸브를 아래로 밀어 밸브를 폐쇄한다.	(c) 방열에 의한 캡슐 내부의 증기 응축 시 밸브를 개방한다.

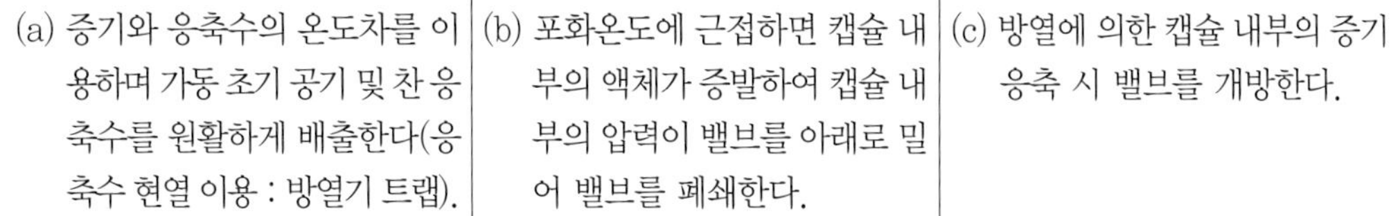

② 기계식 스팀트랩(Mechanical Steam Trap)

[표 5] **볼플로트식 스팀트랩의 작동원리**

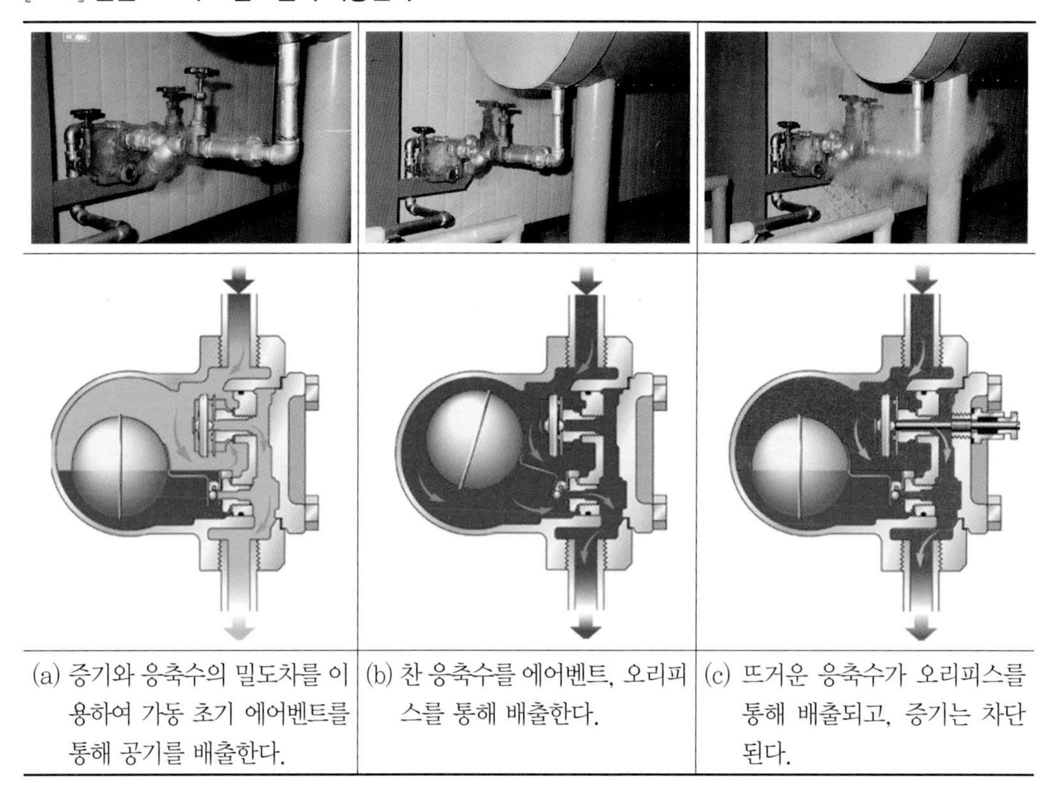

(a) 증기와 응축수의 밀도차를 이용하여 가동 초기 에어벤트를 통해 공기를 배출한다.	(b) 찬 응축수를 에어벤트, 오리피스를 통해 배출한다.	(c) 뜨거운 응축수가 오리피스를 통해 배출되고, 증기는 차단된다.

[표 6] **버킷식 스팀트랩의 작동원리**

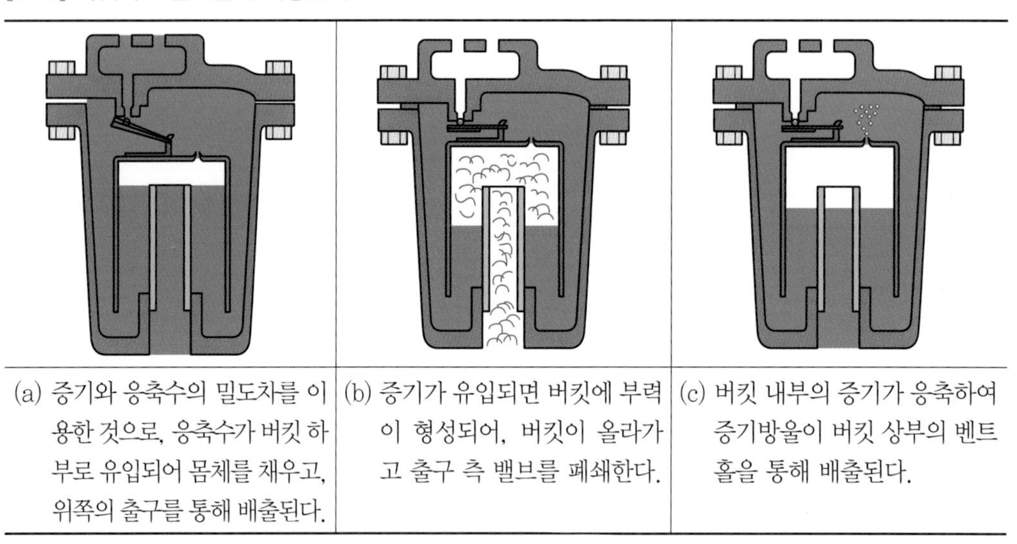

(a) 증기와 응축수의 밀도차를 이용한 것으로, 응축수가 버킷 하부로 유입되어 몸체를 채우고, 위쪽의 출구를 통해 배출된다.	(b) 증기가 유입되면 버킷에 부력이 형성되어, 버킷이 올라가고 출구 측 밸브를 폐쇄한다.	(c) 버킷 내부의 증기가 응축하여 증기방울이 버킷 상부의 벤트 홀을 통해 배출된다.

③ 열역학식 스팀트랩(Thermostatic Steam Trap)

증기와 응축수의 속도차를 이용한 원리이다. 즉, 운동에너지의 차이에 의해 작동한다.
(베르누이 정리를 이용한 스팀트랩)
정압(압력) + 동압(속도) = 일정

[표 7] **서모다이나믹 스팀트랩의 작동원리**

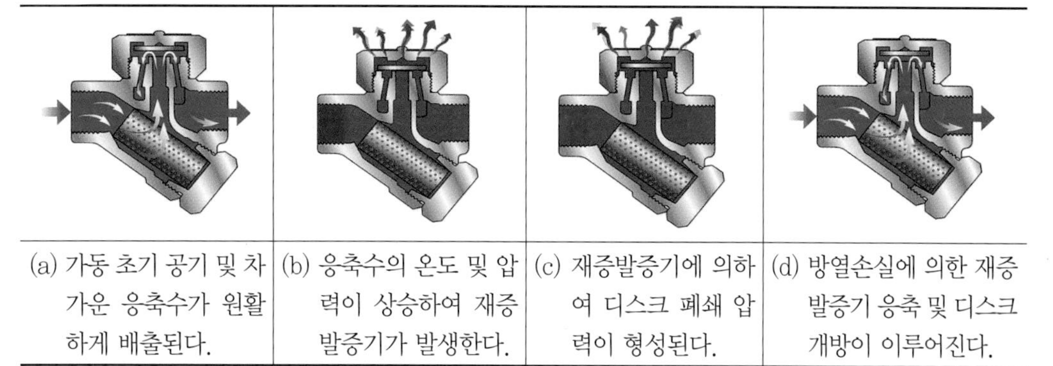

(a) 가동 초기 공기 및 차가운 응축수가 원활하게 배출된다.	(b) 응축수의 온도 및 압력이 상승하여 재증발증기가 발생한다.	(c) 재증발증기에 의하여 디스크 폐쇄 압력이 형성된다.	(d) 방열손실에 의한 재증발증기 응축 및 디스크 개방이 이루어진다.

[표 8] **바이메탈식 스팀트랩의 작동원리**

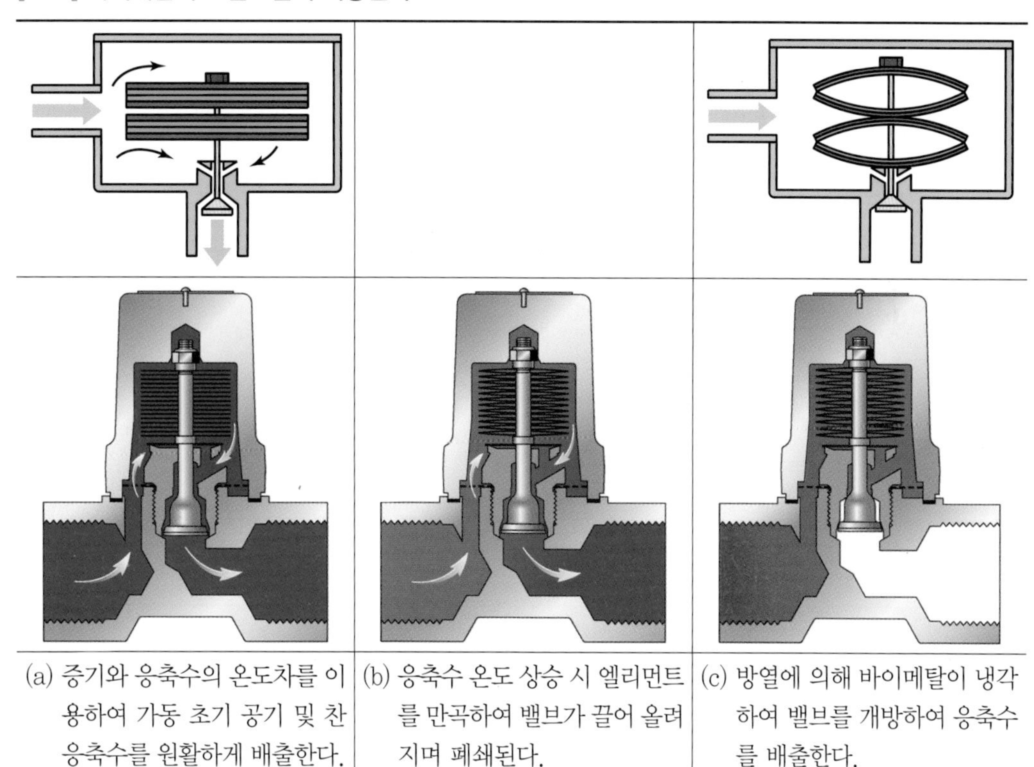

(a) 증기와 응축수의 온도차를 이용하여 가동 초기 공기 및 찬 응축수를 원활하게 배출한다.	(b) 응축수 온도 상승 시 엘리먼트를 만곡하여 밸브가 끌어 올려지며 폐쇄된다.	(c) 방열에 의해 바이메탈이 냉각하여 밸브를 개방하여 응축수를 배출한다.

(5) 스팀트랩의 종류별 비교

[표 9] **스팀트랩의 응축수 배출 형태**

구분	정상배출	응축수 배출온도	비고
서모다이나믹	간헐배출 폐쇄 시 완전밀폐	증기 포화온도에 근접	응축수 배출시간이 폐쇄시간보다 짧은 것이 정상적인 작동시간 (1분간 2~3회 작동)
압력평형식	간헐배출 Dribbing	증기 포화온도보다 낮은 온도 (Element－13℃)	부하가 적을 경우 Dribbing 할 수 있음
바이메탈식	간헐배출 Dribbing	증기 포화온도보다 낮은 온도	부하가 적을 경우 간헐배출 낮은 온도(28℃ 이하)
볼플로트식	연속배출 비례배출	증기 포화온도	부하변동에 따라가며 연속배출 부하가 적을 경우 변속 또는 간헐배출
버킷식	간헐배출	증기 포화온도	폐쇄 시 완전밀폐, 부하가 적을 경우 Dribbing 할 수 있음

[표 10] **스팀트랩의 종류별 주요 용도 및 작동방법**

형식		주요 사용 용도
기계식	볼플로트식	• 포화수와 포화증기의 비중차를 이용한다. • 일반적으로 열효율 향상을 위한 열교환기에 사용한다. • 판형 열교환기(UHT, PH, HTST)에 사용한다.
	버킷식	• 포화수와 포화증기의 비중차를 이용한다. • 일반적으로 스팀을 이송하는 배관의 중간 및 관말에 사용한다.
온도조절식	• 금속팽창(바이메탈)트랩 • 벨로스트랩 • 액체팽창트랩	• 포화수와 포화증기의 온도차를 이용한다. • 일반적으로 저압을 이용하는 설비나 난방을 이용하는 방열기에 사용한다.
열역학식	디스크트랩	• 증기와 응축수의 속도차를 이용한다. • 워터해머가 심한 곳에 사용한다.

[표 11] **증기 사용기기의 용도별 스팀트랩 선정 방법**

종류	장치	형식			
		플로트형	디스크형	버킷형	벨로스형
증기주관	세퍼레이터, 수평관, 관말		○	△	
	기기의 지관	△	○		△
난방	열교환기, 유닛 히터	○		△	
	라디에이터, 컨벡터, 파이프 코일				○
	Pan 코일 유닛	○			△
열사용기기	UHT, PH, HTST 등 판형 열교환기	○			
	용해탱크, 배양탱크	○			
멸균기	멸균기(오토클레이브)	△			○
저장탱크	저장탱크(대형), 오일탱크		△	○	
	라인 히터	○		△	

범례 : ○ : 1차 △ : 2차

[표 12] **스팀트랩의 이상원인 및 조치방법**

구분	현상	이상원인	조치방법
서모다이나믹	증기가 누출되는 경우	• Steam Trap Over Sizing • 과도한 배압 • 낮은 외기에 의한 방열로 잦은 작동 • 불순물에 의한 Seat 및 Disk 마모	• 배출 용량에 적합한 제품으로 교체 • 입구 압력의 80% 이하로 배압 유지 • 보온용 Cap 추가 설치 • Seat의 연마 및 Disk 교체
	응축수 배출 안 됨	• 공기장애(Air Binding) 현상 • 이물질로 Strainer가 막힘	• Disk 1~2회전 푼 후 Air를 외부로 누출시키고 재조립 • Strainer Cap 분해 후 청소
압력평형식	증기가 누출되는 경우	• Seat에 이물질 고착 • Seat의 과도한 마모 • Element의 변형 또는 파손	• 분해 후 이물질 청소 • Capsule 및 Seat Ass'y 교체
	응축수 배출 안 됨	• Element의 과열 팽창 • 내부 Screen에 이물질 퇴적	• Capsule 및 Seat Ass'y 교체 • 분해 후 이물질 청소

구분	현상	이상원인	조치방법
볼플로트식	증기가 누출되는 경우	• Main Valve 및 Air Vent Seat에 이물질 고착 • Main Valve 및 Air Vent Seat의 마모 • 증기장애 해소장치의 과도한 열림	• 분해 후 이물질 청소 • Main Valve와 Air Vent 교체 • 점검 후 1/4바퀴 Open 유지
	응축수 배출 안 됨	• Trap의 최고 사용차압 범위 이상 • 워터해머에 의한 Ball Float 파손 • Air Vent나 증기장애 해소장치 작동 정지	• 실제 차압 점검 후 내부 부품 교체 • 점검 후 Ball Flot 교체 • 점검 후 Air Vent와 SLR Unit 교체
버킷식	증기가 누출되는 경우	• Valve 및 Seat에 이물질 고착 • Valve 및 Seat의 과도한 마모 • 워터해머로 인한 Bucket/Lever 이탈 • Water Seal 파괴	• 분해 후 이물질 청소 • Valve 및 Seat Ass'y 교체 • 육안 검사 후 재조립 • Trap 입구 측에 Check Valve 설치
	응축수 배출 안 됨	• Trap의 최고 사용차압 범위 이상 • 공기장애 현상 발생 • Strainer Screen에 이물질 퇴적 • 증기장애 현상 발생	• 실제 차압 범위의 제품으로 교체 • 별도의 Air Vent 설치 • 분해 후 이물질 청소 및 재조립 • 증기장애 해소장치가 내장된 Ball Float Trap으로 교체

2. 배수트랩

(1) 배수트랩은 배수관 속의 냄새 나는 증기가 위로 올라가는 것을 방지하기 위하여 설치한다.

(2) 배수트랩의 재질로는 주철, 청동, 황동, 도기 등이 있다.

SECTION
15 증기 공급배관의 보온, 단열(벙커C유)

1 현황 및 문제점

보일러에서 제조된 증기를 건조기에 송기하는 과정에 밸브, 증기공급 배관 및 응축수 회수관 등이 미보온되었거나 손상된 상태에서 운전되고 있다. 열수송 및 열사용설비의 증기공급 배관의 온도를 측정한 결과 보온이 되어 있는 부분의 온도는 38℃이며, 미보온 부분의 온도는 평균 129℃(107.4~156.6℃)로 측정되어 열손실이 발생하고 있다. 특히, 하절기에는 미보온 부분의 열손실로 실내온도 또한 높아져 작업환경이 저하될 것이며, 미보온 부분에 의한 작업자의 화상도 염려되므로 조속한 조치가 필요하다고 판단된다.

[표 1] 미보온 부분

구분	현장 모습	열화상
헤더	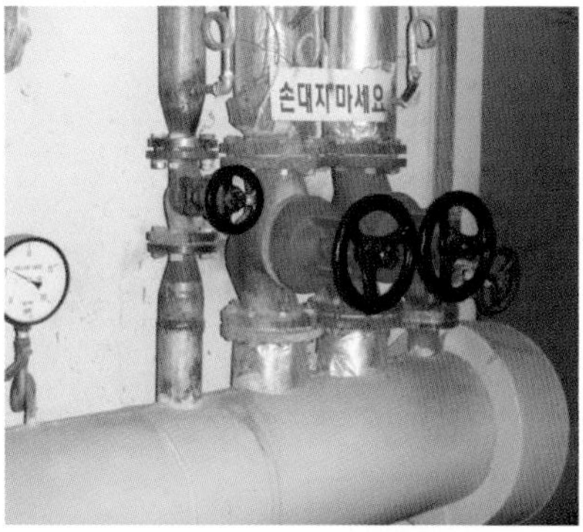	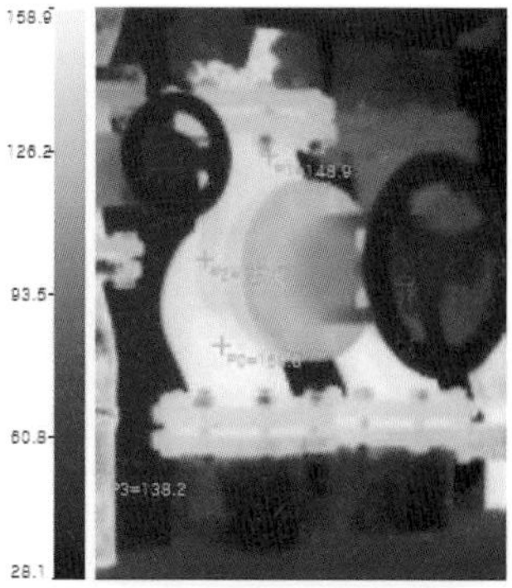
배관		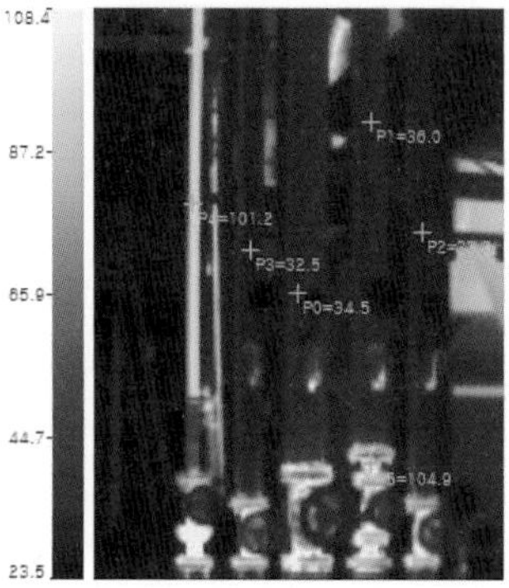

구분	현장 모습	열화상
건조기		

[표 2] **공정별 미보온 면적 및 온도**

구분		미보온 부위	표면적 (m^2)	적용온도 (℃)
밸브류	보일러실	25A×1개+100A×2개+32A×1개+40A×1개 +50A×1개+65A×1개	0.97	
	건조기 1호	50A×7개+40A×12개+32A×3개+100A×3개 +80A×5개	3.287	
	건조기 2호	50A×4개+100A×1개+25A×1개+40A×2개	0.796	
	건조기 3호	100A×1개+65A×1개+25A×12개	0.772	
배관	보일러실	65A×1m+20A×25m+50A×2m	3.301	129
	건조기 1호	50A×6m+150A×7m+40A×30m+32A×3m +80A×4m+100A×1m	10.891	
	건조기 2호	40A×50m+80A×2m+50A×2m	8.65	
	건조기 3호	100A×1m+50A×2m+25A×4m	1.173	
기타			10	
합계			39.84	

3 기대효과

참고

방산열량 적용공식 및 DATA

$Q = h \times A \times (t_s - t_r)$

$h = \alpha_r + \alpha_c$

$\alpha_r = 4.88 \times \left[\left(\frac{t_s}{100}\right)^4 - \left(\frac{t_r}{100}\right)^4\right] \times \frac{\sigma}{(t_s - t_r)}$

$\alpha_c = 2.8 \times \sqrt[4]{(t_s - t_r)}$ (상향면)

$\alpha_c = 2.2 \times \sqrt[4]{(t_s - t_r)}$ (측면)

$\alpha_c = 1.5 \times \sqrt[4]{(t_s - t_r)}$ (수평하향)

여기서, α_r : 방사열 전달률(kcal/m^2 h ℃)

α_c : 대류 전달률(kcal/m^2 h ℃)

t_s : 표면 절대온도(K)

t_r : 실내 절대온도(K)

σ : 방사 흑도(철 0.8)

1. 기준온도 38℃(311K)에서 방산열량 산정(실내온도 18℃)

$$\alpha_r = 4.88 \times \left[\left(\frac{t_s}{100}\right)^4 - \left(\frac{t_r}{100}\right)^4\right] \times \frac{\sigma}{(t_s - t_r)}$$

$$= 4.88 \times \left[\left(\frac{311}{100}\right)^4 - \left(\frac{291}{100}\right)^4\right] \times \frac{0.8}{(38 - 18)} = 4.26$$

$$\alpha_c = 2.2 \times \sqrt[4]{(t_s - t_r)} = 2.2 \times \sqrt[4]{(38 - 18)} = 4.65$$

$$h = \alpha_r + \alpha_c = 4.26 + 4.65 = 8.91\,\text{kcal/m}^2\ \text{h}\ ℃$$

$\therefore$ 방산열량 $Q_1 = h \times A \times (t_s - t_r)$

$= 8.91 \times 39.84 \times (38 - 18)$

$= 7{,}099.49\,\text{kcal/h}$

2. 측정온도 129℃(402K)에서 방산열량 산출(실내온도 18℃)

$$\alpha_r = 4.88 \times \left[\left(\frac{t_s}{100}\right)^4 - \left(\frac{t_r}{100}\right)^4\right] \times \frac{\sigma}{(t_s - t_r)}$$

$$= 4.88 \times \left[\left(\frac{402}{100}\right)^4 - \left(\frac{291}{100}\right)^4\right] \times \frac{0.8}{(129 - 18)} = 6.66$$

$$\alpha_c = 2.2 \times \sqrt[4]{(t_s - t_r)} = 2.2 \times \sqrt[4]{(129 - 18)} = 7.14$$

$$h = \alpha_r + \alpha_c = 6.66 + 7.14 = 13.8\,\text{kcal/m}^2\ \text{h}\ ℃$$

$\therefore$ 방산열량 $Q_2 = h \times A \times (t_s - t_r)$

$= 13.8 \times 39.84 \times (129 - 18)$

$= 61,026.91$kcal/h

3. 기준온도 38℃ 대비 방산열량(kcal/h)

$= Q_2 - Q_1$

=61,026.91kcal/h−7,099.49kcal/h

=53,927.42kcal/h

4. 연간 방산 절감열량(kcal/년)

=시간당 방산 Loss 열량(kcal/h)×연간 가동시간(h/년)

=53,927.42kcal/h×8,760h/년

=472,404,199.2kcal/년

※ 연간 가동시간은 연중 365일 무휴로, 일 24h/일을 적용한다.

5. 연간 절감 연료량(L/년)

=방산 절감열량(kcal/년)÷연료 발열량(kcal/L)÷보일러 효율

=472,404,199.2kcal/년÷9,350kcal/L÷77.08/100

=65,548L/년=64.89TOE/년=2.72TJ/년

6. 절감률(%)

=절감량(TOE/년)÷공정 에너지 사용량(열+전기)TOE/년×100%

=64.89TOE/년÷5,233.51TOE/년×100%

=1.24%(총 에너지 사용량 대비 1.18%)

(1) 공정 에너지 사용량

=열에너지 사용량(TOE/년)+건조기 전기에너지 사용량(TOE/년)

=2,248.6TOE/년+2,984.91TOE/년

=5,233.51TOE/년

7. 연간 절감금액(천원/년)

=연간 연료 절감량(L/년)×B−C유 연료 단가(원/L)

=65,548L/년×870.73원/L

=57,075천원/년

8. 탄소배출 저감량(tC/년)

=절감량(TOE/년)×탄소배출계수(tC/TOE)

=64.89TOE/년×0.875tC/TOE

=56.78tC/년

4 경제성 분석

1. 투자비

[표 5] **항목별 투자비** (단위 : 천원)

항목	단위	개선안			비고
		단가	수량	계	
단열 보강(에어로젤)	1롤	3,648	1	3,648	두께 10mm
성형품		150	60	9,000	
설치비				10,000	
계				22,648	

2. 투자비 회수기간

=투자비(천원)÷연간 절감금액(천원/년)

=22,648천원÷57,075천원/년

=0.4년

※ 에어로젤 1롤당 규격은 폭 1.52m, 길이 40m이며, $1m^2$당 가격은 60,000원으로 1롤당 가격은 3,648,000원이다.

SECTION 16 증기 공급배관 및 열사용설비의 보온, 단열(LNG)

1 현황 및 문제점

○○열에너지에서 공급된 외부증기와 자체에서 생산된 0.55MPa의 증기는 연속감량기, 래피드 염색기, Rotary Washer 등에 사용하고 있다. 열수송 및 열사용설비의 증기공급 배관의 온도를 측정한 결과, 보온이 되어 있는 부분의 온도는 40.5℃이며, 미보온 부분의 온도는 평균 126.85℃로 측정되어 열손실이 발생하고 있다. 특히, 하절기에는 미보온 부분의 열손실로 실내온도 또한 높아져 작업환경이 저하될 것이며, 미보온 부분에 의한 작업자의 화상도 염려되므로 조속한 조치가 필요하다고 판단된다.

[표 1] 미보온 부분

구분(온도)	현장 모습	열화상
보온이 된 부분 (40.5℃) 나관 부분 (145.2℃)		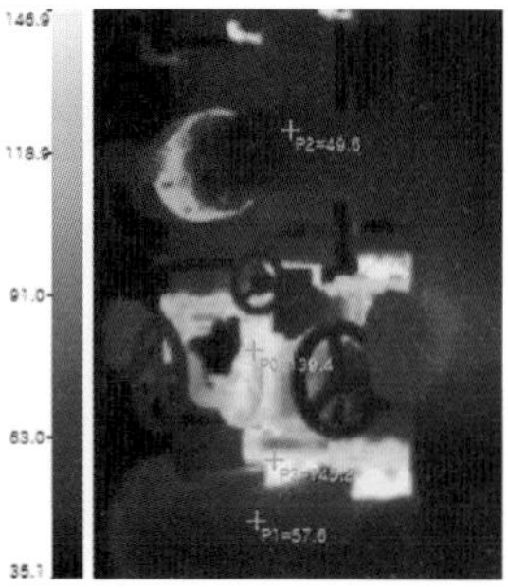
연속감량기 (143℃)		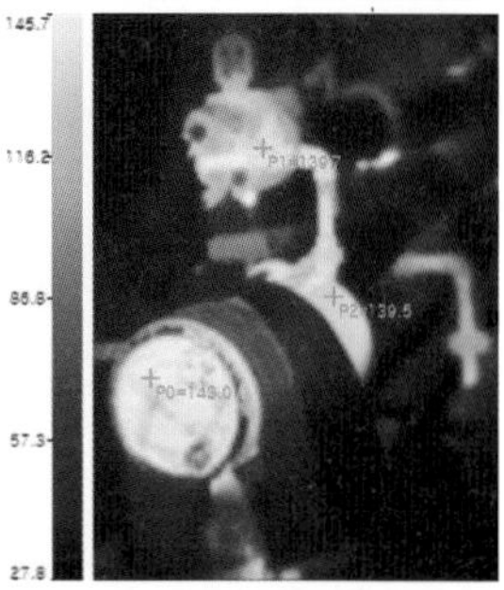

구분(온도)	현장 모습	열화상
래피드 염색기 동체 (124℃)		
Rotary Washer (95.2℃)		

[표 2] **공정별 미보온 면적 및 온도**

구분		표면적(m^2)		온도(℃)
증기헤더	밸브	150A×1+100A×2=1.26	1.26	126.85
연속감량기	밸브	80A×2+50A×3+40A×4+32A×2 +25A×3=1.032	2.76	
	배관	0.05×3.14×8+0.025×3.14×6=1.727		
래피드 염색기 (1~7호)	열교환기	(0.785×0.35Ø×0.35×2+0.35Ø×3.14 ×2)×7=16.732	75.37	
	배관	(0.1×3.14×3+0.065×3.14×2 +0.125×3.14×2+0.05×3.14×1 +0.04×3.14×7)×12=38.057		
	밸브	65A×6+50A×5=1.269		
	동체	(0.785×0.5×0.5+0.5×3.14×0.9)×12 =19.311		
Rotary Washer	드럼 측면	0.785Ø×2.3×2.3×2=8.305	11.40	
	밸브	50A×3×3=0.783		
	뚜껑	0.785Ø×0.7×0.7×2×3=2.308		
합계			90.79	

[표 3] 밸브 및 파이프의 표면적 데이터

크기	외경 (m)	나사 또는 용접식 밸브 (m^2/개)	플랜지식 밸브 (m^2/개)	파이프 (m^2/m)
200A	0.217	0.846	1.100	0.681
150A	0.165	0.490	0.637	0.518
125A	0.140	0.353	0.459	0.440
100A	0.115	0.238	0.309	0.361
80A	0.090	0.146	0.190	0.283
65A	0.077	0.107	0.139	0.242
50A	0.061	0.067	0.087	0.192
40A	0.049	0.043	0.056	0.154
32A	0.043	0.033	0.043	0.135
25A	0.034	0.021	0.027	0.107
20A	0.028	0.014	0.018	0.088
15A	0.022	0.009	0.012	0.069

2 개선방안

에너지관리기준 제18조(열수송 및 저장설비 관리표준의 설정 등) 제3항에서 열수송 및 저장설비 평균 표면온도의 목표치는 주위 온도에 30℃를 더한 값 이하로 한다고 되어 있다. 하지만 진단 당시 보온이 되어 있는 배관과, 밸브 전 후면 및 측면의 실측평균온도는 40.5℃로 측정되었다. 따라서 기준온도를 40.5℃로 제안하여 방열손실 값을 도출하였다.

[표 4] Glass Wool Cover 보온재의 연도별 열전도율(미국 PABCO사 연구)

유리섬유 (40mm 이상)	열전도율 (kcal/m h ℃)
최초	0.032
1년 경과 후	0.0449
2년 경과 후	0.0578
3년 경과 후	0.0710
4년 경과 후	0.0830
5년 경과 후	0.0961

[표 5] **단열재의 열전도율 비교**

구분	에어로젤	PU폼	실리카	글라스울	펄라이트	칼슘실리케이트
열전도율 (mW/m K)	11~15	20~25	33~35	40~45	55~60	60~70

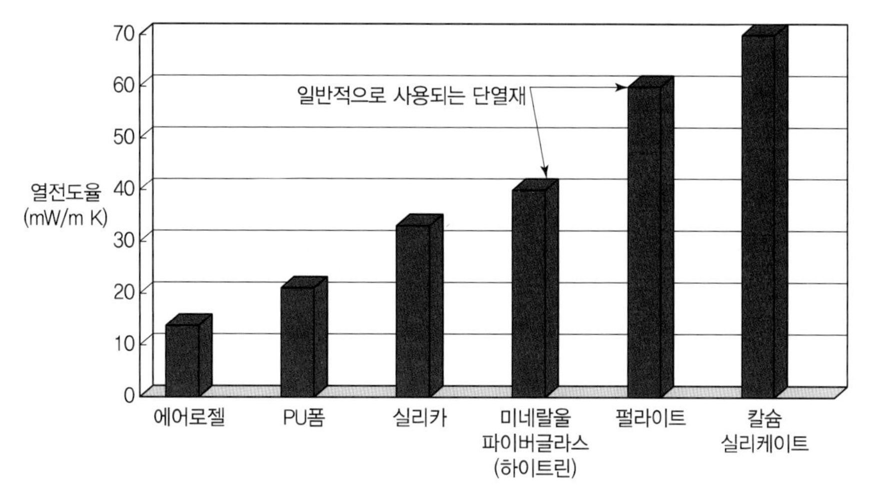

[그림 1] **보온재별 열전도율 비교**

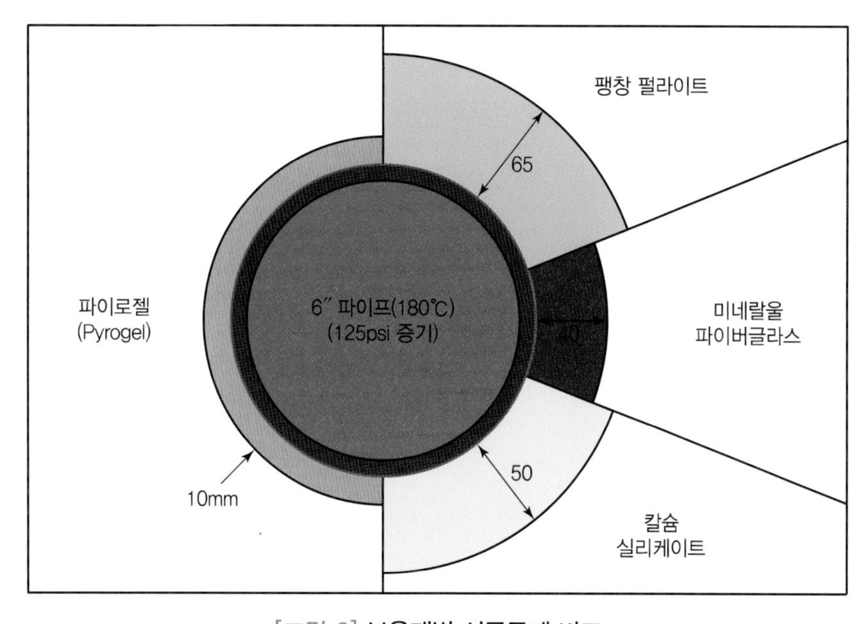

[그림 2] **보온재별 시공두께 비교**

3 기대효과

참고

방산열량 적용공식 및 DATA

$Q = h \times A \times (t_s - t_r)$

$h = \alpha_r + \alpha_c$

$\alpha_r = 4.88 \times \left[\left(\frac{t_s}{100}\right)^4 - \left(\frac{t_r}{100}\right)^4\right] \times \frac{\sigma}{(t_s - t_r)}$

$\alpha_c = 2.8 \times \sqrt[4]{(t_s - t_r)}$ (상향면)

$\alpha_c - 2.2 \times \sqrt[4]{(t_s - t_r)}$ (측면)

$\alpha_c = 1.5 \times \sqrt[4]{(t_s - t_r)}$ (수평하향)

여기서, α_r : 방사열 전달률(kcal/m^2 h ℃)

α_c : 대류 전달률(kcal/m^2 h ℃)

t_s : 표면 절대온도(K)

t_r : 실내 절대온도(K)

σ : 방사 흑도(철 0.8)

1. 기준온도 40.5℃(313.5K)에서 방산열량 산정(실내온도 20℃)

$$\alpha_r = 4.88 \times \left[\left(\frac{t_s}{100}\right)^4 - \left(\frac{t_r}{100}\right)^4\right] \times \frac{\sigma}{(t_s - t_r)}$$

$$= 4.88 \times \left[\left(\frac{313.5}{100}\right)^4 - \left(\frac{293}{100}\right)^4\right] \times \frac{0.8}{(40.5 - 20)} = 4.36$$

$$\alpha_c = 2.2 \times \sqrt[4]{(t_s - t_r)} = 2.2 \times \sqrt[4]{(40.5 - 20)} = 4.68$$

$$h = \alpha_r + \alpha_c = 4.36 + 4.68 = 9.04\text{kcal/m}^2\text{ h ℃}$$

$\therefore$ 방산열량 $Q_1 = h \times A \times (t_s - t_r)$

$= 9.04 \times 90.79 \times (40.5 - 20)$

$= 16,825.2\text{kcal/h}$

2. 측정온도 126.85℃(399.85K)에서 방산열량 산출(실내온도 20℃)

$$\alpha_r = 4.88 \times \left[\left(\frac{t_s}{100}\right)^4 - \left(\frac{t_r}{100}\right)^4\right] \times \frac{\sigma}{(t_s - t_r)}$$

$$= 4.88 \times \left[\left(\frac{399.85}{100}\right)^4 - \left(\frac{293}{100}\right)^4\right] \times \frac{0.8}{(126.85 - 20)} = 6.65$$

$$\alpha_c = 2.2 \times \sqrt[4]{(t_s - t_r)} = 2.2 \times \sqrt[4]{(126.85 - 20)} = 7.07$$

$$h = \alpha_r + \alpha_c = 6.65 + 7.07 = 13.72\text{kcal/m}^2\text{ h ℃}$$

∴ 방산열량 $Q_2 = h \times A \times (t_s - t_r)$

$= 13.72 \times 90.79 \times (126.85 - 20)$

$= 133{,}096.51$kcal/h

3. 기준온도 40.5℃ 대비 방산열량(kcal/h)

$= Q_2 - Q_1$

=133,096.51kcal/h−16,825.2kcal/h

=116,271.31kcal/h

4. 연간 방산 절감열량(kcal/년)

=시간당 방산 Loss 열량(kcal/h)×연간 가동시간(h/년)

=116,271.31kcal/h×7,224h/년

=839,943,943.4kcal/년

(1) 연간 가동시간

=301일/년×24h/일

=7,224h/년

※ 근무일 301일(휴무 52일, 명절 및 휴가 12일 제외), 일 24시간 가동

5. 연간 절감 연료량(Nm^3/년)

=방산 절감열량(kcal/년)÷보일러 입열(kcal/Nm^3)÷보일러 효율

=839,943,943.4kcal/년÷9,567.8kcal/Nm^3÷86.02/100

=102,056Nm^3/년=107.67TOE/년=4.51TJ/년

※ 보일러 입열량과 효율은 열정산에 의한 값이며, 절감 연료량 산출은 보일러 LNG 사용량으로 산출한다.

6. 절감률(%)

=절감량(TOE/년)÷공정 에너지 사용량(열+전기)TOE/년×100%

=107.67TOE/년÷3,816.91TOE/년×100%

=2.82%(총 에너지 사용량 대비 2.61%)

(1) 공정 에너지 사용량

=열 사용량(TOE/년)+생산설비 전력 사용량(TOE/년)

=3,231.46TOE/년+585.45TOE/년

=3,816.91TOE/년

7. 연간 절감금액(천원/년)

=연간 연료 절감량(Nm^3/년)×LNG 연료 단가(원/Nm^3)

=102,056Nm^3/년×731.86원/Nm^3

=74,691천원/년

8. 탄소배출 저감량(tC/년)

=절감량(TOE/년)×탄소배출계수(tC/TOE)

=107.67TOE/년×0.637tC/TOE

=68.59tC/년

4 경제성 분석

1. 투자비

[표 6] **항목별 투자비** (단위 : 천원)

항목	단위	개선안			비고
		단가	수량	계	
단열 보강(에어로젤)	1롤	3,648	2	7,296	두께 10mm
성형품		150	50	7,500	
설치비				20,000	
계				34,796	

2. 투자비 회수기간

=투자비(천원)÷연간 절감금액(천원/년)

=34,796천원÷74,691천원/년

=0.47년

※ 에어로젤 1롤당 규격은 폭 1.52m, 길이 40m이며, 1m^2당 가격은 60,000원으로 1롤당 가격은 3,648,000원이다.

SECTION 17 급수관리로 보일러의 안전운전 및 효율 향상

1 개요

1. 보일러란 밀폐된 용기에 물을 넣어 대기압보다 높은 온도 또는 증기를 제조하는 장치로서 물은 만병의 원인이 될 수 있으며, 또한 만병을 예방할 수 있는 중요한 요인이다.
2. 보일러 운전 시 발생하는 수질에 기인한 장애는 우리가 모르는 사이에 내부로부터 서서히 진행되며 급격하게 큰 장애로 나타난다.
3. 수질로 인한 장애로는 점부식, 캐리오버, 포밍, 스케일 생성 및 부착, 부동팽창 등이 있으며, 이와 같은 장애는 열효율 저하 및 증기의 품질을 저하시키고 심한 경우에는 과열과 팽출로 인한 튜브의 파열 사고를 일으킬 수도 있다.
4. 이를 방지하기 위하여 사전에 용존산소 제거(고온수 급수), Blow Down 실시, 경수 연화, 녹물 제거 및 청정수 유지, 청관제 투입 등의 방법을 병행하여야 한다.

2 급수의 TDS를 낮출 수 있는 방법(일반적인 물 정수 시스템)

1. 카본 필터

물이 고밀도 활성탄을 통과하면서 많은 유해 성분이 목탄에 흡수 또는 결합한다.

2. 역삼투압 방식

물에서 오염물질을 걸러내기 위하여 물 분자만이 통과할 수 있는 반삼투성의 멤브레인을 통해 가도록 아주 높은 압력으로 물을 밀어 거르는 작업이며, 대량의 물을 정화하는 데 있어 가장 확실한 방법이다.

3. 응축수의 사용

(1) 증기보일러에서의 응축수 회수 이용은 매우 중요하다. 응축수는 고온의 포화증기가 보유하고 있는 잠열을 피가열체에 전달한 후 응축된 물로서 고온이며, 증류수와도 같아 스케일 생성을 억제하고, 보일러의 증발 효율을 상승시킴으로써 에너지를 절약할 수 있다.

(2) 응축수를 전량 회수할 수 있도록 방법을 강구해야 한다.

① 회수하는 양만큼 에너지를 절약하고 용수가 절감된다.

② 급수온도가 높으면 용존산소가 탈기되어 부식을 방지하고 보일러의 부동팽창이 억제된다.

③ 최적의 급수로서 고형물(TDS)이 거의 없어 분출을 최소화할 수 있으므로 열손실을 억제하여 에너지와 용수를 절약할 수 있다.

④ 열에너지 사용처에서의 Steam Trap의 Bypass 남용을 억제한다.

⑤ Steam Trap을 정상적으로 관리하여 응축수 회수율을 높인다.

(3) 응축수 탱크의 오염물을 제거하기 위하여 응축수 회수 탱크를 정기적으로 청소하여 오염물질의 혼입을 막는다.

4. 경수연화장치의 양이온 처리에 의한 경도 제거 및 이온교환

(1) 이온교환수지를 통과하면서 고형분이 수지에 흡착하는 방법으로 양이온 교환수지와 음이온 교환수지가 있으며, 주로 양이온 교환수지를 많이 사용하여 마그네슘(Mg), 칼슘(Ca) 등을 제거하는 방법이다.

① 이 과정에서 TDS는 전혀 제거되지 않는다. －[그림 1] 참조

② 특히, 관류보일러 운용 및 지하수를 사용할 경우에는 반드시 이온교환하여야 한다.

③ 수지 재생은 소금물을 사용하여 환원(재생)시키며, 이에 따른 Cycle 주기를 정확하게 파악하고 결정하여 주기적으로 환원(재생)하여야 한다. 그러나 실리카(SiO_2) 계통의 성분이 많은 경우에는 음이온 교환수지를 사용하나 취급이 어렵다.

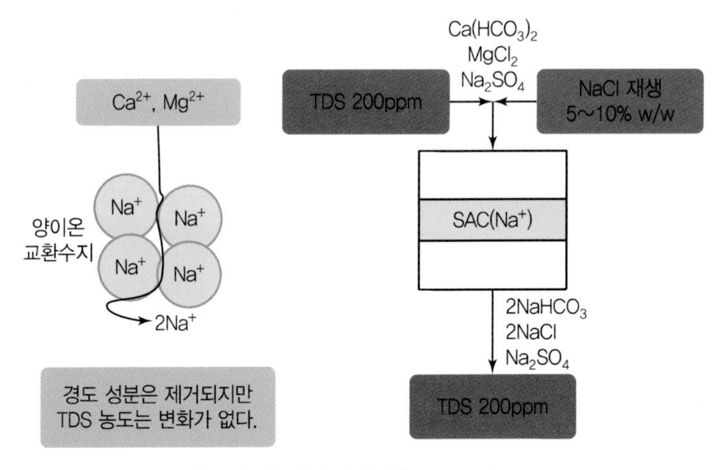

[그림 1] 제거되지 않는 TDS 농도

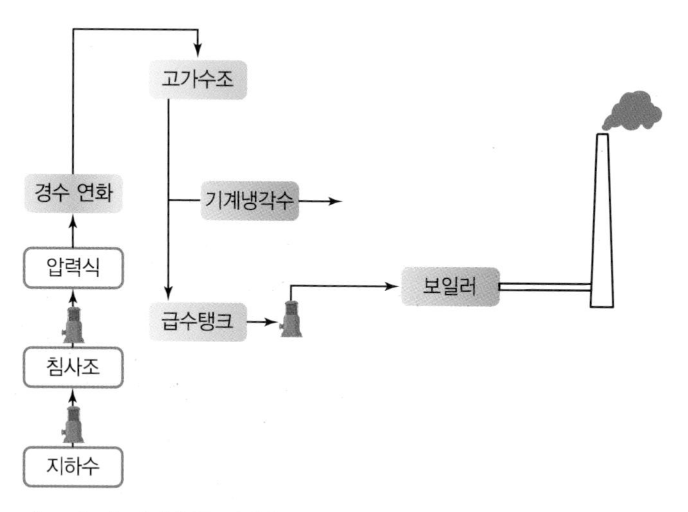

[그림 2] 지하수를 이용한 급수시스템 + 각종 기계 냉각수 활용

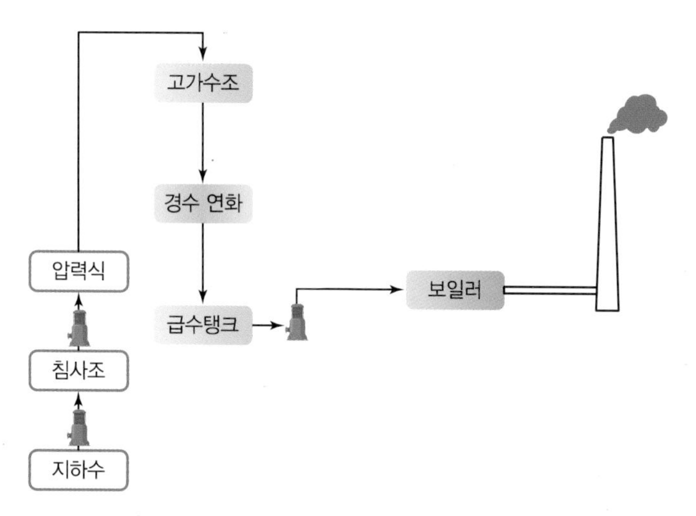

[그림 3] 지하수를 이용한 급수장치 시스템

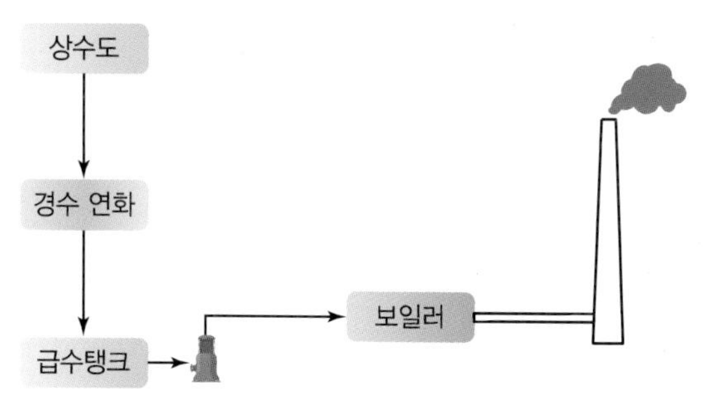

[그림 4] 상수도를 활용한 급수장치 시스템

(2) 이온교환수지 보충 및 교체 시기

① 보충 : 수지의 빠짐으로 인한 효율 저하를 방지하기 위하여 부족한 수지를 보충하여야 한다. 재생 시 깨져서 나가는 수지를 포함하여 매년 약 10% 내외 정도를 보충한다.

② 교체 시기 : 처리능력 기준으로 Ca^{2+}, Mg^{2+} 경도가 5ppm 이상이면 교체해야 한다.

③ 관수가 우윳빛으로 나타나는 경우 재생 · 수지의 원인은 실리카(SiO_2) 이온 농도가 높아서이다. 실리카 이온은 경질이며 청관제 사용 시 수저에 침전하게 되므로 분출을 게을리 하여서는 안 된다. 실리카 이온 제거는 음이온수지를 이용한다고 하나 근본적으로 어렵고, 청관제를 이용하여 제거한다.

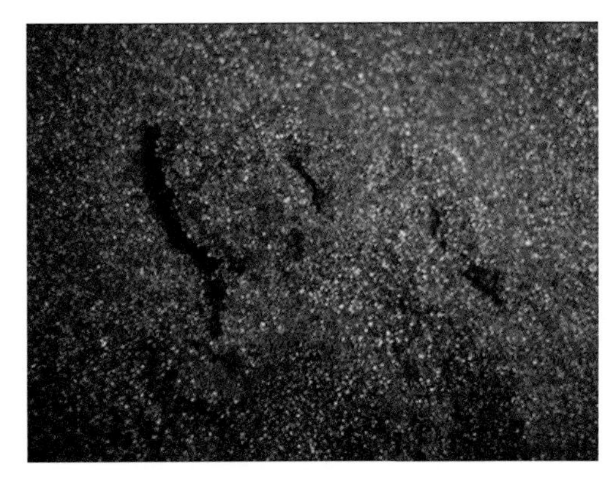

[그림 5] **양이온수지**

(3) 역세

화학반응으로 연수기 수지에 붙어 있는 Ca(칼슘), Mg(마그네슘) 등 수처리된 이온을 양이온 교환에 의하여 수지에서 분리(떨어짐)시켜 주는 공정이다.

(4) 재생작업

소금은 고체 상태로 있을 때는 NaCl이지만 물에 용해되면 양이온인 Na^+과 음이온인 Cl^-으로 나뉘어져 연수기 내부로 투입시키면 수지에 붙어 있는 Ca^+, Mg^+은 소금물 속의 염소(Cl) 성분과 결합하여 떨어져 나가 배수되고 다시 그 자리에 나트륨(Na^+)이 붙어 계속해서 연수를 만들 수 있게 되는 작업이다.

① 연수기는 설치만 하면 계속해서 연수를 생산하는 것이 아니고 소금을 연수기 소금 통에 계속해서 보충시켜 주어야 한다.

② 소금은 주로 천일염을 많이 사용하지만 보다 좋은 연수를 생산하기 위하여 정제염을 사용하는 경우도 있다. 천일염은 정제가 덜 되어 소금 생산과정에서 뻘 등이 섞여 있어 잘못 사용하는 경우 이온수지에 악영향을 주는 경우도 있다.

③ 공업용 기계 냉각수와 겸용으로 활용할 경우는 별도의 저장탱크 및 환수탱크를 이용할 수 있다.

(5) 이온교환수지를 장시간 사용하기 위한 조건

① 전처리시설 철저 : 압력식 여과장치 및 활성탄 여과, 철분 유리염소 등이 기준 이하로 유지되도록 관리한다.

② 이온교환수지 재생주기 관리 철저 : 재생 시기를 한 번이라도 빠뜨리면, 수지의 성능은 급격히 저하되어 수명을 짧게 한다.

③ 재생 시에는 NaCl 용해수 관리(10~15% NaCl)를 철저히 한다.

④ 재생 시 압력손실은 일반적으로 $0.2 \sim 0.3 kg/cm^2$ 정도이므로 내부의 유속을 낮게 유지하여 마찰 및 마모를 방지한다.

[그림 6] **경수연화장치**

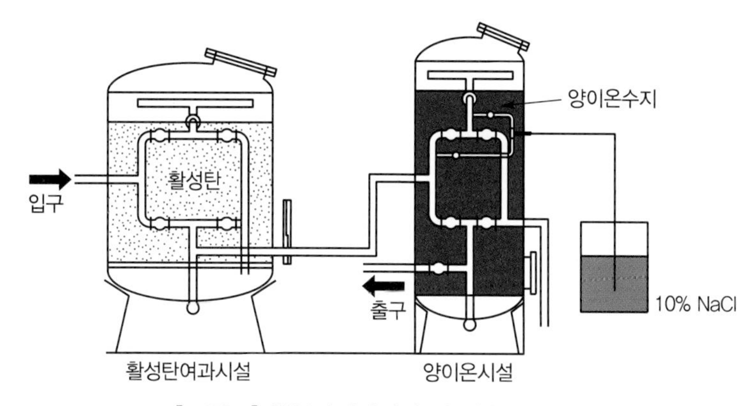

[그림 7] **활성탄여과장치 및 경수연화장치**

5. 약품 처리법

(1) 청관제의 주성분과 사용목적

① 주성분은 가성소다($NaOH$)와 인산소다($Na(PO)_4$)를 비롯하여 많은 화학물질을 혼합하여 제조한다.

② 사용목적은 Scale 생성 성분의 억제, 용존산소 제거 및 pH 조절로 부식 방지 등이다.

(2) 청관제에 해당하는 약품의 역할

① pH 조정제 : Fe의 특성상 pH 11.8에서의 부식률이 가장 낮으므로 pH를 올려주는 역할을 한다.

② 경수 연화제 : 경수와 연수의 차이는 수중의 경도 성분의 차이로 경도 성분의 활성화를 방지하는 데 도움을 준다.

③ 슬러지 조정제 : 스케일의 부착을 방해하고 기존 스케일의 탈락을 유도한다.

④ 탈산소제 : 용존산소의 제거를 목적으로 하여 용존산소에 의한 부식을 방지한다.

⑤ 가성취화 억제제 : 가성취화 현상은 고알칼리 상태에서 발생하므로 이를 방지하기 위하여 혼합하여 사용한다. 지나치면 사용하지 않는 것이 낫다.

⑥ 기포 방지제 : 비등점이 각기 다르고 혼합 또는 가열 시 발생하는 기포의 발생을 억제한다.

(3) 청관제의 종류

① 고압용과 저압용으로 구분한다.

㉠ 고압용 보일러 : 저압용에 비하여 관벽의 온도가 높으므로 히드라진을 사용한다. 일반적으로 고압용 보일러는 탄산소다 사용을 배제한다.

㉡ 저압용 보일러 : 아황산소다를 사용한다.

② 식품용과 공업용으로 구분한다.

㉠ 식품용 : 직접 증기가 접촉 시에는 식품용으로 사용하고 있으나, 문제의 소지가 있는 것으로 미국의 FDA에서는 식품용으로 공식적으로 인정된 것이 없으니 주의해야 한다. 저자는 식품회사에서 근무할 때 고민 후 다른 방법으로 대처하였다.

- Scale 생성 성분의 억제 : 경수연화 양이온 처리로 Ca^{2+} 및 Mg^{2+} 경도를 근본적으로 제거한다. Scale이 생성된다면 청관제 사용보다는 보일러 세관으로 열효율을 높이며, 굳이 청관제 사용을 고집하여 문제가 생긴다면 소탐대실이 될 것이다.
- 용존산소는 급수탱크를 이용하여 탈기한다(급수온도를 60℃ 이상으로 높인다).
- pH 조절 : 관수를 살펴보며 NaOH을 조절한다.

㉡ 공업용 : 간접가열방식 또는 난방, 기타의 경우 공업용을 사용하며 인산 대신 당밀을 사용하는 것이 통례이다.

③ 관류용과 노통용으로 구분한다.

㉠ 관류보일러용 : 보유수량이 적어 시간에 따라 농축의 비율이 커지므로 분산제, 경수 연화제 등의 비율이 노통보일러용에 비하여 다소 커짐으로써 가격이 다소 비싸게 된다.

㉡ 관류보일러와 노통보일러로 구분하고, 관류보일러는 청관제를 더 비싼 청관제를 사용해야 하는지를 고민할 필요가 있다.

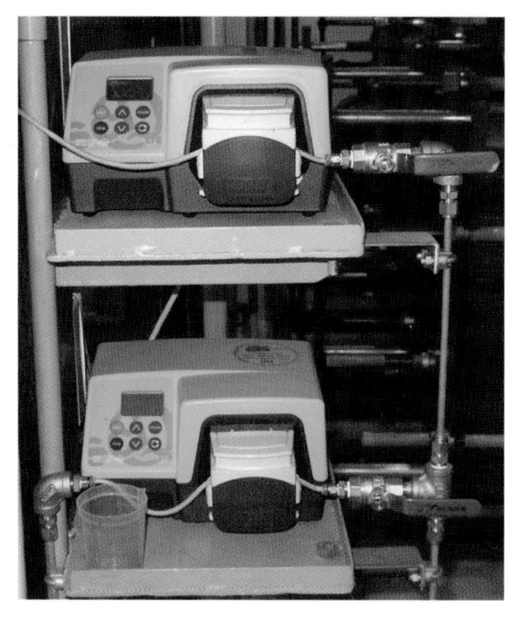

[그림 8] **청관제 정량 펌프**

④ 적정량을 투입하여야 한다.

㉠ 적정량이라 함은 청관제가 배합되는 화학적인 품목과 혼합하는 양이 제조회사마다 다르고, 보일러를 운전하는 곳의 수질분석의 여하에 따라 투입량도 달라지기 때문이다.

㉡ 청관제의 제조는 각종 화학적 약품을 혼합하여 제조하므로, 증기를 이용하는 직접 가열식(배관 및 탱크 멸균)의 경우는 각별한 주의가 요망된다. 청관제의 과다 투입에 의한 Foaming, Priming 등을 유발시켜 기수동반된 증기가 생산설비를 오염시키는 원인이 되기 때문이다.

㉢ 보일러 관수의 pH는 약알칼리 성분으로 10.5～11.8 정도가 가장 좋으며, 청관제의 과다 투입에 의해 pH가 12 이상으로 넘어가면 가성취화가 발생하여 알칼리 부식을 초래하는 등 나쁜 영향을 줄 수 있으니 주의해야 한다.

3 스케일 생성의 원인과 방지 방법

스케일은 보일러 동체 및 노통, 연관 등에 부착되어 열전도를 저하시켜 효율 저하의 원인이 되며, 전열면의 과열 등을 유발해 노통의 압괴, 동체의 팽출 현상 등 보일러 파열을 초래한다.

1. 온도 상승에 따라 용해도가 저하하여 석출되는 경우

물의 불순물 중에는 수온의 상승에 따라 용해도가 증가하는 물질이 많으나 탄산칼슘($CaCO_3$)이나 황산칼슘($CaSO_4$) 등은 이와 반대로 용해도가 저하하여 전열면에 석출 부착한다.

2. 기온에 의해 용해도가 낮은 형태로 변화하여 석출하는 경우

탄산칼슘($CaCO_3$)이나 탄산마그네슘($MgCO_3$)은 물에 대한 용해도가 매우 낮아 스케일이 되기 쉬운데 이들은 원수 중에 용해도가 높은 중탄산염의 형태로 존재하고 있다가 열을 받게 되면 분해하여 탄산가스(CO_2)를 방출, 용해도가 낮은 탄산염 형태로 석출하여 스케일이 된다.

3. 농축에 의하여 포화 상태로부터 석출하는 경우

수온의 상승에 따라 용해도가 증가하는 물질이라도 그 한계를 넘어서 과포화 상태가 되면 그 잉여분은 고형물로 석출하여 전열면 등에 점착, 스케일이 된다.

4. 물에 불용성 물질이 유입하는 경우

급수 중의 불순물인 규산(SiO_2) 및 유지분 등은 물에 용해되지 않아 보일러에 유입되면 전열면에 석출 부착하여 스케일이 된다.

[표 1] **보일러 스케일 두께에 따른 연료손실과 관벽의 온도**

스케일 두께(mm)	0.6	1	2	3	4	5	6
열손실률(%)	1.2	2.2	4	4.7	6.3	6.8	8.2

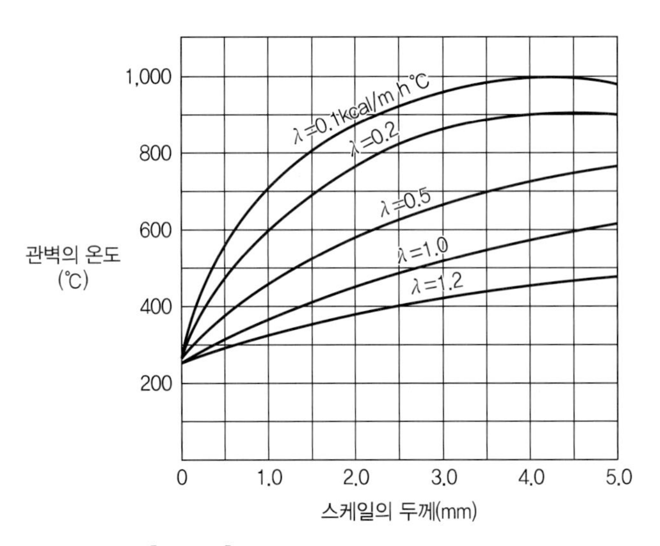

[그림 9] **스케일 두께와 관벽의 온도**

4 기대효과

1. 스케일 생성에 의한 연료 손실량(Nm^3/년)

=스케일 두께에 따른 연료 손실률×연간 연료 사용량(Nm^3/년)

=0.032×500,000Nm^3/년

=16,000Nm^3/년

(1) 스케일 두께에 따른 연료 손실률(%)은 측정이 곤란하여 추정한 값으로, 현 상황이 지속될 경우를 가정하여, 생성될 스케일 두께를 약 1.667mm로, 그에 따른 연료 손실률은 에너지관리기준 별표 3에 의해 약 3.2%로 추산하였다.

① 스케일 두께 1mm 기준 : 1.667×2.2÷1=3.667%

② 스케일 두께 2mm 기준 : 1.667×4÷2=3.334%

③ 스케일 두께 3mm 기준 : 1.667×4.7÷3=2.611%

④ 평균=(3.667+3.334+2.611)÷3=3.2%

(2) [그림 10]과 같이 Scale 두께에 따른 열손실률을 파악한다.

면적중심 $x_c = \frac{2}{3}x = \frac{2}{3} \times 2.5 = 1.667\text{mm}$

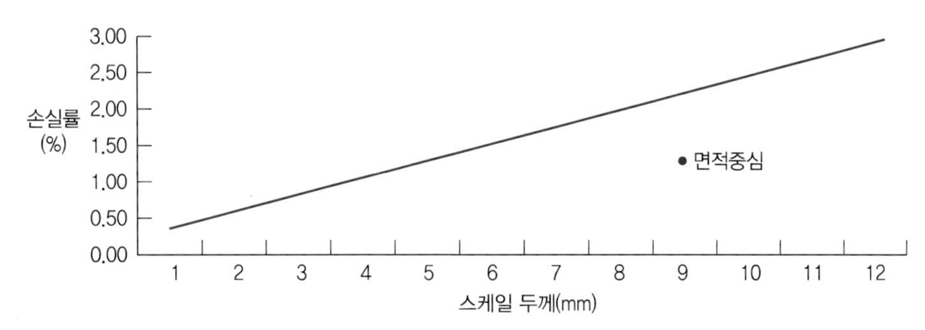

[그림 10] **스케일 두께에 따른 손실률**

2. 연간 절감금액(원/년)

=연간 연료 절감량(Nm^3/년)×연료 단가(원/Nm^3)

=16,000Nm^3/년×600원/Nm^3

=9,600,000원/년

5 정리

병이 생긴 후 고치는 것도 중요하겠지만 이것은 이미 적잖은 손실이 발생한 것이어서, 병이 생기지 않게 하는 것이 더욱 중요하다. 즉, 열효율 향상과 안전사고 예방을 위한 실천이 중요하다.

SECTION

18 효율적 급수탱크 제작으로 에너지 절감

1 현황 및 문제점

1. 정부시책에 의한 에너지진단업체의 경우 에너지를 다소비하는 업체로서 일반적인 급수탱크에서부터 다양한 형식의 급수탱크가 설치되어 운용되고 있음을 살펴볼 수 있다. 나름대로의 에너지 절약을 위한 대처에도 불구하고 고정관념에서 오는 적잖은 인력손실과 보일러 용수의 손실 및 스케일 생성 증가로 열손실을 초래하거나 안전사고에도 우려가 있다.
2. 보일러 급수탱크는 한번 설치하면 여러 개의 배관과 장치가 연결되어 새로 제작하거나 교체하기가 여간해서는 힘들므로 본 제안(기술)을 충분히 이해하고 숙지하여 기회가 있을 때 실천하면 에너지 절약은 물론 노동효율 향상 등 많은 이점이 있을 것이다.

2 개선대책

1. 적정 장소 및 적정 용량의 급수탱크를 설계한다.
   (1) 입형탱크는 가능하면 피한다. 이는 입형탱크의 높이에 따른 물의 성층화로 찬물은 아래로 고온은 용수는 위로 상승하므로 보일러 급수용으로는 적절치 않기 때문이다.
   (2) 급수탱크의 표준규격 및 용량은 운전 중인 보일러 용량의 1～1.5배이나, 보충수 장치를 강구하여 가능하면 보일러 용량과 동일하거나 작게 제작하는 것이 방열손실 방지 및 관리차원에서 좋다.

2. 급수탱크 내부에 칸막이를 설치한다.
   (1) 칸막이를 기준으로 응축수 회수 배관 및 보충수 공급은 급수펌프의 반대편에 연결하거나 설치하여, 응축수 회수 시 동반하여 유입된 녹물 등 이물질과 보충수의 비중으로 인한 찬물(보충수)의 침전 후 고온 및 양질의 용수가 펌프 쪽으로 이동되도록 한다.
   (2) 주의사항
      ① 응축수 회수 시 동반되는 침전물이 보일러로 유입되지 않아 캐리오버 및 포밍을 유발하는 원인을 감소하거나 방지할 수 있다.
      ② TDS 농도 감소로 인한 수면분출의 감소로 적잖은 에너지의 유실을 방지할 수 있다.
      ③ 내부 소제 시 인력 및 용수의 손실을 감소할 수 있다.

3. 급수탱크의 바닥이 최소한 급수펌프의 높이 이상이 되도록 설치한다.

(1) 양정을 높여 Cavitation 현상 방지 및 Pumping 효율 향상으로 동력비를 절감할 수 있다.

(2) 어렵게 회수되거나 제조된 열수나 고온수가 100% 보일러에 급수되어 증발 촉진에 의한 열효율 향상으로 에너지가 절약되도록 강구해야 한다.

(3) 응축수 회수와 관련하여 하향방법에 대한 고정관념을 타파한다.

4. 급수의 소제구(Drain)는 급수탱크의 바닥에 설치한다.

(1) 소제의 비효율을 감안하여 150×50A 정도의 용접 Flange Reducer를 이용한다.

(2) Reducer의 입구는 클수록 좋다. 이는 급수탱크 내부에 들어가지 않고도 소제가 가능하도록 하기 위함이며, 출구의 구경은 슬러지의 막힘 방지와 소제수의 원활한 배출을 위함이다.

5. 수위감지장치(Floatless)는 수시 조정이 가능하도록 한다. 특히, 급수탱크의 온도가 높고 재증발증기량이 많을 때의 유지관리를 고려한다.

(1) 약 80~100A 파이프 안에 약 50~65A의 파이프를 삽입하고, 내경의 약 50~65A 파이프 안에 Floatless 조절장치를 삽입한다. 이때 Floatless 조절장치를 직접 삽입하지 않는 것은 외부로 증기(재증발증기)를 배출하지 않기 위함이다.

(2) 약 80~100A의 Floatless 보호 파이프의 상부(수위에 노출되는 곳)에 약 5∅의 구멍을 뚫어 혹시나 모를 진공을 예방하고 Floatless의 봉이 수위에 대해 상하 작동이 원활하게 한다.

(3) 미관을 고려하지 아니한 단순한 방법으로 급수펌프 측의 급수탱크 외부에 설치하면 간단하다. 이 경우 통로관은 25A 이상으로 하여 수로의 흐름이 원활하도록 한다.

※ 보다 수월하게 설치 또는 변경하려는 경우 급수탱크의 외부(측면)에 설치할 수 있다.

[그림 1] **저자가 제안하고 직접 제작 설치한 합리적인 급수탱크**

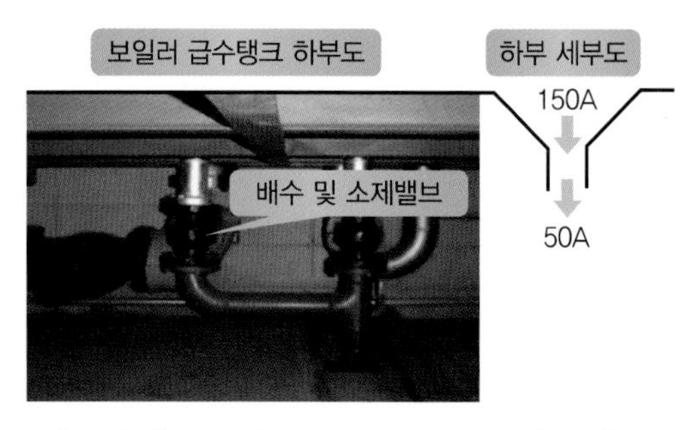

[그림 2] 보일러 급수탱크 하부 배수(소제)구

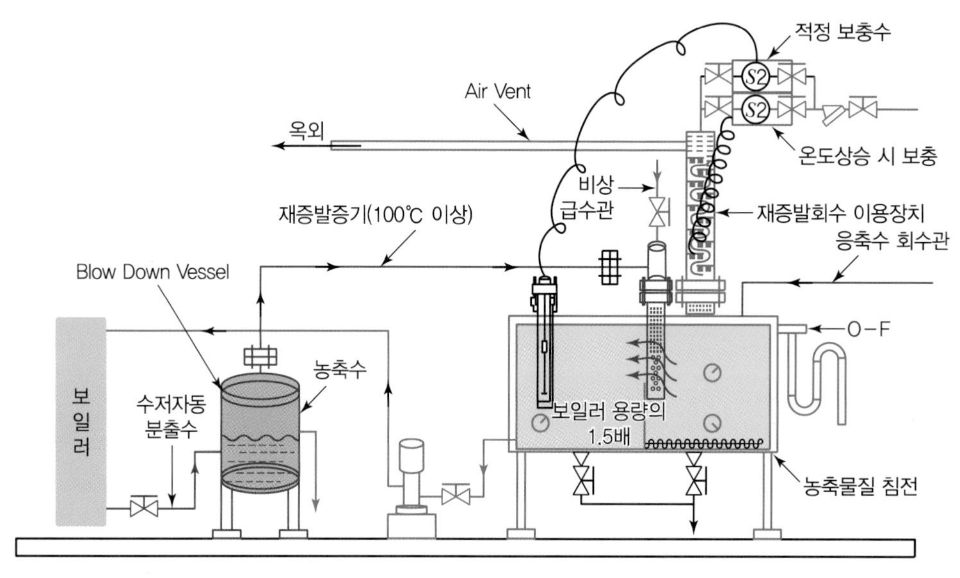

[그림 3] 효율적인 보일러 급수탱크 세부도

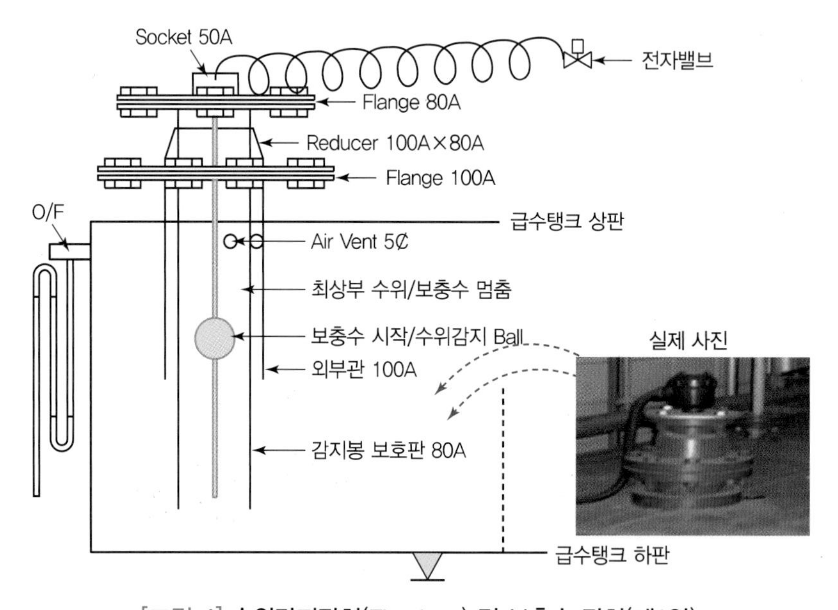

[그림 4] 수위감지장치(Floatless) 및 보충수 장치(제1안)

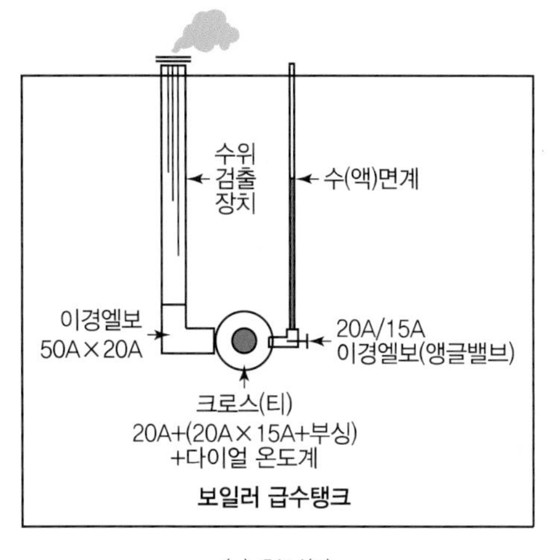

(a) 형식(1)

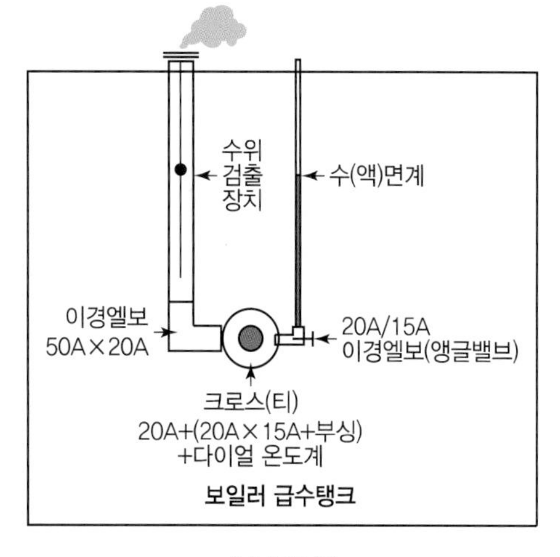

(b) 형식(2)

(c) 실제 수위장치

[그림 5] **수위감지장치(Floatless) 및 보충수 장치(제2안 : 측면 및 외부설치)**

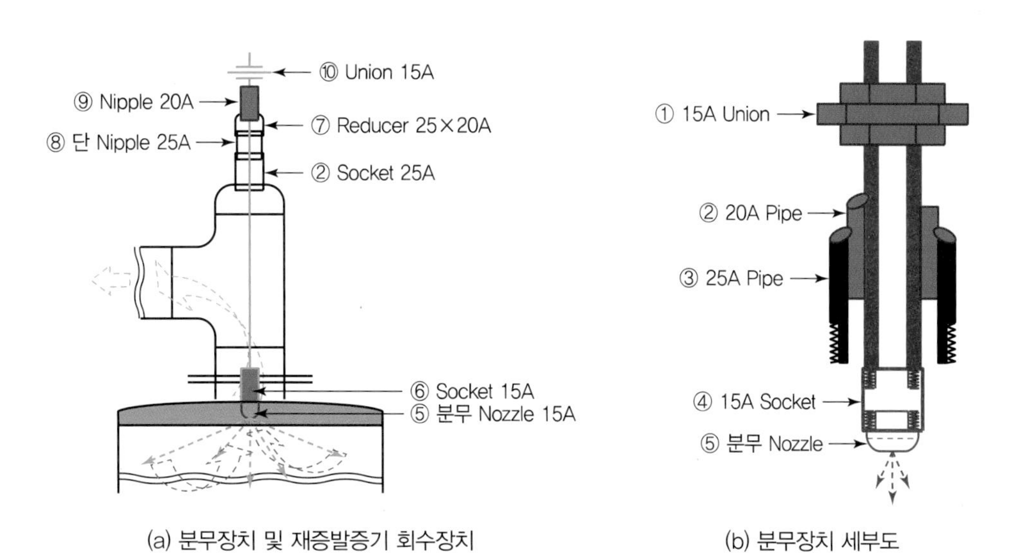

(a) 분무장치 및 재증발증기 회수장치 (b) 분무장치 세부도

[그림 6] **분무노즐 설치 및 제작 방법**

3 기대효과

1. 물의 비중을 이용함으로써 동력비의 감소와 청결한 급수로 보일러의 캐리오버 및 포밍을 방지할 수 있다.
   (1) 응축수 회수 시 동반되는 이물질의 침전으로 청결한 용수를 급수할 수 있다.
   (2) TDS 농도 감소로 분출수를 감소할 수 있다. 이는 용수를 절감하고 에너지 손실을 감소시킨다.
2. 상부의 고온을 급수할 수 있어 용수의 탈기로 인한 보일러의 부식과 보일러의 부동팽창을 감소하거나 방지할 수 있다.
3. 급수탱크의 내부 청소를 수월하게 할 수 있다.
   (1) 시간이 단축된다(인력손실 감소).
   (2) 외부(상부)에서 청소를 할 수 있다(작업복 등 청결 유지가 용이).
   (3) 응축수 회수 측 대비 펌프 측은 청결하여 용수를 절감할 수 있다.
4. 급수탱크의 고온 및 재증발증기가 다량 발생하여도 수시 Floatless(수위감지장치)를 조정, 점검, 교체할 수 있다.

4 정리

1. 본 기술은 저자가 현장에서의 경험과 고충을 감안하여 직접 제안 후 제작 설치한 것으로서 실제는 더 큰 효과가 있으므로 보일러의 급수탱크 설치에 대한 중요성을 숙지하여, 신설하거나 교체 시에는 필히 실천하기를 권장한다.

2. 보일러 효율 공식을 이용하여 급수온도 상승에 따른 절감률을 산출한다.
   (1) 절감률=[급수량×(증기 엔탈피−급수온도)]÷[연료 발열량×연료 사용량]×100%
   (2) 온도가 약 6.4℃ 상승할 때 효율은 1% 상승하게 된다.
   절감률=[증기 엔탈피−(증기 엔탈피−6.4℃)]÷증기 엔탈피×100%
   =[646.00−(646.00−6.4℃)]÷646.00×100%
   =1%
   (3) 절감률(%)=(개선 후 급수온도−개선 전 급수온도)÷(증기 엔탈피−개선 전 급수온도)×100%

SECTION 19

기존 급수탱크 개선으로 급수온도 상승 및 양질의 급수

1 현황 및 문제점

1. 기존에 설치된 급수탱크가 있었으나 보일러 증설 후 부족한 용수를 감안하여 급수탱크를 추가로 설치하고, 하부에 배관을 연결하여 두 개의 급수탱크를 운용하고 있다.
2. 응축수 회수관 및 Air Vent는 기존 탱크에 연결되어 있다.
3. 보일러에서 제조된 0.6MPa의 증기는 감압 후 평균 0.25MPa로 1, 2호 건조기에 주로 사용하며, 공정에 열원을 공급하고 Steam Trap을 통해 배출되는 응축수는 응축수 탱크로 약 80% 정도를 회수하고 보일러 급수온도는 80℃이다.
4. 이에 따른 배관의 연결 등 불합리한 급수탱크의 구조로 유입탱크 급수온도는 80℃보다 낮게 급수되고 있다.
5. 재증발증기 회수장치가 없어 재증발증기는 벤트를 통해 방출되고 있다.

[표 1] 2011년 월별 증기 발생량

증기 발생량(ton)												
1월	2월	3월	4월	5월	6월	7월	8월	9월	10월	11월	12월	계
2,883	1,847	2,545	2,566	2,489	2,389	2,517	2,027	2,418	2,425	2,368	2,560	29,034

※ 보일러 평균 증발배수(13.55)에 의해 산출하였다.

[그림 1] 급수탱크의 모습

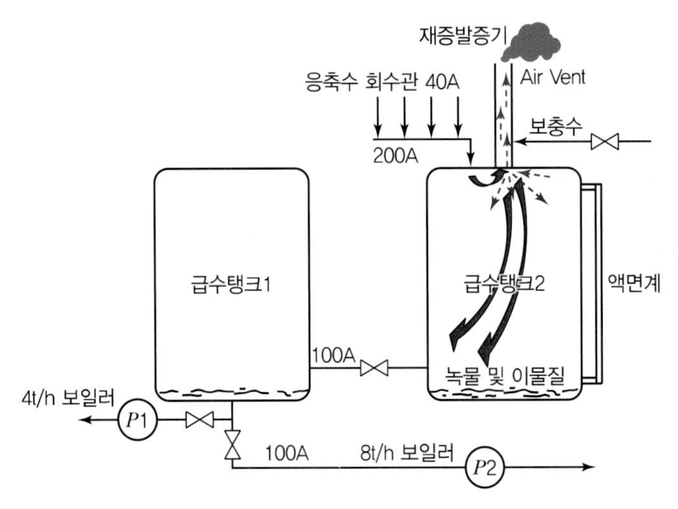

[그림 2] **개선 전 공정도**

2 개선방안

1. 하부에 설치된 탱크 간 밸브를 이용하여 용수의 흐름을 차단한다.
   ※ 추후 급수탱크 청소 시 또는 비상용으로 활용한다.
2. 상부에 별도의 배관을 설치하여 기존의 급수탱크에 고온의 응축수가 넘쳐 흘러 유입되도록 한다. 이때, 흐름이 원활하고 부하가 걸리지 않도록 충분한 구경을 선정한다.
3. 수위 감지기는 펌프 쪽에 설치하고, 보충수는 기존 탱크에 유입되도록 한다.
4. 여기서 발생하는 재증발증기 회수방법은 별도의 세부사항을 참조한다.

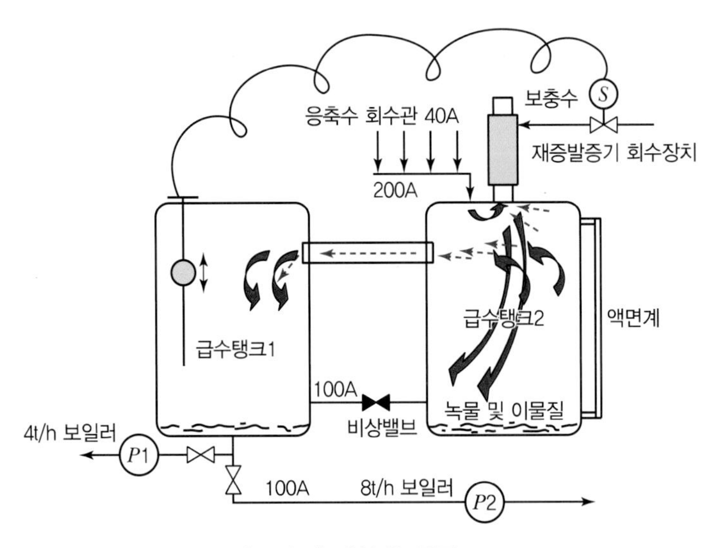

[그림 3] **개선 후 공정도**

SECTION

20 보일러 화학세관으로 에너지 절감

1 개요

1. 세관(洗管)이란 좁게는 관(Pipe, Tube)을 씻는다는 뜻이지만, 넓은 의미로 살펴볼 때 청소, 그을음 제거, 부속품의 정비 등까지를 포함하여 세관한다고 할 수 있다.
2. 사람의 힘으로 직접 청소하기 어려운 부위를 화학약품을 이용하여 청소하는 방법을 말한다. 연관(煙管)의 외면(물 쪽)이나 수관(水管)의 내면, 또는 노통(爐筒)이나 보일러의 동체에 슬러지나 스케일 형태로 존재하는 이물질을 제거한다.

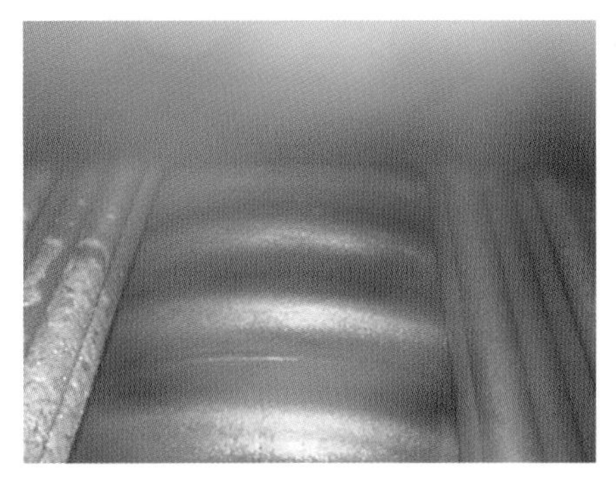

(a) 세관 전

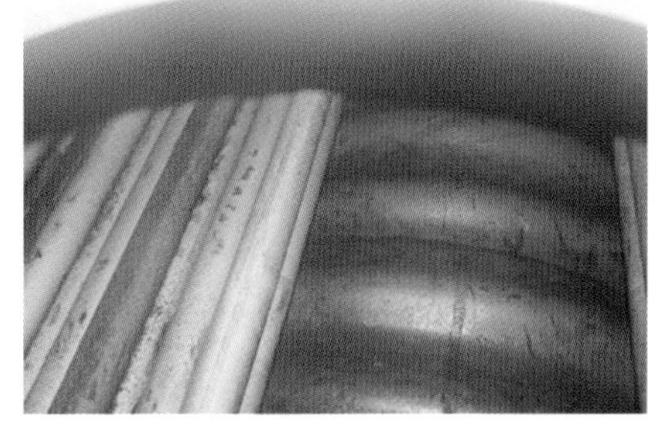

(b) 세관 후

[그림 1] **노통연관의 세관 전후 모습**

2 화학세관과 보일러의 재질

1. 보일러 화학세관의 목적

(1) 안전을 위해서이다.

(2) 슬러지나 스케일이 제거된 상태이어야 용접부 등에 대한 정확한 검사를 할 수 있다.

(3) 열효율 상승으로 에너지를 절약한다.

2. 보일러의 재질

스케일과 안전의 관계를 이해하려면 보일러의 재질을 알 필요가 있다.

(1) 일반구조용강(SS 400)

① 보일러(열매체 포함) 동체의 재질은 일반구조용강(SS 400) 또는 보일러 및 압력용기용 탄소강(SB 410)이 주재료로서 일반적으로 사용되고 있다.

② 일반구조용강(SS 400)의 인장강도는 41kg/mm^2, 허용응력은 10.25kg/mm^{2}이며, 최고사용압력은 검사기준에서 7kg/cm^{2}까지만 허용되고 있다.

㉠ 일반구조용강(SS 400)은 mm^{2}당 10.25kg의 힘을 견딜 수 있다.

㉡ mm^{2}와 cm^{2}는 100배 차이가 나므로 우리가 사용하는 압력으로 고치면 이론상으로는 1,025kg/cm^{2}까지 사용이 가능하므로 재질상으로는 절대적으로 안전하다고 볼 수 있다.

③ 그러나 이 재질은 압력에서는 안전하지만 온도에서는 상황이 다르다.

㉠ 일반구조용강(SS 400)은 자기 자신이 가지는 온도가 350℃ 이내에서는 허용응력이 10.25kg/mm^{2}가 유지되지만 350℃가 넘으면 허용응력이 제로(0)가 되어버리는 성질이 있다.

㉡ 결론적으로 일반구조용강(SS 400)을 사용한 보일러의 동체나 노통은 어떤 경우에도 자기 자신이 가지는 온도가 350℃를 넘어서서 운전되면 안 된다.

④ 우리가 일반적으로 운전하고 있는 보일러의 노통은 몇 ℃ 정도에서 운전되고 있는지를 살펴보아야 한다.

㉠ 압력이 5kg/cm^{2}로 운전되고 있는 노통연관보일러의 노통 전열면이 가지는 온도는 내부 포화수 온도의 +30℃ 정도이다.

㉡ 예를 들면, 스케일이 전혀 없는 보일러의 압력이 5kg/cm^{2}일 때 포화수 온도가 158.8℃이므로 여기에 30℃를 더하면 전열면이 가지는 온도는 약 190℃이다. 허용온도는 350℃이므로 160℃의 여유를 가지고 운전되고 있으므로 안전하다.

㉢ 그러나 전열면에 스케일이 부착되어 열전달이 방해되면 점차 전열면의 온도가 올라가 350℃를 넘어서게 되고 재질의 버팀력이 없어져 사고로 이어지게 된다.

⑤ 결론적으로, 세관을 해야 하는 이유는 보일러를 350℃ 이내로 운전함으로써 안전사고를 예방하려는 것이다.

(2) 연관이나 수관으로 사용되는 보일러, 열교환기용 탄소강관(STBH 340)

① 보일러, 열교환기용 탄소강관(STBH 340)의 인장강도는 35kg/mm^2, 허용응력은 8.8kg/mm^{2}이다.

② 이 재질 또한 허용응력만 낮을 뿐 온도에 대해서는 일반구조용강(SS 400)과 마찬가지로 350℃가 한계이므로 스케일에 대해 취약하다.

③ 특히 수관에서의 스케일은 바로 과열로 이어지게 된다. 관류보일러가 스케일에 약한 것도 이 때문이다.

④ 최고사용온도 350℃는 불변인데 압력을 높이 사용하면 포화수 온도가 높아지므로 재질의 온도도 따라서 높아지는 것을 알 수 있다.

⑤ 따라서, 압력이 높은 보일러는 물처리를 잘해야 하고, 스케일이 없어야 한다.

(3) 보일러 및 압력용기용 탄소강(SB 410)

① 보일러 및 압력용기용 탄소강(SB 410)의 인장강도는 42kg/mm^2, 허용응력은 10.5 kg/mm^{2}이며, 최고사용압력은 7kg/cm^2 이상 사용하도록 허용되고 있다.

② 인장강도와 허용응력에서는 일반구조용강(SS 400)과 별 차이가 없지만 온도에서는 큰 차이가 난다.

③ 보일러 및 압력용기용 탄소강(SB 410)의 허용응력은 350℃에서 10.5kg/mm^2, 375℃에서 10kg/mm^2, 450℃에서 5.8kg/mm^2, 550℃에서 1.8kg/mm^{2}이다. 이처럼 온도에 강하기 때문에 높은 압력을 허용하는 것이다.

④ 스케일이 많은 회사라면 보일러를 어느 재질로 선택해야 하는지 알 수 있고 스케일 제거의 필요성을 알 수 있다.

⑤ 스케일이 없으면 세관을 하지 않고 분해 정비만 하면 된다.

㉠ 법령이나 검사 규정 어디에도 세관의 강제 규정은 없다.

㉡ 검사 시에는 세관 상태를 보는 것으로 인식되어 있는데, 그게 아니라 검사를 할 수 있도록 검사구 개방이나 안전밸브 분해정비, 저수위경보장치의 청소, 수면계 분해정비 등의 준비만 하면 된다.

3 화학세관 시 견적가 산출 검토

1. 개요

(1) 보일러 세관에 대한 정식 매뉴얼은 아직 없는 듯하다. 그렇기 때문에 내가 하는 방법이 옳은지 알기가 어렵다.

(2) 방법뿐만 아니라 세관 가격 역시 어느 정도의 금액이 적정한지 표준이 없다. 고려해야 할 변수가 워낙 많기 때문이다.

(3) 우리는 보일러 세관을 실시할 때 보일러의 스케일 상태를 확인도 하지 않고 견적을 내고 계약을 한다. 이는 의사가 환자의 상태를 정확히 알지 못한 상태에서 치료 방법을 정하고 병원비를 책정하는 것과 다를 것이 없다.

(4) 제대로 된 세관을 하려면 보일러를 완전히 개방한 상태에서 세관업자를 불러 모아 현장을 설명하면서 세관업자로부터 스케일을 분석케 하여 어떤 방법과 무슨 약품을 사용하여야 스케일 제거가 가능하므로 비용이 얼마 들어간다는 견적을 받고 그중에서 기술과 가격이 가장 합리적인 업자를 선택해야 한다.

(5) 또한 추가로 실시하여야 할 작업을 명시해서 산출하면 좋을 것이다.

2. 스케일 제거 방법에 관한 예비시험

(1) 스케일을 채취한다.

① 보일러 각 부위에서 스케일을 채취하는 것이 좋으며, 특히 고열을 받는 부분에 중점을 두어야 한다.

② 운전 등의 관계로 그 보일러의 스케일을 채취하기 어려울 때는 이전(Scrape) 보일러에 부착되어 있는 스케일을 채취하여 참고해도 된다.

(2) 스케일의 화학조성 및 물리적 성질을 검토한다.

① 산세관에서는 우선 스케일의 화학조성을 아는 것이 중요하며, 스케일은 원수 급수처리 및 운전 상태에 따라 그 성분이 다르지만 공통 성분으로 Ca, Mg 등의 탄산염, 황산염, 규산염, 인산염 및 산화철을 들 수 있다.

② 화학성분은 비슷해도 강도, 조밀도, 표면 상태 등의 물리적 성질에 따라 세척액에 용해 또는 붕괴되는 속도를 달리하는 수가 있으므로 스케일의 두께, 비중 등을 측정하는 것이 바람직하다.

③ 이들을 측정하여 두면 보일러에 붙어 있는 스케일의 양을 간단히 산정할 수 있다.

※ Scale 부착 산정식 = Scale 부착면적 × 두께 × Scale 비중

[그림 2] **악성 스케일(수처리 불량)**

3. 스케일 용해방법

(1) 용해제의 종류, 농도, 온도, 시간

① 화학세척에 사용되는 화학약품은 무기산이지만 스케일의 용해능력이 큰 염산이 보통 사용되고 있다.

② 각종 스케일에 대한 연구결과에 의하면 스케일을 용해시키는 데 적당한 농도는 대체로 5~10%이다.

③ 5% 이하에서도 스케일이 제거되지만 장시간이 필요하므로 실효성이 적고, 10% 이상에서는 스케일의 제거시간이 비율로 보아 단축되지 않을 뿐 아니라 처리온도가 높아지므로 재질의 부식량이 증가함과 동시에 경제적으로도 세관비용이 상승되기 때문에 비현실적이다.

④ 10% 염산일 경우 부식억제제를 0.6% 사용하면 처리온도를 75~80℃까지 올릴 수 있지만 온도를 더 높이면 염산증기의 발생도 많으므로 보통은 60~70℃ 정도가 상용되고 있다.

⑤ 때로 염산의 농도 및 처리온도는 스케일의 조성 및 성질에 의하여 결정되므로 10% 이상 또는 이하의 농도에서도 처리되는 효과적인 경우도 있다.

(2) 특수첨가제 병용의 필요 여부

염산만으로 용해가 곤란한 때 규산염류가 많은 것에는 용해 촉진을 병행하여 그 필요 농도를 조사하고, 스케일 표면에 유류가 부착되어 있을 때는 먼저 알칼리 탈지를 하고 경도의 경우는 계면활성제를 병용하여 용해시험을 한다.

(3) 스케일 용해상태 관찰

① 용해시험을 하여 스케일을 반드시 100% 용해할 필요는 없다. 용해량이 80% 정도라도 후의 20%는 용해잔사가 완화 또는 붕괴상태이면 산액의 순환 또는 산처리 후의 수세 등으로 재질면에서 이탈할 수 있기 때문이다.

② 그러나 90% 정도의 용해가 되었다고 하더라도 후의 5% 잔사가 전열연화 붕괴되지 않고 경질화 상태로 잔존하여 있을 때는(규산염 또는 황산칼슘을 주성분으로 하는 스케일이 많기 때문이지만) 수세 등으로 이것을 이탈시키는 것이 매우 곤란한 것으로 스케일을 완전히 제거할 수 없으므로 용해시험에 있어서는 그 용해량과 함께 잔사의 상태도 충분히 관찰하지 않으면 안 된다.

(4) 산 농도의 저하 및 스케일 성분 중 부식촉진인자(Fe^{2+}, Cu^{2+} 등)의 용출량 선정

탄산염이 주성분인 스케일과 같이 염산에 쉽게 용해되는 것은 산 농도의 저하상태를 산정하여야 하며, 특히 스케일 성분 중의 부식 촉진인자가 어느 정도 액 중에 용출되었는가를 확인할 필요가 있다.

④ 약품 투입 전 피세정체의 내부 Scale을 채취 분석하여 용해시험을 실시하여야 한다.

⑤ 세정수 순환을 위하여 가배관 설치 후 세정수의 누수로 인한 피해가 없도록 수압시험을 실시하여 누수 여부를 확인하여야 한다.

⑥ 버너 및 기타 부속장치에 세정수가 접촉되지 않도록 주변기기에 안전포장을 하여야 한다.

(2) 탈청공정

① 관수량 이상의 물을 채우고 10% 이상의 BCC 탈청제(BA-20)를 6시간 이상 순환시킨다.

② 수시로 산도를 측정하여 필요 이상의 세정으로 인하여 오히려 보일러가 손상되지 않도록 각별한 주의를 하여야 한다.

③ 일정상태의 변화가 없으면 탈청공정을 종료하여야 한다.

(3) 중화방청공정

① 탈청공정 종료 후 관수를 완전배수시키고, 다시 관수량 이상의 새로운 물을 채워 5% 이상의 BCC 중화방청제(PN)를 투입 후 완전중화방청상태를 유지하면서 순환시킨다.

② 탈청공정 및 중화방청공정에서 발생하는 폐수는 적법하게 처리하여야 한다.

(4) 수세작업

① 내부를 고압 분무기 등으로 깨끗이 세척하여야 한다.

② Scale 퇴적 및 제거 상태를 확인하여야 한다.

(5) 폐수처리

세관작업 시 발생하는 탈청공정 및 중화방청공정의 폐수는 허가된 폐수처리업자에게 위탁처리 후 적법한 처리전표를 제출하여야 한다.

2. 각종 Packing 및 Gasket 교체

(1) 모든 Packing 및 Gasket은 새것으로 교체하고, 밀폐 여부를 확인하여 누수, 누증되는 부위가 없어야 한다.

(2) 수면계, 맥도널 등 정밀을 요하는 계측기기의 Gasket을 교체 시에는 절대 충격을 주어서는 안 된다.

(3) 각 부위의 특성과 성능을 고려하여 적절한 재질을 사용하여야 한다.

① 각 재질은 1년 이상 안전 사용이 가능하여야 한다.

② 고무류의 재질을 절대 사용하여서는 안 된다.

3. 연관 및 연소실 내 · 외부 불순물 제거

(1) 연관 청소 및 매연 제거

연관 내의 매연은 환 브러시를 이용하여 깨끗이 제거하거나, 청소하여 보일러의 효율을 증대시킬 수 있도록 하여야 한다.

(2) Scale 제거

본체 내 연관 외부를 고압 수세하여 잔류물질 및 퇴적된 Scale을 제거하여야 한다.

(3) 노통 청소

① 노통(연소실) 내부의 매연 및 기타 이물질을 일반 브러시 및 헝겊을 이용하여 제거하고 깨끗이 하여야 한다.

② 노통(본체 내) 외부를 고압 수세하여 잔류물질 및 퇴적된 Scale을 제거하여야 한다.

4. 버너 정비작업

주 버너 및 보조(Pilot) 버너 Tip의 이물질을 제거하고, 손상이 되지 않도록 정비하여야 한다.

5. 도장작업

(1) 도색하고자 하는 부분 이외에는 Paint가 묻지 않도록 Cover 및 덮개를 씌워야 한다.

(2) 보일러 및 부속설비 도색은 바탕색과 동일한 색으로 도장하여야 한다.

① 보일러 본체 : 은분

② 밸브 및 공기 Duct, Wind Box : 검은색

※ Wind Box의 도장은 내열 페인트를 사용하여야 한다.

③ 실내 배관 : 수성 페인트(백색)

④ 각 도장 부위는 바탕 처리를 실시하여야 한다.

㉠ 퇴색된 부위 제거 및 연마 후 광명단으로 도장한다.

㉡ 각 부위별 색상은 확실하게 구분되어야 한다.

6. 부속설비 및 안전장치 정비작업

(1) 부속설비 정비는 적정 규격의 공구를 사용하여야 한다. Manhole 등 Nut는 파이프 렌치를 사용해서는 안 된다.

(2) 부속장치의 Gasket 제거 시에는 망치로 치거나, 장치의 손상의 우려가 되는 충격을 주어서는 안 된다.

① 안전밸브

㉠ 안전밸브를 완전 분해하여 부품을 정비하고, 필요에 따라 콤파운드로 연마하거나 조정하여 기능에 이상이 없어야 한다.

㉡ 검사 완료 후에는 규정압력에 정상 작동되어야 한다.

② 드레인밸브(Drain Valve)

완전 분해하여 이물질을 제거하고 조립 후 누수가 없어야 한다.

③ 급수내관

㉠ 완전 분해하여 이물질을 제거하고 급수 시 급수저항이 발생하지 않아야 한다.

㉡ 이물질(Scale 등)의 제거가 불가능할 경우에는 새로 제작하고 교체하여야 한다.

④ 맥도널 경보기

㉠ 맥도널 정비 시에는 Sensor가 손상되지 않도록 세심한 주의를 하여야 한다.

㉡ Ball에 붙어 있는 이물질 및 하부 퇴적물을 완전 제거하여야 한다.

⑤ 수면계

㉠ 유리면의 손상이 없도록 하고, 해체 후 유리면의 이물질을 완전 제거하여야 한다.

㉡ 수면의 상태가 외부에서 확실히 구분되어야 한다.

7. 버너타일 보수작업

손상된 부분은 제거 후 보수 시공하여야 한다.

8. 시운전

(1) 시운전 준비

상부 Manhole의 조립 전에 청관제를 일정량 투입하여야 한다.

(2) 급수방법

자동급수를 저수위 부위까지 실시하고, 나머지는 급수펌프에 의해 실시하여야 한다.

① 급수량계의 유량을 주시한다.

② 급수펌프의 정상상태 확인 및 급수탱크 수위를 점검한다. 급수탱크의 수위를 주시하고, 이상감수가 되어서는 안 된다.

③ 시운전은 담당자가 실시한다.

㉠ 안전밸브 작동시험 및 누설시험을 실시한다. 만수 급수 후 수압에 의해 실시하며, 약 5분 정도 수압시험을 실시한다.

㉡ 보일러의 수위를 정상수위까지 Drain 시킨다.

㉢ 보일러 정상가동을 하여 본체의 압력이 약 3kg/cm^2 상승 시 운전을 정지한다.

- 보일러의 정상운전은 저부하(약 30%)로 실시하여야 한다.
- 각 조립부위 및 Packing, Gasket의 누설 여부를 점검하고 확인한다.
- 각 조립부위의 조임을 실시한다.

9. 정리 · 정돈 및 청소

(1) 세관 전과 동일하게 원상복구하여야 한다.

(2) 세관에 의해 발생된 부산물을 적법하게 처리하여야 한다.

10. 기타

탱크로리(세관수 재활용) 세관은 절대로 허용해서는 안 된다.

[표 1] **보일러 화학세관 순서**

순서	수관보일러	노연보일러	비고
1	 분해 검사		• 보일러를 개방하여 세관을 준비한다. • 세관업체의 견적을 참고한다. 그러나 공정상 쉽지는 않은 일이다.
2	 스케일 분석	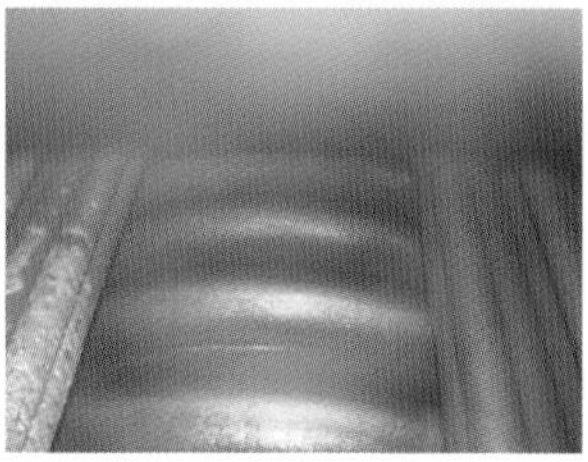	• 스케일을 채취하여 성분을 분석한다. • 스케일의 화학적 및 물리적 성질을 분석한다.
3	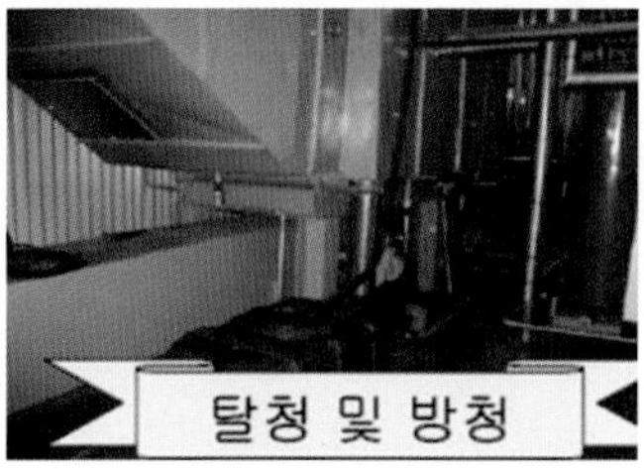 탈청 및 방청		• 화학약품을 사용하여 스케일을 용해하며, 용해상태를 주시한다. • 지나치면 오히려 손상될 수 있다.
4	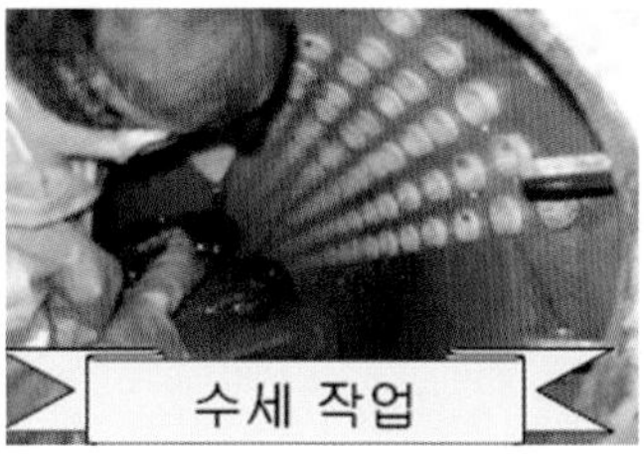 수세 작업		• 내부의 스케일 제거 및 고압분무기를 이용하여 수세작업을 실시한다. • 내부의 스케일의 퇴적 및 제거상태를 확인한다.

순서	수관보일러	노연보일러	비고
5	폐수위탁처리		• 한번 사용된 탈청공정 및 중화방청공정의 폐수는 허가된 폐수처리업체에 위탁처리한다. • 처리전표를 보관한다.
6	연소실 청소		• 연관 및 연소실을 청소한다. • 연관 및 연소실과 공기예열기 등을 점검하고 매연을 제거한다.
7	부속장치 보전		• 모든 Packing 및 Gasket은 새것으로 교체한다. • 부속설비의 주요 부분을 분해 점검하여 이상 여부를 확인한다.
8	부속장치 조립		• 맨홀 및 소제구를 조립한다. • 지나친 조임을 삼가고 압력 상승 후 더 조임을 실시한다.
9	검사 및 시운전		• 압력제한 및 누설점검을 실시한다. • 처음 운전 시는 저부하로 운전하고 누설 및 압력상승을 주시하여 부하율을 점차적으로 높인다.

SECTION 22 보일러 부속설비의 합리적 관리로 스팀의 품질 향상

1 개요

1. 열발생(보일러)설비에서 제조된 스팀은 배관 및 배관설비에 부착된 각종 기기를 경유하여 열사용설비(생산현장)에 열을 전달하고 일을 하기 위하여 스팀을 수송하는데, 이와 같은 설비를 열수송설비라고 한다.
2. 스팀의 송기 과정은 대략 다음과 같다.
   보일러 → 비수방지판 → Separator → Header → Steam Trap → Valve → Expansion Joint → Reducing Valve → Heat Exchange(열교환기 : 열사용설비) → Steam Trap → 응축수 회수관 → 보일러 급수탱크 → 급수펌프 → 보일러

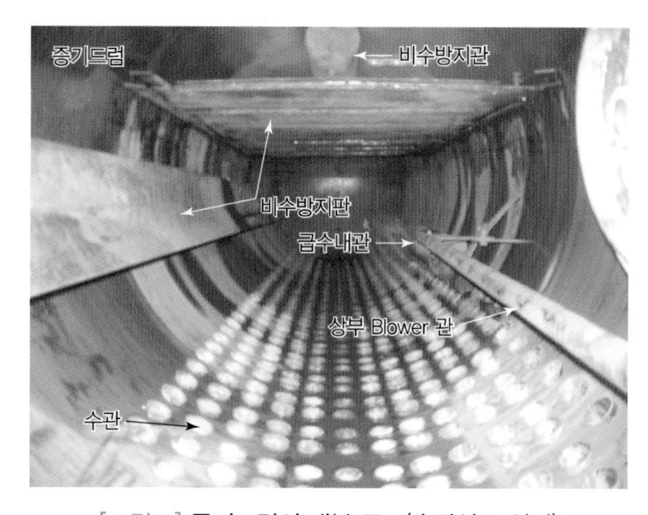

[그림 1] 증기드럼의 내부 구조(수관식 보일러)

2 스팀의 품질향상을 위한 부속장치

1. 비수방지관(Anti Priming Pipe) 설치
   (1) 보일러의 고수위 및 부하의 급변으로 인해 동(胴) 내부에서는 비수현상이 발생하는데, 비수방지관은 수격작용에 의한 프라이밍, 포밍, 캐리오버 등의 피해를 방지하기 위하여

둥근 보일러의 동 내부 증기 취출부에 설치하는 기기이다.

(2) 프라이밍, 포밍, 캐리오버 현상

① 프라이밍(Priming, 비수)

주증기밸브 급개 시, 고수위 시의 수면으로부터 끊임없이 물방울이 비산하면서 수위를 불안전하게 하는 현상이다.

② 포밍(Forming, 물거품)

관수 중 용해고형물, 유지류 등의 불순물로 인해 거품의 층을 형성하는 단계로 심해지면 프라이밍 상태로 된다.

③ 캐리오버(Carry Over, 기수공발)

㉠ 보일러에서 증기관 쪽에 보내는 증기에 수분(물방울)이 많이 함유되는 경우 증기가 나갈 때 수분이 따라오는 현상을 말한다.

㉡ 프라이밍이나 포밍이 생기면 필연적으로 캐리오버가 일어난다.

2. 비수방지관 설치 이유 및 이점

(1) 프라이밍(비수현상) 방지

(2) 동 내 수면 안정으로 정확한 수위 측정

(3) 수격작용 방지

(4) 습증기 감소 → 건증기 이용

3. 프라이밍과 포밍의 원인

(1) 증기부하가 과대한 경우

(2) 고수위로 운전할 경우

(3) 주증기밸브를 급개할 경우

(4) 관수에 유지분, 부유물, 불순물이 많을 때

(5) 관수가 농축되었을 때

4. 비수현상 방지 방법

(1) 연소량을 줄여 부하를 안정시킨다.

(2) 증기밸브를 닫아 수위를 안정시킨다.

(3) 농축된 관수를 교체한다(분출을 반복하여 실시한다).

SECTION

23 증기 누증 차단으로 압력손실 및 에너지손실 방지

1 현황 및 문제점

1. 보일러에서 생산된 스팀은 0.5MPa을 헤더를 경유하여 감압 없이, 일부는 0.2MPa의 증기로 감압하여 사용하고 있다.
2. 증기를 사용하는 열교환기(가열기)가 하부에 설치되고, 가열조가 매몰된 까닭에 부득이 Steam Trap을 상부에 설치한 전자 Steam Trap의 Bypass Valve와 일부 자바라 및 실리콘 배관에서의 생증기가 여러 곳에서 누증되어 적잖은 손실의 원인이 되고 있다.
3. 증기의 압력은 고압으로 누증부위의 틈새가 작아도 많은 양의 스팀을 손실하게 되며, 증기의 누설로 인한 에너지(증기) 유실은 물론, 사용처의 경우 압력저하가 발생할 경우 온도의 저하로 제품의 품질에도 적잖은 우려가 있다.

[표 1] 누증부분 직경

누증부위	누증직경(mm)	개소	누증압력(MPa)
고압 측(감압 전)	5	4	0.5
저압 측(감압 후/공정)	5	15	0.2

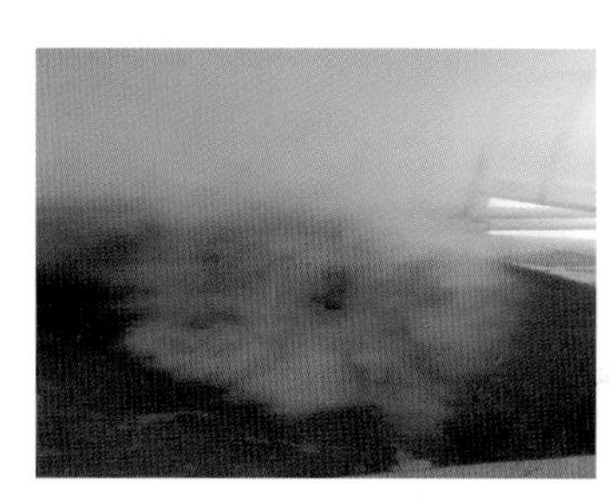

(a) 옥외 생증기 방출 모습 (b) 고압 측 (c) 저압 측

[그림 1] 생증기 방출 및 Bypass Valve 열림

2 개선대책

1. 배관을 개선(교체)하여 전자 Steam Trap에서의 생증기 누증을 점검하고 차단한다. 모든 배관은 탄소용 강관(SPPS)으로 연결한다.
2. 현재 불필요한 메인 감압밸브 등을 제거하여 배관을 최소화하고, 밸브의 Flange의 Gasket 및 Grand Packing의 누증을 조치한다.
3. 다소 고가이지만 누증이 잦고, 인력손실이 비교적 작은 벨로스형 밸브, 피스톤 밸브 등을 검토해 볼 것을 권장한다.
4. 사용자의 인식 부족에 의한 Bypass 배관 남용은 절대 억제해야 한다.

[표 2] **배관 구경에 따른 증기 누출량(kg/h)**

누출구의 지름 (mm)	압력(MPa)				
	0.2	0.5	0.7	1	2
1	1	2	3	4	8
2	4	9	12	17	32
3	9	20	27	38	71
4	16	35	48	67	126
5	25	55	76	105	197

적용공식 : $G=0.5626D^2\sqrt{\frac{P}{V}}$

여기서, G : 건조포화증기량(kg/h), D : 작은 구멍(오리피스)의 직경(mm)
P : 증기의 압력(kg/cm^2), V : 건조포화증기의 비용적(m^3/kg)

3 기대효과

1. 증기 누증량(kg/h)

=Bypass 및 플랜지 · 배관 누증량×개소

$=(0.5626\times3^2\times\sqrt{5\div0.319704}\times4)+(0.5626\times3^2\times\sqrt{2\div0.610506}\times15)$

=317.6kg/h

2. 증기 방출 손실열량(kcal/년)

=누증량×연 가동시간×(0.35MPa 증기 엔탈피−보충수 엔탈피)

=317.6kg/h×4,242h/년×(646.83−18)kcal/kg

=847,197,002.7kcal/년

(1) 증기압력 0.35MPa은 누증압력의 평균치이다.

(2) 0.35MPa 증기 엔탈피

$h_2 = i + x \times \gamma$

$= 148.371\text{kcal/kg} + (506.63 \times 0.98)\text{kcal/kg} = 646.83\text{kcal/kg}$

여기서, i : 발생증기압력(0.35MPa)에서의 포화수의 엔탈피(kcal/kg)

x : 증기의 건도(열정산 기준 0.98)

γ : 발생증기압력(0.35MPa)에서의 증기의 잠열(kcal/kg)

3. 연간 연료 절감량(Nm^3/년)

=증기 방출 손실열량÷보일러 입열량÷보일러 효율×안전율

$= 847,197,002.7\text{kcal/년} \div 9,439.49\text{kcal/Nm}^3 \div 93.14/100 \times 0.6$

$= 57,816\text{Nm}^3\text{/년} = 60.3\text{TOE/년} = 2.53\text{TJ/년}$

4. 절감률(%)

=절감량(TOE/년)÷연간 에너지 사용량(TOE/년)×100%

=60.3TOE/년÷479.30×100%=12.58%

5. 연간 절감금액(천원/년)

=연간 연료 절감량(Nm^3/년)×LNG 연료 단가(원/Nm^3)

=57,816Nm^3/년×956.27원/Nm^3=55,288천원/년

6. 탄소배출 저감량(tC/년)

=절감량(TOE/년)×탄소배출계수(tC/TOE)

=60.3TOE/년×0.637tC/TOE=38.41tC/년

4 경제성 분석

1. 투자비

[표 3] **항목별 투자비** (단위 : 천원)

항목	단위	개선안			비고
		단가	수량	계	
스팀트랩 배관 개선	개	100	26	2,600	
밸브 교체	개	500	90	45,000	벨로스밸브
계				47,600	

2. 투자비 회수기간

=투자비(천원)÷연간 절감금액(천원/년)

=47,000천원÷55,288천원/년=0.85년

SECTION 24 냉난방관리에 대한 사고의 전환으로 에너지 절감

1 개요

1. 현재 유지하고 있는 실내온도가 적정한가? 지금의 기온에서 냉난방을 해야 하는가? 냉난방 온도는 몇 ℃가 적정한가? 법적인 근거는 있는가? 에너지 관리를 담당하고 있는 우리로서는 도무지 판단할 수 없다. 여러 사람에게 물어보아도 정확한 답이 없고 각양각색이다.

2. 과거의 법적 기준으로서 냉난방 온도의 제한기준을 살펴보면 다음과 같다.
   (1) 에너지이용 합리화법에 제한기준 신설(법률 제4426호) 1991.12.14.
   (2) 시행규칙에 대상 건축물의 범위 신설(동력자원부령 제128호) 1992.7.9.
      ① 연면적 3,000m^2 이상의 업무시설
      ② 연면적 2,000m^2 이상의 숙박시설
      ③ 연면적 3,000m^2 이상의 판매시설
   (3) 제한기준 온도 공고(동력자원부 공고 제1992－21호, 의무사항) 1992.7.13.
      ① 동절기 : 18～20℃
      ② 하절기 : 26～28℃
   (4) 제한기준 온도 공고(상공자원부 공고 제1993－35호, 권장사항) 1993.6.10.
      ① 동절기 : 18～20℃
      ② 하절기 : 26～28℃
   (5) 에너지이용 합리화법에서 삭제(법률 제5351호) 1997.8.22.

3. 현재 법적 근거는 없으며 완전 자율이다.

[표 1] 과거 외국의 운용사례

국가	권장온도(℃)		근거	비고
	난방온도(℃)	냉방온도(℃)		
미국	18.3	26.5	ASHRAE 90-75	권장사항
영국	19	-	칙령 1013(1980년)	권장사항
프랑스	19	-	정령(1979년)	의무사항
이탈리아	20	26	법 제373호	권장사항
일본	18	28	각료회의 결정	권장사항

2 쾌적한 실내온도에 대한 고찰

1. 사무소 건물의 에너지 소비실태 연구 결과(한국동력자원연구소, 1983년)
   (1) 쾌적반응 실내온도범위 : 21.2～26.5℃
   (2) 쾌적반응 습도범위 : 28～40%

2. 쾌적한 실내온도는 계절별, 기후별, 나라풍습별, 주거문화별, 연령별, 개인건강별로 다르게 적용되기 때문에 국내 연구기관에서 조사한 자료는 아주 드문 실정이다. 수십 년이 지난 지금은 사무실 환경이나 주거환경, 냉난방에 견디기 위한 의류패션 등이 많이 변했기 때문에 현재의 시점에서 과연 쾌적한 실내온도가 얼마이고 에너지 절약을 위해 목표로 해야 하는 실내온도는 얼마인가를 새로이 검토해야 할 필요가 있다.

3. 정부가 적정 실내온도를 설정할 당시의 상황은 1～2차 유류파동과 걸프전쟁이 있었으며 여름과 겨울의 온도차가 뚜렷한 우리나라에서는 난방철 유류와 냉방철 전기 절약이 절실하였을 것이다. 특히 냉난방 온도를 올리고 내리는 것은 별도의 시설 투자 없이 단시간에 석유 수입량을 줄일 수 있는 방편의 하나였고, 그 당시의 사정으로 보면 실내온도 억제 정책이 필요하였을 것이다.

4. 현재 적정 온도라고 홍보하고 있는 겨울철 18～20℃, 여름철 26～28℃는 사람에 따라 지키기 어려운 온도인 것에는 틀림없다. 그렇지만 에너지 사정은 과거보다 오히려 더 악화일로에서 있고, 기후변화협약에 의해 우리의 현실은 더욱 에너지 위기에 직면하고 있다.

참고

내복 착용에 의한 에너지 절감 효과

1. 내복을 입으면 같은 조건에서 실내온도를 약 3℃ 낮출 수 있으며, 난방에너지를 약 20%를 절약할 수 있다.
2. 적정 실내온도는 우리의 마음속에 있다. 절약하고자 하는 마음이 있으면 적정 실내온도가 낮아지고, 그 반대면 높아질 것이다.
3. 겨울철에는 내복을 입고 마음의 적정 실내온도를 낮추어, 에너지 절약에 동참해 보자.

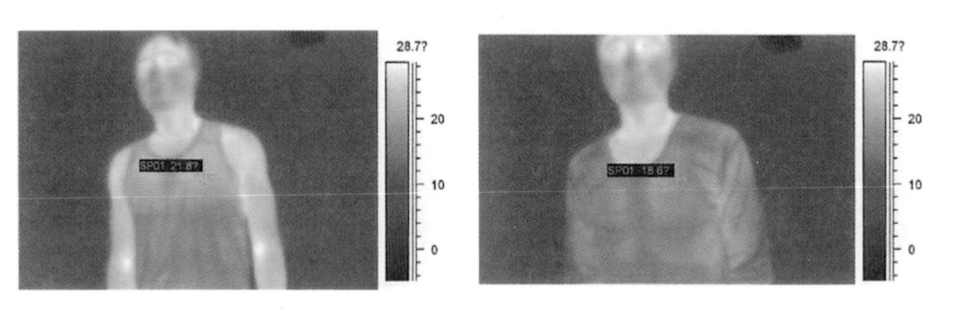

(a) 내복 미착용 시(표면온도 21.8℃)　　(b) 내복 착용 시(표면온도 18.6℃)

[그림 1] **내복 미착용 시와 착용 시의 체감온도**

3 실내온도 1℃ 차이에 의한 에너지 절감 효과

1. 실내온도 1℃ 차에 의한 난방 연료비 차이(동절기 에너지 절감률에 근거)

절감률(%) = {개선온도차 ÷ (실내온도 − 동절기 평균외기온도)} × 100%

(1) 절감률 = {1℃ ÷ (강원도 실내온도 − 강원도 평균외기온도)} × 100%
= {1℃ ÷ (20℃ − 5℃)} × 100% = 6.7%

(2) 절감률 = {1℃ ÷ (경기도 실내온도 − 경기도 평균외기온도)} × 100%
= {1℃ ÷ (18℃ − 5℃)} × 100% = 7.7%

∴ 실내온도 1℃ 차이에 따른 난방 연료비 차이는 약 7~8%이다.

2. 실내온도 1℃ 차에 의한 냉방 절전효과(하절기 에너지 절감률에 근거)

절감률(%) = {개선온도차 ÷ (냉방 전 온도 − 최저냉방온도)} × 100%

(1) 절감률 = {1℃ ÷ (33℃ − 19℃)} × 100% = 7.1%

(2) 절감률 = {1℃ ÷ (33℃ − 21℃)} × 100% = 8.3%

(3) 절감률 = {1℃ ÷ (33℃ − 23℃)} × 100% = 10%

∴ 실내온도 1℃ 차이에 따른 냉방 절전효과는 약 7~10%이다.

※ 겨울철 18~20℃, 여름철 26~28℃

4 냉방온도 관리에 따른 에너지 절감 효과 계산

1. 조건

(1) 내부부하 : 조명 20W/m^2, 작업밀도 0.2인/m^2

(2) 취입 외기량 : 30m^3/인 · h

(3) 창 : 보통유리 8m/m, 명색칼라유리 사용

(4) 산정기간 : 6~9월

[표 2] **건물 규모**

구분	연상면적(m^2)	층간 높이	천장고
지상 5층	2,500	4	3
	5,000	4	3
지상 10층	10,000	4	3

2. 계산 결과

[표 3] **단위 면적당 부하(계절 : 6~9월, 4개월간)**

구분		24℃	26℃	28℃
10,000m^2	kcal/m^2	69,490	58,000	46,550
	kWh/m^2	28.4	23.7	19.0
	절감률	–	24℃ → 26℃일 때 16.5%	26℃ → 28℃일 때 19.8%
5,000m^2	kcal/m^2	70,120	58,440	47,100
	kWh/m^2	28.6	23.9	19.2
	절감률	–	24℃ → 26℃일 때 16.4%	26℃ → 28℃일 때 19.6%
2,500m^2	kcal/m^2	80,640	66,640	52,880
	kWh/m^2	32.9	27.2	21.6
	절감률	–	24℃ → 26℃일 때 17.3%	26℃ → 28℃일 때 20.6%

PART 04

열정산

SECTION

01 증기보일러 열정산(입 · 출열법, LNG)

1 개요

1. 노후보일러로서 운전 중인 수관식 보일러(15t/h) 1기와 최근 교체하여 보유 중인 관류식 보일러(3t/h) 6기 중 진단 시 운전 중인 1, 2, 3, 4호 4기를 포함한 총 5기를 열정산하였다.
2. 증발량은 급수량과 같은 것으로 보고 급수량은 Steam Flow Meter 지시치로 산출하였으며, 연료(가스) 사용량은 그룹별 Main에 설치된 Gas Flow Meter 지시치에 의한 적산 일지와 각 보일러의 측정치를 파악하여 산출하였다. 따라서 입 · 출열법 열정산의 경우 이보다 더 정확한 자료(Data)는 없을 것이다.
3. 일반적으로 보일러 효율이 높으면 증발배수가 높다고 할 수 있으나, 같은 효율이라도 급수온도가 높으면 더 빨리 더 많은 증발량이 발생하여 증발배수가 크게 되므로 효율보다는 증발배수가 중요하다고 할 수 있다.

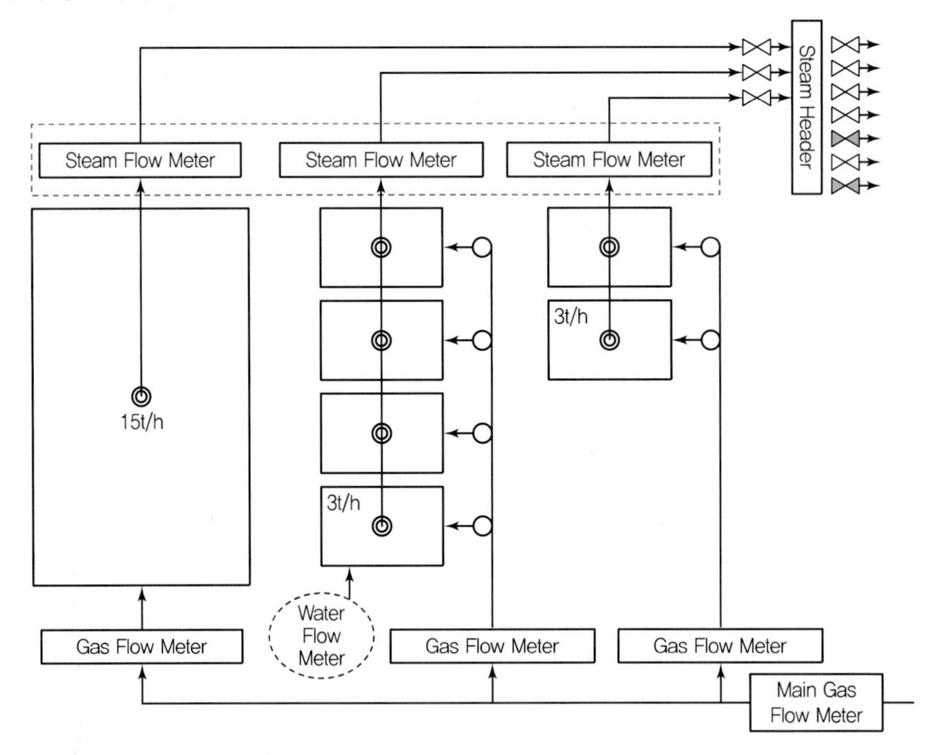

[그림 1] Gas Flow Meter 및 Steam Flow Meter 설치도

2 측정결과

열정산은 KS B 6205에 준하여 실시하였다.

[표 1] **수관식 보일러(15ton/h) 및 관류식 보일러(1.5t/h) 측정결과**

구분	측정항목			기호	단위	수관식 15ton/h	관류식 3ton/h			
							1호기	2호기	3호기	4호기
1	외기온도(건)			t_o	℃	29				
2	실내온도(건)			t_r	℃	31				
3	연료	연료명		가스	–	LNG				
4	연료	사용량		V_t	Nm^3/h	494	140	135	132	142
5	연료	연료 공급온도		t_f	℃	31				
6	연료	연료 공급압력		–	kPa	30.0				
7	연료	연료 발열량		–	$kcal/Nm^3$	9,290				
8	급수	급수량		W_1	L/h	7,677	1,873	1,681	1,725	1,739
9	급수	펌프입구온도		t_w	℃	80				
10	증기	증발량		W_2	kg/h	7,459.26	1,819.88	1,633.32	1,676.08	1,689.68
11	증기	드럼압력		P_s	MPa	0.8				
12	공기	A/H 입구온도		t_{a1}	℃	–				
13	공기	A/H 출구온도		t_{a2}	℃	–				
14	공기	버너 입구온도		t_{a3}	℃	31				
15	배기가스	온도	보일러출구	t_{g1}	℃	84.6	121.3	124.6	116.0	122.6
16	배기가스	성분	CO_2	CO_2	vol%	–	–	–	–	–
17	배기가스	성분	O_2	O_2	vol%	7	3.7	3.9	3.9	4.6
18	배기가스	성분	CO	CO	ppm	18	16	16	13	13
19	이론연소공기량			A_0	Nm^3/Nm^3	10.47				
20	이론연소가스량			G_0	Nm^3/Nm^3	11.56				
21	증기건도			χ	0.98					

3 열정산 및 성능계산 요약

[표 2] 수관식 보일러(15t/h) 열정산표

No.	항목	입열		출열	
		kcal/Nm^3	%	kcal/Nm^3	%
1	연료의 발열량	9,290	99.89		
2	연료의 현열	0.8	0.01		
3	공기의 현열	9.74	0.10		
4	증기의 흡수열			8,932.98	96.05
5	배기가스 손실열			308.15	3.31
6	불완전연소에 의한 열손실			0.92	0.01
7	방열, 전열 및 기타 열손실			58.49	0.63
합계		9,300.54	100	9,300.54	100

[표 3] 수관식 보일러(15t/h) 성능계산표

No.	항목	기호	단위	성능치
1	보일러 효율	E	%	96.05
2	보일러 부하율	L_f	%	51.40

[표 4] 관류식 보일러 1호(3t/h) 열정산표

No.	항목	입열		출열	
		kcal/Nm^3	%	kcal/Nm^3	%
1	연료의 발열량	9,290	99.91		
2	연료의 현열	0.8	0.01		
3	공기의 현열	7.85	0.08		
4	증기의 흡수열			7,439.38	80.00
5	배기가스 손실열			419.08	4.51
6	불완전연소에 의한 열손실			0.67	0.01
7	방열, 전열 및 기타 열손실			1,439.52	15.48
합계		9,298.65	100	9,298.65	100

[표 5] 관류식 보일러 1호(3t/h) 성능계산표

No.	항목	기호	단위	성능치
1	보일러 효율	E	%	80.00
2	보일러 부하율	L_f	%	60.66

4 계산식

1. 수관식 보일러(15t/h)

(1) 기본 계산

① 연료 사용량(V_0)

$=494.0\text{Nm}^3/\text{h}$

② 이론공기량(Nm^3/Nm^3)

$$=11.05\times\frac{9,290}{10,000}+0.2=10.47\text{Nm}^3/\text{Nm}^3$$

③ 이론배기가스량(Nm^3/Nm^3)

$$=11.9\times\frac{9,290}{10,000}+0.5=11.56\text{Nm}^3/\text{Nm}^3$$

④ 공기비(m)

$$=\frac{21}{21-O_2}=\frac{21}{21-7.0}=1.50$$

⑤ 급수량(W_1)

=체적유량(L/h)÷급수온도(80℃)의 비체적(L/kg)

$=7,677\text{L/h}\div1.02919\text{L/kg}=7,459.26\text{kg/h}$

⑥ 발생 증기량(W_2)

=급수량(W_1)$=7,459.26\text{kg/h}$

⑦ 연료 1Nm^3당 증발량(W)

$$=\frac{\text{시간당 증발량(kg/h)}}{\text{시간당 연료 사용량}(\text{Nm}^3/\text{h})}$$

$$=\frac{7,459.26\text{kg/h}}{494\text{Nm}^3/\text{h}}$$

$=15.1\text{kg/Nm}^3$ 연료

(2) 입열량 계산

① 연료의 발열량(H_h)

=저위발열량

$=9,290\text{kcal/Nm}^3$

② 연료의 현열(Q_1)

$=C_a\times(t_a-t_g)$

$=0.4\text{kcal/Nm}^3\times(31-29)℃$

$=0.8\text{kcal/Nm}^3$

③ 연소용 공기의 현열(Q_2)

$= A_0 \times m \times C_a \times (t_a - t_g)$

$=10.47Nm^3/Nm^3 \times 1.50 \times 0.31kcal/Nm^3$ ℃ $\times (31-29)$℃

$=9.74kcal/Nm^3$

④ 입열 합계(Q_i)

=연료의 발열량+연료의 현열+공기의 현열

=9,290+0.8+9.74

$=9,300.54kcal/Nm^3$

(3) 출열량 계산

① 발생증기 흡수열(L_i)

=유효 출열

$= W \times (h_2 - h_1)$

$=15.1kg/Nm^3$ 연료 $\times (652.26-80)kcal/Nm^3$ 연료

$=8,641.13kcal/Nm^3$ 연료

㉠ $h_2 = i + x \times \gamma$

=176.671kcal/kg+(485.29×0.98)kcal/kg

=652.26kcal/kg

여기서, i : 발생증기압력(0.8MPa)에서의 포화수 엔탈피(kcal/kg)

x : 증기의 건도(열정산 기준 0.98)

γ : 발생증기압력(0.8MPa)에서의 증기의 잠열(kcal/kg)

② 배기가스 손실열(L_1)

$= \{G_0 + (m-1) \times A_0\} \times C_a \times (t_a - t_g)$

$=\{11.56+(1.50-1) \times 10.47Nm^3/Nm^3\} \times 0.33kcal/Nm^3$ ℃ $\times (84.6-29)$℃

$=308.15kcal/Nm^3$

③ 불완전연소에 의한 열손실(L_2)

$=30.5 \times \{G_0 + (m-1) \times A_0\} \times CO(\%)$

$=30.5 \times \{11.56+(1.50-1) \times 10.47\} \times 0.0018$

$=0.92kcal/Nm^3$

④ 방열 및 기타 손실열(L_3)

$= Q_i - (L_i + L_1 + L_2)$

$=9,300.54kcal/Nm^3 - (8,641.13+308.15+0.92)kcal/Nm^3$

$=350.34kcal/Nm^3$

⑤ 출열 합계($kcal/Nm^3$)

=발생증기 흡수열+배기 손실열+불완전연소 손실열+방열손실열

$= L_i + L_1 + L_2 + L_3$

=8,641.13+308.15+0.92+350.34

=9,300.54$kcal/Nm^3$

(4) 성능치

① 보일러 열효율(η)

$$= \frac{\text{발생증기 흡수열}(kcal/Nm^3)}{\text{입열 합계}(kcal/Nm^3)} \times 100\%$$

$$= \frac{8,641.13}{9,300.54} \times 100\%$$

=92.91%

② 보일러 부하율(L_f)

$$= \frac{\text{실제 증발량}(kg/hr)}{\text{최대연속 증발량}(kg/hr)} \times 100\%$$

$$= \frac{7,459.26}{15,000} \times 100\%$$

=49.73%

2. 관류식 보일러 1호(3t/h)

(1) 기본 계산

① 연료 사용량(V_0)

=140.0Nm^3/h

② 이론공기량(Nm^3/Nm^3)

$$= 11.05 \times \frac{9,290}{10,000} + 0.2 = 10.47Nm^3/Nm^3$$

③ 이론배기가스량(Nm^3/Nm^3)

$$= 11.9 \times \frac{9,290}{10,000} + 0.5 = 11.56Nm^3/Nm^3$$

④ 공기비(m)

$$= \frac{21}{21 - O_2} = \frac{21}{21 - 3.7} = 1.21$$

⑤ 급수량(W_1)

=체적유량(L/h)÷급수온도(80℃)의 비체적(L/kg)

=1,873L/h÷1.02919L/kg=1,819.88kg/h

⑥ 발생 증기량(W_2)

=급수량(W_1)

=1,819.88kg/h

⑦ 연료 1Nm³당 증발량(W)

$$= \frac{\text{시간당 증발량(kg/h)}}{\text{시간당 연료 사용량(Nm}^3\text{/h)}}$$

$$= \frac{1{,}819.88\,\text{kg/h}}{140\,\text{Nm}^3\text{/h}}$$

=13.00kg/Nm³ 연료

(2) 입열량 계산

① 연료의 발열량(H_h)

=저위발열량

=9,290kcal/Nm³

② 연료의 현열(Q_1)

$= C_a \times (t_a - t_g)$

=0.4kcal/Nm³×(31−29)℃

=0.8kcal/Nm³

③ 연소용 공기의 현열(Q_2)

$= A_0 \times m \times C_a \times (t_a - t_g)$

=10.47Nm³/Nm³×1.21×0.31kcal/Nm³ ℃×(31−29)℃

=7.85kcal/Nm³

④ 입열 합계(Q_i)

=연료의 발열량+연료의 현열+공기의 현열

=9,290+0.8+7.85

=9,298.65kcal/Nm³

(3) 출열량 계산

① 발생증기 흡수열(L_i)

=유효 출열

$= W \times (h_2 - h_1)$

=13.00kg/Nm³ 연료×(652.26−80)kcal/Nm³ 연료

=7,439.38kcal/Nm³ 연료

㉠ $h_2 = i + x \times \gamma$

$= 176.671\text{kcal/kg} + (485.29 \times 0.98)\text{kcal/kg}$

$= 652.26\text{kcal/kg}$

여기서, i : 발생증기압력(0.8MPa)에서의 포화수 엔탈피(kcal/kg)

x : 증기의 건도(열정산 기준 0.98)

γ : 발생증기압력(0.8MPa)에서의 증기의 잠열(kcal/kg)

② 배기가스 손실열(L_1)

$= \{G_0 + (m-1) \times A_0\} \times C_a \times (t_a - t_g)$

$= \{11.56 + (1.21-1) \times 10.47\text{Nm}^3/\text{Nm}^3\} \times 0.33\text{kcal/Nm}^3\ ℃ \times (121.3 - 29)℃$

$= 419.08\text{kcal/Nm}^3$

③ 불완전연소에 의한 열손실(L_2)

$= 30.5 \times \{G_0 + (m-1) \times A_0\} \times \text{CO}(\%)$

$= 30.5 \times \{11.56 + (1.21-1) \times 10.47\} \times 0.0016$

$= 0.67\text{kcal/Nm}^3$

④ 방열 및 기타 손실열(L_3)

$= Q_i - (L_i + L_1 + L_2)$

$= 9{,}298.65\text{kcal/Nm}^3 - (7{,}439.38 + 419.08 + 0.67)\text{kcal/Nm}^3$

$= 1{,}439.52\text{kcal/Nm}^3$

⑤ 출열 합계(kcal/Nm^3)

= 발생증기 흡수열 + 배기 손실열 + 불완전연소 손실열 + 방열손실열

$= L_i + L_1 + L_2 + L_3$

$= 7{,}439.38 + 419.08 + 0.67 + 1{,}439.52$

$= 9{,}298.65\text{kcal/Nm}^3$

(4) 성능치

① 보일러 열효율(η)

$$= \frac{\text{발생증기 흡수열(kcal/Nm}^3)}{\text{입열 합계(kcal/Nm}^3)} \times 100\%$$

$$= \frac{7{,}439.38}{9{,}298.65} \times 100\% = 80.00\%$$

② 보일러 부하율(L_f)

$$= \frac{\text{실제 증발량(kg/hr)}}{\text{최대연속 증발량(kg/hr)}} \times 100\%$$

$$= \frac{1{,}819.88}{3{,}000} \times 100\% = 60.66\%$$

5 측정 기록지

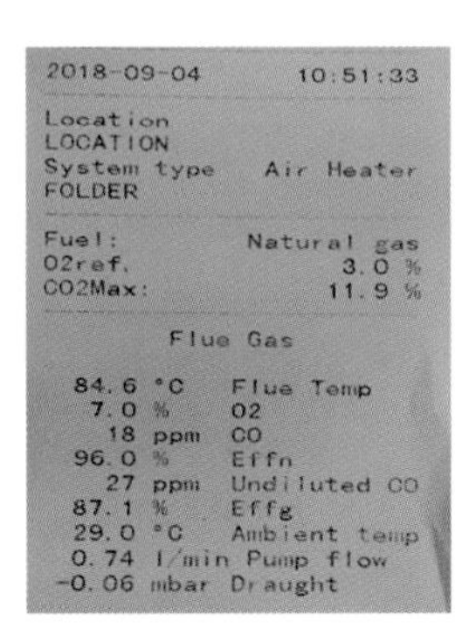

2018-09-04 10:51:33

Location
LOCATION
System type Air Heater
FOLDER

Fuel: Natural gas
O2ref. 3.0 %
CO2Max: 11.9 %

Flue Gas

84.6	°C	Flue Temp
7.0	%	O2
18	ppm	CO
96.0	%	Effn
27	ppm	Undiluted CO
87.1	%	Effg
29.0	°C	Ambient temp
0.74	l/min	Pump flow
-0.06	mbar	Draught

[그림 2] **수관식 보일러(15t/h) 측정 기록지**

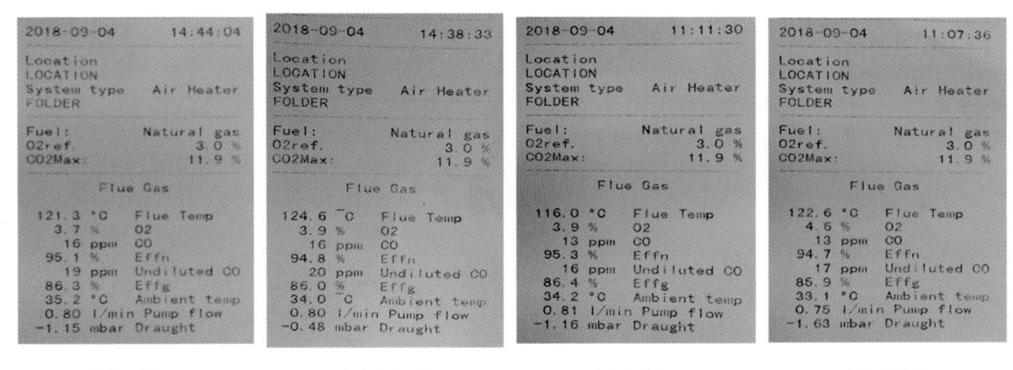

Location: LOCATION / System type: Air Heater / FOLDER
Fuel: Natural gas / O2ref. 3.0 % / CO2Max: 11.9 %

Flue Gas

항목	(a)	(b)	(c)	(d)
Date / Time	2018-09-04 14:44:04	2018-09-04 14:38:33	2018-09-04 11:11:30	2018-09-04 11:07:36
Flue Temp (°C)	121.3	124.6	116.0	122.6
O2 (%)	3.7	3.9	3.9	4.6
CO (ppm)	16	16	13	13
Effn (%)	95.1	94.8	95.3	94.7
Undiluted CO (ppm)	19	20	16	17
Effg (%)	86.3	86.0	86.4	85.9
Ambient temp (°C)	35.2	34.0	34.2	33.1
Pump flow (l/min)	0.80	0.80	0.81	0.75
Draught (mbar)	-1.15	-0.48	-1.16	-1.63

(a) 1호기 (b) 2호기 (c) 3호기 (d) 4호기

[그림 3] **관류식 보일러(3t/h) 측정 기록지**

SECTION

02 증기보일러 열정산(손실열법, LNG)

1 측정결과

1. 열정산은 KS B 6205에 준하여 실시하였다.
2. 관류식 보일러 1.5t/h 2기를 보유하고 있으며, 압력 편차에 의한 대수제어로 운용하고 있다.

[표 1] **관류식 보일러(1.5t/h) 측정결과** 측정일 : 2018. 3. 27.~28.

구분	측정항목			기호	단위	1호기(1.5t/h)			2호기(1.5t/h)		
1	외기온도(건)			t_o	℃	24.3			22		
2	실내온도(건)			t_r	℃	31.3			30		
3	연료	연료명		가스	–	LNG					
4	연료	사용량		V_t	Nm^3/h	61.88			51.18		
5	연료	연료 공급온도		t_f	℃	22.81			22.81		
6	연료	연료 공급압력		–	kPa	80			80		
7	연료	연료 발열량		–	$kcal/Nm^3$	9,420					
8	급수	급수량		W_1	L/h	916.95(917)			755.25(755.30)		
9	급수	급수온도		t_w	℃	80					
10	증기	증발량		W_2	kg/h	895.40			737.50		
11	증기	드럼압력		P_s	MPa	0.5					
12	연소공기	A/H 입구온도		t_{a1}	℃	31.3			30		
13	연소공기	A/H 출구온도		t_{a2}	℃	–			–		
14	연소공기	버너 입구온도		t_{a3}	℃	31.3			30		
15	배기가스	구분				저연소	고연소	평균치	저연소	고연소	평균치
	배기가스	온도	출구	t_{g1}	℃	161.6	214.0	187.8	166.0	216.8	191.4
16	배기가스	성분	CO_2	CO_2	vol%	9.75	9.41	9.58	9.46	9.41	9.44
17	배기가스	성분	O_2	O_2	vol%	3.8	4.4	4.1	4.3	4.4	4.4
18	배기가스	성분	CO	CO	ppm	36	52	44	28	46	37
19	이론연소공기량			A_0	Nm^3/Nm^3	10.61					

구분	측정항목	기호	단위	1호기(1.5t/h)	2호기(1.5t/h)
20	이론연소가스량	G_0	Nm^3/Nm^3	11.71	
21	증기건도	χ		0.98	
22	전열면적		m^2	9.6	

2 열정산 및 성능계산 요약

[표 2] **관류식 보일러 1호(1.5ton/h) 열정산표**

항목	기호	입열		출열	
		$kcal/Nm^3$	%	$kcal/Nm^3$	%
연료의 발열량	H_L	9,420	99.67		
연료의 현열	Q_1	2.8	0.03		
공기의 현열	Q_2	28.09	0.30		
발생증기의 흡수열량	Q_s			8,218.72	86.96
배가스의 손실열량	L_1			757.75	8.02
노 내 분입증기 손실열량	L_2				
불완전연소 손실열량	L_3			1.88	0.02
방열 및 기타 손실열량	L_4			472.54	5
합계		9,450.89	100	9,450.89	100

[표 3] **관류식 보일러 1호(1.5ton/h) 성능계산표**

항목	기호	단위	성능치
효율	E	%	86.96
부하율	L_f	%	59.69
매시 환산증발량	W_e	kg/h	943.61
환산증발배수	r_e	kg/Nm^3 연료	15.25
보일러 전열면 열부하	H_b	$kcal/m^2\ h$	52,956.03
보일러 전열면 환산증발률	B_e	$kg/m^2\ h$	98.29

3 계산식

1. 기본 계산

(1) 연료 사용량(V_0)

$=61.88Nm^3/h$

(2) 불완전연소 시 공기비

$$= \frac{N_2}{N_2 - 3.76 \times (O_2 - 0.5CO)}$$

$$= \frac{86.32}{86.32 - 3.76 \times (4.1 - 0.5 \times 0.0044)}$$

$=1.22$

① $N_2 = 100 - (O_2 + CO_2 + CO)$

$=100-(4.1+9.58+0.0044)$

$=86.32$

2. 입열량 계산

(1) 연료의 발열량(H_h)

=저위발열량

$=9,420kcal/Nm^3$

(2) 연료의 현열(Q_1)

$= C_a \times (t_a - t_g)$

$=0.4kcal/Nm^3 \times (31.3-24.3)℃$

$=2.8kcal/Nm^3$

(3) 연소용 공기의 현열(Q_2)

$= A_0 \times m \times C_a \times (t_a - t_g)$

$=10.61Nm^3/Nm^3 \times 1.22 \times 0.31kcal/Nm^3 ℃ \times (31.3-24.3)℃$

$=28.09kcal/Nm^3$

(4) 입열 합계(Q_i)

=연료의 발열량+연료의 현열+공기의 현열

$=9,420+2.8+28.09$

$=9,450.89kcal/Nm^3$

3. 출열량 계산

(1) 배기가스 손실열(L_1)

$=\{G_0+(m-1)\times A_0\}\times C_a\times(t_a-t_g)$

$=\{11.71+(1.22-1)\times 10.61\text{Nm}^3/\text{Nm}^3\}\times 0.33\text{kcal/Nm}^3\ ℃\times(187.8-24.3)℃$

$=757.75\text{kcal/Nm}^3$

(2) 불완전연소에 의한 열손실(L_2)

$=30.5\times\{G_0+(m-1)\times A_0\}\times \text{CO}(\%)$

$=30.5\times\{11.71+(1.22-1)\times 10.61\}\times 0.0044$

$=1.88\text{kcal/Nm}^3$

(3) 기타 및 방산에 의한 손실열(L_3)

=입열(kcal/Nm^3)×0.05

$=9,450.89\text{kcal/Nm}^3\times 0.05$

$=472.54\text{kcal/Nm}^3$

(4) 발생증기 흡수열(kcal/Nm^3)

=입열−(배기가스 손실열+불완전 열손실+방열 및 기타 손실열)

$=9,450.89\text{kcal/Nm}^3-(757.75+1.88+472.54)\text{kcal/Nm}^3$

$=8,218.72\text{kcal/Nm}^3$

(5) 출열 합계(kcal/Nm^3)

=배기가스 손실열+불완전 열손실+방열 및 기타 손실열+발생증기 흡수열

$=757.75+1.88+472.54+8,218.72$

$=9,450.89\text{kcal/Nm}^3$

(6) 연료 1kg당 증발량(증발배수)(kg/Nm^3 연료)

=발생증기 보유열÷(0.5MPa 증기 엔탈피−급수 엔탈피)

$=8,218.72\text{kcal/Nm}^3\div(648.02-80)\text{kcal/kg}$

$=14.47\text{kg/Nm}^3$ 연료

① $h_2=i+x\times\gamma$

$=159.559\text{kcal/kg}+(498.43\times 0.98)\text{kcal/kg}$

$=648.02\text{kcal/kg}$

여기서, i : 발생증기압력(0.5MPa)에서의 포화수 엔탈피(kcal/kg)
평균 엔탈피를 적용함

x : 증기의 건도(열정산 기준 0.98)

γ : 발생증기압력(0.5MPa)에서의 증기의 잠열(kcal/kg)

(7) 발생 증기량(kg/h)

=증발배수(kg/Nm^3 연료)×시간당 연료 사용량(Nm^3/h)

=14.47kg/Nm^3 연료×61.88Nm^3/h

=895.40kg/h

(8) 급수량(L/h)

=중량유량(kg/h)×급수온도(80℃)의 비체적(L/kg)

=895.40kg/h×1.02407L/kg

=916.95L/h

4. 성능치

(1) 보일러 열효율(η)

$$=\frac{\text{발생증기 흡수열(kcal/Nm}^3)}{\text{입열 합계(kcal/Nm}^3)}\times 100\%$$

$$=\frac{8,218.72}{9,450.89}\times 100\%$$

=86.96%

(2) 보일러 부하율(L_f)

$$=\frac{\text{실제 증발량(kg/hr)}}{\text{최대연속 증발량(kg/hr)}}\times 100\%$$

$$=\frac{895.40}{1,500}\times 100\%$$

=59.69%

(3) 매시 환산증발량(W_e)

$$=\frac{\text{증발량}\times(\text{증기 엔탈피}-\text{급수온도})}{539}=\frac{W(\text{kg/h})\times(h_2-h_1)}{539}$$

$$=\frac{895.40\text{kg/h}\times(648.02\text{kcal/kg}-80℃)}{539}$$

=943.61kg/h

(4) 환산증발배수(r_e)

$$=\frac{\text{매시 환산증발량(kg/h)}}{\text{시간당 연료 사용량(Nm}^3\text{/h)}}$$

$$=\frac{943.61\text{kg/h}}{61.88\text{Nm}^3\text{/h}}$$

=15.25kg/Nm^3 연료

(5) 보일러 전열면 열부하(H_b)

$$= \frac{\text{증발량} \times (\text{증기 엔탈피} - \text{급수온도})}{\text{전열면적}} = \frac{W(\text{kg/h}) \times (h_2 - h_1)}{A(\text{m}^2)}$$

$$= \frac{895.40\text{kg/h} \times (648.02\text{kcal/kg} - 80℃)}{9.6\text{m}^2}$$

$$= 52,979.70\text{kcal/m}^2\ \text{h}$$

(6) 보일러 전열면 환산증발률(B_e)

$$= \frac{\text{증발량} \times (\text{증기 엔탈피} - \text{급수온도})}{539 \times \text{전열면적}} = \frac{W(\text{kg/h}) \times (h_2 - h_1)}{539 \times A(\text{m}^2)}$$

$$= \frac{895.40\text{kg/h} \times (648.02\text{kcal/kg} - 80℃)}{539 \times 9.6\text{m}^2}$$

$$= 98.29\text{kg/m}^2\ \text{h}$$

4 측정 기록지

- 상용압력 0.65MPa 대비, 평균압력 0.5MPa 적용
- 0.5MPa 포화증기온도 : 158.29℃

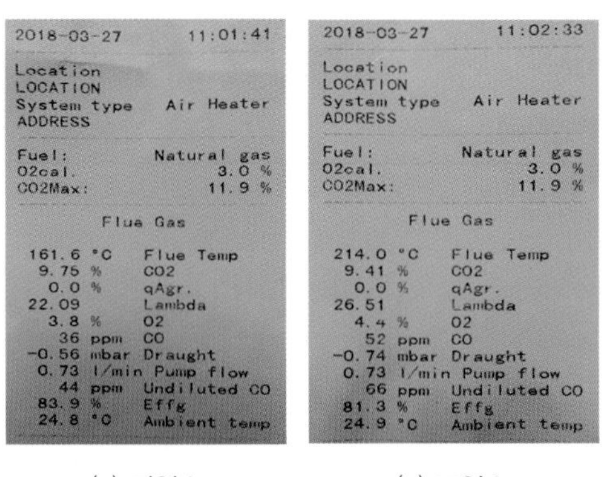

2018-03-27 11:01:41
Location
LOCATION
System type Air Heater
ADDRESS
Fuel: Natural gas
O2cal. 3.0 %
CO2Max: 11.9 %
Flue Gas
161.6 °C Flue Temp
9.75 % CO2
0.0 % qAgr.
22.09 Lambda
3.8 % O2
36 ppm CO
-0.56 mbar Draught
0.73 l/min Pump flow
44 ppm Undiluted CO
83.9 % Effg
24.8 °C Ambient temp

(a) 저연소

2018-03-27 11:02:33
Location
LOCATION
System type Air Heater
ADDRESS
Fuel: Natural gas
O2cal. 3.0 %
CO2Max: 11.9 %
Flue Gas
214.0 °C Flue Temp
9.41 % CO2
0.0 % qAgr.
26.51 Lambda
4.4 % O2
52 ppm CO
-0.74 mbar Draught
0.73 l/min Pump flow
66 ppm Undiluted CO
81.3 % Effg
24.9 °C Ambient temp

(b) 고연소

[그림 1] 1호 보일러 측정 기록지

2018-03-28 09:58:31
Location
LOCATION
System type Air Heater
ADDRESS
Fuel: Natural gas
O2cal. 3.0 %
CO2Max: 11.9 %
Flue Gas
166.0 °C Flue Temp
9.46 % CO2
0.0 % qAgr.
25.75 Lambda
4.3 % O2
28 ppm CO
-0.61 mbar Draught
0.73 l/min Pump flow
35 ppm Undiluted CO
83.3 % Effg
21.2 °C Ambient temp

(a) 저연소

2018-03-28 09:59:41
Location
LOCATION
System type Air Heater
ADDRESS
Fuel: Natural gas
O2cal. 3.0 %
CO2Max: 11.9 %
Flue Gas
216.8 °C Flue Temp
9.41 % CO2
0.0 % qAgr.
26.51 Lambda
4.4 % O2
46 ppm CO
-0.80 mbar Draught
0.74 l/min Pump flow
58 ppm Undiluted CO
81.0 % Effg
21.4 °C Ambient temp

(b) 고연소

[그림 2] 2호 보일러 측정 기록지

SECTION

03 증기보일러 열정산(손실열법, LPG)

1 개요

1. 열정산은 KS B 6205에 준하여 실시하였다.
2. 관류식 보일러 1.5t/h 5기를 보유하고 있으며, 압력 편차에 의한 대수제어로 운용하고 있다.

[표 1] **관류식 보일러(1.5t/h) 구성**

구분	항목	단위	내용	비고
본체	설치검사증 번호			
	형식	–	관류식	5대 보유
	최대연속증발량	kg/h	1,500	
	최고사용압력	kg/cm^2	10	
	상용압력	kg/cm^2	6	
	전열면적	m^2	9.6	
	제작일	–		
	제작사	–	한국미우라공업(주)	
버너	형식	–	강제혼합식	
	최대연소량	kcal/h	1,200,000	
	유량범위	kcal/h	–	
	턴다운비		1 : 3	
	분입증기 비율		–	
	제작사	–	한국미우라공업(주)	
송풍기	형식	–	터보	
	풍량	m^3/min	34	
	풍압	mmAq	720	
	동력	kW	7.5	
	제작사	–	한국미우라공업(주)	

구분	항목	단위	내용	비고
급수펌프	형식	–	부스터	
	양정	m	110	
	유량	m^3/h	3.6	
	용량	kW	2.2	
	제작사	–	한국미우라공업(주)	
운전현황	연간 가동시간	h/년	2,880	12h/일×20일/월 ×12월/년
	연간 연료 사용량	kg/년	315,030	평균 단가 1,513.8원/kg

2 측정결과

[표 2] **관류식 보일러(1.5t/h) 측정결과** 측정일 : 2022. 10.

구분	항목	기호	단위	평균치(5기)
온도	외기온도	T_o	℃	22
	실내온도	T_r	℃	26
연료	연료명	–	–	LPG
	사용량	V	kg/h	39.29
	저위발열량	H_L	kcal/kg	11,050
	비중	S_g	–	0.5
	공급압력		kPa	60
	비열	C_f	kcal/kg ℃	0.43
	버너 전 온도	T_{f1}	℃	26
급수	급수량	W_1	L/h	622.50
	비체적	–	L/kg	1.00595
	절탄기 입구온도	–	℃	–
	절탄기 출구온도	–	℃	–
	보일러 입구온도	–	℃	35
증기	증발량	W_2	kg/h	618.82
	드럼 압력	P_s	MPa	0.6
공기	예열기 입구	T_{a1}	℃	–
	보일러 입구	T_{a2}	℃	26

구분	항목	기호	단위	평균치(5기)
배가스	보일러 본체 출구	T_{g1}	℃	179.5
	공기예열기 출구	T_{g2}	℃	–
	절탄기 출구	T_{g3}	℃	–
	CO_2	CO_2	vol%	10.31
	O_2	O_2	vol%	3.72
	CO	CO	ppm	29.9

3 열정산 및 성능계산 요약

[표 3] **보일러(1.5ton/h×3기) 평균 열정산표**

항목	기호	입열		출열	
		kcal/kg 연료	%	kcal/kg 연료	%
연료의 발열량	H_L	11,050	99.82		
연료의 현열	Q_1	1.72	0.01		
공기의 현열	Q_2	18.31	0.17		
노 내 분입증기 입열량	Q_3				
발생증기의 흡수열량	Q_s			9,683.06	87.47
배가스의 손실열량	L_1			832.01	7.52
노 내 분입증기 손실열량	L_2				
불완전연소 손실열량	L_3			1.46	0.01
방열 및 기타 손실열량	L_4			553.50	5.00
합계		11,070.03	100	11,070.03	100

[표 4] **보일러(1.5ton/h×3기) 평균 성능계산표**

항목	기호	단위	성능치
효율	E	%	87.47
부하율	L_f	%	41.25
매시 환산증발량	W_e	kg/h	705.64
환산증발배수	r_e	kg/kg 연료	17.96
전열면 열부하	H_b	kcal/m^2 h	39,618.66
전열면 환산증발률	B_e	kg/m^2 h	73.50

4 계산식

1. 기본 계산

(1) 연료 사용량(V_0)

$=20\text{Nm}^3/\text{h}\div 22.4\times 44$

$=39.29\text{kg/h}$

(2) 공기비(m)

$$=\frac{21}{21-\text{O}_2}=\frac{21}{21-3.72}=1.22$$

(3) 불완전연소 시 공기비

$$=\frac{\text{N}_2}{\text{N}_2-3.76\times(\text{O}_2-0.5\text{CO})}$$

$$=\frac{85.97}{85.97-3.76\times(3.72-0.5\times 0.00299)}$$

$=1.19$

① $\text{N}_2=100-(\text{O}_2+\text{CO}_2+\text{CO})$

$=100-(3.72+10.31+0.00299)$

$=85.97$

(4) 이론공기량(Nm^3/kg)

$$=11.05\times\frac{H_L}{10{,}000}+0.2$$

$$=11.05\times\frac{11{,}050}{10{,}000}+0.2$$

$=12.41\text{Nm}^3/\text{kg}$

(5) 이론배기가스량(Nm^3/kg)

$$=11.9\times\frac{H_L}{10{,}000}+0.5$$

$$=11.9\times\frac{11{,}050}{10{,}000}+0.5$$

$=13.65\text{Nm}^3/\text{kg}$

2. 입열량 계산

(1) 연료의 발열량(H_h)

=저위발열량

$=11{,}050\text{kcal/kg}$

(2) 연료의 현열(Q_1)

$= C_a \times (t_a - t_g)$

$= 0.43\text{kcal/kg ℃} \times (26 - 22)\text{℃}$

$= 1.72\text{kcal/kg}$

(3) 연소용 공기의 현열(Q_2)

$= A_0 \times m \times C_a \times (t_a - t_g)$

$= 12.41\text{Nm}^3\text{/kg} \times 1.19 \times 0.31\text{kcal/Nm}^3 \text{ ℃} \times (26 - 22)\text{℃}$

$= 18.31\text{kcal/kg}$

(4) 입열 합계(Q_i)

= 연료의 발열량 + 연료의 현열 + 공기의 현열

= 11,050 + 1.72 + 18.31

= 11,070.03kcal/kg

3. 출열량 계산

(1) 배기가스 손실열(kcal/kg)

= (이론배기가스량 + 과잉공기량)Nm³/kg × 가스 비열(kcal/Nm³ ℃)

× (배기가스 온도 − 외기온도)℃

$= \{13.65 + (1.19 - 1) \times 12.41\}\text{Nm}^3\text{/kg} \times 0.33\text{kcal/Nm}^3 \text{ ℃} \times (179.5 - 22)\text{℃}$

$= 832.01\text{kcal/kg}$

(2) 불완전연소에 의한 열손실(kcal/kg)

$= 30.5 \times \{G_0 + (m - 1) \times A_0\} \times \text{CO}(\%)$

$= 30.5 \times \{13.65 + (1.19 - 1) \times 12.41\} \times 0.00299$

$= 1.46\text{kcal/kg}$

(3) 방열 및 기타 손실열(kcal/kg)

= 입열 합계(kcal/kg) × 0.05

= 11,070.03kcal/kg × 0.05

= 553.50kcal/kg

(4) 발생증기의 흡수열(kcal/kg)

= 입열 − (배기가스 손실열 + 불완전연소 손실열 + 방열 및 기타 손실열)

= 11,070.03 − (832.01 + 1.46 + 553.50)

= 9,683.06kcal/kg

(5) 출열 합계(kcal/kg)

=배기가스 손실열+불완전연소 손실열+기타 손실열+발생증기 흡수열

=832.01+1.46+553.50+9,683.06

=11,070.03kcal/kg

4. 성능치

(1) 보일러 열효율(η)

$$=\frac{\text{발생증기 흡수열}(\text{kcal/Nm}^3)}{\text{입열 합계}(\text{kcal/Nm}^3)}\times 100\%$$

$$=\frac{9,683.06}{11,070.03}\times 100\%$$

=87.47%

(2) 보일러 부하율(L_f)

$$=\frac{\text{실제 증발량}(\text{kg/hr})}{\text{최대연속 증발량}(\text{kg/hr})}\times 100\%$$

$$=\frac{618.82}{1.500}\times 100\%$$

=41.25%

(3) 연료 1kg당 증발량(증발배수)(kg/kg 연료)

=발생증기 보유열÷(0.6MPa 엔탈피−급수 엔탈피)

=9,683.06kcal/kg÷(649.62−35)kcal/kg

=15.75kg/kg 연료

① $h_2 = i + x \times \gamma$

=165.696kcal/kg+(493.80+0.98)kcal/kg

=649.62kcal/kg

여기서, i : 발생증기압력(0.6MPa)에서의 포화수 엔탈피(kcal/kg)

x : 증기의 건도(열정산 기준 0.98)

γ : 발생증기압력(0.6MPa)에서의 증기의 잠열(kcal/kg)

(4) 발생 증기량(kg/h)

=증발배수(kg/kg 연료)×시간당 연료 사용량(kg/h)

=15.75kg/kg 연료×39.29kg/h

=618.82kg/h

(5) 급수량(L/h)

=중량유량(kg/h)×급수온도(35℃)의 비체적(L/kg)

=618.82kg/h×1.00595L/kg

=622.50L/h

(6) 매시 환산증발량(W_e)

$$= \frac{\text{증발량} \times (\text{증기 엔탈피} - \text{급수 엔탈피})}{539}$$

$$= \frac{618.82\text{kg/h} \times (649.62\text{kcal/kg} - 35\text{kcal/kg})}{539}$$

$= 705.64\text{kg/h}$

(7) 환산증발배수(r_e)

$$= \frac{\text{매시 환산증발량}}{\text{시간당 연료 사용량}}$$

$$= \frac{705.64\text{kg/h}}{39.29\text{kg/h}}$$

$= 17.96\text{kg/kg}$ 연료

(8) 보일러 전열면 열부하(H_b)

$$= \frac{\text{증발량} \times (\text{증기 엔탈피} - \text{급수 엔탈피})}{\text{전열면적}}$$

$$= \frac{618.82\text{kg/h} \times (649.62\text{kcal/kg} - 35\text{kcal/kg})}{9.6\text{m}^2}$$

$= 39{,}618.66\text{kcal/m}^2\text{ h}$

(9) 보일러 전열면 환산증발률(B_e)

$$= \frac{\text{증발량} \times (\text{증기 엔탈피} - \text{급수온도})}{539 \times \text{전열면적}}$$

$$= \frac{618.82\text{kg/h} \times (649.62\text{kcal/kg} - 35℃)}{539 \times 9.6\text{m}^2}$$

$= 73.50\text{kg/m}^2\text{ h}$

참고

배기가스 측정 Data(상용압력 6kg/cm^2)

구분	단위	1호기		2호기		3호기		4호기		5호기		평균치
		저	고	저	고	저	고	저	고	저	고	
O_2	%	4.0	3.7	3.7	3.7	3.7	3.7	3.8	3.7	3.8	3.6	3.72
CO_2	%	10.0	10.2	10.2	10.5	9.8	10.8	10.2	10.4	10.0	11.0	10.31
CO	ppm	25	30	30	26	40	30	27	36	24	31	29.9
배기가스 온도	℃	180	175	180	180	175	180	180	175	180	190	179.5

SECTION

04 증기보일러 열정산(입 · 출열법, B-C유)

1 측정결과

1. 열정산은 KS B 6205에 준하여 실시하였다.
2. 보일러는 노통연관 8ton/h 1기, 4ton/h 1기가 설치되어 있다. 발생된 증기는 건조기 공정에 사용하며, 8ton/h를 주로 사용하고, 4ton/h는 예비용으로 운용하고 있다.

[표 1] **노통연관보일러 1호(8ton/h) 측정결과**

구분	측정항목			기호	단위	1호기 (8ton/h)
1	외기온도(건)			t_o	℃	11
2	실내온도(건)			t_r	℃	18
3	연료	연료명		가스		B-C유
4		사용량		V_t	L/h	350
5		연료 공급온도		t_f	℃	115
6		연료 공급압력		–	MPa	0.5
7		연료 발열량		–	kcal/kg	9,910.96
8	급수	급수량		W_1	L/h	4,305
9		보일러 입구온도		t_w	℃	80
10	증기	증발량		W_2	kg/h	4,182.9
11		드럼 압력		P_s	MPa	0.6
12	연소공기	A/H 입구온도		t_{a1}	℃	–
13		A/H 출구온도		t_{a2}	℃	–
14		버너 입구온도		t_{a3}	℃	18
15	배기가스	온도	보일러 출구	t_{g1}	℃	230.9
16		성분	CO_2	CO_2	vol%	6.8
17			O_2	O_2	vol%	11.97
18			CO	CO	ppm	0

구분	측정항목	기호	단위	1호기 (8ton/h)
19	이론연소공기량	A_0	Nm^3/kg	10.91
20	이론연소가스량	G_0	Nm^3/kg	11.7
21	증기건도	χ	0.98	

2 열정산 및 성능계산 요약

[표 2] **노통연관보일러 1호(8ton/h) 열정산표**

No.	항목	입열		출열	
		kcal/kg	%	kcal/Nm^3	%
1	연료의 발열량	9,910.96	98.98		
2	연료의 현열	46.8	0.47		
3	공기의 현열	55.16	0.55		
4	증기의 흡수열			7,718.22	77.08
5	배기가스 손실열			1,902.0	19.0
6	불완전연소에 의한 열손실			0	0
7	방열, 전열 및 기타 열손실			392.7	3.92
합계		10,012.92	100	10,012.92	100

[표 3] **노통연관보일러 1호(8ton/h) 성능계산표**

No.	항목	기호	단위	성능치
1	보일러 효율	E	%	77.08
2	보일러 부하율	L_f	%	52.29

3 계산식

1. 기본 계산

(1) 15℃ 비중

=56℃ 비중(B−C유 입고 시 표시사항)×용적보정계수

$=0.9171\times\{1+0.0007\times(56-15)\}=0.9434$

(2) 115℃ 비중

=15℃ 비중÷용적보정계수

$=0.9434\div\{1+0.0007\times(115-15)\}=0.8817$

[표 4] **비중 보정**

15℃ 중유 비중	온도(t)	용적보정계수(K)
0.966~1	15~50℃	$1-0.00063(t-15)$
	50~100℃	$0.978-0.0006(t-50)$
0.851~0.965	15~50℃	$1-0.00071(t-15)$
	50~100℃	$0.975-0.00065(t-50)$

(3) 연료 사용량(kg/h)

=체적 사용량(L/h)×115℃ 비중(kg/L)

=350L/h×0.8817kg/L

=308.6kg/h

(4) 공기비(m)

$$=\frac{21}{21-O_2}=\frac{21}{21-11.97}=2.33$$

(5) 급수량(kg/h)

=체적유량(L/h)÷급수온도 80℃인 물의 비체적(L/kg)

=4,305L/h÷1.02919L/kg

=4,182.9kg/h

(6) 증발량(kg/h)

=급수량

=4,182.90kg/h

(7) 연료 1kg의 증발량(증발배수)(kg/kg)

=증발량(kg/h)÷연료 사용량(kg/h)

=4,182.9kg/h÷308.6kg/h

=13.55kg/kg

2. 입열량 계산

(1) 연료의 발열량(H_h)

=저위발열량

=9,910.96kcal/kg

① 연료의 발열량

체적당 발열량을 중량당으로 환산한 저위발열량을 적용한다.

9,350kcal/L÷0.9434kg/L−15℃ 비중=9,910.96kcal/kg

(2) 연료의 현열(Q_1)

$= C_a \times (t_a - t_g)$

$= 0.45\text{kcal/kg ℃} \times (115 - 11)\text{℃}$

$= 46.8\text{kcal/kg}$

(3) 연소용 공기의 현열(Q_2)

$= A_0 \times m \times C_a \times (t_a - t_g)$

$= 10.91\text{Nm}^3/\text{kg} \times 2.33 \times 0.31\text{kcal/Nm}^3\ \text{℃} \times (18 - 11)\text{℃}$

$= 55.16\text{kcal/kg}$

① 이론공기량

$$A_0 = 12.38 \times \left(\frac{H_L - 1,100}{10,000}\right)$$

$$= 12.38 \times \left(\frac{9,910.96 - 1,100}{10,000}\right)$$

$$= 10.91\text{Nm}^3/\text{kg}$$

(4) 입열 합계(Q_i)

= 연료의 발열량 + 연료의 현열 + 공기의 현열

$= 9,910.96 + 46.8 + 55.16$

$= 10,012.92\text{kcal/kg}$

3. 출열량 계산

(1) 발생증기의 흡수열(kcal/kg)

= 증발배수(kg/kg) × (발생증기 엔탈피 − 급수 엔탈피)kcal/kg

$= 13.55\text{kg/kg} \times (649.61 - 80)\text{kcal/kg}$

$= 7,718.22\text{kcal/kg}$

① 발생증기 엔탈피(증기압력 0.6MPa)

= 포화수 엔탈피(kcal/kg) + 증발열(kcal/kg) × 건도

$= 165.672\text{kcal/kg} + 493.818\text{kcal/kg} \times 0.98$

$= 649.61\text{kcal/kg}$

(2) 배기가스 손실열(kcal/kg)

= (이론배기가스량 + 과잉공기량)Nm³/kg × 가스 비열(kcal/kg ℃)

× (배기가스 온도 − 외기온도)℃

$= \{11.7 + (2.33 - 1) \times 10.91\}\text{Nm}^3/\text{kg} \times 0.33\text{kcal/kg ℃} \times (230.9 - 11)\text{℃}$

$= 1,902.0\text{kcal/kg}$

① 이론배기가스량

$$=15.75\times\left(\frac{H_L-1,100}{10,000}\right)-2.18$$

$$=15.75\times\left(\frac{9,910.96-1,100}{10,000}\right)-2.18$$

$=11.70\text{Nm}^3/\text{kg}$

(3) 불완전연소에 의한 열손실(kcal/kg)

$=30.5\times\{G_0+(m-1)\times A_0\}\times \text{CO}(\%)$

$=30.5\times\{11.70+(2.33-1)\times 10.91\}\text{Nm}^3/\text{kg}\times 0$

=0kcal/kg

(4) 방열 및 기타 손실열(kcal/kg)

=입열 합계(kcal/kg)−(발생증기의 흡수열+배기가스 손실열

+불완전연소 손실열)kcal/kg

=10,012.92kcal/kg−(7,718.22+1,902.0+0)kcal/kg

=392.7kcal/kg

(5) 출열 합계(kcal/kg)

=발생증기 흡수열+배기가스 손실열+불완전연소 손실열+기타 손실열

=7,718.22+1,902.0+0+392.7

=10,012.92kcal/kg

4. 성능치

(1) 보일러 열효율(η)

$$=\frac{\text{발생증기 흡수열(kcal/Nm}^3)}{\text{입열 합계(kcal/Nm}^3)}\times 100\%$$

$$=\frac{7,718.22}{10,012.92}\times 100\%$$

=77.08%

(2) 보일러 부하율(L_f)

$$=\frac{\text{실제 증발량(kg/hr)}}{\text{최대연속 증발량(kg/hr)}}\times 100\%$$

$$=\frac{4,182.9}{8,000}\times 100\%$$

=52.29%

SECTION 05 증기보일러 열정산(입 · 출열법, LNG) – 렌더링 본 진단용

1 측정결과

1. 열정산은 한국 산업규격 KS B 6205에 준하여 실시하였다.
2. 2012년 하반기 외부 스팀 사용으로 보일러의 운용은 예비용으로 활용하고 있다.

[표 1] 5t/h 보일러(No – Trap Rendering System) 측정결과 측정일 : 2013. 7. 30.

구분	측정항목			기호	단위	1호기(5t/h)	비고
1	외기온도(건)			t_o	℃	30	
2	실내온도(건)			t_r	℃	33	
3	연료	연료명		가스	–	LNG	
4		사용량		V_t	Nm^3/h	175.5	–
5		연료 공급온도		t_f	℃	33	
6		연료 공급압력		–	kPa	20	
7		연료 발열량		–	$kcal/Nm^3$	9,420	
8	급수	급수량		W_1	L/h	3,239	–
9		급수온도		t_w	℃	143	–
10	증기	증발량		W_2	kg/h	2,990.21	–
11		드럼압력		P_s	MPa	0.6	
12	연소공기	A/H 입구온도		t_{a1}	℃	33	
13		A/H 출구온도		t_{a2}	℃	65	
14		버너 입구온도		t_{a3}	℃	65	
15	배기가스	온도	예열기 출구	t_{g1}	℃	73.8	–
16		성분	CO_2	CO_2	vol%	5.55	–
17			O_2	O_2	vol%	11.2	–
18			CO	CO	ppm	165	–
19	이론연소공기량			A_0	Nm^3/Nm^3	10.61	
20	이론연소가스량			G_0	Nm^3/Nm^3	11.71	
21	증기건도			χ		0.98	

2 열정산 및 성능계산 요약

[표 2] 5t/h 보일러 열정산표

항목	기호	입열		출열	
		kcal/Nm³ 연료	%	kcal/Nm³ 연료	%
연료의 발열량	H_L	9,420	99.78		
연료의 현열	Q_1	1.2	0.01		
공기의 현열	Q_2	19.93	0.21		
발생증기의 흡수열량	Q_s			8,632.8	91.44
배가스의 손실열량	L_1			325.68	3.45
노 내 분입증기 손실열량	L_2				
불완전연소 손실열량	L_3			11.34	0.12
방열 및 기타 손실열량	L_4			471.31	4.99
합계		9,441.13	100	9,441.13	100

[표 3] 5t/h 보일러 성능계산표

항목	기호	단위	결과
효율	E	%	91.43
부하율	L_f	%	59.81

3 계산식

1. 손실열법에 의한 계산(배기가스 온도 230℃ 기준)

(1) 기본 계산

① 연료 사용량(V_0)

$=175\text{Nm}^3/\text{h}$

② 불완전연소 시 공기비

$$=\frac{N_2}{N_2-3.76\times(O_2-0.5CO)}$$

$$=\frac{83.23}{83.23-3.76\times(11.2-0.5\times0.0165)}$$

$=2.02$

㉠ $N_2=100-(O_2+CO_2+CO)$

$=100-(11.2+5.55+0.0165)$

$=83.23$

(2) 입열량 계산

① 연료의 발열량(H_h)

=저위발열량

=9,420kcal/Nm^3

② 연료의 현열(Q_1)

$= C_a \times (t_a - t_g)$

=0.4kcal/Nm^3 ℃×(33−30)℃

=1.2kcal/Nm^3

③ 연소용 공기의 현열(Q_2)

$= A_0 \times m \times C_a \times (t_a - t_g)$

=10.61Nm^3/Nm^3×2.02×0.31kcal/Nm^3 ℃×(33−30)℃

=19.93kcal/Nm^3

④ 입열 합계(Q_i)

=연료의 발열량+연료의 현열+공기의 현열

=9,420+1.2+19.93

=9,441.13kcal/Nm^3

(3) 출열량 계산

① 배기가스 손실열(L_1)

$= \{G_0 + (m-1) \times A_0\} \times C_a \times (t_a - t_g)$

={11.71+(2.02−1)×10.61Nm^3/Nm^3}×0.33kcal/Nm^3 ℃×(230−30)℃

=1,487.13kcal/Nm^3

② 불완전연소에 의한 열손실(L_2)

$=30.5 \times \{G_0 + (m-1) \times A_0\} \times \mathrm{CO}(\%)$

=30.5×{11.71+(2.02−1)×10.61}×0.0165

=11.34kcal/Nm^3

③ 기타 및 방산에 의한 손실열(L_3)

=입열(kcal/Nm^3)×0.05

=9,441.13kcal/Nm^3×0.05

=472.06kcal/Nm^3

④ 발생증기 흡수열(kcal/Nm^3)

=입열−(배기가스 손실열+불완전 열손실+방열 및 기타 손실열)

=9,441.13−(1,487.13+11.34+472.06)

=7,470.6kcal/Nm^3

⑤ 출열 합계($kcal/Nm^3$)

=배기가스 손실열+불완전 열손실+방열 및 기타 손실열+발생증기 흡수열

=325.68+11.34+472.06+7,470.6

=9,441.13kcal/Nm^3

⑥ 연료 1kg당 증발량(증발배수)($kcal/Nm^3$ 연료)

=발생증기 보유열÷(0.6MPa 증기 엔탈피－급수 엔탈피)

=7,470.6kcal/Nm^3÷(649.62－143)kcal/kg

=14.75kcal/Nm^3 연료

㉠ $h_2 = i + x \times \gamma$

=165.696kcal/kg+(493.80×0.98)kcal/kg

=649.62kcal/kg

여기서, i : 발생증기압력(0.6MPa)에서의 포화수 엔탈피(kcal/kg)

x : 증기의 건도(열정산 기준 0.98)

γ : 발생증기압력(0.6MPa)에서의 증기의 잠열(kcal/kg)

⑦ 발생 증기량(kg/h)

=증발배수(kg/Nm^3 연료)×시간당 연료 사용량(Nm^3/h)

=14.75kg/Nm^3 연료×175.5Nm^3/h

=2,590.38kg/h

⑧ 급수량(L/h)

=중량유량(kg/h)×급수온도(143℃)의 비체적(L/kg)

=2,590.38kg/h×1.0832L/kg

=2,805.90L/h

(4) 성능치

① 보일러 열효율(η)

$$= \frac{\text{발생증기 흡수열}(kcal/Nm^3)}{\text{입열 합계}(kcal/Nm^3)} \times 100\%$$

$$= \frac{7,470.6}{9,441.13} \times 100\%$$

=79.13%

② 보일러 부하율(L_f)

$$= \frac{\text{실제 증발량}(kg/hr)}{\text{최대연속 증발량}(kg/hr)} \times 100\%$$

$$= \frac{2,590.38}{5,000} \times 100\%$$

=51.81%

2. 손실열법에 의한 계산(배기가스 온도 73.8℃ 기준)

(1) 기본 계산

① 연료 사용량(V_0)

$= 175 \text{Nm}^3/\text{h}$

② 불완전연소 시 공기비

$$= \frac{N_2}{N_2 - 3.76 \times (O_2 - 0.5CO)}$$

$$= \frac{83.23}{83.23 - 3.76 \times (11.2 - 0.5 \times 0.0165)} = 2.02$$

㉠ $N_2 = 100 - (O_2 + CO_2 + CO)$

$= 100 - (11.2 + 5.55 + 0.0165)$

$= 83.23$

(2) 입열량 계산

① 연료의 발열량(H_h)

= 저위발열량

$= 9{,}420 \text{kcal/Nm}^3$

② 연료의 현열(Q_1)

$= C_a \times (t_a - t_g)$

$= 0.4 \text{kcal/Nm}^3 \text{℃} \times (33 - 30) \text{℃}$

$= 1.2 \text{kcal/Nm}^3$

③ 연소용 공기의 현열(Q_2)

$= A_0 \times m \times C_a \times (t_a - t_g)$

$= 10.61 \text{Nm}^3/\text{Nm}^3 \times 2.02 \times 0.31 \text{kcal/Nm}^3 \text{℃} \times (33 - 30) \text{℃}$

$= 19.93 \text{kcal/Nm}^3$

④ 입열 합계(Q_i)

= 연료의 발열량 + 연료의 현열 + 공기의 현열

$= 9{,}420 + 1.2 + 19.93$

$= 9{,}441.13 \text{kcal/Nm}^3$

(3) 출열량 계산

① 배기가스 손실열(L_1)

$= \{G_0 + (m - 1) \times A_0\} \times C_a \times (t_a - t_g)$

$= \{11.71 + (2.02 - 1) \times 10.61 \text{Nm}^3/\text{Nm}^3\} \times 0.33 \text{kcal/Nm}^3 \text{℃} \times (73.8 - 30) \text{℃}$

$= 325.68 \text{kcal/Nm}^3$

② 불완전연소에 의한 열손실(L_2)

$=30.5\times\{G_0+(m-1)\times A_0\}\times CO(\%)$

$=30.5\times\{11.71+(2.02-1)\times10.61\}\times0.0165$

$=11.34$kcal/Nm^3

③ 기타 및 방산에 의한 손실열(L_3)

=입열(kcal/Nm^3)×0.05

=9,441.13kcal/Nm^3×0.05

=472.06kcal/Nm^3

④ 발생증기 흡수열(kcal/Nm^3)

=입열−(배기가스 손실열+불완전 열손실+방열 및 기타 손실열)

=9,441.13−(325.68+11.34+472.06)

=8,632.05kcal/Nm^3

⑤ 출열 합계(kcal/Nm^3)

=배기가스 손실열+불완전 열손실+방열 및 기타 손실열+발생증기 흡수열

=325.68+11.34+472.06+8,632.05

=9,441.13kcal/Nm^3

⑥ 연료 1kg당 증발량(증발배수)(kcal/Nm^3 연료)

=발생증기 보유열÷(0.6MPa 증기 엔탈피−급수 엔탈피)

=8,632.05kcal/Nm^3÷(649.62−143)kcal/kg

=17.04kcal/Nm^3 연료

㉠ $h_2=i+x\times\gamma$

=165.696kcal/kg+(493.80×0.98)kcal/kg

=649.62kcal/kg

여기서, i : 발생증기압력(0.6MPa)에서의 포화수 엔탈피(kcal/kg)
x : 증기의 건도(열정산 기준 0.98)
γ : 발생증기압력(0.6MPa)에서의 증기의 잠열(kcal/kg)

⑦ 발생 증기량(kg/h)

=증발배수(kg/Nm^3 연료)×시간당 연료 사용량(Nm^3/h)

=17.04kg/Nm^3 연료×105Nm^3/h

=2,990.52kg/h

⑧ 급수량(L/h)

=중량유량(kg/h)×급수온도(143℃)의 비체적(L/kg)

=2,990.52kg/h×1.0832L/kg=3,239.33L/h

(4) 성능치

① 보일러 열효율(η)

$$= \frac{\text{발생증기 흡수열(kcal/Nm}^3\text{)}}{\text{입열 합계(kcal/Nm}^3\text{)}} \times 100\%$$

$$= \frac{8,632.05}{9,441.13} \times 100\%$$

$$= 91.43\%$$

② 보일러 부하율(L_f)

$$= \frac{\text{실제 증발량(kg/hr)}}{\text{최대연속 증발량(kg/hr)}} \times 100\%$$

$$= \frac{2,990.52}{5,000} \times 100\%$$

$$= 59.81\%$$

PART 01

PART 02

PART 03

PART 04

PART 05

PART 06

SECTION

06 온수보일러 열정산(LPG)

1 측정결과

진단 시 증기보일러를 한국 산업규격 KS B 6205 보일러 열정산 방법에 의거하여 성능시험을 실시하였다.

[표 1] 증기보일러 측정결과 측정일 : 2018. 4. 10.

구분	항목	기호	단위	1호기	2호기
온도	외기온도	T_o	℃	22	
	실내온도	T_r	℃	24	
연료	연료명	–	–	LPG	
	사용량	V	kg/h	16.42	22.31
	저위발열량	H_L	kcal/kg	11,050	
	비중	S_g	–	0.5	
	공급압력		kPa	25	
	비열	C_f	kcal/kg ℃	0.43	
	버너 전 온도	T_{f1}	℃	24	
급수	급수량	W_1	L/h	281.25	382.14
	비체적	–	L/kg	1.0714	
	절탄기 입구온도	–	℃	60	
	절탄기 출구온도	–	℃	95	
	보일러 입구온도	–	℃	95	
증기	증발량	W_2	kg/h	276.51	375.7
	드럼 압력	P_s	MPa	0.7	
공기	예열기 입구	T_{a1}	℃	–	–
	보일러 입구	T_{a2}	℃	24	

구분	항목	기호	단위	1호기			2호기		
배가스	보일러 본체 출구	T_{g1}	℃	225(저)			210(저)		
	공기예열기 출구	T_{g2}	℃	–			–		
	절탄기 출구	T_{g3}	℃	116.5	112.1	114.3	119.5	117.3	118.4
	CO_2	CO_2	vol%	10.12	10.12	10.12	9.92	9.92	9.92
	O_2	O_2	vol%	5.6	5.6	5.6	5.9	5.9	5.9
	CO	CO	ppm	26	31	28.5	167	40	104

2 열정산 및 성능계산 요약

[표 2] **증기보일러 1호기 열정산표**

항목	기호	입열		출열	
연료의 연소열	H_L	11,050	99.90		
연료의 현열	Q_1	0.86	0.01		
공기의 현열	Q_2	10.23	0.09		
노 내 분입증기 입열량	Q_3				
발생증기의 흡수열량	Q_s			9,953.45	89.99
배가스의 손실열량	L_1			540.50	4.89
노 내 분입증기 손실열량	L_2				
불완전연소 손실열량	L_3			1.54	0.01
방열 및 기타 손실열량	L_4			565.6	5.11
합계		11,061.09	100	11,061.09	100

[표 3] **증기보일러 1호기 성능계산표**

항목	기호	단위	결과
효율	E	%	89.99
부하율	L_f	%	18.43
매시 환산증발량	W_e	kg/h	303.22
환산증발배수	r_e	kg/kg 연료	18.47
보일러 전열면 열부하	H_b	$kcal/m^2\ h$	16,359.76
보일러 전열면 환산증발률	B_e	$kg/m^2\ h$	30.35

3 계산식

1. 기본 계산

(1) 연료 사용량(V_0)

$=8.36\text{Nm}^3/\text{h} \div 22.4 \times 44$

$=16.42\text{kg/h}$

(2) 급수량(kg/h)

=체적유량(L/h)÷급수온도 60℃인 물의 비체적(L/kg)

$=281.25\text{L/h} \div 1.01714\text{L/kg}$

$=276.51\text{kg/h}$

(3) 증발량(kg/h)

=급수량

$=276.51\text{kg/h}$

(4) 연료 1kg의 증발량(증발배수)(kg/kg)

=증발량(kg/h)÷연료 사용량(kg/h)

$=276.51\text{kg/h} \div 16.42\text{kg/h}$

$=16.84\text{kg/kg}$

(5) 불완전연소 시 공기비

$$=\frac{N_2}{N_2-3.76\times(O_2-0.5CO)}$$

$$=\frac{84.28}{84.28-3.76\times(5.6-0.5\times0.00285)}$$

$=1.33$

① $N_2=100-(O_2+CO_2+CO)$

$=100-(5.6+10.12+0.00285)$

$=84.28$

(6) 이론공기량

$$=11.05\times\frac{H_L}{10,000}+0.2$$

$$=11.05\times\frac{11,050}{10,000}+0.2$$

$=12.41\text{Nm}^3/\text{kg}$

(7) 이론배기가스량

$= 11.9 \times \dfrac{H_L}{10{,}000} + 0.5$

$= 11.9 \times \dfrac{11{,}050}{10{,}000} + 0.5$

$= 13.65 \text{Nm}^3/\text{kg}$

2. 입열량 계산

(1) 연료의 발열량(H_h)

= 저위발열량

= 11,050kcal/kg

(2) 연료의 현열(Q_1)

$= C_a \times (t_a - t_g)$

= 0.43kcal/kg ℃ × (24 − 22)℃

= 0.86kcal/kg

(3) 연소용 공기의 현열(Q_2)

$= A_0 \times m \times C_a \times (t_a - t_g)$

= 12.41Nm³/kg × 1.33 × 0.31kcal/Nm³ ℃ × (24 − 22)℃

= 10.23kcal/kg

(4) 입열 합계(Q_i)

= 연료의 발열량 + 연료의 현열 + 공기의 현열

= 11,050 + 0.86 + 10.23

= 11,061.09kcal/kg

3. 출열량 계산

(1) 발생증기의 흡수열(kcal/kg)

= 증발배수(kg/kg) × (발생증기 엔탈피 − 급수 엔탈피)kcal/kg

= 16.84kg/kg × (651.06 − 60)kcal/kg

= 9,953.45kcal/kg

① 발생증기 엔탈피(증기압력 0.7MPa)

= 포화수 엔탈피(kcal/kg) + 증발열(kcal/kg) × 건도

= 171.526kcal/kg + 489.32kcal/kg × 0.98

= 651.06kcal/kg

(2) 배기가스 손실열(kcal/kg)

=(이론배기가스량+과잉공기량)Nm³/kg×가스 비열(kcal/Nm³ ℃)

×(배기가스 온도−외기온도)℃

$=\{13.65+(1.33-1)\times 12.41\}\text{Nm}^3/\text{kg}\times 0.33\text{kcal/Nm}^3\ ℃\times(114.3-22)℃$

=540.50kcal/kg

(3) 불완전연소에 의한 열손실(kcal/kg)

$=30.5\times\{G_0+(m-1)\times A_0\}\times \text{CO}(\%)$

$=30.5\times\{13.65+(1.33-1)\times 12.41\}\times 0.00285$

=1.54kcal/kg

(4) 방열 및 기타 손실열(kcal/kg)

=입열 합계(kcal/kg)−(발생증기의 흡수열+배기가스 손실열

+불완전연소 손실열)kcal/kg

=11,061.09−(9,953.45+540.50+1.54)

=565.6kcal/kg

(5) 출열 합계(kcal/kg)

=발생증기 흡수열+배기가스 손실열 +불완전연소 손실열+기타 손실열

=9,953.45+540.50+1.54+565.6

=11,061.09kcal/kg

4. 성능치

(1) 보일러 열효율(η)

$$=\frac{\text{발생증기 흡수열(kcal/Nm}^3)}{\text{입열 합계(kcal/Nm}^3)}\times 100\%$$

$$=\frac{9,953.45}{11,061.09}\times 100\%$$

=89.99%

(2) 보일러 부하율(L_f)

$$=\frac{\text{실제 증발량(kg/hr)}}{\text{최대연속 증발량(kg/hr)}}\times 100\%$$

$$=\frac{276.51}{1,500}\times 100\%$$

=18.43%

(3) 매시 환산증발량(W_e)

$$=\frac{\text{증발량}\times(\text{증기 엔탈피}-\text{급수온도})}{539}=\frac{W(\text{kg/h})\times(h_2-h_1)}{539}$$

$$=\frac{276.51\text{kg/h}\times(651.06\text{kcal/kg}-60℃)}{539}$$

$=303.22\text{kg/h}$

(4) 환산증발배수(r_e)

$$=\frac{\text{매시 환산증발량}(\text{kg/h})}{\text{시간당 연료 사용량}(\text{Nm}^3/\text{h})}$$

$$=\frac{303.22\text{kg/h}}{16.42\text{kg/h}}$$

$=18.47\text{kg/kg}$ 연료

(5) 보일러 전열면 열부하(H_b)

$$=\frac{\text{증발량}\times(\text{증기 엔탈피}-\text{급수온도})}{\text{전열면적}}=\frac{W(\text{kg/h})\times(h_2-h_1)}{A(\text{m}^2)}$$

$$=\frac{276.51\text{kg/h}\times(651.06\text{kcal/kg}-60℃)}{9.99\text{m}^2}$$

$=16,359.76\text{kcal/m}^2\text{ h}$

(6) 보일러 전열면 환산증발률(B_e)

$$=\frac{\text{증발량}\times(\text{증기 엔탈피}-\text{급수온도})}{539\times\text{전열면적}}=\frac{W(\text{kg/h})\times(h_2-h_1)}{539\times A(\text{m}^2)}$$

$$=\frac{357.70\text{kg/h}\times(651.06\text{kcal/kg}-60℃)}{539\times9.99\text{m}^2}$$

$=30.35\text{kg/m}^2\text{ h}$

SECTION

07 열매보일러 열정산(손실열법, LNG)

1 측정결과

열정산은 KS B 6205에 준하여 실시하였다.

[표 1] 열매보일러 측정결과

<table>
<tr><th>구분</th><th colspan="3">측정항목</th><th>단위</th><th>(1,000Mcal/h)</th></tr>
<tr><td>1</td><td colspan="3">외기온도(건)</td><td>℃</td><td>24</td></tr>
<tr><td>2</td><td colspan="3">실내온도(건)</td><td>℃</td><td>30</td></tr>
<tr><td>3</td><td rowspan="5">연료</td><td colspan="2">연료명</td><td>–</td><td>LNG</td></tr>
<tr><td>4</td><td colspan="2">사용량</td><td>Nm^3/h</td><td>79</td></tr>
<tr><td>5</td><td colspan="2">연료 공급온도</td><td>℃</td><td>30</td></tr>
<tr><td>6</td><td colspan="2">연료 공급압력</td><td>mmAq</td><td>200</td></tr>
<tr><td>7</td><td colspan="2">연료 발열량</td><td>$kcal/Nm^3$</td><td>9,550</td></tr>
<tr><td>8</td><td rowspan="4">열매</td><td colspan="2">열매 출구온도</td><td>℃</td><td>255</td></tr>
<tr><td>9</td><td colspan="2">열매 입구온도</td><td>℃</td><td>235</td></tr>
<tr><td>10</td><td colspan="2">평균 비열</td><td>kcal/kg ℃</td><td>0.646</td></tr>
<tr><td>11</td><td colspan="2">평균 비중</td><td>kg/L</td><td>0.724</td></tr>
<tr><td>12</td><td rowspan="2">열매</td><td colspan="2">열매 종류</td><td></td><td>쎄리오라 KF 2120</td></tr>
<tr><td>13</td><td colspan="2">열매 순환량</td><td>kg/h</td><td>48,042.33</td></tr>
<tr><td>14</td><td rowspan="3">연소
공기</td><td colspan="2">A/H 입구온도</td><td>℃</td><td>–</td></tr>
<tr><td>15</td><td colspan="2">A/H 출구온도</td><td>℃</td><td>–</td></tr>
<tr><td>16</td><td colspan="2">버너 입구온도</td><td>℃</td><td>30</td></tr>
<tr><td>17</td><td rowspan="4">배기
가스</td><td>온도</td><td>보일러 출구</td><td>℃</td><td>235.2</td></tr>
<tr><td>18</td><td rowspan="3">성분</td><td>CO_2</td><td>vol%</td><td>7.88</td></tr>
<tr><td>19</td><td>O_2</td><td>vol%</td><td>7.1</td></tr>
<tr><td>20</td><td>CO</td><td>ppm</td><td>713</td></tr>
<tr><td>21</td><td colspan="3">이론연소공기량</td><td>Nm^3/Nm^3</td><td>10.75</td></tr>
<tr><td>22</td><td colspan="3">이론연소가스량</td><td>Nm^3/Nm^3</td><td>11.86</td></tr>
</table>

2 열정산 및 성능계산 요약

[표 2] **열매보일러 열정산표**

No.	항목	입열		출열	
		kcal/h	%	kcal/h	%
1	연료의 연소열	754,450	10.33		
2	연료의 현열	189.6	0		
3	공기의 현열	2,385.01	0.03		
4	열매체유 지입열	6,548,457.81	89.64		
5	열매체유 지출열			7,169,164.76	98.13
6	배기가스 손실열			95,487.3	1.31
7	방열, 전열 및 기타 열손실			40,830.36	0.56
합계		7,305,482.42	100	7,305,482.42	100

[표 3] **열매보일러 성능계산표**

No.	항목	기호	단위	성능치
1	보일러 효율	E	%	81.99
2	보일러 부하율	L_f	%	62.07

3 계산식

1. 기본 계산

(1) 연료 사용량(V_0)

$=79\text{Nm}^3/\text{h}$

(2) 공기비(m)

$$=\frac{21}{21-\text{O}_2}=\frac{21}{21-7.1}=1.51$$

2. 입열량 계산

(1) 연료의 발열량(H_h)

=저위발열량$=9{,}550\text{kcal/Nm}^3$

(2) 연료의 현열(Q_1)

$=C_a\times(t_a-t_g)$

$=0.4\text{kcal/Nm}^3\ ℃\times(30-24)℃$

$=2.4\text{kcal/Nm}^3$

(3) 연소용 공기의 현열(Q_2)

$= A_0 \times m \times C_a \times (t_a - t_g)$

$= 10.75 Nm^3/Nm^3 \times 1.51 \times 0.31 kcal/Nm^3 ℃ \times (30 - 24) ℃$

$= 30.19 kcal/Nm^3$

(4) 입열 합계(Q_i)

=연료의 발열량+연료의 현열+공기의 현열

=9,550+2.4+30.19

$= 9,582.59 kcal/Nm^3$

3. 출열량 계산

(1) 배기가스 손실열

$= \{G_0 + (m-1) \times A_0\} \times C_a \times (t_a - t_g)$

$= \{11.86 + (1.51 - 1) \times 10.75 Nm^3/Nm^3\} \times 0.33 kcal/Nm^3 ℃ \times (235.2 - 24) ℃$

$= 1,208.7 kcal/Nm^3$

(2) 불완전연소에 의한 열손실

$= 30.5 \times \{G_0 + (m-1) \times A_0\} \times CO(\%)$

$= 30.5 \times \{11.86 + (1.51 - 1) \times 10.75\} \times 0.0713\%$

$= 37.71 kcal/Nm^3$

(3) 기타 및 방산에 의한 손실열

=입열 합계×기타 방열손실(%)

$= 9,582.59 kcal/Nm^3 \times 5/100$

$= 479.13 kcal/Nm^3$

(4) 열매의 흡수열($kcal/Nm^3$)

=입열 합계−(배가스 손실열+불완전연소 손실열+기타 방열손실)

=9,582.59−(1,208.70+37.71+479.13)

$= 7,857.05 kcal/Nm^3$

(5) 시간당 열매의 흡수열(kcal/h)

=열매의 흡수열($kcal/Nm^3$)×연료 사용량(Nm^3/h)

$= 7,857.05 kcal/Nm^3 \times 79 Nm^3/h$

=620,706.95kcal/h

4. 순환열 계산

(1) 열매 순환량(kg/h)

=열매의 흡수열÷{비열×(열매 출구온도－열매 입구온도)}

=620,706.95kcal/h÷{0.646kcal/kg ℃×(255－235)℃}

=48,042.33kg/h

(2) 지입열(kcal/h)

=순환량(kg/h)×비열(kcal/kg ℃)×(열매 입구온도－외기온도)℃

=48,042.33kg/h×0.646kcal/kg ℃×(235－24)℃

=6,548,457.83kcal/h

(3) 지출열(kcal/h)

=순환량(kg/h)×비열(kcal/kg ℃)×(열매 출구온도－외기온도)℃

=48,042.33kg/h×0.646kcal/kg ℃×(255－24)℃

=7,169,164.74kcal/h

5. 성능치

(1) 보일러 부하율(Q_f)

=열매의 흡수열(kcal/h)÷보일러 정격출력(kcal/h)×100%

=620,706.95kcal/h÷1,000,000×100%

=62.07%

(2) 보일러 열효율(η)

=(지출열－지입열)÷입열 합계(kcal/h)×100%

=(7,169,164.74－6,548,457.83)÷(9,582.59×79Nm^3/h)×100%

=81.99%

기타 설비

SECTION

01 공기압축기

1 개요

최근 자동화 경향의 증가로 각종 산업체에서 압축공기 사용이 확대되고 있다. 압축공기는 공기의 이용방법과 마찬가지로 공기압축기를 사용, 공기압을 발생시켜 이것을 이용하는 에어공구, 각종 계장기기 등에 공급함으로써 그 효율성과 범용성이 높이 평가되고 있다. 그러나 이를 발생시키는 데 많은 에너지가 소요되고 이에 대해 철저한 관리 및 대책이 요구되고 있다. 공기압축기의 효율적인 운용을 위해서는 압축기의 용량제어 및 대수제어가 필요하며, 또한 양질의 건조한 공기를 공급하기 위해 수송 중에 발생하는 응축수의 적정 배출 등이 필수적인 관리대책이라 할 수 있다. 압축공기를 이용하는 데 있어 현장관리자가 알아야 할 공기압축기의 효율적인 관리방법에 대해 살펴보자.

2 공기압축기의 종류와 특성

압축기의 종류는 대단히 많지만 크게 나누어 용적형과 터보형으로 구별된다. 용적형은 왕복형과 회전형으로 분류되며, 터보형은 축류형과 원심형으로 분류된다.

[표 1] 압축기의 종류 및 특징

종류	압력(kg/cm^2)	풍량(m^3/min)	특징
왕복동식 압축기	• 1단에서 3 • 2단에서 8.5	2~60	
스크루형 압축기	• 1단에서 2.5~3.5 • 2단에서 5~10 • 3단에서 30	2,000~6,000	효율은 왕복동식에 뒤지지만, 진동이 적고, 소형이며 염가이므로 많이 사용되고 있다.
원심형 터보압축기	2기압		터보 송풍기의 압력을 높게 한 것이다.

[표 2] 왕복형 압축기의 용도

종류	압력범위 (kg/cm²)	용도
범용 압축기	7~8.5	100kW 이상은 2단 압축기, 1,000kW까지는 표준 기종으로 넓게 사용된다.
중압 압축기	10~100	석유정제, 석유화학, 일반화학공업의 공정용으로 사용된다.
고압 압축기	150~1,000	암모니아, 메탄올, 수소첨가 등의 합성화학용으로 수천 kW의 대형이 많다.
초고압 압축기	1,500~3,500	폴리에틸렌, 에틸렌 합성용의 에틸렌 압축기가 주이다.
무급유 압축기	수십	식품공업, 계장용 공기 등에 사용된다.

3 공기압축기의 소요동력

공기압축기의 소요동력은 다음 식으로 표현할 수 있다.

$$L = \frac{(a+1)}{K-1} \cdot \frac{P_s \cdot Q_s}{6,120} \left[\left(\frac{P_d}{P_s} \right)^{\frac{K-1}{K(a+1)-1}} \right]^{\frac{\phi}{\eta_c \cdot \eta_t}} [\text{kW}]$$

여기서, L : 소요동력(kW)

P_s : 흡입공기의 압력(kg/m² abs)

P_d : 토출공기의 압력(kg/m² abs)

Q_s : 흡입공기량(m³/min)

a : 중간냉각기의 수

K : 공기의 단열지수

η_c : 압축기의 전단 열효율(%)

η_t : 전달효율(%)

ϕ : 여유율(%)

위 식에 따라 압축기에서 배출되는 압축공기의 토출압력 및 토출 공기량을 줄이면 축동력은 감소한다. 비례관계에 있으므로 이들 값을 줄이면 축동력이 감소함을 알 수 있다. [표 2]는 실제 사용하고 있는 200kW 공기압축기를 측정한 것으로, 사용압력이 7.0kg/cm²일 때 동력이 226kW이었던 것이 1.0kg/cm²로 감소하여 6.0kg/cm²가 되면 216kW로 떨어진다. 또 부하율에 따라서도 동력의 변화가 큼을 알 수 있다.

[표 3] **공기압축기의 성능시험 사례**

토출압력과 전동기 동력(kW)					
부하(%)	7kg/cm^2	6kg/cm^2	5kg/cm^2	4kg/cm^2	3kg/cm^2
50	156	150	144	134	120
100	226	216	205	190	166

부하(풍량)와 전동기 동력(kW)			
부하(%)	0	50	100
토출량(kg/cm^2)	0	20	40
동력(kW)	44	132	220

4 공기압축기의 효율적인 운전

1. 흡입공기 습도 조정

흡입공기의 습도가 높으면 흡입공기 중에 실제공기가 차지하는 부피가 적어지므로 그만큼 압축 후의 공기량은 적어진다. 따라서 흡입구를 옥외에 설치할 경우 빗물의 비산이나 안개 등이 흡입되지 않도록 빗물 커버를 설치하고 흡입공기가 가능하면 깨끗하고 건조한 저온의 공기가 되도록 하는 것이 좋다.

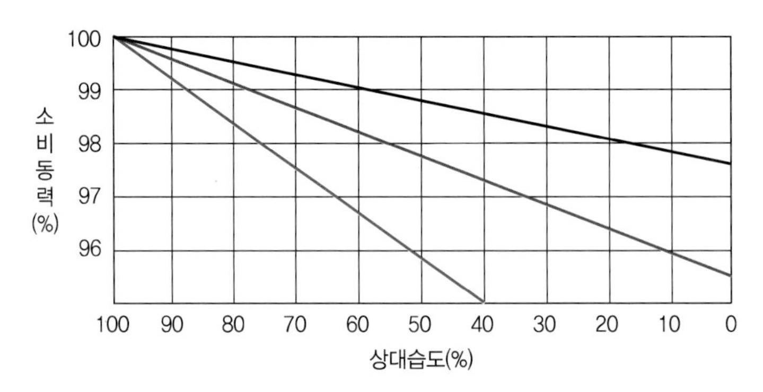

[그림 1] **상대습도와 소비동력과의 관계**

(1) 상대습도에 따른 소비동력 절감률 산출방법

$$\epsilon = \left(1 - \frac{10,332 - P_W \times \dfrac{10,332}{760} \times \phi_1}{10,332 - P_W \times \dfrac{10,332}{760} \times \phi_2} \right) \times 100\%$$

여기서, P_W : 해당 온도에서의 증기압(mmHg)

ϕ_1 : 개선 전 상대습도(%)

ϕ_2 : 개선 후 상대습도(%)

Exercise 01

온도가 30℃인 공기의 상대습도가 80%에서 60%로 낮추어졌을 때 개략적인 절감률은?(단, 30℃에서의 증기압은 31.83mmHg이다.)

풀이

$$\epsilon = \left(1 - \frac{10{,}332 - 31.83 \times \dfrac{10{,}332}{760} \times 0.8}{10{,}332 - 31.83 \times \dfrac{10{,}332}{760} \times 0.6} \right) \times 100\% = 0.86\%$$

(2) 산업체의 실제 운전 현황

계절별 온습도가 다른 우리나라의 기후조건에서 상대습도를 일정하게 유지하여 압축기 흡입 측에 공급한다는 것은 현실적으로 어렵다. 그러나 증기 다소비업체 중 컴프레서 룸에 증기가 누증되거나, 또는 응축수조가 있는 경우에는 실내 상대습도가 상당히 높다. 이러한 경우에 실내습도를 낮추는 방안을 강구한다면 전력 절감이 가능하다.

2. 흡입공기 압력 조정

공기압축기에는 깨끗한 공기의 흡입을 위해 여과기(Filter)를 설치하며 이 여과기의 엘리먼트를 통하여 미세한 먼지가 제거되어 맑은 상태로 실린더 내부로 흡입된다. 흡입여과기가 막히게 되면 흡입이 불량하게 되어 압축효율이 불량해지고 여과 불량으로 실린더에 장해가 발생할 수 있으므로 엘리먼트를 자주 청소해 주어야 한다. 통상적으로 500시간 정도 운전 후 청소를 하며 먼지가 많은 장소에서는 200시간 정도 운전 후 청소를 하여야 한다. 청소방법은 압축공기로 엘리먼트 내부에서 불어주며 오염상태가 다소 심한 경우에는 물로 세척 후 공기로 불어준다. 수세인 경우에는 5회까지 가능하며 이 이상 초과한 경우나 오염이 심하여 청소효과를 기대하기 어려운 경우에는 신품으로 개체해야 한다.

[그림 2]는 소비동력과 흡입압력과의 관계를 나타낸 것으로 소비동력은 흡입압력과 토출압력의 압축비(P_d/P_s)에 비례하므로 흡입압력이 낮아질수록 압축비가 상승하므로 소비동력도 상승함을 알 수 있다.

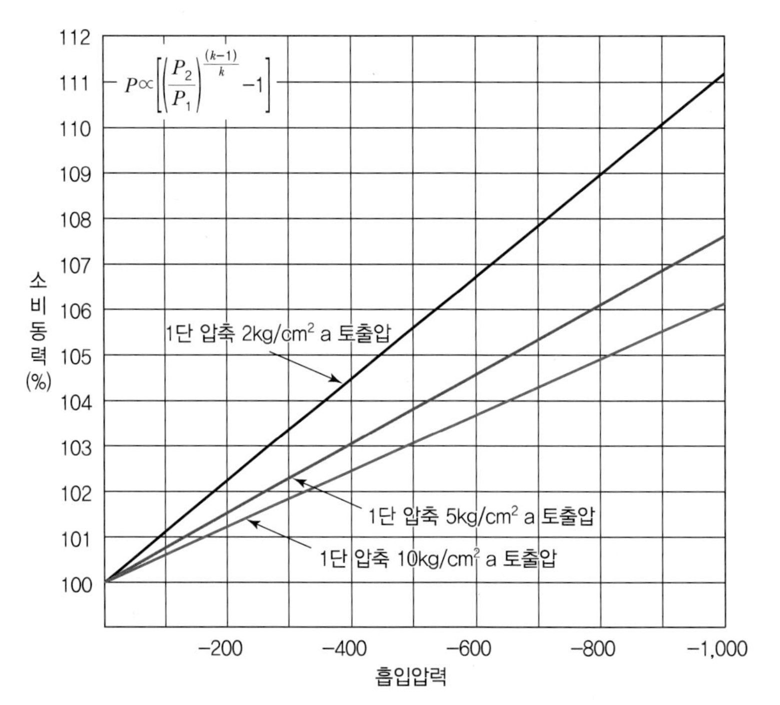

[그림 2] **흡입압력과 소비동력과의 관계**

(1) 흡입압력 저하에 따른 전력 절감률 산출방법

$$\epsilon = \left[1 - \frac{\left\{\left(\frac{P_2}{P'_1}\right)^{\frac{(k-1)}{(a+1)k}} - 1\right\}}{\left\{\left(\frac{P_2}{P_1}\right)^{\frac{(k-1)}{(a+1)k}} - 1\right\}}\right] \times 100\%$$

여기서, ϵ : 전력 절감률(%)

P_1 : 개선 전 흡입공기 절대압력(10^4kg/m² a → 1kg/cm² a)

P'_1 : 개선 후 흡입공기 절대압력(10^4kg/m² a → 1kg/cm² a)

P_2 : 토출공기 절대압력(10^4kg/m² a → 1kg/cm² a)

a : 중간냉각기의 수(이론단열 공기압축 $a=0$)

k : 공기의 단열지수(1.4)

Exercise 02

흡입압력이 −500mmAq일 때 이를 개선하여 −100mmAq로 하였다면 개략적인 전력 절감률은?(단, 1단 압축일 경우이며 토출압력은 4kg/cm² g이다.)

풀이

$$\epsilon = \left[1 - \frac{\left\{\left(\frac{5}{0.99}\right)^{\frac{0.4}{1.4}} - 1\right\}}{\left\{\left(\frac{5}{0.95}\right)^{\frac{0.4}{1.4}} - 1\right\}}\right] \times 100\% = 3.10\%$$

3. 흡입공기 온도 저감

공기압축기에 흡입되는 공기는 온도가 낮을수록 전력절감 효과가 있다. 이론단열 공기동력은 토출압력과 유량(체적유량)에 비례하므로 흡입되는 공기의 온도가 높을수록 체적(유량, Q_s)이 증가하므로 소비동력도 증가함을 알 수 있다.

소비동력과 흡입온도와의 관계를 그래프로 나타내면 흡입온도가 낮을수록 소비동력도 저하됨을 알 수 있으며, 이를 위해 실내온도가 높을 경우 외기 흡입을 위해 흡입구를 실외로 빼내는 것이 좋다. 이 경우, 빗물 등에 의해 장해가 없도록 유의해야 하며, 또한 충분한 굵기의 유도관을 설치하여 흡입압력이 낮아지지 않도록 주의해야 한다.

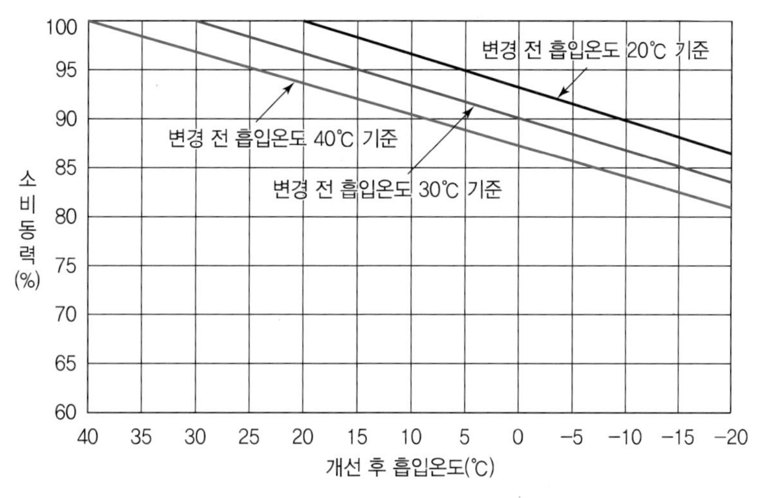

[그림 3] **흡입온도와 소비동력과의 관계**

(1) 흡입온도 저하에 따른 전력 절감량 산출방법

$$\epsilon = \left(1 - \frac{T_2}{T_1}\right) \times 100\%$$

여기서, ϵ : 절전율(%)

T_1 : 개선 전 흡입공기 절대온도(K)

T_2 : 개선 후 흡입공기 절대온도(K)

Exercise 03

실내 평균온도 25℃인 공기압축기실에서 실내공기를 흡입하던 것을 덕트를 설치하여 외부공기를 흡입할 경우 개략적인 절감률은?(단, 외기 평균온도는 15℃이다.)

풀이 $\epsilon = \left(1 - \frac{273+15}{273+25}\right) \times 100\% = 3.3\%$

(2) 산업체의 실제 운전 현황

외기 흡입을 많이 도입하고 있으나, 실내에 설치된 배관으로 인하여 덕트 설치공간이 부족하여 외부공기를 흡입하는 것이 불가능한 경우 냉동기가 운전되고 있고 부하에 여유가 있다면 냉동기의 냉수를 이용하여 냉각한다.

4. 토출압력의 적정

공기의 압력은 압축공기 사용기기의 필요압력에 따라 결정되나 높은 압력으로의 압축은 전동기의 소용동력이 더 필요하므로 가능하면 낮추어 사용하는 것이 좋다. [그림 4]는 토출압력과 소비동력과의 관계를 나타낸 것이다. 보통 압축기의 압력을 1kg/cm^2 정도 낮추게 되면 6~8%의 축동력 감소효과가 기대된다.

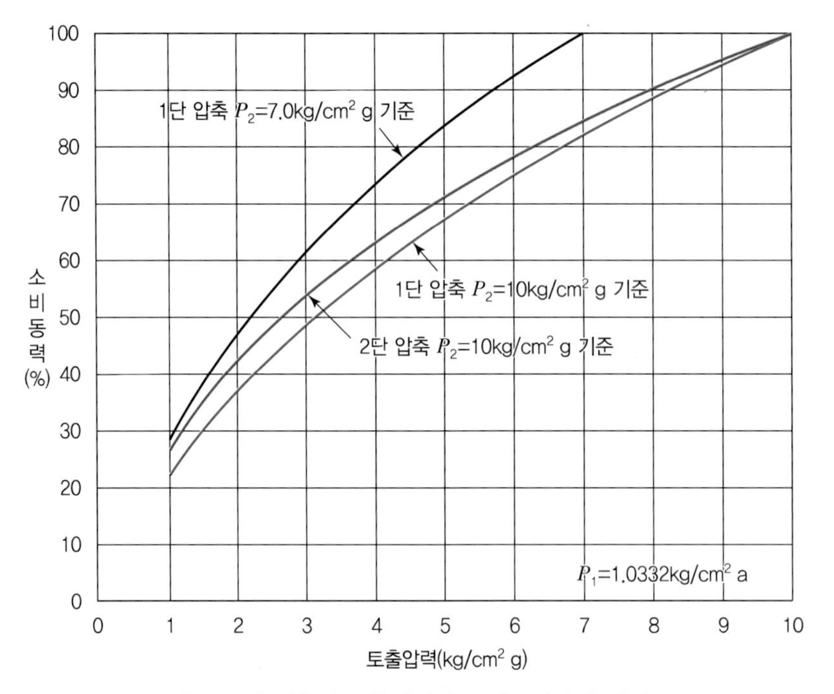

[그림 4] **압축기 토출압력과 소비동력과의 관계**

(1) 토출압력을 낮추었을 때의 절감률 산출방법

$$L_{ad} \propto \left\{ \left(\frac{P_2}{P_1} \right)^{\frac{(k-1)}{(a+1)k}} - 1 \right\} \qquad \varepsilon = \frac{L_{ad1} - L_{ad2}}{L_{ad1}} \times 100\%$$

여기서, L_{ad} : 이론단열 공기동력(kW)

P_1 : 대기압력(흡입압력)

P_2 : 개선 전 · 후의 토출절대압력

Exercise 04

현재 토출압력 7kg/cm²를 6kg/cm²로 낮추었다면 절감률은?

풀이

$$L_{ad1} \propto \left\{\left(\frac{8}{1}\right)^{\frac{0.4}{1.4}} - 1\right\} = 0.8114 \qquad L_{ad2} \propto 0.7436$$

$$\varepsilon = \frac{0.8114 - 0.7436}{0.8114} \times 100\% = 8.36\%$$

(2) 산업체의 실제 운전 현황

일반적으로 토출압력을 과하게 설정하여 운전하는 경우에는 토출압력을 낮게 설정하여 운전하면 되나 실제 산업체에서 토출압력을 높여서 사용하는 경우 다음과 같은 경우가 대부분이므로 주의를 요한다.

① 생산업체의 실제 운전 현황에 따른 문제점

㉠ 사용처마다 필요 공기압력이 다르나 부하변동에 따른 압력강하를 대비하여 전 공기배관을 Loop 배관으로 형성한 경우, 저압사용 공압 기기에도 고압의 공기가 공급된다.

㉡ 배관의 굴곡 개소가 많거나, 공기배관설비의 노후로 인한 누설로 인하여 사용처에서의 압력이 설계치 이하로 저하되어 공급되는 경우

㉢ 설계보다 과한 배관 분기로 인한 관말에서의 압력강하의 경우

※ 위와 같은 경우에 토출압만 낮춘다면 생산설비에서 문제가 발생될 수 있으므로 주의 깊은 검토가 요망된다.

② 각 현황에 따른 개선대책

㉠ 압축공기는 고가의 에너지이므로 각 사용처의 필요압력별로 배관라인을 구분하여 그에 해당하는 압력의 압축공기를 공급한다. 단, 압력별로 Loop 배관은 유지시킨다.

㉡ 일반적으로 공기압축기 토출구에서 최종단 사용처 배관라인까지의 설계압력강하는 0.2kg/cm² 이내이므로, 배관 굴곡 개소를 줄이고 누설 부위를 차단하여 압력강하를 줄임으로써 토출압력을 낮춘다. 일반적으로 산업체 공기압축기 시스템에서 발생하는 누기율은 20% 이상이므로 이 문제를 해결한다면 용량, 압력 등 여러 면에서의 문제점을 해결할 수 있으나 현실적으로 누기율을 줄이는 데는 다소 시간이 걸린다.

㉢ 관말에 압력강하를 방지할 수 있는 용량의 Receiver Tank를 설치한다.

5. 압축공기의 누설 방지

제어용이나 작업용으로 사용되는 각종 기계나 전동 드라이버 등에서는 에어밸브나 실린더 등의 노후 패킹이 좋지 않아 누설이 되는 경우가 많다. 이때 정확한 공기의 누설을 측정하면 누설에 의한 낭비전력을 계산할 수 있다.

(1) 압축공기의 누설 시 전력손실 계산식

$$L_{ad} = \frac{k}{k-1}\frac{P_1 \cdot Q \cdot C}{6,120}\left\{\left(\frac{P_2}{P_1}\right)^{\frac{(k-1)}{k}} - 1\right\} \times \frac{1}{\mu}\ [\text{kW}]$$

여기서, Q : 불출공기량(Nm^3/min)

C : 유량계수

μ : 압축기 효율(%)

P_1 : 흡입압력(대기압력)(kg/m^2 a)

P_2 : 누설압력(kg/m^2 a)

Exercise 05

현재 토출압력이 $7kg/cm^2$인 압축배관에 직경 2mm의 찌그러진 구멍이 생겼을 때 누설되는 공기에 의해 손실되는 전력의 개략치는?(단, 유량계수 $C=0.5$, 압축기 효율이 60%, 구멍 직경이 2mm이고, 계수(C)=1일 때 $0.3m^3/min$이다.)

풀이

$$L_{ad} = \frac{1.4}{1.4-1} \times \frac{1 \times 10^4 \times 0.3 \times 0.5}{6,120}\left\{\left(\frac{8}{1}\right)^{\frac{(1.4-1)}{1.4}} - 1\right\} \times \frac{1}{0.6} = 1.16\text{kW}$$

[표 4] 누설구경 대비 손실전력($6kg/cm^2$ 기준)

구경(mm)	구멍면적(mm^2)	누설량(Nm^3/h)	환산동력(kW)
1	0.79	3.4	0.28
2	3.14	14.5	0.7
3	7.06	32.0	1.8
5	19.63	90.0	7.4

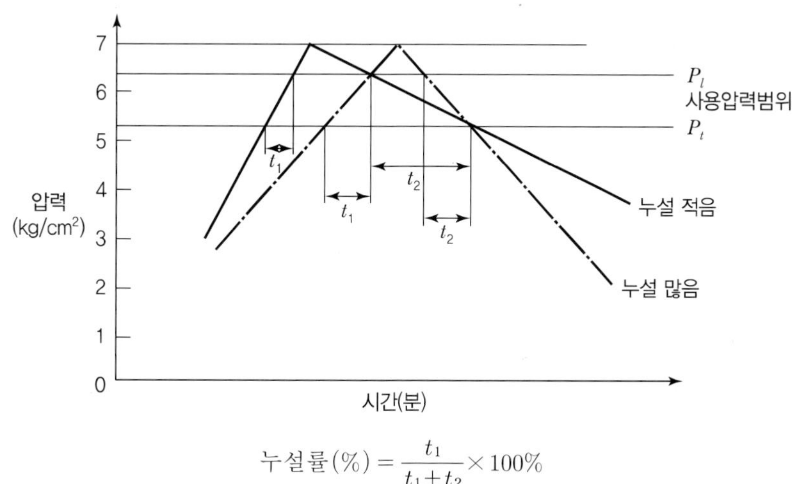

$$\text{누설률}(\%) = \frac{t_1}{t_1 + t_2} \times 100\%$$

[그림 5] **압축공기 누설률 측정방법**

6. 고효율 압축기의 운전율 증대

각 기기의 운전효율을 측정하여 가능한 고효율 기기의 가동 시간률을 증대하고 효율이 낮은 기기를 예비기로 활용한다. 그리고 동시 가동 시에는 고효율 기기를 베이스 기기로, 저효율 기기를 부하 조정용으로 활용한다. 가동년도와 비교하여 성능이 극히 저조한 기기는 Over-haul을 실시하고 그래도 성능복구가 안 될 때에는 개체를 검토한다.

7. 배관손실의 저감

공기압축기의 토출압력이 P_1(kg/cm^2), 배관의 압력손실이 ΔP(kg/cm^2)일 때 사용처의 압력 $P_2 = P_1 - \Delta P$(kg/cm^2)이다. 공기 사용처에는 사용압력이 결정되어 있으므로 ΔP가 클 경우 토출압력 P_1을 높게 할 필요가 있어 소요동력의 증가가 초래된다.

(1) 공기압 배관 1m당의 압력손실

$$\Delta P = 40.40 \times \frac{\lambda(T + 273)Q}{(P + 1.033)d^5} \ [\text{kg/cm}^2]$$

여기서, P : 공기의 압력(kg/cm^2)
T : 공기의 온도(℃)
λ : 관마찰계수
d : 관 내경(mm)
Q : 유량(L/min)

(2) 압력손실의 대책

ΔP가 감소하면 소비동력이 절감되므로 불필요한 밸브 및 배관 굴곡개소를 줄이고 충분한 굵기의 배관을 설치하여 ΔP를 줄여야 한다. 그리고 배관의 Loop화 및 압력손실이 1kg/cm^2 이상이면 배관경의 증대도 검토한다.

8. 공기 사용처의 합리화

(1) 사용압력의 저감운전

사용압력을 저감하면 확실히 동력은 감소하고 누설량은 $P_1 - P_2$에 비례하므로 P_2가 대기압인 경우는 사용압력(게이지압)의 제곱근에 비례하여 누설량이 감소한다.

(2) 냉각용, 퍼지용 공기를 펀 방식으로 전환

① 단순히 냉각과 Purge(분사 및 오물 제거)를 목적으로 하는 용도(즉, 소정의 풍량만 얻으면 좋은 경우)에 대해서는 공기분사 방식을 펀 방식으로 전환하는 것이 좋다. 예를 들면, 저압스프레이 설비인 경우, 스프레이 압력이 0.5kg/cm² g 정도의 것은 펀으로 전환이 가능하다.

② 일반 방식에 의한 압축공기는 1Nm³/min당 5~6kW의 동력을 요구하지만 펀 방식에서는 0.2~0.4kW밖에 소요되지 않는다(500~1,000mmAq, 100~500m³/min인 경우).

(3) 연속사용을 간헐 사용화

노즐에서 공기를 분사하여 사용하고 있는 설비에는 밸브의 개폐를 전자화하고 원격 조작 또는 설비와 연동하여 노즐 폐시간을 길게 하여 압축공기의 낭비를 없게 하고, 또 연속적으로 분사하고 있는 것은 간헐적으로 분사할 수 있는지를 검토하여 실시한다.

9. Air Receiver Tank 용량 선정

Air Receiver Tank는 시스템 내 맥동 감소, 응축수 제거, 냉각, 압축공기 저장 등 여러 가지 기능을 갖고 있는데, 순간적으로 많은 압축공기가 사용될 때 일정 범위의 시스템 압력을 유지할 수 있다. 또 자동운전이나 압축기의 부하/무부하 운전 횟수를 감소시켜 모터와 관련 부품의 수명을 연장시킬 수 있다.

(1) Receiver Tank 용량 선정 방법

$$V \geq \frac{P_A}{P_U - P_L} \times V_C \times T$$

여기서, V : 배관 용량+Receiver Tank 용량(m³)
P_A : 대기압(1.0332kg/cm²)
P_U : 상한압력(kg/cm²)
P_L : 하한압력(kg/cm²)
V_C : 사용 공기량(max 공기압축기 토출공기량)(min)
T : 허용 압력 하강시간(Holding Time)(min)

위 식을 보면 Receiver Tank 용량을 결정하는 데 있어서 가장 중요한 변수는 T(Holding Time)임을 알 수 있다. 왜냐하면 나머지 변수는 공정 및 공기압 시스템에 관련하여 이미 정해져 있기 때문이다.

Exercise 06

운전 중인 공기압축기 Trip 시 직입기동방식의 Stand－by용 압축기가 공정에 지장을 주지 않고 부하 운전에 필요한 Receiver Tank 용량은?(단, P_U＝7.5kg/cm², P_L＝6.5kg/cm², V＝43.5m³이며, 기존 Tank 용량＝40.3m³, 배관 내 체적＝3.2m³, V_C＝8,500Nm³/h이다.)

풀이

$$T=\frac{P_U-P_L}{P_A}\times\frac{V}{V_C}$$

$$=\frac{8.5332-7.5332}{1.0332}\times\frac{43.5\times3{,}600}{8{,}500}=17.9초$$

모터를 직입 기동하는 Stand－by용 압축기가 기동하여 부하 운전을 하는 데 소요되는 시간이 일반적으로 20~25초가 소요되므로 Holding Time이 17.9초인 경우 공기압 시스템 내 압력강하를 초래하여 문제를 야기시킬 수 있으므로 Receiver Tank 용량을 키워야 함을 알 수 있다. Holding Time을 30초로 할 경우 Receiver Tank 용량은 다음과 같다.

$$\text{Receiver Tank 용량}=\frac{P_A\times V_C\times T}{P_U-P_L}-\text{배관 내 체적}$$

$$=\frac{1.0332\times8{,}500\times30}{(8.5332-7.5332)\times3{,}600}-3.2$$

$$=70\text{m}^3$$

그러므로 기존 Receiver Tank 용량이 40.3m³이므로 29.7m³만큼의 Receiver Tank를 증설하여야 한다.

(2) 압축기 동력별 일반적 Receiver Tank 용량

[표 5] **압축기 동력별 탱크 용량**

압축기 동력(HP)	Receiver Tank 용량(m³)
30~50	0.5~1
50~100	1~3
100~200	2~5
200~300	3~10
300~500	5~20

단, 왕복동식 압축기는 압축 시 맥동이 발생하므로, 보다 큰 용량을 써야 한다.

10. 기타

(1) 고 · 저압 분리 운전

현장의 소요 공기압이 고저압 혼존 시 배관 및 압축기를 분리 운전한다.

(2) 그룹－컨트롤 실시

복수기의 압축기가 동시에 로딩, 언로딩 시 그룹－컨트롤 실시로 무부하 전력을 저감시킨다.

(3) 소형 기기(30kW) ON－OFF 운전

(4) 냉각 매체의 배기열 이용

① 공랭식 : 냉각공기의 열풍 이용

② 수랭식 : 냉각수의 열 이용

11. 제습기

(1) 재생 가열 열원의 대체 : 전기 → 증기 등 기타 열원

(2) 가열 및 냉각 퍼지양의 적정화

(3) 적정 냉각 후 냉각 퍼지공기 차단

(4) 가열 퍼지공기를 고압 건조공기에서 다른 공기로 대체 : 고가의 건조－고압공기 대신 Roots Blower에서 생산한 저압공기를 사용

(5) Transfer Time의 적정 : 적정 Dew Point에서 제습기를 상호 Transfer

(6) 냉동식 제습 시 겨울의 외기 이용

SECTION

02 토출압력 하향 조정으로 동력비 절감

1 현황 및 문제점

공기압축기에서 발생한 압축공기는 계장용 및 공정용으로 사용하고 있으며, Screw 압축기의 토출압력은 최대 8.7kg/cm^2, 최소 6.4kg/cm^{2}로 설정하여 운전하고 있다. 토출압력을 6.4kg/cm^{2}로 공급하여도 무리가 없을 것으로 추정되나 공기압축기 운전압력을 최대 8.7kg/cm^{2}로 사용처의 필요압력보다 높은 압축공기를 공급하므로 압축기의 운전동력이 증가하고 있다.

1. 공기압축기 토출압력과 소비동력과의 관계

정격 이론단열 공기동력은 아래와 같은 식을 이용하여 구한다.

$$L_{ad} = \frac{K(a+1)}{K-1} \cdot \frac{Q_s \cdot P_1}{6,120}\left\{\left(\frac{P_2}{P_1}\right)^{\frac{K-1}{K(a+1)}} - 1\right\}$$

여기서, P_1 : 흡입절대압력(mmAq)

P_2 : 토출절대압력(mmAq)

Q_s : 흡입풍량(Nm^3/min)

K : 단열비(공기의 경우 1.4)

a : 중간냉각기 수

위 식을 보면 압축기의 소비동력은 같은 유량을 공급할 경우 압축비(토출압력/흡입압력)에 영향을 받음을 알 수 있다. 즉, 흡입압력은 대기압으로 동일하므로 토출압력에 따라 압축비가 달라져 소비동력이 달라지며, 토출압력이 높을수록 운전동력이 증가함을 알 수 있다. 이에 적정 압력의 압축공기를 공급하는 것은 대단히 중요한 의미를 가진다.

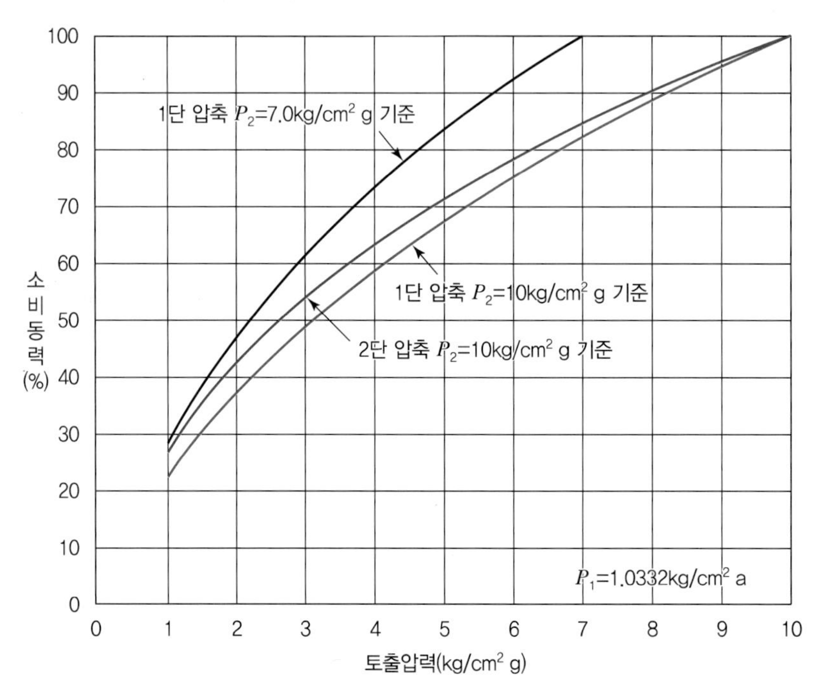

[그림 1] **압축기 토출압력과 소비동력과의 관계**

2 개선대책

현재 평균 7.6kg/cm^2(6.4~8.7kg/cm^2)로 공급하는 압력을 낮추어 평균 7.0kg/cm^2(6.4~7.5kg/cm^2)로 압축공기를 공급하여 압축비 감소에 의한 소비동력을 절감할 수 있도록 한다.

1. 절전율

$$L_{ad} \propto \left[\left(\frac{P_1}{P_2}\right)^{\frac{K-1}{(a+1)K}} - 1\right]$$

$$\epsilon = \frac{L_{ad1} - L_{ad2}}{L_{ad1}} \times 100\%$$

여기서, L_{ad} : 이론단열 공기동력(kW)

P_1 : 대기의 절대압력(흡입압력)

P_2 : 개선 전 · 후의 토출 절대압력

a : 중간냉각기 수

K : 공기의 단열지수(1.4)

2. 산출 예 : 22kW 공기압축기(7.5k → 7.0k로 조정)

$$L_{ad1} = \left(\frac{7.5 + 1.033}{1.033}\right)^{\frac{0.4}{1.4}} - 1 = \left(\frac{8.533}{1.033}\right)^{0.2857} - 1 = 0.8280$$

$$L_{ad2} = \left(\frac{7.0 + 1.033}{1.033}\right)^{\frac{0.4}{1.4}} - 1 = \left(\frac{8.033}{1.033}\right)^{0.2857} - 1 = 0.7968$$

$$\text{절감률} = \frac{L_{ad1} - L_{ad2}}{L_{ad1}} \times 100\% = \frac{0.8280 - 0.7968}{0.8280} \times 100\% \fallingdotseq 3.8\%$$

상기와 같은 방법으로 절감률을 산출하면 다음과 같다(압력계 고장 및 측정 불가로 Main 압축과 동일하게 적용).

(1) 11kW 옥상 공기압축기(8.7k → 7.5k) : 3.8%

(2) 7.5kW 폐수처리 공기압축기(8.7k → 7.5k) : 3.8%

3 기대효과

1. 연간 전력 절감량(kWh/년)

=공기압축기 Loading 전력×절전율×가동시간×Loading 율

(1) Main 공기압축기(22kW)

=26kW×0.038×8,400h/년×0.54

=4,482kWh/년

(2) 옥상 공기압축기(11kW×2)

=20kW×0.038×8,400h/년×0.42

=2,681kWh/년

(3) 폐수처리 공기압축기(37kW)

=7.2kW×0.038×8,400h/년×0.48

=1,103kWh/년

(4) 합계

=4,482kWh/년+2,681kWh/년+1,103kWh/년

=8,266kWh/년

2. 연간 절감금액(원/년)

=연간 전력 절감량×전력 단가

=8,266kWh/년×65.5원/kWh

=541,423원/년

SECTION 03 흡입공기 외기도입으로 공기압축기 효율 향상

1 현황 및 문제점

1. 옥상 및 폐수처리 공기압축기의 흡입공기는 통풍이 잘되어 외기와 같은 공기를 흡입하고 있으나, Main 공기압축기는 실내에 설치되어 실내공기를 흡입하여 압축공기를 생산하고 있다.
2. 실내공기는 압축기에서 발생하는 냉각열이 실내에 방출되어 공기압축기실의 온도가 35℃로 외기온도(24℃)보다 11℃ 높은 공기를 흡입하고 있다.
3. 공기압축기는 설치장소의 조건에 따라 운전효율의 향상 및 기계적 수명의 연장을 기할 수 있으며 특히 흡입온도가 높게 되면 효율이 저하되고 압축장애가 발생할 우려가 있다.
4. 동일 중량의 공기를 흡입하여 압축 시 흡입온도가 높을수록 그 체적이 증가하여 압축비가 커지게 되므로 소비동력의 증대가 수반된다.
5. 공기는 온도가 상승하면 팽창하고 온도가 하강하면 수축한다. 압축기 1회전당 흡입할 수 있는 공기의 양은 일정하기 때문에 흡입공기의 온도가 상승하여 공기가 팽창된 상태로 흡입하면 팽창된 만큼의 유량 저하가 발생한다.
6. 산술적으로 압축기의 흡입온도가 10℃ 상승할 때마다 압축기의 유량은 대략 3%씩 감소한다. 이는 온도에 따른 흡입공기의 팽창에 의한 것으로 압축기의 좋고 나쁨과는 무관한 물리적인 현상이다. 그러므로 압축기로 흡입되는 공기는 가능한 한 온도가 낮고 깨끗한 공기가 흡입될 수 있도록 하는 것이 중요하다. 조금만 유의한다면 똑같은 비용을 들여서 더 많은 압축공기를 생산할 수 있다.

2 개선 대책

[그림 1]은 공기압축기의 흡입온도와 소비동력의 관계를 나타낸 것으로, 흡입온도를 10℃ 낮출 때 약 3%의 절감 효과가 있음을 알 수 있다.

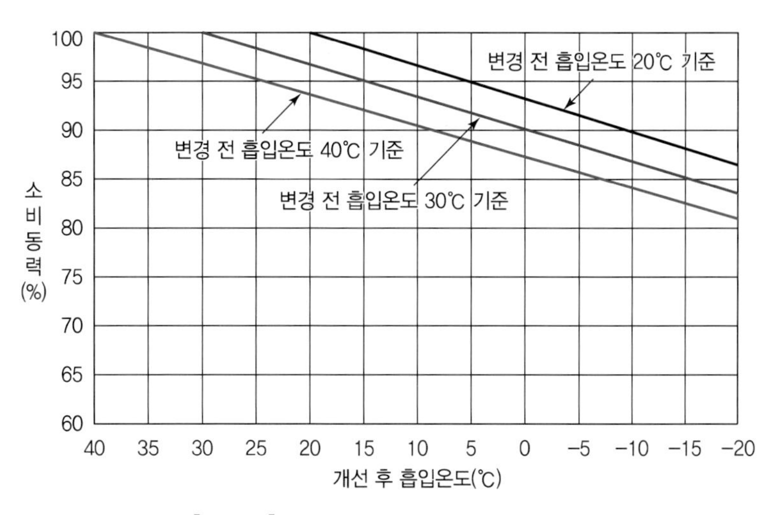

[그림 1] **흡입온도와 소비동력과의 관계**

1. 절감률 계산식

$$\epsilon = \left(1 - \frac{T_2}{T_1}\right) \times 100\%$$

여기서, ϵ : 절전율(%)

T_1 : 온도저하 전 흡입공기 절대온도(℃)

T_2 : 온도저하 후 흡입공기 절대온도(℃)

2. 흡입온도를 저하시키는 방법

(1) 외부공기 흡입

(2) 냉각수로 냉각

(3) 전기 냉동기 이용으로 냉각

(4) 흡수식 냉동기 이용으로 냉각

3. 실내공기를 흡입할 경우에도 공기압축기 및 드라이어와 같은 압축공기 시스템은 많은 양의 열을 발생시키기 때문에, 적절한 환기장치를 설치해야 한다.

4. 본 진단에서는 압축기 흡입공기를 외부공기를 흡입하여 흡입온도 저하방법을 검토하기로 한다.

3 기대효과

현재 공기압축기의 흡입온도는 35℃로 진단 시 외기온도 24℃와 비교하면 약 10℃의 온도차를 보이고 있으며, 연평균 10℃의 온도차가 유지될 것으로 추정된다.

1. 절감률($\varDelta T$ = 10℃)

$$\epsilon = \left(1 - \frac{T_2}{T_1}\right) \times 100\%$$

여기서, ϵ : 절전율(%)

T_1 : 개선 전 연평균 흡입공기 절대온도(K)

T_2 : 개선 후 연평균 흡입공기 절대온도(K)

$$\therefore \ \epsilon = \left(1 - \frac{273 + 18}{273 + 28}\right) \times 100\% = 3.3\%$$

2. 연간 전력 절감량(kWh/년)

={Loading 전력(kW)×Loading율}×절감률×연간 가동시간(h/년)

=(26kW×0.54)×0.033×8,400h/년

=3,892kWh/년

3. 연간 절감금액(천원/년)

=3,892kWh/년×65.5원/kWh

=255천원/년

SECTION

04 동절기 외기온도를 이용한 냉수 제조

1 현황 및 문제점

1. (주)○○ 안산공장에서 보유하고 있는 냉수(Chiller) 제조용 냉동기 능력은 정격소비동력 112.5kW, 용량 72USRT이며, 냉각탑의 능력은 100USRT이다.
2. 냉동기의 용도는 냉수를 10℃ 이하로 제조해, 열교환하여 생산공정의 공정수를 일정온도(12℃ 이하)로 유지하는 데 사용되며 연중 24시간 운용하고 있다.
3. (주)○○ 안산공장은 중부지방에 위치하고 있어 동절기 외기온도가 낮은 편이다. 이러한 좋은 환경임에도 불구하고 동절기에도 냉동기를 가동하여 냉수를 제조함으로써 동력이 손실되고 있다.

[표 1] 냉수(Chiller) 제조용 냉동기 운용 및 전력 사용량

<table>
<tr><th>월</th><th>전력 사용량(kWh)</th><th>비고</th></tr>
<tr><td>1</td><td>9,309</td><td rowspan="13">• 월별 전력 사용량은 적산전력계에 의한 실시간 냉동기 전력 사용량으로 업체 제시치를 적용한다.
• 동절기 전력 사용량(kWh)
=1월+2월+3월+4월+12월
=9,309+9,536+9,753+9,925+9,265
=47,788kWh
• 냉동기 운전 현황(실측치)
−냉수 입구온도 : 10℃
−냉수 출구온도 : 9℃
−냉수 유량 : 62.62m³/h
−냉각 열량 : 62,620kcal/h
−냉동기 부하율 : 28.76%</td></tr>
<tr><td>2</td><td>9,536</td></tr>
<tr><td>3</td><td>9,753</td></tr>
<tr><td>4</td><td>9,925</td></tr>
<tr><td>5</td><td>10,078</td></tr>
<tr><td>6</td><td>10,255</td></tr>
<tr><td>7</td><td>10,430</td></tr>
<tr><td>8</td><td>10,605</td></tr>
<tr><td>9</td><td>10,800</td></tr>
<tr><td>10</td><td>10,995</td></tr>
<tr><td>11</td><td>10,995</td></tr>
<tr><td>12</td><td>9,265</td></tr>
<tr><td>계</td><td>121,946</td></tr>
</table>

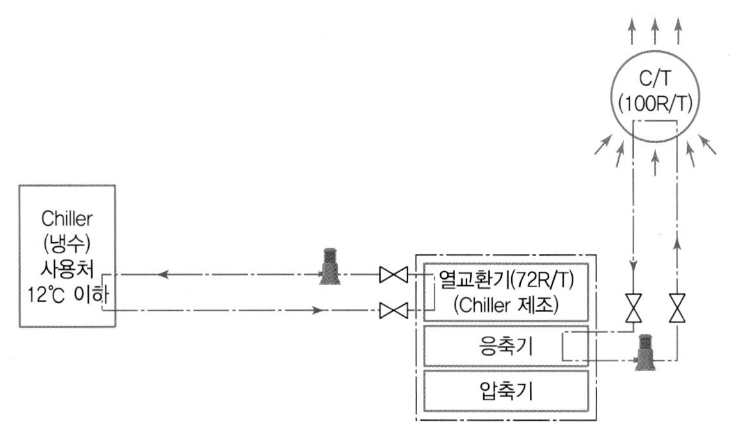

[그림 1] **냉동기 냉수(Chiller) 제조 장치(개선 전)**

2 개선방안

1. 현재 냉동기 운전 시 냉방열량은 62,620kcal/h, 부하율 28.76%로 필요 냉방열량은 적은 편이다. 따라서 냉동기를 가동하지 않고, 기존 설비인 용량 100USRT 냉각탑만 활용하여 동절기 중 외기온도를 이용해 칠러(냉수)를 제조함으로써 동력손실을 억제한다.
2. 동절기 외기온도의 현격한 저하로 동결의 우려가 있으므로 브라인 이용을 권장하며, 바이패스배관 및 밸브를 설치하여 기존 설비와 병행하여 사용한다. 먼지 및 이물질을 제거하기 위한 Filtering 장치를 설치하고 이물질의 축적에 의한 Filtering 효율 저하 시를 고려하여 Overflow(Bypass) 배관을 설치한다.

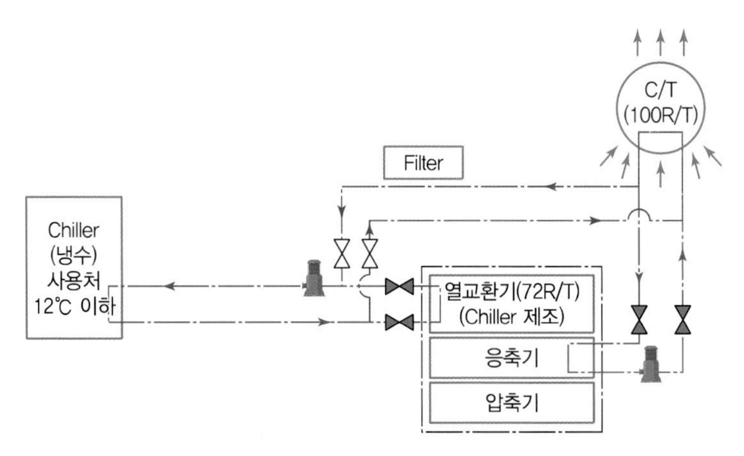

[그림 2] **외기온도를 이용한 냉수(Chiller) 제조 장치(개선 후)**

[표 2] 2011년 인천(안산)지역 주야시간 온도(기상청 자료)

구분	1월	2월	3월	4월	5월	6월	7월	8월	9월	10월	11월	12월
1일	−6.3	0.6	1.4	8.0	11.6	17.0	23.4	25.1	26.0	13.0	16.6	7.0
2일	−4.7	2.1	−0.8	7.5	12.8	16.6	23.4	25.9	26.4	14.2	16.0	6.8
3일	−4.1	1.8	−0.5	8.8	13.9	15.9	21.5	25.3	24.6	14.1	16.6	6.7
4일	−2.5	2.2	1.3	8.7	14.8	16.5	20.3	25.0	23.5	15.5	18.3	3.8
5일	−3.0	1.0	2.7	8.4	16.4	17.8	22.0	27.9	23.1	16.8	18.7	2.2
6일	−5.9	0.7	4.0	9.2	15.5	17.4	23.3	27.7	22.7	17.3	15.4	4.4
7일	−5.4	0.3	2.4	9.8	13.2	18.4	21.6	28.0	22.3	16.0	14.9	5.4
8일	−1.0	3.3	2.8	10.6	15.7	19.7	21.2	24.1	22.0	16.5	14.2	1.0
9일	−5.7	−0.8	1.8	7.0	16.7	18.1	23.6	24.8	20.5	17.1	15.3	−1.4
10일	−6.6	−2.2	2.6	9.6	16.5	19.8	23.6	23.9	22.0	17.2	14.8	−0.2
11일	−3.4	−2.6	5.4	10.1	17.7	21.3	21.2	25.1	21.6	16.0	12.7	4.4
12일	−6.5	−4.8	8.3	8.6	15.5	20.1	22.7	24.2	22.8	15.2	13.0	4.7
13일	−4.3	−4.7	9.5	10.0	13.4	18.4	24.0	24.5	24.1	17.0	12.3	2.1
14일	−2.3	−3.1	6.0	10.9	14.9	19.4	23.2	23.8	24.0	15.1	7.5	3.7
15일	−10.5	−1.2	2.2	10.7	15.6	21.7	22.2	23.6	24.7	14.0	8.3	−2.4
16일	−12.2	−0.3	1.0	10.9	15.3	23.7	22.4	23.9	24.8		12.3	−5.4
17일	−7.9	1.2	1.9	10.9	15.8	22.7	24.1	23.2	24.2	12.5	14.5	−3.9
18일	−5.2	1.5	6.1	6.9	18.9	22.0	27.9	24.4	21.2	10.5	15.6	−1.0
19일	−5.2	1.6	7.9	9.8	19.5	23.7	27.9	23.4	17.8	14.4	10.7	−1.2
20일	−6.6	5.4	6.6	9.8	16.2	22.5	27.5	22.4	18.0	16.5	1.8	1.1
21일	−5.3	6.9	7.8	13.6	14.2	21.3	26.2	23.3	18.4	17.5	3.3	3.4
22일	−2.8	4.3	2.9	9.9	15.8	22.1	23.5	24.0	18.7	17.2	7.1	−3.9
23일	−2.6	2.3	3.2	9.8	18.2	20.8	24.5	24.2	19.8	16.7	4.3	−3.8
24일	−7.0	5.1	3.9	9.4	19.6	19.7	24.0	24.9	20.0	13.1	0.2	−4.0
25일	−6.6	2.2	3.4	10.6	22.2	18.8	25.8	25.4	20.0	8.9	4.2	−5.5
26일	−6.7	6.5	4.3	11.3	19.8	19.8	25.7	26.7	20.7	10.3	8.3	−5.5
27일	−7.1	6.0	6.0	12.0	18.4	18.5	24.3	27.0	22.1	13.3	14.0	−2.8
28일	−6.4	3.6	5.8	10.6	20.4	22.8	23.9	26.3	20.7	14.7	14.7	1.1
29일	−7.2		5.1	13.5	22.0	20.8	24.7	25.7	17.9	13.8	11.2	−1.4
30일	−8.2		6.7	13.4	20.2	22.9	25.7	26.3	15.2	14.8	5.7	−3.2
31일	−4.3		7.2		18.7		24.4	26.5		15.1		−0.7
평균	−5.6	1.4	4.2	10.0	16.8	20.0	23.9	25.0	21.7	14.8	11.4	0.4

3 기대효과

1. 냉동기 연간 전력 절감량(kWh/년)

=동절기 냉동기 전력 사용량

=47,788kWh/년=10.27TOE/년=0.43TJ/년

※ 진단 시 필요 냉방열량은 62,620kcal/h이며, 냉각탑 능력은 100RT로 4월 외기온도 10℃를 기준으로 해도 충분히 공정수 온도를 12℃ 이하로 유지가 가능할 것으로 판단된다.

2. 절감률(%)

=절감량(TOE/년)÷공정 에너지 사용량(TOE/년)×100%

=10.27TOE/년÷329.51TOE/년×100%

=3.12%(총 에너지 사용량 대비 0.23%)

※ 공정 에너지 사용량 329.51TOE/년은 냉난방설비 전력 사용량이다.

3. 연간 절감금액(천원/년)

=연간 전력 절감량(kWh/년)×적용 전력 단가(원/kWh)

=47,788kWh/년×93.07원/kWh=4,448천원/년

4. 연간 탄소배출 저감량(tC/년)

=연간 전력 절감량(MWh/년)×탄소배출계수(tC/MWh)

=47.788MWh/년×0.1156tC/MWh=5.52tC/년

4 경제성 분석

1. 투자비

[표 3] **항목별 투자비** (단위 : 천원)

항목	단위	개선안			비고
		단가	수량	계	
배관 개선	식	3,000	1	3,000	약 10m
시공비		2,000	1	2,000	
계				5,000	

2. 투자비 회수기간

=투자비(천원)÷연간 절감금액(천원/년)

=5,000천원÷4,448천원/년=1.12년

SECTION

05 제품 저장고의 동절기 외기이용 검토

1 현황 및 문제점

1. ○○(주)는 원료인 콩을 가공하여 두부를 만드는 식품공장으로 완성된 제품은 비닐 포장되어 HACCP 기준에 의거 적정 온도인 약 5℃로 냉장보관하고 있다.
2. 외기온도가 낮은 동절기의 경우 외기온도 자체가 에너지이나 냉동기에 의존하여 동력비가 유실되고 있다.

침지 → 파쇄 → 가열 → 비지와 두유 분리 → 응고 → 성형
→ 절단 → 포장 → 열탕 → 1, 2 냉각 → 제품 → 제품저장고 저장

[그림 1] **제품 공정도**

2 개선방안

제품저장고 천장에 외기와의 통풍이 가능하도록 급 · 배기장치를 설치하여 동절기 외기온도가 낮을 시 외기온도를 이용하여 동력비를 감소하는 방안을 권장한다.

1. 우천 시 빗물이 스며들지 않도록 한다.
2. Duct 내에 개구 Damper를 설치하여 동절기 설정온도(약 5℃)를 기준하여 자동으로 열리고 닫히도록 한다.
3. 급 · 배기장치의 입구에는 이물질이 투입되지 않도록 필터를 설치한다.
4. 외기온도가 높은 여름철에는 외기가 침입하지 않도록 외부와 내부에 덮개를 설치한다(완전밀폐 : 외부 덮개+덕트 내 개구 댐퍼+내부 덮개).

(a) 외부에 설치된 급 · 배기구

(b) 내부에 설치된 급 · 배기구

[그림 2] **제품저장고 동절기 외기이용장치**

SECTION
06 냉동기 성능 개선으로 동력비 절감

1 현황 및 성능분석

1. 현황

당 공장의 냉방부하는 냉동기를 가동하여 중앙공급식으로 관리하고 있으며 용량은 410USRT급 터보형이다. 냉매로는 R－123을 이용하고 있으며, 응축열을 방출하는 냉각탑은 직교류형을 사용하고 있다.

[표 1] **냉동기 현황**

형식	용량(USRT)	소비동력(kW)	정격 COP	설치년도	제작사	비고
Turbo	410	325.1	4.44	2004	센츄리	수랭식 R－123

2. 냉동기의 성능분석

(1) 냉동기의 성능은 COP라는 개념을 이용한다.

① COP : 냉동기 입력전력(kW)당 냉방능력(kcal/h, RT)

② COP가 높을수록 냉동기 효율이 좋다.

[표 2] **냉동기 냉수 및 냉각수 측정치**

<table>
<tr><th colspan="3">설계치</th><th colspan="8">측정치</th></tr>
<tr><th rowspan="3">냉동능력
(USRT)</th><th rowspan="3">냉수
(m^3/h)</th><th rowspan="3">냉각수
(m^3/h)</th><th colspan="4">냉수계</th><th colspan="4">냉각수계</th></tr>
<tr><th rowspan="2">유량
(m^3/h)</th><th colspan="3">온도(℃)</th><th rowspan="2">유량
(m^3/h)</th><th colspan="3">온도(℃)</th></tr>
<tr><th>입구</th><th>출구</th><th>ΔT</th><th>입구</th><th>출구</th><th>ΔT</th></tr>
<tr><td>410</td><td>248</td><td>304</td><td>－</td><td>－</td><td>－</td><td>－</td><td>277</td><td>32.6</td><td>30.1</td><td>2.5</td></tr>
</table>

※ 설계치 냉수 및 냉각수량은 냉동능력이 확정되면 결정되는 양이다.
(증발기, 응축기 입 · 출구 온도차 5℃)

(2) 냉동기의 COP를 산출하기 위해서는 냉동기 입력전력, 냉수량, 냉수 입 · 출구온도를 측정하여야 하나 보온 관계로 냉각수량을 이용하여 성능분석을 하였다.

[표 3] **성능분석표**

설계			측정				
냉동능력 (USRT)	정격전력 (kW)	COP	냉동능력		모터		COP
			(USRT)	부하율 (%)	전력 (kW)	부하율 (%)	
410	325.1	4.44	172	42	265	81.5	2.28

410USRT의 COP

=증발열량÷입력전력량

=(응축열량−입력전력량)÷입력전력량

$$=\frac{\text{유량(kg/h)} \times \text{비열(kcal/kg ℃)} \times \text{온도차(℃)} - \text{입력전력(kW)} \times 860\text{kcal/kWh}}{\text{입력전력(kW)} \times 860\text{kcal/kWh}}$$

$$=\frac{277{,}000\text{kg/h} \times 1\text{kcal/kg ℃} \times (32.6-30.1)\text{℃} - 265\text{kW} \times 860\text{kcal/kWh}}{265\text{kW} \times 860\text{kcal/kWh}}$$

= 2.28

(3) 운전 냉동기의 COP 분석결과

① 진단 시 총 냉동능력은 172USRT이며, 냉동 부하율은 정격 대비 약 42%로 나타났다.

② 모터 전력은 265kW를 소비하고 있으며, 이때 모터 부하율은 정격 대비 약 81.5%를 점유하고 있다.

③ 냉동 부하율은 42%에 불과하나 모터 부하율은 81.5%를 점유하고 있어 외기온도가 낮아 응축압력을 낮게 유지하여 냉동기 성능을 높게 유지할 수 있음에도 불구하고 냉동기 성능이 저하되어 운전되는 것으로 분석되었다.

④ 운전 COP가 2.28로 정격 COP 4.44 대비 약 48.6% 저하되어 운전됨으로써 운전동력이 증가하고 있다.

⑤ 동절기임에도 불구하고 운전 COP가 많이 저하된 경우 외기온도가 상승하는 하절기에는 더욱더 냉동기의 정격 냉동능력을 발휘할 수 없다.

2 문제점

1. 냉동기 성능분석 결과 냉동기의 성능이 저하되어 운전되는 것으로 분석되었다.

※ 냉동기는 4개의 구성 요소로 이루어져 정확한 해석을 위해서는 응축압력 및 온도, 증발압력 및 온도가 파악되어야 하나 온도는 파악이 불가능하여 정확한 해석은 불가능하며, 취득된 데이터로 가능한 해석을 하였다. 그리고 추후 과열도 및 과냉도를 파악하기 위하여 보수 시에 온도계를 취부함이 바람직하다.

2. 냉동기의 COP가 저하된 원인

(1) R-123 냉매는 저압 측이 진공이므로 공기가 침입하면 응축압력을 상승시켜 동력비를 증가시키고 냉방능력은 저하시키는 역할을 하며, 현재로서는 그 가능성이 있다.

(2) 냉매액이 필요 이상 증가하면 과냉각 효과는 증가하나 응축압력을 상승시켜 냉동능력을 저하시키는 역할을 한다.

(3) 플래시 가스가 발생하면 팽창밸브의 능력은 현저히 감소하게 되는데 이 역시 의심되는 요인 가운데 하나이다.

(4) 전열면의 오염으로 인해 열전달 능력이 감소한 경우

(5) 냉동기의 설계 냉각수량보다 적은 냉각수량이 흐름으로써 전열면에서의 열전달 능력이 감소한 경우

(6) 냉각탑의 성능문제 : 냉각탑은 실내에서 취득된 열을 최종적으로 대기에 방열하는 역할을 한다. 냉각탑 성능이 저하되면, 냉동기는 그 성능을 발휘할 수 없다. 진단 시는 외기온도가 낮아 큰 문제는 없겠지만 하절기에는 현재 설치위치의 부적절성으로 영향을 줄 것으로 판단된다.

3 개선대책

1. 냉동기는 운전 및 관리에 따라서 그 성능이 40% 이상 차이 나는 민감한 기기이다. 기본적으로 냉동기의 성능을 좌우하는 것은 압축비이며, 이 압축비를 가급적 낮게 유지해야만 에너지를 절감할 수 있다.

2. 압축비를 결정하는 것은 증발온도와 응축온도이나 증발온도는 이미 결정되어 있으므로 공조용에서는 크게 신경 쓸 것이 없으나, 응축온도는 관리에 따라 많은 차이가 발생하므로 응축온도를 낮추는 데 많은 관심을 기울여야 한다.

   (1) 적정 냉각수량을 공급하여 열전달률을 상승시킨다.

   (2) 주기적으로 불응축가스를 제거하여 응축압력을 제어한다.

   (3) 응축기의 전열면은 증발기와 달리 스케일이 많이 끼게 되므로 1~2년에 한 번씩 세관작업을 해야 응축압력 상승을 막을 수 있다.

3. 최소한 위에서 언급한 정도의 관리를 해야 COP 4.0 정도의 성능을 유지할 수 있을 것이다. 그러나 진단 시에는 데이터 부족으로 성능 저하의 정확한 원인을 파악할 수 없었으므로 냉동기 전문업체에 성능분석을 의뢰하여 정확한 원인 파악이 선행되어야 한다.

4. 현 상태에서 성능 향상을 위한 기술적인 내용을 첨언하면 현재 냉각탑은 온-오프 제어를 하나 동절기 및 중간기에는 인버터를 이용하여 팬의 회전수를 제어하면 냉각수 온도를 거의 26℃로 일정하게 제어할 수 있어, 냉동기의 성능을 높일 수 있다.

4 기대효과

1. 계산 기준

- 냉동기 소비전력 : 265kW
- 개선 전 평균 효율(COP) : 2.28
- 개선 후 평균 효율(COP) : 4.0 ← 목표 운전 COP

2. 절감률(%)

$$= \frac{\text{개선 후 COP} - \text{개선 전 COP}}{\text{개선 후 COP}} \times 100\%$$

$$= \frac{4.0 - 2.28}{4.0} \times 100\% = 43\%$$

3. 전력 절감량(kW)

=(소요동력×평균부하율×절감률)×안전율

=(265kW×0.85×0.43)×0.9

=87kW

4. 연간 전력 절감량(kWh/년)

=전력 절감량(kW)×연간 가동시간(h/년)

=87kW×8,400h/년

=730,800kWh/년

SECTION
07 냉각수 펌프 양정 조정으로 에너지 절감

1 현황 및 문제점

하절기 때 냉방을 위하여 냉온수기(280RT) 1기가 설치되어 있으며 각 냉동기에 사용되는 냉각수는 냉각수 Pump에 의해 공급되고 냉동기에서 열교환 후 승온된 냉각수는 옥상에 설치되어 있는 Cooling Tower에 보내 냉각 후 순환 재사용하고 있다.

[표 1] **설비 현황**

구분	정격			측정			비고
	Motor (kW)	유량 (m^3/min)	양정 (m)	Motor 입력 (kW)	유량 (m^3/min)	운전 양정 (m)	
1	37	4.85	25	36.2		19	
2	37	4.85	25	–	–	–	예비

※ 펌프가 저양정 운전이 예상되고 소요전력은 운전실적을 적용함

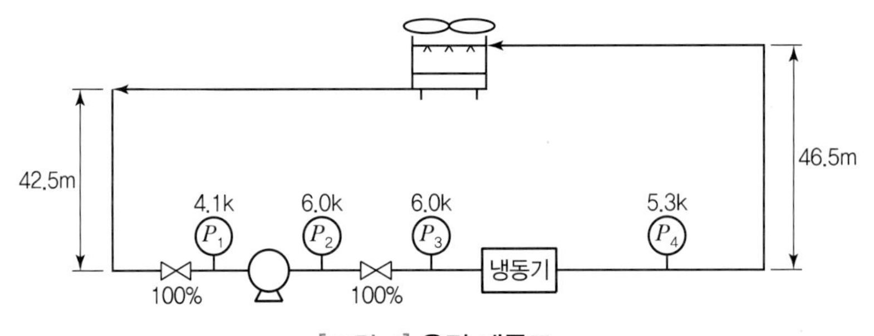

[그림 1] **운전 계통도**

- 시스템 요구수두 추정 : 19m
- Discharge Head : 46.5m
- 냉동기 ΔP : 7m
- 배관(Fitting유) ΔP : 5m
- Suction Head : −42.5m
- Process Head : 10m
- 공정수두(냉각탑 분사압) : 3m

2 문제점

1. Pump의 설계양정(25m)이 실제 시스템 요구수두(19m)보다 높게 설계되었다. 위에서 시스템 요구수두를 추정해본 결과 냉각수 Pump의 운전양정이 19m로 분석되어 펌프의 정격양정보다 낮으므로 펌프의 운전유량은 정격유량보다 많은 유량이 순환되고 그때의 펌프 소요전력은 36.5kW로 과부하 운전이 예상된다.
2. 이를 Pump 성능곡선으로 분석해 보면, 정격양정보다 저양정으로 운전 시 정격유량 이상으로 공급되므로 정격운전점 A에서 실제운전점 B로 이동하게 되고 축동력도 정격 L_0에서 L_1로 과부하가 발생하게 되며 정격운전점에서 벗어나 운전하게 되므로 효율 역시 η_A에서 η_B로 낮은 상태에서 운전되어 전력손실이 발생하고 있다.

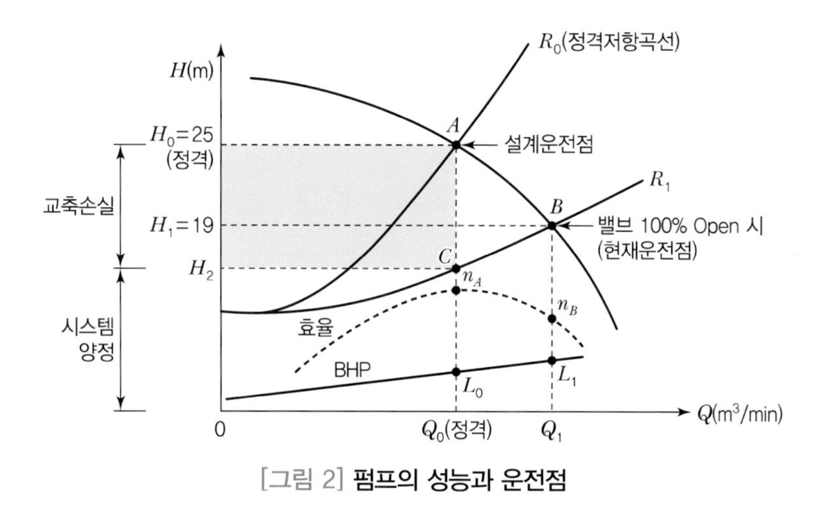

[그림 2] **펌프의 성능과 운전점**

3. 이와 같은 저양정 과부하 운전을 방지하기 위해서는 밸브를 교축하여 유량을 조절해 운전하는 방법이 있으나 이 또한 밸브 교축에 의한 전력손실이 발생하게 되어 효율적인 운전이 되지 않는다.
4. 위의 성능곡선상에서 분석해 보면, 밸브 교축 시 설계운전점 A에서 운전할 수 있지만 정격저항곡선(R_1)과 만난 C점의 양정(H_2)이 시스템의 실양정이므로 ($H_0 - H_2$)만큼의 교축손실이 발생하게 된다.

3 개선대책

현재의 냉각수 펌프를 적정 용량의 펌프로 교체하여 $Q-H$ 곡선상의 운전점을 정격운전점에 가깝게 운전하도록 하여 소비전력을 절감한다.

4 기대효과

운전 중의 펌프가 아니므로 가동 시 예상되는 소요전력을 구하여 전력 절감량을 산출하였다.

1. 개선 전 소요전력(kW) – 운전 실적 적용

$$= \frac{Q \times H}{6,120 \times \eta_p \times \eta_m} = \frac{6.3 \times 19}{6.12 \times 0.6 \times 0.9} = 36.2\text{kW}$$

여기서, Q : 유량(정격의 1.3배) = $6.3\text{m}^3/\text{min}$

H : 현 시스템 요구 양정 = 19m

η_p : 0.6

2. 개선 후 소비전력(kW)

$$= \frac{1.0 \times 4.85 \times 21}{6.12 \times 0.7(\text{펌프효율}) \times 0.9(\text{모터효율})} = 26.4\text{kW}$$

여기서, 현재 정격유량 = $4.85\text{m}^3/\text{min}$

양정 = 시스템 양정 × 1.1(안전율) = 21m

3. 연간 전력 절감량(kWh/년)

= 전력 절감량(kW) × 연간 가동시간(h/년)

= (36.2 − 26.4)kW × 1,170h/년

= 11,466kWh/년

4. 연간 절감금액(천원/년)

= 연간 전력 절감량(kWh/년) × 전력 단가(원/kWh)

= 11,466kWh/년 × 95.4원/kWh

= 1,093천원/년

SECTION
08 수배전설비

1 수배전 공급 현황 분석

당사의 수전전압은 22.9kV로 공급받고, 수전용 변압기로는 3ϕ 500kVA 1대, 3ϕ 2,000kVA 1대와 3ϕ 1,500kVA 2대가 설치되어 있으며, 총 5,500kVA 용량으로 배전전압 380V, 220V로 변환하여 전원을 공급하고 있다.

2 수전설비 적정 용량 판단

수전설비의 단위 용량(kVA)당 전력 소비량은 2005년 기준으로 2.04MWh/kVA/년으로 나타나 [표 1]의 수전설비 적정 용량 판단값과 비교하면 일 20~24시간(당사 가동시간 평균치) 이내 근무 시 기준값인 4.0~5.4의 범위값에 미달되므로 현재의 전력사용 상태에서는 수전설비용량이 과용량으로 판단된다.

[표 1] **수전설비 적정 용량 판단값**

1일 근무시간	8시간 이내	8~12시간	12~16시간	16~20시간	20~24시간
수전설비 단위 사용량 (MWh/kVA년)	1.3~1.8	2.0~2.7	2.7~3.6	3.3~4.5	4.0~5.4

$$\text{수전설비 단위 사용량} = \frac{\text{연간 사용 전력량(MWh)}}{\text{수전설비용량(kVA)}}$$

$$= \frac{11{,}243\text{MWh/년}}{5{,}500\text{kVA}}$$

$$= 2.04$$

3 전력 사용량 관리

1. 월별 Peak 및 전력 사용량 현황

[그림 1] 및 [표 2]는 2005년 월별 Peak 및 전력 사용량의 추이를 도시한 것이다.

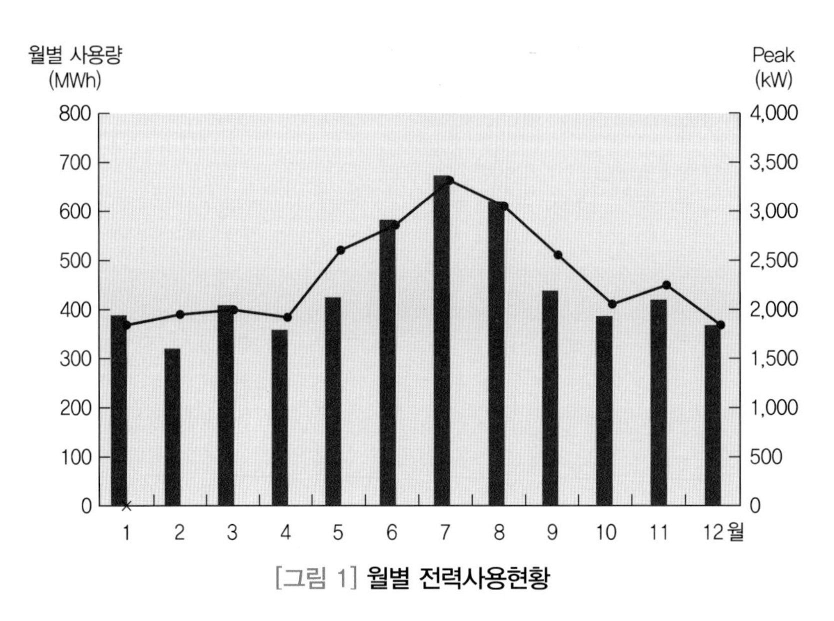

[그림 1] **월별 전력사용현황**

[표 2] **2005년 월별 전력사용현황**

월	1	2	3	4	5	6	7	8	9	10	11	12	계
사용량(MWh)	388	319	410	357	425	584	672	617	436	384	419	365	5,376
Peak(kW)	1,825	1,937	1,980	1,915	2,603	2,862	3,337	3,056	2,570	2,052	2,228	1,840	3,337

[표 3] **2006년 월별 전력사용현황**

월	1	2	3	4	5	6	7	8	9	10	11	12	계
사용량(MWh)	367	341	422	343	400	530	630	621					3,654
Peak(kW)	1,771	1,897	1,847	1,775	2,117	2,628	2,750	2,617					2,750

2. Peak 관리

(1) 최대 Peak치가 하절기인 7월에 발생하여 12개월 동안 높은 기본요금이 적용되어 전기요금이 증대하고 있다. 전력요금의 기본요금은 당월의 Peak에 의해 부과되고 전력수요가 가장 많은 7, 8, 9월의 Peak치가 최대치 발생 시 최대치가 발생한 당월을 포함하여 12개월간 기본요금으로 적용되기 때문에 특히 하절기 Peak 억제에 유의하여야 한다.

(2) 2006년도에는 Peak치가 하절기인 7월에 2,750kW로 나타나 2005년도에 비해 많이 개선되었으나 아직 하절기와 동절기의 Peak차가 979kW로 크게 나고 있어 약 300kW 정도는 개선의 여지가 있겠다.

(3) 설정 Peak 전력 도달 시 정지할 수 있는 설비는 다음과 같으며, 아래 설비를 Peak 전력이 많이 올라가는 시간대에 순차 및 교차 정지하여 하절기 Peak치를 최대한 제한하여 전력요금을 경감시키도록 한다.

① 원료이송장치 : 약 100kW

② 냉동기 : 약 100kW

③ 기타 : 약 100kW

4 기대효과

상기와 같은 방법으로 Peak 전력을 300kW 감소 시 기대되는 전기요금 절감효과는 다음과 같다.

1. Peak 전력 감소 : 300kW
2. 연간 절감금액(기본요금)

   =300kW×5,260원/kWh×12개월

   =18,936천원/년

SECTION
09 역률관리

1 현황

당사의 수전단 역률은 2005년 95~98%로 비교적 양호하게 관리하고 있으며 진단 시 수전단 모선 역률도 94%로 나타났다.

[표 1] **2005년 월별 역률 현황**

월	1	2	3	4	5	6	7	8	9	10	11	12
역률(%)	98	98	97	97	97	97	96	96	95	96	96	96

진단 시 Feeder별 부하 및 역률은 다음과 같다.

[표 2] **변압기 운전 현황**

구분	용량 (kVA)	1차/2차 전압 (kV)	무부하손 (kW)	부하손 (kW)	부하 (kW)	역률 ($\cos\phi$)	부하율 (%)
모선	5,500				1,500	0.94	29
TR #1(LV-6)	500	22.9/0.38, 0.22	1.65	6.8	120	0.96	25
TR #2(LV-7)	2,000	22.9/0.38, 0.22	4.6	16.5	580	0.90	32
TR #3(LV-4)	1,500	22.9/0.22, 0.175	3.7	12.5	350	0.89	26
TR #4(LV-2)	1,500	22.9/0.22, 0.175	3.7	12.5	450	0.95	32

2 문제점 및 개선대책

당사에서는 월평균, 연평균 역률이 95~97%로 양호하게 관리하고 있으나 진단 시 #2 Tr 및 #3 Tr의 역률이 0.9, 0.89로 낮게 나타났다. 따라서 역률을 0.95로 개선 시 변압기 손실 경감 및 변압기 여유율 향상을 기대할 수 있다.

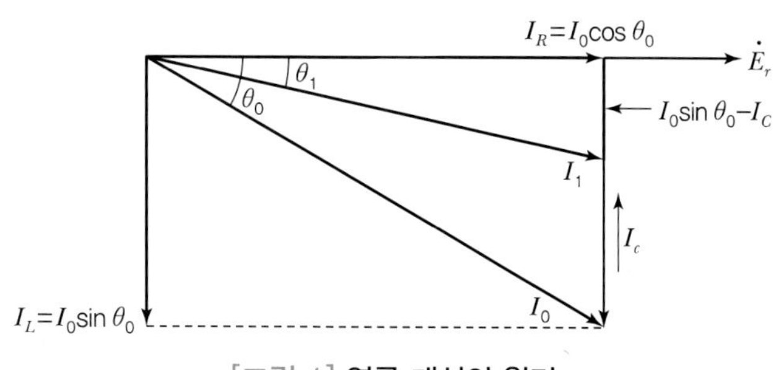

[그림 1] **역률 개선의 원리**

1. 저항 R에 흐르는 전류 I_R(유효전류)는 전압 E와 같은 상이고, 유도성 리액턴스 X_L에 흐르는 전류 I_L(무효전류)는 전압 E보다 90° 뒤진 위상차를 갖는데 벡터합의 전류는 I_0가 된다.
2. 이 부하와 병렬로 진상용 콘덴서에 의한 용량성 리액턴스 X_c를 접속하면, 진상용 콘덴서에 흐르는 전류 I_0가 I_1으로 감소한다. 이 결과 역률 $\cos\theta_0$가 $\cos\theta_1$으로 되어 진상용 콘덴서를 설치하기 전보다 역률이 1에 가까워지며 전류의 크기도 작아짐을 볼 수 있다. 이와 같이 전류가 감소되므로 배전손실이 감소되며, 이러한 효과를 역률 개선효과로 볼 수 있다.
3. 여기에서 콘덴서 용량 Q_c를 구하면 아래와 같으며, 콘덴서에는 앞선 전류가 흘러서 역률이 개선되므로, 이것을 역률 개선용으로 응용한다.

$$\tan\theta_1 = \frac{I_0\sin\theta_0 - I_c}{I_0\cos\theta_0}$$

$$= \tan\theta_0 - \frac{I_c}{I_0\cos\theta_0} \times \frac{V}{V}$$

$$= \tan\theta_0 - \frac{Q_c}{P}$$

여기서, P : 부하용량(kW)

$\cos\theta_0$: 개선 전 부하의 역률

$\cos\theta_1$: 개선 후 부하의 역률

$$Q_c = P(\tan\theta_0 - \tan\theta_1)$$

$$= P\left(\frac{\sqrt{1-\cos^2\theta_0}}{\cos\theta_0} - \frac{\sqrt{1-\cos^2\theta_1}}{\cos\theta_1}\right)\text{[kVA]}$$

PART 01 PART 02 PART 03 PART 04 PART 05 PART 06

3 기대효과

당사의 콘덴서는 말단 부하단에 설치되어 있으나 진단 시 일부 이상(고장)이 발견되었으므로 점검이 필요하며, 절감량 산출은 콘덴서를 변압기 2차 저압단에 설치하는 것으로 검토하였다.

1. 소요 콘덴서 용량 산출

(1) 2,000kVA 변압기(0.9 → 0.95로 개선)

$$Q_c = P\left(\frac{\sqrt{1-\cos^2\theta_0}}{\cos\theta_0} - \frac{\sqrt{1-\cos^2\theta_1}}{\cos\theta_1}\right)\text{[kVA]}$$

$$= 580 \times \left(\frac{\sqrt{1-0.9^2}}{0.9} - \frac{\sqrt{1-0.95^2}}{0.95}\right)$$

=90kVA (콘덴서 용량=90kVA)

(2) 1,500kVA 변압기(0.89 → 0.95로 개선)

$$Q_c = P\left(\frac{\sqrt{1-\cos^2\theta_0}}{\cos\theta_0} - \frac{\sqrt{1-\cos^2\theta_1}}{\cos\theta_1}\right)\text{[kVA]}$$

$$= 100 \times \left(\frac{\sqrt{1-0.89^2}}{0.89} - \frac{\sqrt{1-0.95^2}}{0.95}\right)$$

=64kVA (콘덴서 용량=70kVA)

2. 변압기 동손에 대한 전력 절감 및 변압기 이용률 향상 검토

(1) 변압기 동손 절감(역률 95%로 개선)

① 계산식

$$P_e(\text{kW}) = P_c(\text{kW}) \times \left({L_{f1}}^2 - {L_{f2}}^2\right)$$

=변압기 전부하동손×{(현재의 변압기 부하율)^2−(개선 시 변압기 부하율)^2}

여기서, $L_{f1} = \dfrac{\text{변압기 소비전력(kW)}}{\text{변압기 용량(kVA)} \times \text{측정역률}}$

$L_{f2} = \dfrac{\text{변압기 소비전력(kW)}}{\text{변압기 용량(kVA)} \times \text{개선역률}}$

② 2,000kVA 변압기

$$L_{f1} = \frac{580\text{kW}}{2{,}000\text{kVA} \times 0.9} = 0.322$$

$$L_{f2} = \frac{580\text{kW}}{2{,}000\text{kVA} \times 0.95} = 0.305$$

$$P_e(\text{kW}) = 16.5 \times (0.322^2 - 0.305^2) = 0.18\text{kW}$$

③ 1,500kVA 변압기

$$L_{f1} = \frac{350\text{kW}}{1{,}500\text{kVA} \times 0.88} = 0.265$$

$$L_{f2} = \frac{350\text{kW}}{1{,}500\text{kVA} \times 0.95} = 0.246$$

$$P_e(\text{kW}) = 12.5 \times (0.265^2 - 0.246^2) = 0.12\text{kW}$$

④ 전력 절감량

=0.18kW+0.12kW

=0.3kW

(2) 변압기 부하율 감소로 변압기 여유율 향상($P_1 - P_0$)

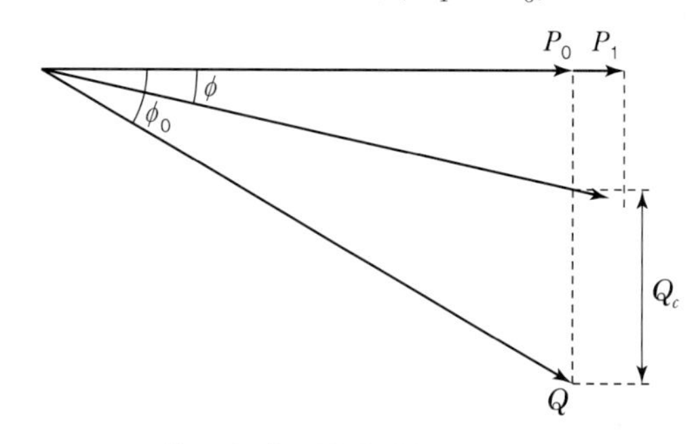

[그림 2] **여유율 향상의 원리**

① 계산식

$$\text{여유율} = \frac{P_1 - P_0}{P_0} \times 100\%$$

$$= \frac{Q(\cos\phi_1 - \cos\phi_0)}{Q\cos\phi_0} \times 100\%$$

② 2,000kVA 변압기

$$= \frac{(0.95 - 0.9)}{0.9} \times 100\%$$

=5.6% (1,500kVA 변압기 : 6.7%)

③ 연간 전력 절감량

=전력 절감량(kW)×연간 가동시간(h/년)

=0.3kW×8,000h/년

=2,400kWh/년

④ 연간 절감금액

=연간 전력 절감량(kWh/년)×전력 단가(원/kWh)

=2,400kWh/년×64원/kWh

=154천원/년

SECTION

10 변압기 통폐합

1 현황 및 문제점

변압기 운전 현황에 나타난 바와 같이 과용량으로 변압기 부하율이 낮아 효율이 저하되고 변압기의 무부하손실(철손)이 증대되고 있다.

[표 1] #1, #2 변압기 부하 현황

구분	용량 (kVA)	1차/2차 전압 (kV)	무부하손 (kW)	부하손 (kW)	부하 (kW)	역률 (cos ϕ)	부하율 (%)
TR #1	500	22.9/0.38, 0.22	1.65	6.8	120	0.96	25
TR #2	2,000	22.9/0.38, 0.22	4.6	16.5	580	0.90	32

[표 2] #3, #4 변압기 부하 현황

구분	용량 (kVA)	1차/2차 전압 (kV)	무부하손 (kW)	부하손 (kW)	부하 (kW)	역률 (cos ϕ)	부하율 (%)
TR #3	1,500	22.9/0.22, 0.175	3.7	12.5	350	0.89	26
TR #4	1,500	22.9/0.22, 0.175	3.7	12.5	450	0.95	32

2 개선대책

변압기를 통합운전하여 부하율을 상승시켜 효율을 향상시키고 무부하손실(철손)을 경감하도록 한다.

[표 3] 통합 후 변압기 부하 현황(TR #1 정지)

구분	용량 (kVA)	1차/2차전압 (kV)	무부하손 (kW)	부하손 (kW)	부하 (kW)	역률 (cos ϕ)	부하율 (%)
TR #2	2,000	22.9/0.38, 0.22	4.6	16.5	700	0.95	36.8

[표 4] 통합 후 변압기 부하 현황(TR #3 정지)

구분	용량 (kVA)	1차/2차 전압 (kV)	무부하손 (kW)	부하손 (kW)	부하 (kW)	역률 (cos ϕ)	부하율 (%)
TR #4	1,500	22.9/0.22, 0.175	3.7	12.5	800	0.95	56

$$\text{변압기 효율} = \frac{\text{출력}}{\text{입력}} \times 100\%$$

$$= \frac{\text{출력}}{\text{출력} + \text{손실}} \times 100\%$$

$$= \frac{KP\cos\phi}{KP\cos\phi + P_i + K^2 P_c} \times 100\%$$

여기서, P : 변압기 정격

P_i : 철손(무부하손실)

P_c : 동손(부하손실)

$\cos\phi$: 역률

K : 변압기 부하율

$$\text{변압기 효율} = \frac{P\cos\phi}{P\cos\phi + \dfrac{P_i}{K} + KP_c} \times 100\%$$

$$= \frac{P}{P + \dfrac{\dfrac{P_i}{K} + KP_c}{\cos\phi}} \times 100\%$$

위 식에 나타난 바와 같이 역률이 1에 가까울수록 변압기 효율이 좋아지며, $\frac{P_i}{K} = KP_c$일 때 $\frac{P_i}{K} + KP_c$ 값이 최소가 되어 변압기 효율이 높아진다. 최대 효율은 동손(P_c)과 철손(P_i)이 같을 때 나타나며, 일반적으로 동손 : 철손의 비가 2~4 : 1로 정격출력의 50~60% 정도일 때이다. 배전변압기들의 Peak 발생 시 최대 전력을 고려하더라도 저부하 운전이 예상되는 변압기의 통폐합을 고려할 필요가 있다.

3 기대효과

1. 변압기 손실(#1, #2 통합)

(1) 개선 전

$= (\text{철손} \times \text{통전시간}) + \{\text{동손} \times (\text{부하율})^2 \times \text{가동시간}\}$

$= (1.65\text{kW} \times 8{,}760\text{h/년}) + \{6.80 \times (0.25)^2 \times 8{,}000\text{h/년}\}$

$+ (4.6\text{kW} \times 8{,}760\text{h/년}) + \{16.5 \times (0.32)^2 \times 8{,}000\text{h/년}\}$

$= 71{,}667\text{kWh/년}$

(2) 개선 후(#1 변압기 정지)

$=(4.6\text{kW}\times 8,760\text{h/년})+\{16.5\times(0.37)^2\times 8,000\text{h/년}\}$

$=58,172\text{kWh/년}$

(3) 연간 전력 절감량

=개선 전－개선 후

$=71,667\text{kWh/년}-58,172\text{kWh/년}$

$=13,495\text{kWh/년}$

2. 변압기 손실(#3, #4 통합)

(1) 개선 전

$=(\text{철손}\times\text{통전시간})+\{\text{동손}\times(\text{부하율})^2\times\text{가동시간}\}$

$=(3.7\text{kW}\times 8,760\text{h/년})+\{12.5\times(0.26)^2\times 8,000\text{h/년}\}$

$+(3.7\text{kW}\times 8,760\text{h/년})+\{12.5\times(0.32)^2\times 8,000\text{h/년}\}$

$=81,824\text{kWh/년}$

(2) 개선 후

$=(3.7\text{kW}\times 8,760\text{h/년})+\{12.5\times(0.56)^2\times 8,000\text{h/년}\}$

$=63,772\text{kWh/년}$

(3) 연간 전력 절감량

=개선 전－개선 후

$=81,824\text{kWh/년}-63,772\text{kWh/년}$

$=18,052\text{kWh/년}$

3. 합계

(1) 총 연간 절감량

=#1, #2 통합 연간 전력 절감량+#3, #4 통합 연간 전력 절감량

$=13,495\text{kWh/년}+18,052\text{kWh/년}$

$=31,547\text{kWh/년}$

(2) 연간 절감금액

=총 연간 절감량(kWh/년)×전력 단가(원/kWh)

$=31,547\text{kWh/년}\times 64\text{원/kWh}$

=2,019천원/년

SECTION
11 유인 송풍기 회전수 조정으로 에너지 절감

1 현황

건조기 1호 및 2호에서 발생된 배기를 RTO(소각로)에 이송하기 위한 유인송풍기(ID Fan)가 1대 설치 가동되고 있다. 배기 풍량은 배기관의 풍압에 따라 Fan 흡입 댐퍼가 자동제어되어 조절하며 설비 현황과 운전 계통도는 [표 1] 및 [그림 1]과 같다.

[표 1] 송풍기 설비 현황

구분	정격	측정
풍량(m^3/min)	500	240
정격풍압(mmH_2O)	500	–
시스템 풍압(mmH_2O)	–	360
전동기(kW)	75	–
소비동력(kW)	66.4	33
종합 효율(%)	61.5	
시스템 효율(%)	–	42.8

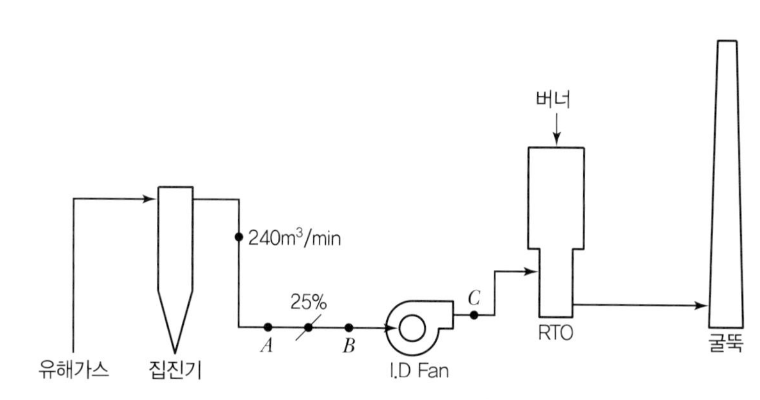

[그림 1] 유인송풍기 운전 계통도

[표 2] **운전 현황**

구분		단위	측정치
측정 풍압	A점	mmAq	−20
	B점	mmAq	−
	C점	mmAq	340
	운전 풍압	mmAq	−
	시스템 풍압	mmAq	360
흡입댐퍼 개도		%	25
운전 풍량		m^3/min	240
측정 전력		kW	33
운전 효율		%	50
시스템 효율		%	42.8

시스템 풍압 = 토출 측 풍압 − 흡입 측 댐퍼 후 풍압

$$= 340 - (-20) = 360\text{mmAq}$$

$$\text{시스템 효율} = \frac{\text{풍량}(m^3/min) \times \text{시스템 풍압}(mmH_2O)}{6,120 \times \text{소비전력}(kW)}$$

$$= \frac{240 \times 360}{6,120 \times 33} \times 100 = 42.8\%$$

2 문제점

1. 실제 건조기에서 발생하는 유해가스량보다 용량이 큰 ID Fan이 설치되어 풍량 조절을 위해 흡입 측 댐퍼 개도를 약 25%로 조절하고 있다. 이로 인해 시스템 요구풍압은 약 360mmAq 정도이나 송풍기의 운전풍압은 정격풍압인 500mmAq보다 높게 운전되고 있어 댐퍼에 의한 교축손실이 발생하고 있다.
2. 이처럼 교축손실이 발생하고 있으므로 실제 계통의 시스템 풍압으로 ID Fan의 시스템 효율을 분석한 결과 42.8%로 저조하게 나타났다.
3. [그림 2]의 일반적인 송풍기의 특성곡선을 통해 해석해 보면, 정격저항곡선 R_1으로써 댐퍼 개도를 100% Open 시 정격운전점 A에서 풍량 Q_1(500m^3/min)으로 운전되도록 설계되었으나 실제 운전풍량이 설계치보다 낮아 댐퍼 개도를 닫음으로써 댐퍼에서의 교축손실이 발생하여 저항곡선이 R_1에서 R_2로 변화하고 운전점은 B에 형성된다. 따라서 풍량은 소요치인 Q_2(240m^3/min)의 유지가 가능하나 댐퍼에서의 교축으로 풍압이 H_2로 정격치 H_1에 비해 상승하게 된다.

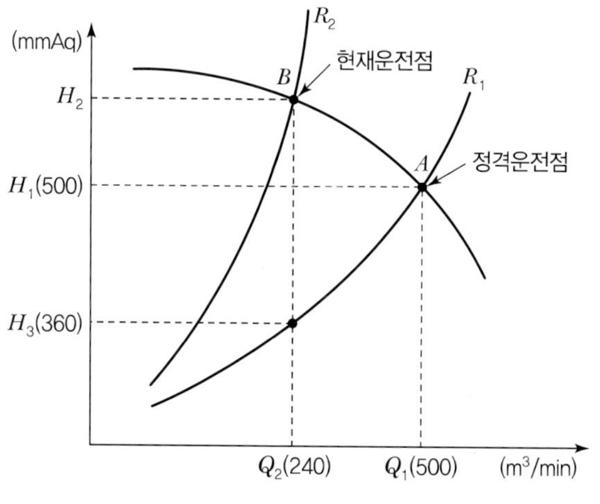

[그림 2] **송풍기의 특성곡선**

4. 결국 사용처에서 요구하는 풍압보다 높은 풍압으로 운전됨으로써 댐퍼에서의 교축손실이 발생하고 동일한 풍량에서 소비전력은 풍압에 비례하는 특성이 있으므로 교축손실에 해당하는 소비전력이 불필요하게 발생하고 있다.

3 개선대책

1. 건조기의 유해가스 발생량에 비해 ID Fan 용량이 과대하여 교축손실 및 효율 저하가 발생하고 있으므로 에너지 절감을 위해서는 송풍기를 적정 용량으로 교체하는 방안과 인버터에 의한 회전수 제어로 풍량을 조절하는 방안이 있겠으나, 공정의 유해가스 발생량이 변할 수 있으므로 인버터에 의한 회전수 제어로 흡입 풍량을 조절하는 것이 바람직하다. 그러므로 현재 ID Fan에 인버터에 의한 회전수 제어 시스템을 도입하여 댐퍼를 100%에 가깝게 운전함으로써 댐퍼에 의한 교축손실을 방지한다.
2. 회전수 제어 방법으로는 현재 흡입댐퍼의 개도율을 조절하는 방법과 같이 배기관의 풍압에 따라 제어한다(현재 운전풍량 : 240m³/min).

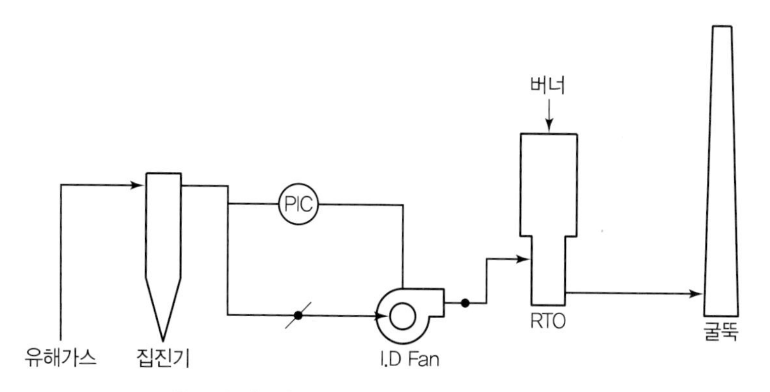

[그림 3] **개선 후 유인송풍기 인버터 운전**

4 기대효과

1. 인버터에 의한 회전수 제어 시 소비전력(kW)

ID Fan의 경우(현 시스템 운전풍압 적용)

$$\text{소요동력(kW)} = \frac{Q(\mathrm{m^3/min}) \times P_t(\mathrm{mmH_2O})}{6,120 \times \eta_F \times \eta_m \times \eta_I}$$

$$= \frac{240 \times 360}{6,120 \times 0.6 \times 0.9}$$

$$= 26.1\mathrm{kW}$$

※ 성능곡선이 하향 조정되어 Fan이 정격운전점에서 운전될 수 있으므로 정격효율을 적용한다.

2. 전력 절감량(kW)

=개선 전 소비전력(kW)－개선 후 소비전력(kW)

=33kW－26.1kW

=6.9kW

3. 연간 전력 절감량(kWh/년)

=전력 절감량(kW)×가동시간(h/년)

=6.9kW×7,100h/년

=48,990kWh/년

4. 연간 절감금액(천원/년)

=연간 전력 절감량(kWh/년)×전력 단가(원/kWh)

=48,990kWh/년×60.2원/kWh

=2,949천원/년

※ 집진기가 막힐 경우 Fan이 60Hz로 가동할 필요가 생길 수 있으므로 리베이트 지원 대상 인버터 도입 검토를 하지 않았으나 배기 풍량에 지속적인 여유가 있을 경우 지원금 제도를 참고하여 적용하기 바란다.

SECTION
12 조명설비 교체로 에너지 절감

1 조명 현황

해당 공장의 형광등은 일부 래피드 안정기를 사용한 40W×2등용을 사용하고 있으며, 일평균 24시간 사용하고 있다.

[표 1] 형광등 현황

구분	정격	설비 대수				사용 대수	일평균 사용시간	연평균 사용시간
		글로우 스타터	래피드 스타터	기타	전자식 안정기			
직관형	40W×2		360			360	24	6,000
	32W×2							
	20W×1							

[표 2] 조명설비 교체계획

구분	기존 조명기구	교체 조명기구	소비전력(W)		사용 대수	연평균 사용시간	점등률 (%)	연간 절전량 (kWh/년)
			기존분	교체분				
형광등	40W×2	삼파장 램프	98	64	360	6,000	90	62,208

2 문제점 및 개선대책

1. 문제점

사무실 및 현장 일부에서 사용하는 형광등은 고효율 전자식 형광등에 비해 전력소비가 많은 래피드 형광등을 사용하고 있다. 일반적으로 49W 래피드식 형광등은 효율이 낮아 입력 전력이 약 49로 32W 고효율 전자식 형광등으로 교체 시 17W의 소비전력 절감이 가능하고, 광속도 10% 정도 밝으며 수명도 길어 효과가 매우 크다. 또한, 전자식이나 고효율 자기식 안정기로 교체 시에는 소비전력 절감량이 6kW 이상 시 한국에너지공단으로부터 무상 지원금을 보조받을 수 있으므로 전자식 안정기로 교체한다.

2. 개선효과

고효율 전자식 안정기로 교체 시(40W×2등용 → 32W×2등용)

(1) 소비전력 감소로 약 25%의 전력 절감(80W → 64W)

(2) 32W 삼파장 램프의 수명(16,000시간) 증가로 유지보수비 절감

(3) 조도가 10% 이상 개선되어 근무환경 개선

3 기대효과

1. 연간 전력 절감량(kWh/년)

=62,208kWh/년

2. 연간 절감금액(천원/년)

=연간 전력 절감량(kWh/년)×전력 단가(원/kWh)

=62,208kWh/년×60.4원/kWh

=3,757천원/년

3. 소요투자비

[표 3] **품목별 소요투자비**

품목	구분	단가(원)	수량(개)	금액(천원)
절전형 전자식 안정기	32W 2등용	15,000	360	5,400
고효율 삼파장 램프	32W	2,400	720	1,728
설치비	1식	5,000	360	1,800
지원금	32W×2	6,300	360	2,268
계				6,660

SECTION
13 고효율 전동기 사용으로 에너지 절감

1 현황 및 문제점

1. 당사의 전동기는 저효율의 일반형 전동기를 사용하고 있으므로 사용 중인 설비 중 노후로 인해 교체가 필요한 전동기나 연중 가동시간이 높은 전동기를 고효율 전동기로 교체하여 효율상승에 의한 손실전력 절감을 도모한다.
2. 전동기 List에는 전동기 보유 대수는 많으나 비교적 경제성이 우수한 3.7kW~37kW의 전동기를 교체 검토한다.

[표 1] **전동기 보유 현황**

전동기 용량 (kW)	1.5	2.2	3.7	5.5	7.5	11	15	18.5	22	30	37	45	55	계
전동기 대수	19	8	16	9	22	2	–	9	–	–	2	–	–	87

3. 한국에너지공단에서는 고효율 전동기의 설치를 장려하기 위해 고효율 전동기의 설치 시 설치장려금을 지급한다. 고효율 전동기로 교체 설치 시 장려금은 [표 2]와 같다.

[표 2] **정부지원금**

전동기 용량 (kW)	전동기 효율(%)		검토 대상	장려금 단가 (천원/대)	장려금액 (천원)
	일반	고효율			
1.5	78	84	19	23	437
2.2	81	87.5	8	33	264
3.75	83	87.5	16	41	656
5.5	85	89.5	9	55	495
7.5	86	89.5	22	65	1,430
11	87	91	2	106	212
18.5	88.5	82.4	9	160	1,440
37	90	93	2	266	532
계			87	749	5,466

4. 중 · 소용량의 전동기는 부하율의 2승에 비례하여 증감하는 동손실이 전손실의 약 60%이며 나머지 40%인 철손은 부하에 관계없이 항상 일정하게 손실되는 고정분이다. 고효율 전동기는 이러한 전동기의 손실을 감소시켜 효율 향상을 도모한 기기로 전력 절감 외에도 수명 연장에 따른 보수유지비 절감이라는 부수적인 기대효과도 거둘 수 있다.

2 기대효과

1. 계산 기준

(1) 일반전동기 효율은 KS 기준 공칭효율을 참조

(2) 고효율 전동기 효율은 KS 기준을 참조

(3) 연간 가동시간은 6,000시간 적용

(4) 전동기 부하율은 80% 적용

(5) 투자비와 회수기간은 고효율 전동기 신설 시 투자액과 운전시간 적용

2. 계산식

$$S = C \times P \times N \times \left(\frac{100}{E_a} - \frac{100}{E_b} \right)$$

여기서, S : 연간 절전요금(원/년)

C : 전력요금 단가(60.4원/kW)

P : 부하의 소요출력(kW)

N : 연간 운전시간

E_a : 표준 전동기 효율(%)

E_b : 고효율 전동기 효율(%)

3. 용량별 전력 절감량

[표 3] **전동기 용량별 전력 절감량**

전동기 용량 (kW)	전동기 효율(%)		검토 대수	절감률 (%)	전력 절감량 (kWh/년)	절감금액 (천원/년)
	일반	고효율				
1.5	78	84	19	9.2	12,585	760
2.2	81	87.5	8	9.2	7,772	469
3.75	83	87.5	16	6.2	17,618	1,064
5.5	85	89.5	9	5.9	14,018	841
7.5	86	89.5	22	4.5	35,640	2,153
11	87	91	2	5.1	5,386	325
18.5	88.5	82.4	9	4.8	38,362	2,317
37	90	93	2	3.6	12,787	772
계			87		144,168	8,701

3 경제성 분석

[표 4] 전동기 용량별 경제성 분석

전동기 용량 (kW)	사용 대수	전동기 단가 (천원/대)	투자비 (천원)	장려금 (천원)	실투자비 (천원)	절감금액 (천원/년)	회수기간 (년)
1.5	19	242	4,598	437	4,161	760	4.3
2.2	8	275	2,220	264	1,956	469	4.2
3.75	16	297	4,752	656	4,096	1,064	3.8
5.5	9	455	4,095	495	3,600	841	4.3
7.5	22	546	12,012	1,430	10,582	2,153	4.9
11	2	741	1,482	212	1,270	325	3.9
18.5	9	1,620	14,580	1,440	13,140	2,317	5.7
37	2	2,659	5,318	532	4,786	772	6.2
계	87		49,057	5,466	43,591	8,701	5.0

1. 연간 전력 절감량(kWh/년)

   =전력 절감량(kW)×연간 가동시간(h/년)

   =144,168kWh/년

2. 연간 절감금액(천원/년)

   =연간 전력 절감량(kWh/년)×전력 단가(원/kWh)

   =8,701천원/년

부록

SECTION 01 석유환산표

[표 1] 총발열량, 순발열량 및 탄소배출계수(2022년 개정)

구분	에너지원	단위	총발열량	순발열량	탄소배출계수 (연료 : tC/TOE, 전기 : tC/MWh)
석유	원유	ton	1.092	1.022	–
	휘발유	kL	0.775	0.72	0.826
	등유	kL	0.874	0.815	0.834
	경유	kL	0.902	0.842	0.841
	바이오디젤	kL	0.828	0.773	–
	B-A유	kL	0.931	0.871	0.856
	B-B유	kL	0.969	0.91	0.875
	B-C유	kL	0.998	0.939	0.890
	프로판	ton	1.2	1.104	0.738
	부탄	ton	1.179	1.088	0.758
	나프타	kL	0.77	0.714	0.799
	용제	kL	0.783	0.725	0.801
	항공유	kL	0.872	0.812	0.836
	아스팔트	ton	0.988	0.933	0.899
	윤활유	kL	0.945	0.883	0.833
	석유코크스	ton	0.833	0.817	1.097
	부생연료유 1호	kL	0.89	0.831	0.844
	부생연료유 2호	kL	0.953	0.901	0.916
가스	천연가스(LNG)	ton	1.308	1.18	0.640
	도시가스(LNG)	천m^3	1.019	0.919	0.638
	도시가스(LPG)	천m^3	1.515	1.392	0.731

구분	에너지원	단위	총발열량	순발열량	탄소배출계수 (연료 : tC/TOE, 전기 : tC/MWh)
석탄	국내무연탄	ton	0.471	0.462	1.244
	연료용 수입무연탄	ton	0.55	0.532	1.144
	원료용 수입무연탄	ton	0.617	0.604	1.214
	연료용 유연탄(역청탄)	ton	0.586	0.557	1.093
	원료용 유연탄(역청탄)	ton	0.703	0.676	1.061
	아역청탄	ton	0.492	0.457	1.125
	코크스	ton	0.684	0.681	–
전기 등	전기(발전기준)	MWh	0.213	0.213	0.1209
	전기(소비기준)	MWh	0.229	0.229	0.1304
	신탄	ton	0.45	–	–

비고

1. "총발열량"이란 연료의 연소과정에서 발생하는 수증기의 잠열을 포함한 발열량을 말한다.
2. "순발열량"이란 연료의 연소과정에서 발생하는 수증기의 잠열을 제외한 발열량을 말한다.
3. "석유환산톤"(TOE : Ton of Oil Equivalent)이란 원유 1톤(ton)이 갖는 열량으로 107kcal를 말한다.
4. 에너지 사용량 및 절감량 산정 과정에서 연료 고유단위에서 TOE로 환산 시에는 총발열량을 이용하여 환산한다.

   〈절감 TOE 산출〉
   - 연료 : 연료 절감량×총발열량계수
   - 전기 : 전기 절감량×총발열량계수

5. 탄소 및 이산화탄소 환산 시에는 연료 사용량의 순발열량을 곱하여 TOE로 환산한 후 배출계수를 곱하여 산정한다(단, 전력은 열량으로 환산하지 아니하고 배출량으로 환산 가능한 배출계수가 제공되어 있음).

   〈절감 TOE를 이용한 온실가스 저감량(tC/년) 산출〉
   - 연료(석유, 가스, 석탄) : 에너지 절감량(TOE/년)/총발열량×순발열량×탄소배출계수(tC/TOE)
   - 전기 : 에너지 절감량(TOE/년)/총발열량×탄소배출계수(tC/MWh)

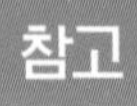

단위 환산

1. 전기의 단위에서 사용하고 있는 kW와 kWh의 차이점
   (1) kW(전력의 단위) : 각종 기기나 설비가 전기를 최대로 소비할 수 있는 용량을 의미하며, 이 값이 클수록 전력소비가 크다.
   (2) kWh(전력 소비량) : 기기나 설비를 일정시간 동안 사용했을 때 소비한 전기의 총량이다.

2. 전기에너지를 열량 단위로 환산
   (1) 1W = 1J/s
   (2) 1kW = 1kJ/s
   (3) 1kW = 860kcal/h = 3,600kJ/h
   (4) 1kWh = 860kcal = 3,600kJ

3. 석유환산계수의 적용
   (1) 전기에너지 1kWh에서 나오는 발열량은 860kcal이나 발전소에서 1kWh를 얻기 위해서는 2,290kcal의 열량이 필요하다.
   (2) 그 이유는 발전소 효율이 약 37.39~37.55% 정도로 낮기 때문이다.
   (3) 따라서 석유환산계수로 계산 시 1kWh를 계산할 때는 860kcal가 아닌, 2,290kcal로 계산한다.

SECTION

02 에너지 절감에 따른 환경개선효과

1 개요

1. 대기를 구성하는 여러 가지 기체들 가운데 온실효과를 일으키는 기체를 온실가스라고 하며, 이산화탄소(CO_2)가 대부분을 차지한다. 이 외에 온실가스로는 메탄(CH_4), 아산화질소(N_2O), 수소불화탄소(HFCs), 과산화불소(PFCs), 육불화황(SF_6) 등이 있다.
2. 온실가스의 주원인인 이산화탄소(CO_2)를 보면 연료 연소 등 에너지 소비로 인하여 국내 온실가스 배출량의 83.4%를 차지하고, 산업공정에서 10.9%, 나머지는 농업 및 축산(2.9%), 폐기물(2.8%)에서 발생하고 있다. 다시 말해 온실가스는 대부분 에너지 사용의 결과로 발생하므로 기후 변화는 에너지 문제와 직결되어 있다.
3. 지구 온난화에 대한 범지구차원의 노력이 필요하다는 인식의 확산으로 UN 주관으로 1992년 브라질의 리우데자네이루에서 열린 환경회의에서 기후변화에 관한 국제연합 기본협약(UNFCCC)이 채택되어 1994년 3월에 발효되었다.

2 기후변화협약

기후변화에 관한 유엔 기본협약(United Nations Framework Convention on Climate Change)은 지구 온난화를 규제 · 방지하기 위한 국제협약으로 1992년 5월 제5차 INC 회의에서 정식으로 기후변화협약으로서 체결되었으며 우리나라는 1993년 12월 47번째로 가입하였다. 이와 같은 기후변화협약의 구체적 이행 방안으로, 1997년 12월 일본 교토에서 개최된 기후변화협약 제3차 당사국총회에서 교토의정서를 통해 선진국의 온실가스 감축 목표치를 규정하였다.

3 온실가스 배출량

온실가스 감축사업 전 해당 사업장의 온실가스 배출량, 즉 Base Line 배출량은 IPCC 탄소배출계수를 적용하여 에너지원별로 산정하였으며, 그 결과 [표 1]과 같이 이산화탄소(CO_2)가 배출되고 있다.

[표 1] Base Line 배출량

에너지 종류		연간 사용량	탄소배출계수	탄소 배출량 (TC/년)	CO_2 배출량 (ton/년)
연료	LNG(TOE)	100	0.637 (Ton C/TOE)	63.7	233.6
	LPG(TOE)				
	B-C유(TOE)				
	경유(TOE)				
전력(MWh)		100	0.1156 (ton C/MWh)	11.6	42.5
합계		121.5		75.3	276.1

※ CO_2 배출량(ton/년) = 탄소 배출량(TC/년) × 44/12

4 CO_2 감축 가능량

1. 우리나라도 온실가스 감축 의무 부담을 갖게 되어 사업장별로 감축에 대한 의무 할당량이 주어지므로 각 사업장은 기후변화협약에 대한 대응전략을 수립하고 적극적인 감축사업을 시행하여야 한다.
2. 본 진단 결과 에너지 절감에 의한 감축 가능한 CO_2양은 연간 (　　)ton으로 Base Line 기준 (　　)%의 감축효과가 기대된다.

[표 2] CO_2 감축 가능량

구분	에너지 절감량 (TOE)	탄소 배출량 (TC/년)	CO_2 절감량 (ton)	CO_2 절감률 (%)	비고
열	100	22.96	84.17	16.9	LNG 배출량 기준 25
전기					
합계	100.0	23.0	84.17	233.8	총배출량 기준 36

※ 빈칸에 알맞은 내용을 넣어 보세요.

SECTION
03 고유가 시대의 에너지 위기에 대한 정부의 대책

1 에너지 위기에 대한 정부의 대책

[표 1] 에너지 위기 대책 수립 · 시행에 따른 효과 분석 및 평가

에너지 위기상황	에너지 환경	시책내용 및 평가
제1차 석유파동 (1973~1974년)	• 유가 4배 상승 $2.59 → $11.65 • GNP 대비 석유수입 비중 8.8% → 18.3% • 도매물가 52% 상승	• TV 방영시간 단축, 공공차량 운행 억제, 유흥업소 영업시간 제한, 절약 분위기 조성 • 산업용 연료 10% 절약 목표 수립 추가 • 전국 열관리대회 및 연료사용기기 전시회 개최 • 열관리법 개정, 열관리협회 설립 산업체에서 생산원가 중 비중이 높아 원가절감 차원에서 적극적인 시설투자 등을 통하여 10% 이상의 연료절약 성과를 거둘 것으로 평가하였으나, 실제로는 연료 절감 및 산업체 위주로 추진
유가상승 지속에 따른 절약 추진 (1975~1977년)	• 국제유가 상승 지속 • 중동 특수로 소비가 낭비적으로 전환 • 에너지 소비량 급증	• 범국민 물자절약 운동 전개 • 에너지 10% 절약운동으로 수입증가분을 흡수 • 1978년 1월 동력자원부 발족 다각적인 노력으로 에너지 소비 증가세는 둔화되었으나 효율 개선보다는 국내유가 인상에 따른 수요 감소와 단순 절약에 의한 것으로 평가됨
제2차 석유파동 (1978~1980년)	• 국제유가 급등 $12.7 → $30 • 에너지의 GNP 비중 5.7% → 10% • GNP 마이너스 성장 (−4.6%)	• 범국민적 에너지 소비절약 추진대책 마련 • 에어컨 사용 억제, 주택 단열 의무화, 열병합 발전, 에너지 절약시설의 금융 및 세제상의 지원 • 에너지이용 합리화법 제정(1979.12.28.) • 에너지관리공단 설립 에너지 절약 추진, 조직 정비, 관계법령을 보완하고 경제적 유인시책 추진 결과 국민은 에너지 절약에 관심이 높아지고 산업체는 에너지 절약 시설투자가 활발히 이루어져 전반적인 에너지 절약 기반이 정착됨

에너지 위기상황	에너지 환경	시책내용 및 평가
종합적인 에너지 절약정책 추진 체계 구축 (1984~1987년)	• 1983년을 고비로 원유가격 하락으로 국제 에너지 정세 안정 • 종합적이고 안정적인 에너지 절약체계 구축 필요	• 범국민적인 「에너지소비절약 대책회의」 구성 • 에너지 절약 1조 원 절약계획 추진(1984~1986년) • 에너지다소비업체 5개년 계획 수립(1984~1990년) • 장기에너지 원단위 감축(1983~2001년) • 집단에너지 도입, 에너지 기술개발 추진 에너지 절약 추진 체계 확립 후 본격적인 에너지 절약에 돌입하여 3년간 1조 원 절약 실현 및 다소비업체 5개년 절약목표(7,300억 원) 달성
걸프전쟁 (1990~1991년)	• 이라크의 쿠웨이트 침공으로 걸프전쟁 발발 • 유가 급등 $15~17 → $35(현물가) • 걸프전은 12일의 단기전이고 유가 급등기간도 6개월 정도 지속	• 「전기 사용제한」을 고시하여 에너지 절약 유도 • 야간조명 · 간판의 사용 제한, 심야 영화상영 제한, 승강기 격층 운행 걸프전쟁이 단기전이었고 중앙 및 지방자치단체의 지도 감독으로 절전 고시 이행 및 에너지 절약을 유도하였다고 평가됨
IMF 사태로 인한 경제위기 (1997~1999년)	• 경제위기 극복을 위해 에너지 절약 추진 • 에너지 절약으로 외화 절감	• 경제위기에 대응한 단기적인 에너지 절약방안(총리 주재 경제대책 추진위원회 보고) • 전기 사용제한을 위한 조정, 명령, 권고 • 전력수요 및 수송용 유류 절약 • 산업부문 에너지 10% 절약 운동 • 주택 및 건물 적정 실내온도 유지 (동절기 18~20℃, 하절기 26~28℃) • 정규 TV 방영시간 외 특별방송 자제 IMF 사태로 소비 억제 차원에서 에너지 소비 절약을 실천하였으나 기업에서 시설투자는 미흡하였고 ESCO 사업 전개, 고효율 기자재 등 보급 촉진
미-이라크 전쟁 (2003년)	• 9.11 테러 이후 UN의 이라크 무기사찰 요구 등 정치적, 경제적 갈등 심화 • 미국의 이라크에 대한 선제공격 가능성에 따른 전쟁프리미엄으로 긴장 고조	• 고유가 대응 단계별 조치계획 마련 • 국제유가 및 국내에너지 수급동향 등에 따라 단계별 시책 추진계획을 수립 및 일부 수행 소비자의 자발적 에너지 소비 절감노력 유도와 함께 에너지 사용제한 조치 등 규제정책을 병행 실시함으로써 국민 불편을 최소화하는 등 위기상황에 효율적으로 대응하였으며 소비절약 분위기 확산 등 간접적인 효과가 상당히 큰 것으로 평가됨

2 우리나라의 에너지 부문의 국제 위상

1. 우리나라는 기름 한 방울도 나오지 않는 나라이다. 이러한 우리나라가 세계에서 4위로 많은 원유를 수입하고, 7~10위로 많은 에너지를 소비하고 있다.
2. 우리나라의 에너지원단위는 세계 주요국보다 높은 수준이다. 특히, 일본에 비해서는 약 3배 이상 높다.

[표 2] **에너지원단위 국제 비교(2004년)**

구분	한국	프랑스	일본	멕시코	영국	미국	OECD
에너지원단위 (TOE/천$)	0.359	0.195	0.108	0.267	0.147	0.217	0.199

※ 자료출처 : Energy Balances of OECD Countries 2006(IEA)

3. 다만, 에너지원단위가 높다고 무조건 에너지 이용 효율이 낮다고 단정하는 것은 곤란하다. 에너지원단위는 에너지 절약, 이용효율 수준 이외에 산업구조, 계절적 요인, 부가가치 정도 등에 의해 좌우된다.

$$\text{에너지원단위} = \frac{\text{에너지 사용량(에너지 절약, 이용효율 향상)}}{\text{부가가치(에너지 저소비형 산업구조화, 고부가가치화)}}$$

SECTION
04 고효율에너지기자재 인증제도

1 개요

1. 산업 및 건물설비 등에 에너지 효율이 높은 품목을 고효율에너지기자재로 인증하여 보급을 촉진
2. 제조업체에서 자율 참여하는 제도로 효율을 정부에서 인증하고 인증서 교부 및 고효율기자재 마크 표시

[그림 1] 고효율기자재 마크

2 법적 근거

1. 에너지이용 합리화법 제22조(고효율에너지기자재의 인증 등)
2. 고효율에너지기자재 보급촉진에 관한 규정
   ※ 제조업체에서 자율 참여하는 제도로 품질 및 효율을 정부가 인증

3 대상품목 및 적용범위

[표 1] 고효율에너지 인증대상 기자재 및 적용범위

기자재	적용범위
1. 산업 · 건물용 가스보일러	발생열매구분에 따라 증기보일러는 정격용량 20T/h 이하, 최고사용압력 0.98 MPa(10.0kg/cm^2) 이하의 것 또한 온수보일러는 2,000,000kcal/h 이하, 최고사용압력 0.98MPa(10.0kg/cm^2) 이하의 것으로 연료는 가스를 사용하는 것
2. 펌프	토출구경의 호칭지름이 2,200mm 이하인 터보형 펌프
3. 스크루 냉동기	응축기, 부속냉매배관 및 제어장치 등으로 냉동 사이클을 구성하는 스크루 냉동기로서 KS B 6275에 따라 측정한 냉동능력이 1,512,000kcal/h(1,758.1kW, 500USRT) 이하인 것
4. 무정전전원장치	• 단상 : 단상 50kVA 이하는 KS C 4310 규정에서 정한 교류 무정전전원장치 중 온라인 방식인 것으로 부하감소에 따라 인버터 작동이 정지되는 것 • 삼상 : 삼상 300kVA 이하는 KS C 4310 규정에서 정한 교류 무정전전원장치 중 온라인 방식인 것. 단, 부하감소에 따라 인버터 작동이 정지되지 않아도 됨

기자재	적용범위
5. 인버터	전동기 부하조건에 따라 가변속 운전이 가능하여 에너지를 절감하기 위한 인버터로 최대용량 220kW 이하의 것
6. 직화흡수식 냉온수기	가스, 기름을 연소하여 냉수 및 온수를 발생시키는 직화흡수식 냉온수기로서 정격난방능력 2,466kW(2,121,000kcal/h), 정격냉방능력 2,813kW(800USRT) 이하의 것
7. 원심식 송풍기	압력비가 1.3 이하 또는 송출압력이 30kPa 이하인 직동·직결 및 벨트 구동의 원심식 송풍기(이하, 송풍기 또는 팬이라 한다)로서, 그 크기는 임펠러의 깃 바깥지름이 160mm에서 1,800mm까지에 적용하며, 건축물과 일반공장의 급기·배기·환기 및 공기조화용 등으로 사용하는 것
8. 터보 압축기	압력비가 1.3 초과 또는 송출압력이 30kPa을 초과하는 전동기 구동방식의 터보형 압축기
9. LED 유도등	LED(Light Emitting Diode)를 광원으로 사용하는 유도등
10. 항온항습기	항온항습기 중 정격냉방능력이 6kW(5,160kcal/h) 이상 35kW(30,100kcal/h) 이하인 것
11. 가스히트펌프	도시가스 또는 액화석유가스를 연료로 사용하는 가스 엔진에 의해서 증기 압축 냉동 사이클의 압축기를 구동하는 히트 펌프식 냉·난방기기이며, 실외기 기준 정격냉방능력이 23kW 이상인 것
12. 전력저장장치 (ESS)	• 전지협회의 배터리에너지저장장치용 이차전지 인증을 취득한 '이차전지'를 이용하고, 스마트그리드협회 표준 'SPS-SGSF-025-4 전기저장 시스템용 전력변환장치의 성능시험 요구사항'에 따른 안전성능시험을 완료한 PCS(Power Conditioning System)로 제작한 전력저장장치. 단, 절연변압기는 포함하지 않음 • 이 기준에서 정한 전력저장장치의 정격 및 적용 범위는 정격출력(kW)으로 연속하여 부하에 공급할 수 있는 시간은 2시간 이상인 것
13. 최대수요전력 제어장치	최대수요전력제어에 사용되는 최대수요전력제어장치와 이와 함께 사용되는 주변장치(전력량 인출 장치, 동기 접속 장치, 외부 릴레이 장치, 원격 제어 장치, 모니터링 소프트웨어)에 대하여 규정하며, 제어전원은 AC 110V~220V 및 DC 110V~125V를 포함하는 Free Volt, 통신방식은 RS232C, RS485 및 Ethernet 통신이 모두 가능해야 하고, 직접 제어하는 접점(10A, 250V)이 8개 이상이고, 사용소비전력은 20W 이하인 것
14. 문자간판용 LED 모듈	문자 간판에 사용되는 DC 50V 이하의 LED 모듈(광원)
15. 가스진공 온수보일러	보일러 내부가 진공상태를 유지하며 온수를 발생하는 보일러로서, 연료는 가스를 사용하며 정격난방용량 200만kcal/hr 이하, 급탕용량 200만kcal/hr 이하인 것
16. 중온수 흡수식 냉동기	중저온의 가열용 온수를 1중 효용형의 가열원으로 사용하는 정격냉동능력이 2,813kW(800USRT) 이하인 중온수 흡수식 냉동기로 중온수 1단 흡수식 냉동기와 보조사이클을 추가한 중온수 2단 흡수식 냉동기를 포함

기자재	적용범위
17. 전기자동차 충전장치	KS R IEC 61851-23 또는 KC 61851-23에서 규정하는 전기자동차 전도성(Conductive) 직류 충전장치로서, 전기용품 및 생활용품 안전관리법에 따라 KC 인증을 득한 것
18. 등기구	• 실내용 LED 등기구 : AC 220V, 60Hz에서 일체형 또는 내장형 광원으로 사용하는 등기구 • 실외용 LED 등기구 : AC 220V, 60Hz에서 일체형 또는 내장형 광원으로 사용하는 등기구 • PLS 등기구 : 1,000V 이하의 ISM 대역의 마이크로파 에너지를 이용하는 700W 또는 1,000W 등기구 • 초정압 방전램프용 등기구 : AC 220V, 60Hz에서 사용하는 150W 이하의 등기구 • 무전극 형광램프용 등기구 : AC 220V, 60Hz에서 사용하는 무전극 형광램프용 등기구
19. LED 램프	• 직관형 LED 램프(컨버터 외장형) : 램프전력이 22W 이하이고 KC60061-1에 규정된 G13캡과 KC20001에 규정된 D12캡을 사용하는 직관형 LED 램프(컨버터 외장형)와 이 램프를 구동시키는 LED 컨버터를 포함 • 형광램프 대체형 LED 램프(컨버터 내장형) : 이중 캡 및 단일 캡 형광램프를 대체하여 호환사용이 가능한 컨버터 내장형 LED 램프(G13캡을 사용하는 형광램프 20W, 32W, 40W 대체형 LED 램프, 2G11캡을 사용하는 형광램프 36W, 55W 대체형 LED 램프)
20. 스마트 LED 조명	• 스마트 LED 램프 : AC 220V, 60Hz에서 유무선 통신(IR 리모컨 제외)으로 에너지 절감을 위해 조광제어가 가능하고 일체형 LED 광원 및 KS C 7651에 규정된 베이스를 적용한 일반 조명용 컨버터 내장형 LED 램프(단, 150W 초과도 포함하고 별도의 아날로그 조광기로만 제어되는 제품은 제외) • 스마트 LED 등기구 : AC 220V, 60Hz에서 유무선 통신(IR 리모컨 제외)으로 에너지 절감을 위해 조광제어가 가능하고 일체형 또는 내장형 LED 광원을 적용한 등기구(단, 별도의 아날로그 조광기로만 제어되는 제품은 제외) • 스마트 LED 조명제어시스템 : 재실 또는 사물 감지가 가능하고 조도 감지 센서가 포함되어 다음 필수 기능이 구현 가능한 조명제어시스템 ※ 필수 기능 : 재실 감지 또는 사물 감지, 조도 감지, 최대광속설정기능, 시간대제어, 구역설정, 대체제어, 에너지모니터링, 원격진단

SECTION

05 에너지절약전문기업(ESCO)

1 에너지절약전문기업(ESCO : Energy Service Company)

1. 에너지 사용자가 에너지 절약을 위하여 기존의 에너지 사용시설을 개체 보완하고자 하나 기술적, 경제적 부담으로 사업을 시행하지 못할 경우 에너지 절약형 시설 설치사업에 참여하여 기술, 자금 등을 제공하고 투자시설에서 발생하는 에너지 절감액으로 투자비를 회수하는 사업을 영위하는 기업이다.
2. ESCO 투자사업을 통해 에너지 사용자는 투자위험 없이 에너지 절약 시설투자가 가능하고 ESCO는 투자 수익성을 보고 투자위험을 부담하는 벤처형 사업이다. 1970년대 말 미국에서 태동한 새로운 에너지 절약 투자방식으로 현재 약 40여개의 국가에서 시행 중이다.

2 법적 근거

에너지이용 합리화법 제25조(에너지절약전문기업의 지원)

3 사업수행범위(에너지이용 합리화법상)

1. 에너지 사용시설의 에너지 절약을 위한 관리 · 용역사업
2. 에너지 절약형 시설투자에 관한 사업
3. 에너지 관리진단 및 기타 에너지 절약과 관련된 사업

4 주요 실시사업

1. 에너지 절약형 시설 설치사업
2. 절전형 조명등 개체 사업
3. 폐열 회수 이용 사업
4. 공정 개선
5. 산업체, 건물 열병합발전
6. 빙축열, 수축열 등 축열식 냉방설비

SECTION
06 자발적 협약(VA)

1 개요

1. 에너지의 생산, 공급, 소비 등에 관련되는 기업(또는 사업자단체)이 정부와 협약을 체결
   (1) 기업은 에너지 절약 및 온실가스 배출감소 목표 설정, 추진일정, 실행방법 등을 제시하여 이행
   (2) 정부는 모니터링, 평가와 아울러 자금, 세제지원을 실시
   (3) 공동으로 에너지 절약 목표를 달성하고, 이를 통해 기후변화협약에 대한 대응 기반 구축을 도모하는 비규제적 제도

2. 전담기관(한국에너지공단)은 이행계획 수립에 대한 지도 및 평가, 기술자원 및 기술정보 제공 등 협약에 필요한 행정지원을 수행

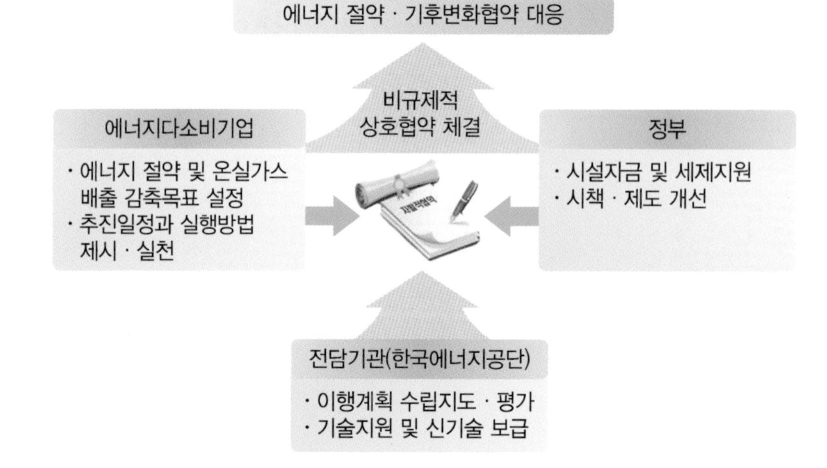

[그림 1] **자발적 협약(VA)**

2 법적 근거

에너지이용 합리화법 제28조(자발적 협약체결기업의 지원 등)

3 협약 대상

1. 산업체

(1) 연간 연료 사용량이 500TOE 이상인 자로, 연간 에너지 사용량이 2,000TOE 이상인 자

(2) 연간 연료 사용량과 관계없이 연간 에너지 사용량이 5,000TOE 이상인 자

2. 건물

연간 에너지 사용량이 2,000TOE 이상인 자

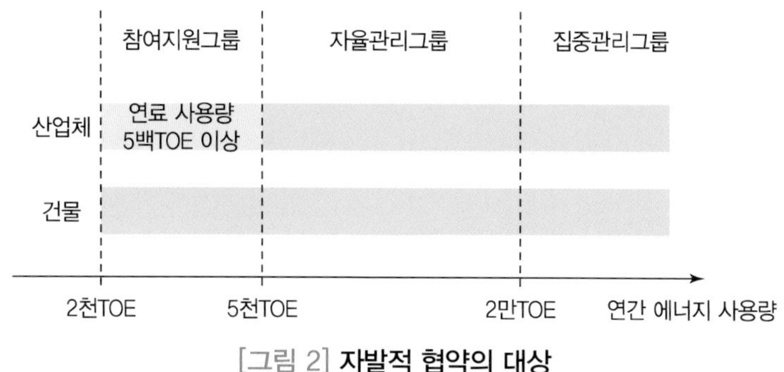

[그림 2] **자발적 협약의 대상**

4 운영 프로세스

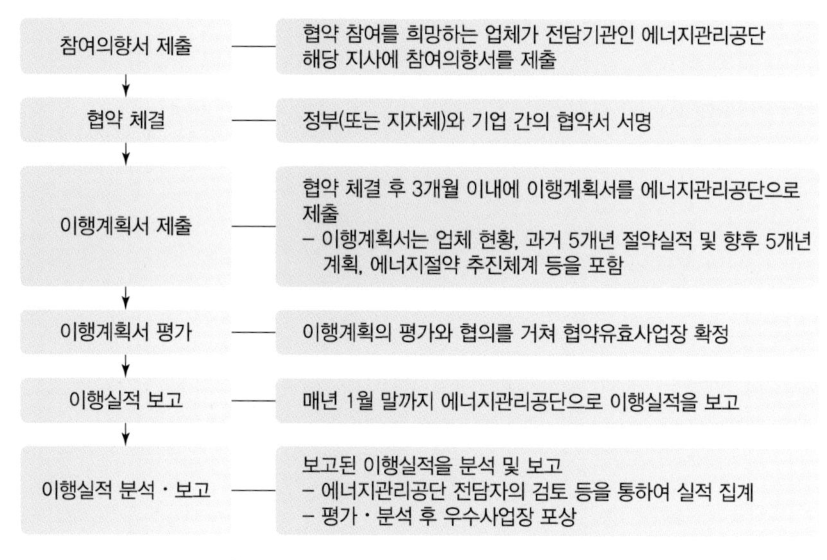

[그림 3] **자발적 협약의 운영 프로세스**

SECTION
07 원자력발전

1 도입배경

1. 제2차 세계대전 이후 세계 각국은 원자력개발에 관심을 갖게 됨
2. 1953년 12월 유엔총회에서 미국의 아이젠하워 대통령이 원자력의 평화적 이용을 주창
3. 1956년 9월 국제원자력기구(IAEA : International Atomic Energy Agency) 설립
4. 1956년 3월 국내 문교부 소속 기술교육국 내에 원자력과 신설
5. 1959년 1월 원자력원 정식 발족
6. 1963년 12월 최초의 연구용 원자로인 TRIGA Mark－Ⅱ 가동
7. 1970년대 석유파동으로 원자력의 중요성이 부각되면서 1971년 고리 1호기 착공을 비롯한 모두 6기의 신규 원전을 착공 또는 추진(외국에 의존)
8. 1980년대 전력공급의 중추적인 역할을 담당하였으며, 기술 자립 및 원전 안전의 기틀을 수립
9. 1990년대 반핵운동 및 정치사회적인 민주화에 따라 원자력산업이 새로운 도전에 직면
10. 2000년대 이후 기후변화협약 발효 및 고유가 상황 지속에 따라 에너지 안보의 중요성이 대두되면서 원전의 중요성을 재인식

2 원자력발전의 필요성

1. 전력공급의 안정화를 도모
   (1) 석유, 석탄 등 화석연료는 매장량 한계(석유 30년, 석탄 200년), 지역적 편재로 공급불안 요인이 상존
   (2) 1970년대 두 차례의 석유파동, 걸프전쟁 등으로 에너지 자원의 무기화
2. 전기 원가가 저렴하여 산업의 국제경쟁력 제고와 경제안정에 기여

[표 1] **에너지별 단가(2005년도 전력거래소 정산단가 기준)**

에너지	원자력	석탄	석유	LNG	수력
제조단가 (원/kWh)	39.10	43.54	91.09	87.13	72.01

3 원자력발전의 특징

1. 무공해 에너지원으로서의 역할이 증대되고 있다.
2. 미량의 방사성 폐기물이 발생하고 안전관리 기술이 요구된다.

[표 2] **연간 폐기물 발생량(100만kW급 1기 기준)**

원자력	석탄(50만kW×2기)
• 사용 후 연료 : 26톤 • 중 · 저준위 폐기물 : 210드럼	• 석탄재 : 300,000톤 • 유황, 질소 등 : 23,000톤

※ 자료출처 : 한수원(주) 및 타 발전회사 2004년도 발생 실적 기준

3. 이산화탄소(CO_2) 배출량이 거의 없어 온실가스 감축에 가장 효과적인 대안으로 인식된다.

[표 3] **CO_2 배출량**

발전원별	원자력	석유	석탄	LNG
CO_2 배출량(g/kWh)	9	689	860	460

※ 자료출처 : 국제원자력기구(IAEA) 연구결과(1997)

4. 핵연료는 같은 무게 기준 시 석유, 석탄에 비해 약 10만 배 이상의 에너지를 발생하므로 연간 연료 소비량이 소량이어서 비축 · 수송이 용이하다.

[표 4] **연간 연료 소비량(100만kW급 1기 기준)**

연료	원자력	석유	유연탄
에너지소비량	26톤 (10톤 트럭 3대분)	150만 톤 (10만톤급 선박 15척)	220만 톤 (10만톤급 선박 22척)

※ 자료출처 : 원자력문화재단 「함께 알아보는 원자력 에너지」

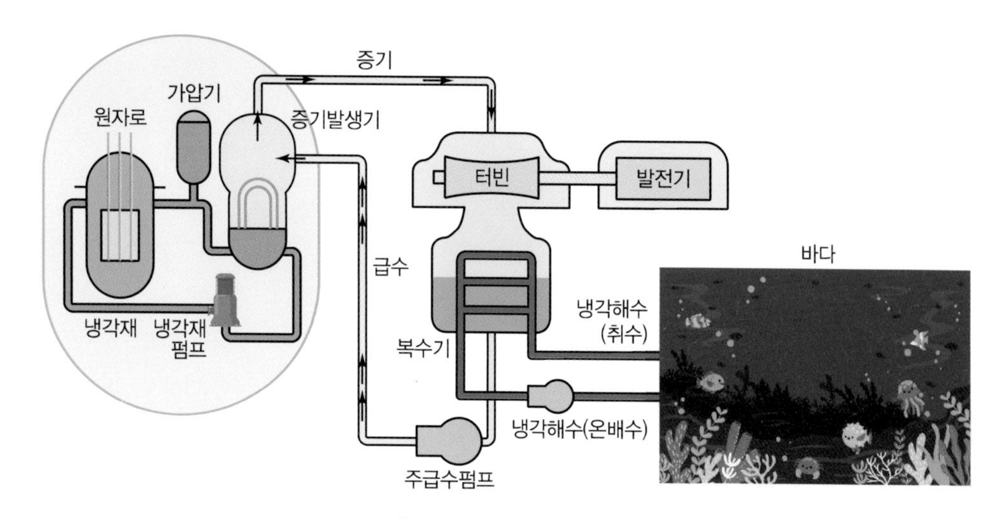

[그림 1] **원자력 발전도**

SECTION
08 포화증기표(Steam Table)

[표 1] 포화증기표(스파이렉스 사코 자료)

계기압력 (kg/cm² g)	절대압력 (kg/cm² a)	포화온도 (℃)	비용적 (m³/kg)	현열량 (kcal/kg)	잠열량 (kcal/kg)	전열 (kcal/kg)
	0.05	32.55	28.7184	32.56	579.12	611.68
	0.1	45.45	14.9467	45.438	571.76	617.2
	0.15	53.59	10.2084	53.569	567.07	620.64
	0.2	59.66	7.79127	59.637	563.54	623.18
	0.25	64.56	6.31916	64.528	560.67	625.2
	0.3	68.68	5.32592	68.65	558.24	626.89
	0.35	72.25	4.60929	72.228	556.11	628.34
	0.4	75.42	4.06715	75.4	554.22	629.62
	0.45	78.27	3.64225	78.255	552.51	630.76
	0.5	80.86	3.30001	80.855	550.94	631.79
	0.55	83.24	3.01917	83.144	549.49	632.73
	0.6	85.45	2.78214	85.465	548.13	633.6
	0.65	87.51	2.58188	87.531	546.87	634.4
	0.7	89.45	2.40834	89.474	545.68	635.15
	0.75	91.27	2.25812	91.301	544.55	635.85
	0.8	92.99	2.12544	93.034	543.48	636.51
	0.85	94.62	2.00848	94.676	542.45	637.13
	0.9	96.18	1.90365	96.244	541.48	637.72
	0.95	97.66	1.80993	97.735	540.54	638.28
	1	99.09	1.72495	99.172	539.64	638.81
0	1.03323	100	1.673	100.092	539.06	639.15
0.2	1.233	105.03	1.41782	105.165	535.84	641.01
0.4	1.433	109.43	1.23208	109.605	532.99	642.6
0.6	1.633	113.35	1.09031	113.57	530.43	644

계기압력 (kg/cm² g)	절대압력 (kg/cm² a)	포화온도 (℃)	비용적 (m^3/kg)	현열량 (kcal/kg)	잠열량 (kcal/kg)	전열 (kcal/kg)
0.8	1.833	116.89	0.978472	117.16	528.07	645.23
1	2.033	120.13	0.898089	120.445	525.9	646.35
1.2	2.233	123.12	0.813309	123.48	523.89	647.37
1.4	2.433	125.9	0.750532	126.309	521.99	648.3
1.6	2.633	128.5	0.697014	128.953	520.2	649.15
1.8	2.833	130.94	0.650754	131.445	518.49	649.94
2	3.033	133.25	0.610505	133.796	516.88	650.68
2.2	3.233	135.43	0.575018	136.031	515.34	651.37
2.4	3.433	137.52	0.543509	138.159	513.86	652.02
2.6	3.633	139.5	0.515363	140.191	512.44	652.63
2.8	3.833	141.4	0.497985	142.136	511.06	653.2
3	4.033	143.22	0.467181	144.005	509.74	653.75
3.2	4.233	144.97	0.446364	145.804	508.47	654.27
3.4	4.433	146.65	0.427441	147.537	507.23	654.76
3.6	4.633	148.27	0.410054	149.205	506.02	655.23
3.8	4.833	149.74	0.395008	150.721	504.93	655.65
4	5.033	151.36	0.381516	152.386	503.71	656.1
4.2	5.233	152.83	0.371376	153.268	503.07	656.34
4.4	5.433	154.25	0.352924	155.377	501.52	656.9
4.6	5.633	155.64	0.341075	156.81	500.47	657.28
4.8	5.833	156.78	0.330014	158.203	499.44	657.64
5	6.033	158.29	0.319704	159.559	498.43	657.99
5.2	6.233	159.57	0.309995	160.882	497.44	658.32
5.4	6.433	160.81	0.30087	162.174	496.47	658.64
5.6	6.633	162.02	0.292292	163.433	495.52	658.95
5.8	6.833	163.03	0.285364	164.483	494.72	659.2
6	7.033	164.19	0.277617	165.696	493.8	659.5
6.2	7.233	165.32	0.269296	166.873	492.9	659.77
6.4	7.433	166.43	0.262423	168.031	492.02	660.05
6.6	7.633	167.52	0.256847	169.165	491.14	660.31
6.8	7.833	168.79	0.24938	170.497	490.12	660.62
7	8.033	169.78	0.243796	171.526	489.32	660.85
7.2	8.233	170.8	0.23817	172.592	488.5	661.09

계기압력 (kg/cm² g)	절대압력 (kg/cm² a)	포화온도 (℃)	비용적 (m^3/kg)	현열량 (kcal/kg)	잠열량 (kcal/kg)	전열 (kcal/kg)
7.4	8.433	171.8	0.232802	173.639	487.68	661.32
7.6	8.633	172.79	0.227622	174.678	486.86	661.54
7.8	8.833	173.74	0.222773	175.677	486.07	661.75
8	9.033	174.69	0.21808	176.671	485.29	661.95
8.2	9.233	175.61	0.213588	177.647	484.52	662.17
8.4	9.433	176.53	0.209278	178.607	483.76	662.37
8.6	9.633	177.43	0.205135	179.554	483.01	662.56
8.8	9.833	178.31	0.201158	180.485	482.26	662.75
9	10.033	179.18	0.197334	181.401	481.77	662.93
9.2	10.233	180.04	0.19374	182.307	480.8	663.11
9.4	10.433	180.88	0.190104	183.196	480.08	663.28
9.6	10.633	181.71	0.187791	184.074	479.38	663.45
9.8	10.833	182.53	0.183393	184.94	478.67	663.61
10	11.033	183.33	0.180218	185.793	477.98	663.77
10.2	11.233	184.13	0.17715	186.635	477.28	663.92
10.4	11.433	184.92	0.174177	187.467	476.6	664.07
10.6	11.633	185.69	0.171598	188.288	475.93	664.22
10.8	11.833	186.45	0.168537	189.098	475.26	664.36
11	12.033	187.2	0.165853	189.897	474.6	664.5
11.2	12.233	187.95	0.163146	190.688	473.95	664.64
11.4	12.433	188.68	0.160731	191.467	473.3	664.77
11.6	12.633	189.41	0.15829	192.239	472.66	664.9
11.8	12.833	190.12	0.155919	193.002	472.03	665.03
12	13.033	191	0.153618	193.755	471.39	665.15
12.2	13.233	191.52	0.151387	194.5	470.77	665.27
12.4	13.433	192.21	0.149219	195.238	470.15	665.39
12.6	13.633	192.9	0.147107	195.968	469.54	665.51
12.8	13.833	193.57	0.145063	196.688	468.93	665.62
13	14.033	194.24	0.143073	197.402	468.33	665.73
13.2	14.233	194.9	0.141129	198.109	467.72	665.83
13.4	14.433	195.56	0.139248	198.807	467.13	665.94
13.6	14.633	196.2	0.137413	199.499	466.54	666.04
13.8	14.833	196.84	0.135621	200.185	465.95	666.14

계기압력 (kg/cm² g)	절대압력 (kg/cm² a)	포화온도 (℃)	비용적 (m^3/kg)	현열량 (kcal/kg)	잠열량 (kcal/kg)	전열 (kcal/kg)
14	15.033	197.47	0.133882	200.863	465.37	666.23
14.2	15.233	198.09	0.132185	201.533	464.79	666.32
14.4	15.433	198.71	0.130525	202.2	464.22	666.42
14.6	15.633	199.33	0.129434	202.859	463.64	666.5
14.8	15.833	199.93	0.12785	203.513	463.08	666.59
15	16.033	200.53	0.125798	204.159	462.52	666.68
15.2	16.233	201.13	0.124297	204.801	461.96	666.76
15.4	16.433	201.72	0.122831	205.436	461.41	666.84
15.6	16.633	202.3	0.1214	206.066	460.85	666.92
15.8	16.833	202.88	0.119998	206.692	460.31	667
16	17.033	203.45	0.118641	207.31	459.77	667.08
16.2	17.233	204.02	0.117293	207.925	459.22	667.15
16.4	17.433	204.58	0.115989	208.533	458.69	667.22
16.6	17.633	205.14	0.11471	209.137	458.15	667.29
16.8	17.833	205.69	0.113458	209.737	457.69	667.36
17	18.033	206.24	0.112236	210.33	457.1	667.43
17.2	18.233	206.78	0.111037	210.919	456.57	667.49
17.4	18.433	207.32	0.109864	211.505	456.05	667.56
17.6	18.633	207.86	0.108715	212.085	455.53	667.62
17.8	18.833	208.39	0.10759	212.66	455.02	667.68
18	19.033	208.91	0.106486	213.232	454.51	667.74
18.2	19.233	209.51	0.105231	213.892	453.92	667.81
18.4	19.433	209.89	0.104459	214.302	453.55	667.85
18.6	19.633	210.46	0.10331	214.922	452.99	667.91
18.8	19.833	210.97	0.102288	215.477	452.48	667.96
19	20.033	211.47	0.101294	216.027	451.99	668.02
19.2	20.233	211.97	0.100315	216.573	451.5	668.07
19.4	20.433	212.47	0.091902	217.117	450.99	668.11
19.6	20.633	212.96	0.09841	217.657	450.51	668.17
19.8	20.833	213.45	0.097491	218.194	450.02	668.21
20	21.033	213.94	0.096575	218.725	449.52	668.25
20.5	21.533	215.14	0.094378	220.039	448.33	668.37
21	22.033	216.32	0.092274	221.332	447.14	668.47

계기압력 (kg/cm² g)	절대압력 (kg/cm² a)	포화온도 (℃)	비용적 (m^3/kg)	현열량 (kcal/kg)	잠열량 (kcal/kg)	전열 (kcal/kg)
21.5	22.533	217.48	0.09026	222.605	445.95	668.56
22	23.033	218.61	0.088331	223.858	444.79	668.65
22.5	23.533	219.73	0.086481	225.093	443.64	668.73
23	24.033	220.86	0.084705	226.308	442.5	668.81
23.5	24.533	221.91	0.082999	227.507	441.36	668.87
24	25.033	222.98	0.081359	228.688	440.25	668.94
24.5	25.533	224.03	0.079781	229.854	439.15	669
25	26.033	225.06	0.078264	231.002	438.05	669.05
25.5	26.533	226.08	0.076799	232.13	436.96	669.09
26	27.033	227.09	0.075387	233.256	435.88	669.14
26.5	27.533	228.07	0.074024	234.362	434.82	669.18
27	28.033	229.05	0.072708	235.454	433.76	669.21
27.5	28.533	230.01	0.071438	236.532	432.71	669.24
28	29.033	230.96	0.070368	237.598	431.67	669.27
28.5	29.533	231.9	0.069088	238.651	439.63	669.28
29	30.033	232.82	0.067869	239.692	429.61	669.3
29.5	30.533	233.74	0.066755	240.722	428.59	669.31
30	31.033	234.64	0.065675	241.74	427.58	669.32
30.5	31.533	235.53	0.064629	242.746	426.58	669.33
31	32.033	236.41	0.063614	243.742	425.59	669.33
31.5	32.533	237.28	0.062629	244.728	424.6	669.33
32	33.033	238.14	0.061673	245.704	423.62	669.32
32.5	33.533	238.98	0.060744	246.67	422.64	669.31
33	34.033	239.82	0.059841	247.626	421.67	669.3
33.5	34.533	240.65	0.058965	248.573	420.71	669.28
34	35.033	241.47	0.058112	249.511	419.76	669.27
34.5	35.533	242.28	0.057282	250.44	418.8	669.24
35	36.033	243.09	0.056475	251.36	417.86	669.22
36	37.033	244.67	0.054923	253.176	415.99	669.16
37	38.033	246.22	0.05345	254.959	414.13	669.09
38	39.033	247.74	0.052049	256.713	412.3	669.02
39	40.033	249.23	0.050716	258.437	410.49	668.93
40	41.033	250.69	0.049445	260.133	408.69	668.83

계기압력 (kg/cm^2 g)	절대압력 (kg/cm^2 a)	포화온도 (℃)	비용적 (m^3/kg)	현열량 (kcal/kg)	잠열량 (kcal/kg)	전열 (kcal/kg)
41	42.033	252.12	0.048233	261.803	406.91	668.72
42	43.033	253.53	0.047075	263.447	405.15	668.6
43	44.033	254.9	0.045968	265.068	403.4	668.48
44	45.033	256.26	0.044908	266.665	401.67	668.34
45	46.033	257.6	0.043892	268.24	399.95	668.2
46	47.033	258.92	0.042918	269.794	398.25	668.04
47	48.033	260.21	0.041984	271.326	396.56	667.88
48	49.033	261.48	0.041085	272.839	394.88	667.72
49	50.033	262.73	0.040222	274.333	393.22	667.54
50	51.033	263.97	0.039391	275.809	391.56	667.36
51	52.033	265.18	0.03859	277.267	389.92	667.18
52	53.033	266.38	0.037819	278.708	388.28	666.99
53	54.033	267.56	0.037075	280.132	386.66	666.79
54	55.033	268.73	0.0363569	281.541	385.05	666.58
55	56.033	269.88	0.0356636	282.935	383.44	666.37
56	57.033	271.01	0.0349936	284.346	381.84	666.15
57	58.033	272.13	0.0343458	286.644	380.26	665.93
58	59.033	273.23	0.0337191	287.027	378.67	665.7
59	60.033	274.32	0.0331123	288.364	377.1	665.46
60	61.033	275.39	0.0325247	289.688	375.54	665.22
61	62.033	276.45	0.0319552	291	373.98	664.98
62	63.033	277.5	0.031403	292.299	372.43	664.72
63	64.033	278.53	0.030867	293.586	370.88	664.47
64	65.033	279.56	0.0303474	294.863	369.34	664.21
65	66.033	280.57	0.0298427	296.127	367.84	663.94
66	67.033	281.57	0.0293523	297.382	366.29	663.67
67	68.033	282.56	0.0288757	298.626	364.76	663.39
68	69.033	283.53	0.0284123	299.859	363.25	663.11
69	70.033	284.5	0.0279616	301.083	361.74	662.82
70	71.033	285.46	0.027523	302.298	360.23	662.53
71	72.033	286.41	0.0270961	303.502	358.73	662.23
72	73.033	287.34	0.0266803	304.698	357.23	661.93
73	74.033	288.27	0.0262753	305.886	355.74	661.63

계기압력 (kg/cm² g)	절대압력 (kg/cm² a)	포화온도 (℃)	비용적 (m^3/kg)	현열량 (kcal/kg)	잠열량 (kcal/kg)	전열 (kcal/kg)
74	75.033	289.19	0.0258805	307.065	354.25	661.32
75	76.033	290.09	0.0254956	308.234	352.77	661.01
76	77.033	290.99	0.0251203	309.397	351.29	660.69
77	78.033	291.88	0.0247542	310.552	349.81	660.37
78	79.033	292.76	0.0243969	311.696	348.34	660.04
79	80.033	293.64	0.0240481	312.84	346.87	659.71
80	81.033	294.5	0.0237075	313.97	345.4	659.38
81	82.033	295.36	0.0233748	315.095	343.94	659.04
82	83.033	296.21	0.0230497	316.213	342.48	658.69
83	84.033	297.05	0.022732	317.324	341.02	658.35
84	85.033	297.88	0.0224214	318.429	339.56	658
85	86.033	298.71	0.0221177	319.528	338.11	657.64
86	87.033	299.53	0.0218205	320.621	336.66	657.29
87	88.033	300.34	0.0215298	321.708	335.21	656.92
88	89.033	301.14	0.0212453	322.788	333.77	656.56
89	90.033	301.94	0.0209668	323.863	332.32	656.19
90	91.033	302.73	0.0206941	324.932	330.88	655.82
91	92.033	303.51	0.020427	325.996	329.44	655.44
92	93.033	304.29	0.0201652	327.055	328	655.06
93	94.033	305.06	0.0199088	328.109	326.56	654.68
94	95.033	305.82	0.0196575	329.157	325.13	654.29
95	96.033	306.58	0.019411	330.2	323.69	653.9
96	97.033	307.33	0.0191694	331.239	322.26	653.51
97	98.033	308.07	0.0189324	332.274	320.83	653.11
98	99.033	308.81	0.0186999	333.304	319.4	652.71
99	100.033	309.55	0.0184723	334.328	317.97	652.3
100	101.033	310.26	0.0182654	335.332	316.54	651.87
110	111.033	317.26	0.0162291	345.336	302.26	647.59
120	121.033	323.79	0.0145036	355.022	287.91	642.93
130	131.033	329.91	0.0130151	364.477	273.32	637.8
140	141.033	335.67	0.0117107	373.78	258.35	632.13
150	151.033	341.11	0.0105536	383.011	242.84	625.84
160	161.033	346.26	0.0095177	393.293	226.65	618.91

계기압력 (kg/cm^2 g)	절대압력 (kg/cm^2 a)	포화온도 (℃)	비용적 (m^3/kg)	현열량 (kcal/kg)	잠열량 (kcal/kg)	전열 (kcal/kg)
170	171.033	351.15	0.0085815	410.672	209.6	611.3
180	181.033	355.81	0.0077098	411.827	190.87	602.7
190	191.033	360.25	0.006893	422.027	170.9	592.92
200	201.033	365.95	0.0062192	433.869	151.93	585.8
210	211.033	368.55	0.005282	446.052	120.01	556.07
220	221.033	372.44	0.0042871	465.811	76.1	541.91

Profile **저자약력**

저자 성광호

[주요 약력]
- (주)한국야쿠르트 정년퇴직
- (사)한국에너지기술인협회 에너지진단 전문위원, 법정교육 특임교수, 기술위원장 역임
- 대한민국산업현장교수
- 군장대학교 석좌교수
- 국가숙련기술 전수위원(배관분야)

[자격 사항]
- 위험물취급기능사(제4류)(1976)
- 환경관리기사(대기분야)(1982)
- 산업안전기사(1987)
- 보일러산업기사(2000)
- 에너지관리기능장(2004)
- 소방안전관리자 1급(2021)
- 기계설비유지관리자 특급(2021) 등

[주요 상훈]
- 동력자원부장관 표창장(1990)
- 환경부장관 표창장(1998)
- 대한민국명장 선정(2002)
- 행정자치부장관 표창장 / 노동부장관 표창장(2003)
- 산업포장 수훈(2005)
- 노동부장관 표창장 / 기능한국인 선정(2008)
- 지식경제부장관 표창장(2012)
- 고용노동부장관 표창장(2014)
- 교육부장관 표창장(2019) 등 50여 종
- 국가숙련기술 명예의 전당 헌액(보일러분야 유일)

[발명 특허]
- 개방형 에어트랩을 이용한 탱크장치(제10-1500695호), 공동, 2015
- 상부 설치가 가능한 증기트랩(제10-1672989호), 단독, 2016
- 폐 분출수 열 회수장치(제10-1731295호), 공동, 2017

감수 권오수

[주요 약력]

- (사)한국가스기술인협회 회장
- (자)한국에너지관리자격증연합회 회장
- 한국기계설비유지관리자협회 회장
- (재)한국보일러사랑재단 이사장
- 가스기술기준위원회 분과위원
- 한국가스신문사 기술자문위원

[주요 상훈]

- 노동부장관 표창장(1998)
- 산업자원부장관 표창장(2003)
- 대통령표창장(2011)
- 산업통상자원부장관 표창장(2013)
- 국무총리 표창장(2015)
- 고용노동부장관 표창장(2020)
- 행정안전부장관 표창장(2022)

[주요 저서]

- 가스기능장, 가스기사, 가스산업기사, 가스기능사
- 공조냉동기계기사, 공조냉동기계산업기사, 공조냉동기계기능사
- 에너지관리기능장, 에너지관리기사, 에너지관리산업기사, 에너지관리기능사
- 배관기능장, 용접기능장

카페 운영
네이버카페 : 가냉보열
다음카페 : 에너지관리자격증 취득연대

네이버카페 : 한국기계설비유지관리자 협회

에너지절약(진단) 실무 교본

발행일 | 2024. 4. 20 초판발행

저 자 | 성광호

발행인 | 정용수
발행처 | 예문사

주 소 | 경기도 파주시 직지길 460(출판도시) 도서출판 예문사
TEL | 031) 955-0550
FAX | 031) 955-0660
등록번호 | 11-76호

정가 : 35,000원

ISBN 978-89-274-5422-9 13530